通信与导航专业系列教材

U0290419

空间光网络技术

李勇军　蒙文　赵尚弘　周义建　编著

电子工业出版社
Publishing House of Electronics Industry
北京·BEIJING

内 容 简 介

本书按照网络协议、物理层、数据链路层及路由交换的层次化设计思路共编有十章。空间信息网络协议主要介绍了 CCSDS 协议标准和规范。物理层主要介绍了空间光通信捕跟技术、调制发射、传输模型、接收检测方法及星座设计方法。数据链路层主要介绍了卫星光通信中数据的封装方法。路由交换主要介绍了星上激光微波混合交换方法和波长路由分配算法。本书可作为空间光通信与网络专业研究生的教材，也可为从事该领域的高校师生和科研人员提供参考。

图书在版编目（CIP）数据

空间光网络技术 / 李勇军等编著. —北京：电子工业出版社，2022.1

ISBN 978-7-121-42816-6

Ⅰ．①空… Ⅱ．①李… Ⅲ．①光纤网—研究 Ⅳ．①TN929.11

中国版本图书馆 CIP 数据核字（2022）第 018350 号

责任编辑：赵玉山　　　　　　特约编辑：田学清

印　　刷：保定市中画美凯印刷有限公司

装　　订：保定市中画美凯印刷有限公司

出版发行：电子工业出版社

　　　　　北京市海淀区万寿路 173 信箱　　　邮编：100036

开　　本：787×1092　　1/16　　印张：24.5　　字数：653 千字

版　　次：2022 年 1 月第 1 版

印　　次：2022 年 1 月第 1 次印刷

定　　价：74.00 元

凡所购买电子工业出版社图书有缺损问题，请向购买书店调换。若书店售缺，请与本社发行部联系，联系及邮购电话：（010）88254888，88258888。

质量投诉请发邮件至 zlts@phei.com.cn，盗版侵权举报请发邮件至 dbqq@phei.com.cn。

本书咨询联系方式：（010）88254556，zhaoys@phei.com.cn。

前　言

　　空间激光通信作为一种新兴的通信技术，具有宽带宽、大容量、低截获及高保密性等优点。卫星或飞机所处的空间为激光在其中的无损传输提供了近乎完美的传输媒介。利用空间激光通信链路互连卫星和飞机，组建像地面信息高速公路一样的空间信息高速公路，在全球范围内实现无缝覆盖，随即接入各类终端，无论是在军事还是民用领域都有广泛的应用价值。

　　本书内容共十章，按照网络协议、物理层传输和拓扑结构、数据链路层数据封装及路由交换的层次化设计思路进行内容构建。第一章为概论，第二章为空间信息网络协议，主要介绍了空间数据咨询委员会 CCSDS 协议标准和规范。第三章为空间 ATP 技术。第四、五、六章分别介绍了空间激光通信从调制发射、传输到接收的检测技术。第七章为星间激光通信数据封装方法。第八章为星座设计方法。第九章和第十章介绍了星上激光/微波混合交换技术和空间光网络路由与波长分配算法。

　　本书适用于空间光网络专业研究生、老师和初入该领域的科研人员。由于编者知识水平有限，加之编写时间仓促，书中难免有疏漏和不当之处，恳请广大读者批评指正。

目 录

第一章　概论

1.1　基本概念和内涵

空间信息网络是以空间平台（如同步卫星或中低轨道卫星、平流层气球和有人或无人机等）为载体，实时获取、传输和处理空间信息的网络系统，其基本构成如图 1-1 所示。空间信息网络节点包含各种卫星、空间站、升空平台和有人或无人机，这些节点在业务性质、应用特点、工作环境、技术体制等方面均有差异，由此构建的网络具有网络异构和业务异质的典型特征。同步轨道、中低轨道、近地空间组建的网络是空间信息网络的核心，其向上扩展至深空，向下扩展至地面网络，与不同类型的用户或功能各异的子网构成整个空间信息网络。

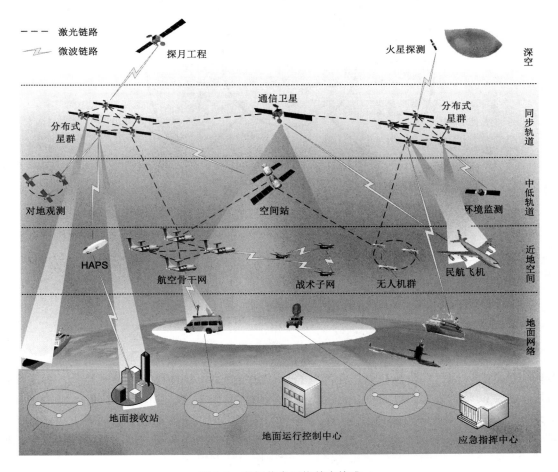

图 1-1　空间信息网络基本构成

空间信息网络的特点如图 1-2 所示。要想实现空间信息网络信息的高效传输与分发，必须考虑空间信息网络最突出的三个特征，即网络结构时变、网络行为复杂、网络资源受限。其中，网络结构时变指拓扑结构动态变化，网络节点及业务稀疏分布，业务类型和链路性质呈现异构属性，网络业务传输与控制需要在大时空区域内完成；网络行为复杂表现为服务对象差异巨大，业务汇聚、疏导与协同呈现异质属性，基于任务驱动实现功能的可伸缩和网络的可重构；网络资源受限为轨道和频率等空间资源有限，空间数据链路和平台承载等能力有限。

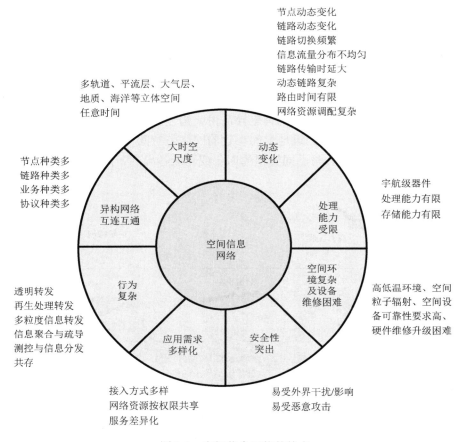

图 1-2　空间信息网络的特点

1.2　组成和结构

空间信息网络是以多种轨道航天器为网络节点，以微波、激光为主要传输手段，具有全球化覆盖能力，网络化信息获取、存储、处理、分发能力，智能化运行管理能力，标准化体系规范的空间基础设施。纵向按节点物理位置分为空间骨干网、空间接入网和地面网络三大部分。空间骨干/接入网由各类天基功能卫星节点组成，如骨干中继卫星、遥感卫星、导航卫星、气象卫星、资源卫星等。地面网络由运维管控网络、用户及相关国防基础设施组成。横向按功能划分为管理层、业务层和支撑层，管理层包括网络运行、管理、维护、控制及安全防护等，业务层为各类业务提供可靠的数据通道，如中继网络、接入网络等，支撑层为整个网络可靠运行提供支撑，包括时空基准同步及协议体系规范等，如图 1-3 所示。

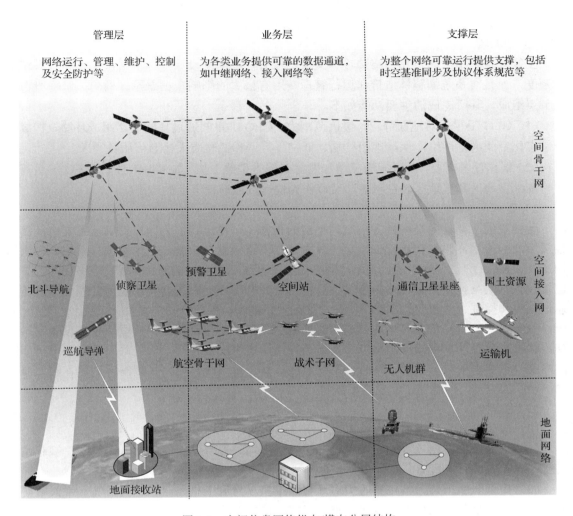

图 1-3 空间信息网络纵向/横向分层结构

1）空间骨干网

空间骨干网由布设在同步轨道的若干空间骨干节点联网组成，空间骨干节点具备宽带接入、数据中继、路由交换、信息存储、处理融合等功能，受卫星平台能力的限制，单颗卫星无法完成上述全部功能，只能采用多颗卫星组成星座的方式实现多功能综合。一个空间骨干节点由数颗搭载不同功能模块化载荷的卫星组成，包括中继、骨干、宽带、存储、计算等功能模块化卫星，不同卫星之间通过近距离无线通信技术实现组网和信息交互，协同工作完成空间骨干节点的功能。

2）空间接入网

空间接入网由布设在中低轨道的若干天基接入节点组成，满足陆、海、空多层次海量用户的各种网络接入服务需求，包括语音、数据、宽带、多媒体等业务。

3）地面网络

地面网络由多个地面互连的地基骨干节点组成，地基骨干节点由信关站、网络运维管理、信息处理、信息存储及应用服务等功能组成，主要完成网络控制、资源管理、协议转换、信息处理、融合共享等功能，通过地面高速骨干网络完成组网，并实现与其他地面系统的互连互通。

按照组成结构，空间信息网络又分为空间段、运控段和用户段三大部分。

1）空间段

空间段是整个空间信息网络传输和交换的核心，不同的设计方案不仅决定了整个系统的复杂度，而且对系统的整体造价和运行管理费用有极大的影响。根据设计构想，空间段由卫星节点组成，其所完成的主要功能如下。

（1）GEO卫星相对地面静止，覆盖范围大，GEO卫星间通过星间链路组成环路，构成一个常态化空间通信网络，保障地面终端、低空飞行器和低轨航天器通信服务需求。

（2）根据任务需要，既可视情况增加发射其他类型的卫星（如IGSO卫星、LEO卫星等），改善高纬度地区和极地区时空覆盖，又可作为快速响应通信节点的应用。

2）运控段

运控段的主要任务是维持各类空间平台的正常、可靠运行，为用户提供业务支持，满足各类用户的使用需求。初步设计，运控段主要由网络控制分系统、应用管理分系统、遥测遥控站（TT&C）和信关站组成。其中，网络控制分系统负责系统的工程测控、业务测控、平台位置预报、网络拓扑控制、路由生成、信关站资源分配及动态调度等；应用管理分系统负责通信组织和控制、资源调整、网络管理（如配置、故障、性能、安全等）、信息检索、统计分析、业务受理、用户管理等功能；遥测遥控站主要用于平台位置保持、空间平台设备状态监视，接收来自空间平台的遥测信息、发送遥控指令给空间平台等。信关站用于连接卫星和地面网络，主要由射频分系统、基带分系统组成，基带分系统包括卫星调制解调器、接入服务网、web加速器、网络路由和安全系统等。

3）用户段

用户段包含满足各类用户使用需求的所用类型用户终端。

（1）地面及低空用户终端。其包含各类手持终端、便携站、固定站、车载站、舰载站、潜艇站、无人或有人机等。

（2）中低轨航天器。其包括各类对地观测卫星、导航卫星、导弹、火箭等。中低轨航天器覆盖范围较小，对地移动速度快，难以直接与信关站建立稳定的通信链路。而空间信息网络中的GEO卫星平台与各类航天器关系良好，中低轨航天器能以GEO卫星平台为中继，实现宽带实时的数据传输。

1.3　空间信息网络组网方式

参照OSI层次化网络设计的原则，不同任务对应的空间信息网络层次化设计参数如表1-1所示。P、D、N、T、A分别代表物理层、数据链路层、网络层、传输层及应用层，着色的模块代表该类型任务涉及的OSI层次在设计要素、组网方式上要重点考虑。

表1-1　不同任务对应的空间信息网络层次化设计参数

OSI 层次					系 统 参 数	自主运行任务	对地观测任务	深空探测任务	分布式处理任务
A	T	N	D	P	网络拓扑	可变	可变/固定	可变	可变
					业务数据传输频次	低	高	高/低	高

续表

OSI 层次					系 统 参 数	自主运行任务	对地观测任务	深空探测任务	分布式处理任务
					导航数据传输频次	高	低	高	高
					遥控数据传输频次	高	低	高	高
					状态数据传输频次	低	低	低	低
					功率需求	高	高	高	高
					带宽需求	高	高	高	高
					实时接入需求	高	低	高/低	高
					单星处理能力	高	高/低	高/低	高
					可重构性	高	高/低	高/低	高
					可扩展性	间歇	连续	间歇	间歇/连续
					连通性	低	高	高	高
					数据长度可变能力				

　　按照组网方式不同，可以将天地一体化网络的网络结构归为三大类：天星地网、天基网络、天网地网，不同网络结构的比较如表 1-2 所示。

表 1-2　　不同网络结构的比较

网 络 结 构	天 星 地 网	天 基 网 络	天 网 地 网
地面网络	全球分布的地面网络	可不依赖地面网络独立运行	天地配合，地面网络无须全球分布
星间组网	否	是	是
星上设备	简单	复杂	中等
系统可维护性	好	差	中
技术复杂度	低	高	中
建设成本	低	高	中

　　1）天星地网

　　天星地网是目前普遍采用的一种网络结构，包括 INMARSAT、Intelsat、WGS 等系统，其特点是卫星之间不组网，而通过全球分布的地面网络实现整个系统的全球服务能力。在这种网络结构中，卫星只是透明转发通道，大部分处理都在地面完成，所以星上设备比较简单，技术复杂度低，系统可维护性好。

　　2）天基网络

　　天基网络是另一种网络结构，典型的系统有 Iridium、AEHF 等，其特点是采用星间组网的方式构成独立的天基网络，整个系统可以不依赖地面网络独立运行。这种网络结构弱化了对地面网络的要求，把处理、交换、网络控制等功能都放在星上完成，提高了系统的抗毁能力，但也造成了星上设备的复杂化，导致系统的建设成本较高。通过调研分析，我们发现这种单纯的天基网络从商业上来说并不算成功，主要基于军事上对网络极端抗毁性的需求。

　　3）天网地网

　　天网地网介于上述两种网络结构之间，以 TSAT 计划为典型，其特点是天基网络和地面网络相互配合，共同构成天地一体化网络。在这种网络结构下，天基网络利用其高远广的优势实现全球覆盖，地面网络无须全球分布，可以在地面完成大部分的网络管理和控制功能，简化整个系统的技术复杂度。

1.4　国外研究进展

为了充分获取和利用保障作战的各种信息资源，以美国为首的世界各军事强国均在天基信息系统的开发和建设上投入了大量的人力和物力。表 1-3 给出了美军天基信息系统建设现状，从侦察与监视、通信卫星、导航卫星等领域的典型系统来看，形成了较完整的天基信息作战保障体系。

表 1-3　美军天基信息系统建设现状

类　　型		典型系统	作　　用	技术指标	轨　　道
侦察与监视	成像侦察	锁眼	照相侦察	KH-12 地面分辨率 0.1m	近地 265km，远地 650km
		长曲棍球	雷达成像	分辨率 1～2m	近地 667km，远地 692km，倾角 57°
	电子侦察	门特	相控阵电子侦察	扫描频率 100M～20GHz	5 颗 GEO 卫星
		号角		同时监听上千个信号	3 颗 GEO 卫星
		联合天基广域监视系统	海军海洋监视和空军战略放空	全球监视；双星组网	5 组 10 颗 LEO 卫星，轨道高度 1000km，倾角 63.4°
		SBR	跟踪战场目标		
	导弹预警	SBIRS	红外预警	10～20s 信息回传，2.7μm 和 4.3μm 传感器	5GEO+2HEO
		DSP	导弹探测		3 颗 GEO 卫星
		STSS	弹道导弹探测	红外监视	2 颗 GEO 卫星
	国防气象	DMSP（第七代）	云量、降水、冰覆盖、海面风速等	300m 分辨率；扫描 3000km	5 颗太阳同步轨道，830km
通信卫星		TDRSS（第三代）	中继卫星	S\C，800Mbps；Ku\Ka，300Mbps	4 颗 GEO 卫星，2500kg
		MUOS	窄带	UHF 频段，16 个波束，容量 40Mbps	2 颗 GEO 卫星
		WGS	宽带	Ka 和 X 频段，19 个波束，单星 3.6Gbps	6 颗 GEO 卫星
		AEHF	受保护	EHF 和 SHF 频段，37 个波束，430Mbps	3 颗 GEO 卫星
		Iridium	全球	L 频段，128Kbps	轨道高度 780km，66 颗极轨卫星星座
		APS	极地通信		2 颗 GEO 卫星
		DSCS	国防卫星通信	VHF 频段	13 颗 GEO 卫星
		GBS	宽带数据广播		3 颗 GEO 卫星

续表

类 型	典型系统	作 用	技术指标	轨 道
通信卫星	MILSTAR	战时保密通信	EHF 频段	5 颗 GEO 卫星
	TSAT	网络中心战	EHF 频段/激光	5 颗 GEO 卫星
导航卫星	GPS	导航、定位、授时	定位精度 0.5m	27 颗 MEO 卫星星座

1. 转型卫星通信系统

2002 年，美国政府设立了 TCA（Transformational Communication Architecture）项目，该项目能够提供前所未有的传输容量、可访问性、可靠性、抗干扰、防截获等通信服务，使得美国全球作战人员可以通过信息网络实现互联。TCA 项目设想的网络由宽带全球卫星系统（WGS）、移动用户目标系统（MUOS）、先进极高频系统（AEHF）、先进极地系统和转型通信卫星系统（TSAT）组成，其网络结构如图 1-4 所示。TCA 项目设想将美国的各卫星系统有效协同地达到了"网络化"联合作战的目的，改变了目前"烟囱式"的发展格局，促进了系统间的信息共享、利用和融合。

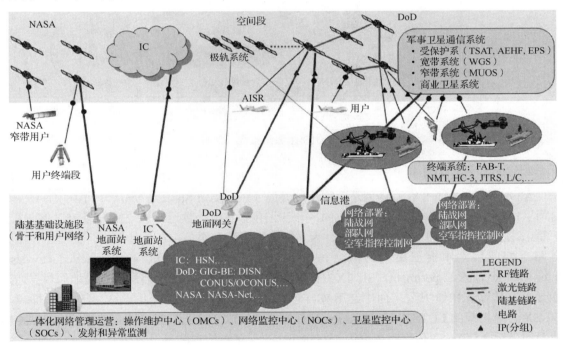

图 1-4 美国 TCA 项目设想的网络结构

TSAT（Transformational Communications Satellite System）是 TCA 项目的第一步也是关键一步，它是以激光技术为基础的、保密的下一代宽带天基信息系统，图 1-5 给出了 TSAT 系统组成示意图。该系统利用星载处理、星载 IP 路由和星间激光链路等技术，是一个整合了宽带、防护系统及情报数据的中继卫星系统，其将激光和微波合二为一，组建了一个基于网络中心的天基信息网络。星间激光链路将 5 颗卫星互连组成一个星座，通过直接或间接的方式与 AEHF、MUOS、WGS、APS 及 ORCA 互连，通过激光或微波链路和其他数据卫星、预警机、无人机及地面信关站互连。

TCA 项目最终由于各种原因而搁浅，从建设和作战应用来看，美军天基信息系统的各子系统还未真正实现有效融合，限制了系统效能的发挥。但 TSAT 系统的提出，旨在将各分散子系统全面融合，美国天基信息系统的发展历程为我国天基信息系统的建设提供了有益的参考和借鉴。

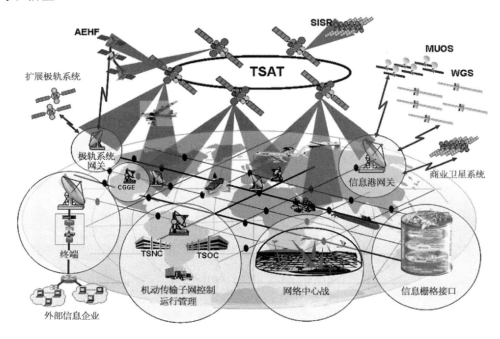

图 1-5　TSAT 系统组成示意图

2.　Alpha 星计划

Alpha 星（Alpha SAT）计划是由欧洲航天局（European Space Agency）和国际海事卫星公司（INMARSAT Global）联合推出的，该计划包括发射一颗运行轨迹在东经 25°上的中继卫星，主要面向欧、非、亚洲的用户，为其提供数据转发服务。在该计划中，提出了将激光链路组网应用到中继卫星中的概念。与半导体星间激光链路试验（Semiconductor-laser Inter-satellite Link Experiment，SILEX）计划类似，由对地观测卫星监测得到的地面数据通过激光链路传输到中继卫星，而中继卫星再运用 Ka 频段微波链路将监测数据传回地面。与 SILEX 计划搭载的 LCTSX 不同，Alpha 星计划搭载 ALCT 作为其激光通信终端，使数据传输速率提高至 2.5Gbps，传输距离可达 45000km，实现了对地观测卫星与中继卫星的高速传输。2014 年 4 月 2 日，与 Alpha 星计划实现激光通信的对地观测卫星"哨兵-1A"发射升空。可以说，Alpha 星计划是空间光网络的重大技术进步，更是中继卫星激光链路传输领域的重大突破。

3.　欧洲数据中继卫星系统（EDRS）

2002 年，欧洲正式开始执行"全球环境与安全监测"（GMES）计划。近年来，该计划监测的内容由最初的环境变化扩展到安全领域，欧洲空间通信设施向地面传输的数据量正逐年增加，预计将达到每天 6TB 的数据传输量。如此大的数据传输量，将给现有的通信设施带来极大的压力。在欧洲经济萧条的大背景下，欧洲各国无法联合出资建造更多的新卫星。同时，从战略独立性的角度出发，欧洲无法借助除欧洲以外国家的地面数据收集与管理系统。因此，为了解决这些挑战，欧洲航天局在 2009 年 2 月 17 日正式启动了"欧洲数据中继卫星系统"

（EDRS），EDRS 提供了一个快速、可靠、无缝的通信网络，按需、实时从卫星处获取信息，这将成为首个商业运营的、向地面提供服务的数据中继卫星系统。未来，所有配备 EDRS 的对地观测卫星都能更快速地传送数据，并进行更长时间的传送。EDRS 概念构想如图 1-6 所示。

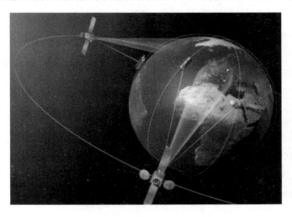

图 1-6　EDRS 概念构想

EDRS 一期系统的空间段包括两个地球静止轨道节点，分别是 EDRS-A 载荷和 EDRS-C 卫星。EDRS-A 载荷搭载在"欧洲通信卫星"9B 上，定点在东经 9°，于 2016 年 1 月 3 日发射升空。计划 2017 年发射的 EDRS-C 卫星定点在东经 31°。上述两颗卫星可覆盖欧洲、中东、非洲、北美洲、拉丁美洲、亚洲部分区域。欧洲太空局计划寻求合作与扩展，在 2020 年前发射 EDRS-D/E 两颗卫星完成二期系统建设，形成可覆盖全球的"全球网"（Globenet）及系统的冗余备份能力，形成以激光数据中继卫星与载荷为骨干的天基信息网，实现卫星、空中平台观测数据的近实时传输，大幅度提升欧洲危机响应与处理能力。EDRS 组成示意图如图 1-7 所示。

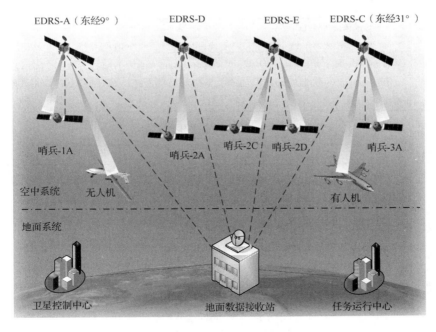

图 1-7　EDRS 组成示意图

　　"哨兵"系列卫星主要包括 2 颗哨兵-1 卫星、2 颗哨兵-2 卫星、2 颗哨兵-3 卫星、2 颗哨兵-4 载荷、2 颗哨兵-5 载荷、1 颗哨兵-5 卫星的先导卫星——哨兵-5P，以及 1 颗哨兵-6 卫星。已经发射的哨兵-1、哨兵-2 和哨兵-3 卫星性能参数分别如表 1-4～表 1-6 所示。

表 1-4　哨兵-1 卫星主要性能参数

轨 道 高 度	693km	星上存储容量	900GB		
轨 道 倾 角	98.18° 太阳同步轨道	测控链路	S 频段	上行速率	4Kbps
				下行速率	16Kbps/128Kbps/512Kbps
轨 道 周 期	99min	数据传输链路	X 频段	速率	600Mbps
重 访 周 期	12 天		激光 1064nm	速率	1.8Gbps
发 射 时 间	哨兵-1A 卫星	2014 年 3 月			
	哨兵-1B 卫星	2016 年 4 月			
主要有效载荷	合成孔径雷达 　　C 频段中心频率为 5.405GHz，带宽为 0～100MHz，峰值功率为 4.368kW，脉冲持续时间为 5～100μs，脉冲重复频率为 1000～3000Hz；天线质量为 880 k，尺寸为 12.3m×0.84m。星上合成孔径雷达有 4 种操作模式：条带模式（SM）、干涉测量宽幅模式（IW）、超宽幅模式（EWS）和波模式（WV）				

表 1-5　哨兵-2 卫星主要性能参数

轨 道 高 度	786km	星上存储容量	2.4TB		
轨 道 倾 角	98.5° 太阳同步轨道	测控链路	S 频段	上行速率	64 Kbps
				下行速率	2Mbps
质 量	1000kg	数据传输链路	X 频段	速率	560Mbps
			激光 1064nm	速率	1.8 Gbps
发 射 时 间	2015 年 6 月				
主要有效载荷	多光谱成像仪（MSI） 　　推扫式成像模式，含 13 个通道，工作谱段为可见光、近红外和短波红外，每 10 天更新一次全球陆地表面成像数据，每个轨道周期的平均观测时间为 16.3 min，峰值为 31min。光谱分辨率为 15～180nm，空间分辨率为 10 m（可见光）、20 m（近红外）和 60 m（短波红外），成像幅宽为 290km，每轨最大成像时间为 40min				

表 1-6　哨兵-3 卫星主要性能参数

轨 道 高 度	814km	星上存储容量	300GB	
轨 道 倾 角	98.6° 太阳同步轨道	测控链路	S 频段	上行速率	64 Kbps
				下行速率	123Kbps/2Mbps
重 访 周 期	27 天	数据传输链路	X 频段	速率	520 Mbps
发 射 时 间	2016 年 2 月			
主要有效载荷	• 光学仪器：海洋和陆地彩色成像光谱仪（OLCI）、海洋和陆地表面温度辐射计（SLSTR），提供地球表面的近实时测量数据； • 地形学仪器：合成孔径雷达高度计（SRAL）、微波辐射计（MWR）、全球导航卫星系统（GNSS）接收机、多普勒轨道确定和星载无线电定轨定位组合系统（DORIS）及激光后向反射器（LRR），提供开发海域、海岸区域、冰盖、河流和湖泊的高精度测量数据			

EDRS 采用激光和射频混合通信，中继卫星与对地观测卫星之间采用激光通信，中继卫星与地面站之间采用 Ka 频段射频通信。2016 年 1 月 30 日，欧洲空间局（ESA）成功发射了 EDRS 的首个激光通信中继载荷——EDRS-A，迈出了构建全球首个卫星激光通信业务化运行系统的重要一步。在完成一系列在轨测试后，EDRS-A 载荷在同年 6 月成功传输了欧洲哨兵-1A 雷达卫星的图像，并于 7 月进入业务运行阶段。在 EDRS-A 载荷中，对地观测卫星与中继卫星之间的激光双向链路速率为 1.8Gbps，"哨兵"卫星与地面之间的 Ka 频段双向链路速率为 600Mbps，中继卫星与地面之间的 RF 链路速率为 600Mbps。EDRS-A 载荷射频星间链路采用 Ka 频段，具有星间和星地两种通信模式。星间通信模式用于国际空间站欧洲舱的实时数据通信，数据传输速率约为 0.3Gbps。星地通信模式用于与地面站进行通信，数据传输速率可达 1.8Gbps，是 X 频段数据传输速率的 3.5 倍。欧洲空间局后续将开展 EDRS-A 载荷与空中平台之间的激光通信试验，在 2016 年中期分别试验与空客 A310 多用途运输机、美国 MQ-9 "死神"无人机的激光通信能力。在 EDRS 中，专用数据中继卫星与星间链路终端"哨兵"卫星均搭载了激光通信终端（LCT），LCT 主要包括望远镜、装有粗瞄准机构的框架结构及接收器等，其结构及测试平台如图 1-8 所示。

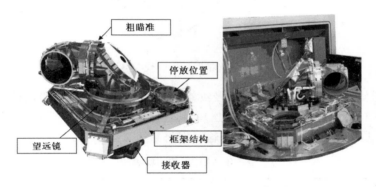

图 1-8　LCT 结构（左）及测试平台（右）

LCT 能够提供对地观测-中继卫星之间速率为 1.8Gbps 的激光双向链路。对地观测-中继卫星激光双向链路的主要性能参数如表 1-7 所示。

表 1-7　对地观测-中继卫星激光双向链路的主要性能参数

名　称	EDRS 对地观测-中继卫星激光双向链路
数据传输速率	1.8Gbps
链 路 距 离	>45000km
误 码 率	>10^{-8}
发 射 功 率	2.2W
天 线 孔 径	135mm
质　量	50kg
功　耗	~160W max
体　积	~0.6m×0.6m×0.7m

4．下一代中继卫星系统

日本对中继卫星的发展十分重视。2002 年 9 月 10 日，日本成功发射了由日本宇宙航空研究开发机构（JAXA）研制的 DRTS-W 试验中继卫星。通过运行试验发现，该中继卫星可以在时间延时较少的情况下对接收的超过 99%的地面监测数据进行传输。下一步，为了满足大容量卫星数据通信的需要，日本提出利用基于星间激光链路的中继卫星来发展空间网络系统的规划。如图 1-9 所示，对地观测卫星与中继卫星之间通过激光链路进行通信，受限于日本当地的气候因素，在现行的规划中，中继卫星与地面控制站之间采用 Ka 频段微波进行通信。随着对光学链路的研究，在未来，激光链路通信将运用到对地观测卫星-中继卫星-光学地面站通信系统中。

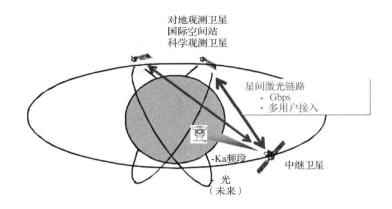

图 1-9　基于星间激光链路的下一代中继卫星系统概览

为了提高通信链路的数据传输速率及终端用户的质量，并减少通信过程的功率损耗，JAXA 研制了下一代激光通信终端（LUCE），其目标参数如表 1-8 所示。可以看出，对地观测卫星与中继卫星之间的激光链路数据传输速率将高达 2.5Gbps。

表 1-8　LUCE 的目标参数

通 信 波 长	1.06μm	
调制/解调方案	BPSK/零差	
数据传输速率	2.5Gbps/1.2Gbps（前向/反向）	
发 射 功 率	+36.0dBm	
捕获跟踪瞄准方案	无信标光	
	对地观测卫星终端	中继卫星终端
光学天线直径	100mm	200mm
质 量	<35kg	<50kg
功 耗	150W（max）/100W（avg）	130W（max）/100W（avg）

同时，考虑到与未来中继卫星的兼容性，激光通信终端将采用与 Tesat-Spacecom 公司下一代激光通信终端类似的方案：采用波长为 1.06μm 的信号光和 BPSK/零差方案进行检测；激光放大器利用 Nd: YAG 晶体进行波导。同时，为了能够更好地运用到质量为 500kg 左右的中型对地观测卫星中，激光通信终端的质量将小于 35kg。

5. 下一代 LEO 卫星通信系统（NeLS）

日本的 CRL 和下一代 LEO 卫星通信系统研究中心提出了下一代 LEO 卫星通信系统（Next-Generation LEO System，NeLS），星间通信全部采用激光链路，是世界上第一个激光链路全球性卫星通信网络，其星座参数如表 1-9 所示。NeLS 星间链路参数如表 1-10 所示。

表 1-9　NeLS 星座参数

轨 道 参 数	参 数 值
轨道数	10
每轨道卫星数	12
轨道高度	1200km
轨道倾角	55°
离心率	0
上升节点经度差	36°
轨道相位	3
最小仰角（单星）	20°
最小仰角（双星）	13°

表 1-10　NeLS 星间链路参数

调　　制	IM/DD	IM/DD	BPSK
天线孔径（cm）	10	7	6
数据速率（Gbps）	10.0	2.4	2.4
波长（μm）	1.55	1.55	1.55
TX			
TX 功率（mW）	1000	1000	1000
dBm	30	30	30
天线增益（dB）	106.1	103.1	100.1
TX 损耗（dB）	−2	−2	−2
TX 天线孔径（cm）	10	7	6
束散角（μrad）	19.7	28.2	32.9
EIRP（dBm）	134.1	131.1	129.7
传输			
距离（km）	5000	5000	5000
自由空间传输损耗（dB）	−272.2	−272.2	−272.2
指瞄损耗（dB）	−0.5	−0.2	−0.2
RX			
天线增益（dB）	106.1	103.1	101.7
RX 光学损耗（dB）	−4	−4	−4
RX 天线孔径（cm）	10	7	6
接收功率（dBm）	−36.4	−42.3	−44.9
RX 灵敏度（photons/bit）	90	90	56
功率需求（dBm）	−39.4	−45.6	−47.6
余量（dB）	3.0	3.3	2.7

NeLS 结构如图 1-10 所示，空间段由 120 颗 LEO 卫星组成，具有星载 ATM 交换能力，星间采用激光链路，星地之间利用多波束天线、可变速率用户链路调制技术和卫星数字波束整形天线技术，图 1-11 是 NeLS 终端实物。

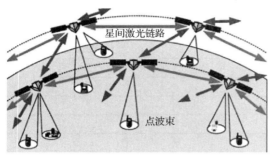

图 1-10　NeLS 结构　　　　　　　　图 1-11　NeLS 终端实物

NeLS 重点研究内容之一是 WDM 空间光网络及星载光纤放大器等卫星组网关键技术和器件。2003 年报道了星间激光链路 WDM 试验，数个卫星节点通过星间激光链路连接成一个环形拓扑，链路间采用四波道的 WDM 技术和掺铒光纤放大器（EDFA）。一个 WDM 仿真器主要包括光发送机和光接收机，发送端采用四个可调连续波（Continuous Wavelength，CW）光源，波长分辨率为 0.001nm，接收端采用光窄带滤波器、检测机及低噪声放大器。轨道内和轨道间四波长 WDM 星间激光链路星载子系统结构如图 1-12 所示。在接收端，首先对光信号进行低噪声放大，然后实现三个波长通道的解复用，再进行解调，将解调后的信号连接到 ATM 交换机上实现星上电路交换，另一个波长通道经 EDFA 放大后直通到另一颗卫星，实现通道交换。在发送端，经 ATM 交换机交换后的三路信号首先进行光学调制，与直通的另一路光信号一起复用，经过高功率 EDFA 放大后，通过光学天线发送。

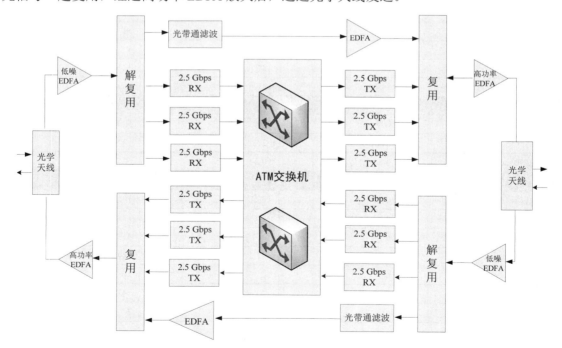

图 1-12　轨道内和轨道间四波长 WDM 星间激光链路星载子系统结构

测试结果表明，掺 Yb 的 EDFA 应用到 NeLS 后，当输出光功率低于 2W 时，系统的误码性能非常优良。同时理论上的输出光功率仅为 1W，所以该 WDM 环形空间光网络是非常具有吸引力的。2003—2007 年，NeLS 网络拓扑不断优化改进，目前第二阶段在轨飞行试验已经开始，其中重点包括对 LEO 星间激光通信的验证。

6．全球互联网星座

为了提供全球互联网无缝接入服务，在传统天基互联网计划，如 Teledesic 和 Skybirdge 的基础上，OneWeb、SpaceX、Samsung 和 LEOSAT 等多家企业拟打造新兴卫星互联网星座（Mega-constellation）。其特点是由大规模低轨卫星星座组成（通常是成百上千个），主要提供全球宽带互联网接入服务，即具有互联网传输功能的巨型通信卫星星座。目前计划建设的全球互联网星座如表 1-11 所示。

表 1-11　全球互联网星座

	星 座 名 称		
	OneWeb	Steam	LEOSAT
卫星数量	650	4000	80～140
轨道高度	1200km	1100km	1400km
星间链路	无	有	有
卫星质量	125kg	未知	未知
容量和成本	5～10TB	8～10TB	0.5～1.0TB
用户数据传输速率	50Mbps	未知	1.2Gbps
传输延时	20～30ms	讠腰8 杨糧唠 Č～50ms	50ms

7．宽带多媒体卫星通信系统

全球宽带多媒体卫星通信系统及其主要性能指标如表 1-12 所示，包括 AmerHis、WINDS、INMARSAT5 等。

表 1-12　全球宽带多媒体卫星通信系统及其主要性能指标

系 统 名 称	提 出 时 间	频　　段	容　　量	星上交换方式	多 址 方 式
AmerHis	2004	Ku	1224MHz	MPEG2 电路交换	MF-TDMA
Spaceway	2007	Ka	10GB	快速包交换	FDMA-TDMA
WINDS	2008	Ka	>1.2GB	ATM/SS-TDMA	MF-TDMA/SCPC
IS-14	2009	Ku	792MHZ	IP 路由	MF-TDMA/SCPC
WGS	2007	Ka/X	1.2～3.6GB	子带交换	MF-TDMA
Hylas-1	2010	Ka/ Ku	300MHz	透明转发	MF-TDMA
Hylas-2	2012	Ka/ Ku	8280MHz	透明转发	MF-TDMA
KA-SAT	2011	Ka	>70GB	透明转发	MF-TDMA
ViaSat-1	2011	Ka	>130GB	透明转发	MF-TDMA
Jupiter	2012	Ka	100GB	透明转发	MF-TDMA
INMARSAT5	2014	Ka	100GB	透明转发	未知

1.5　国内研究进展

国内空间信息网络的基本概念和内涵如表 1-13 所示，主要包括 6 种网络，每种网络的侧重点不一样。

表 1-13　国内空间信息网络的基本概念和内涵

名　称	基本概念和内涵	提 出 者
天地一体化航天互联网	通过天地链路实现一体化网络互连	沈荣骏院士
天基综合信息网	通过卫星系统整合实现天基信息传递	闵士权总工程师
空间信息网络	飞行器、航天器及卫星等天基信息载体的整合	国家自然科学基金委员会
"一带一路"空间信息走廊	为"一带一路"提供空间信息支撑	国家国防科技工业局
天地一体化信息网络	由天基信息网、互联网和移动通信网互联而成	吴曼青院士
天基信息网络	具有信息港功能的多功能异构卫星系统	国家国防科技工业局

（1）2006 年，沈荣骏院士提出"天地一体化航天互联网"，通过天地链路连接成一个一体化的互联网，主要强调对航天系统资源的整合。天地一体化航天互联网规模庞大、结构复杂、网络伸缩性强，用户动态接入，网络拓扑结构不断变化并包含多个异构的子网（含卫星编队和星座等），涉及用户卫星系统、中继卫星系统、地基测控网、用户业务网等诸多层面。整个网络可分为主干网、子网（包括星座和编队子网、近距离无线子网、多址或单址独立节点）和接入网络（包括空间接入网和地面接入网）。我国天地一体化航天互联网体系结构如图 1-13 所示。

① 主干网。主干网负责用户航天器与地面之间应用数据及测控信息的传输与分发，主要由我国地面数据接收网、空间目标监视网、天文观测网、航天测控网、业务测控网和中继卫星系统（包括地球轨道中继卫星和行星轨道中继卫星）构成。由统一的运行管理中心管理，并设置高效统一的数据服务系统，为不同用户服务。

② 子网。包括以下几类。

- 独立节点。独立节点分为单址和多址两种。单址指一个航天器只有一个网络地址，这类节点通常直接与主干网连接，目前大多数卫星属于此类。多址指一个航天器有多个网络地址，分系统或独立部件允许有自己的网络地址，如空间站。这类节点通常以子网的形式与主干网连接，航天器内部分系统的增减不影响其他系统的数据传输。

- 星座子网和编队子网。星座子网和编队子网是指有星间链路的星座或卫星编队互连后构成的局域网。无星间链路的星座或卫星编队的卫星不构成子网，每颗卫星为独立节点。

- 近距离无线网络。近距离无线网络是指由若干近距离航天器通过无线手段通信构成的网络。主干网只与执行该任务的一个或少数航天器之间建立链路。近距离无线网络主要在飞船的交会对接、月球或火星等轨道器与着陆器之间的释放与对接等环境下使用。

③ 接入网。接入网是指连接主干网和子网的节点设备（包括天线、收发设备）构成的网络，分为地面接入网和空间接入网。基于以上划分，目前数据网和测控网中的不同设备单元将分属主干网和接入网。其中，射频部分及基带属于接入网；计算机信息系统及其后端属于主干网。

（2）2013 年，闵士权总工程师提出"天基综合信息网"的构想，天基综合信息网（Space-based Integrated Information Network）又叫作空间综合信息网（Space Integrated Information Network），其基本思路是通过整合不同的卫星系统，以卫星通信网为核心实现信息的传递。天基综合信息网是通过星间和星地链路连接在一起的不同轨道、种类、性能的飞行器及相应地面设施和应用系统，按照空间信息资源的最大有效利用原则组成的天地一体化综合信息网。该网络具有智能化信息获取、存储、传输、处理、融合和分发能力，具备一定的自主运行和管理能力。天基综合信息网架构如图 1-14 所示。

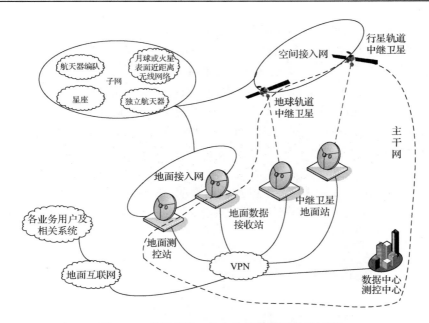

图 1-13　我国天地一体化航天互联网体系结构

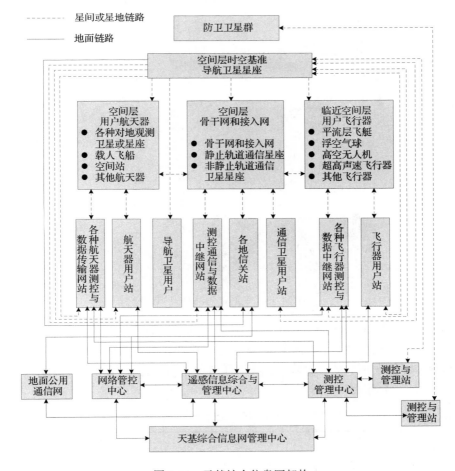

图 1-14　天基综合信息网架构

（3）2013 年，国家自然科学基金委员会发布了"空间信息网络"重大专项课题，侧重在天基层面，强调飞行器、航天器及卫星等天基信息载体的整合。空间信息网络是以空间平台（如同步卫星、中低轨道卫星、平流层气球和有人或无人机等）为载体，实时获取、传输和处理空间信息的网络系统。作为国家重要基础设施，空间信息网络在服务远洋航行、应急救援、导航定位、航空运输、航天测控等方面有重大应用的同时，向下可支持对地观测的高动态、宽带实时传输，向上可支持深空探测的超远程、大时延可靠传输，从而将人类科学、文化、生产活动拓展至空间、远洋，乃至深空，是全球范围的研究热点。空间信息网络架构如图 1-15所示。

空间信息网络功能包括遥感与导航数据快速获取与处理服务、地面移动宽带通信服务、航天器测控及通信与导航。空间信息网络特点包括一星多用、网络多源异构、节点动态变化、覆盖范围大、应用前景广阔。

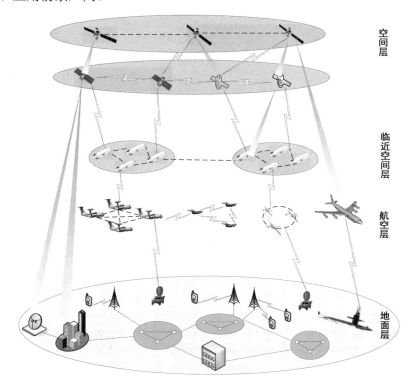

图 1-15　空间信息网络架构

（4）2015 年，国家国防科技工业局牵头，联合国家发展和改革委员会、工业和信息化部和外交部开展了"一带一路"空间信息走廊的方案论证，其主要建设思路是为"一带一路"沿线国家和地区经济发展、社会进步、民生改善提供空间信息支撑。"一带一路"空间信息走廊发展路线如表 1-14 所示。

表 1-14　"一带一路"空间信息走廊发展路线

阶　　段		时　　间	任务目标
第一阶段	顶层设计阶段	2015 年	拟完成天、地、应用的顶层设计与方案论证，并在预定的时间内启动工程建设

续表

阶　段		时　间	任　务　目　标
第二阶段	系统建设阶段	2016—2018 年	重点实施天、地、应用的系统建设与推广，力争形成具有初步运行能力的系统性工程
第三阶段	能力形成阶段	2019—2020 年	着手"一带一路"空间信息走廊的完善建设与功能应用，以形成全面的、运行良好的、充分发挥效能的天、地、应用一体的"一带一路"空间信息走廊

为了更好地服务于"一带一路"及沿线国家和地区的空间信息服务与资源需求，构建布局合理、区域全覆盖的综合性空间信息服务平台，"一带一路"空间信息走廊将主要实现以下三大目标。

① 天观地测，运筹帷幄。结合亚太空间合作组织多任务小卫星星座的建设，辅以地基观测与信息采集手段，建设面向"一带一路"的国际化遥感信息服务网络，提供覆盖"一带一路"战略决策的数据保障与咨询服务。

② 西进东拓，经略子午。拓展卫星通信节点，保障我国在"一带一路"通信干路传输和遥感信息的境外传输；建设覆盖"一带一路"沿线国家和地区的移动通信能力和手段，形成覆盖"一带一路"不间断的信息服务能力。

③ 借力北斗，精耕细作。基于"一带一路"遥感信息获取能力和通信传输能力，结合导航定位与信息融合应用，积极推广北斗应用国际化，建设服务国家战略安全、产业推广、企业保驾护航的应用服务系统，支持战略目标区域和重大工程项目实施与运行的重要信息采集、分析和决策服务。

（5）2013—2014 年，工业和信息化部组织了"天地一体化信息网络"相关课题研究，2013 年和 2015 年先后召开两次高峰论坛，张乃通、姜会林等院士做大会报告，明确了网络定位和边界，该网络侧重以地面网络为依托，天基网络为拓展，统一标准使天基信息网、互联网和移动通信网互联互通。天地一体化信息网络架构如图 1-16 所示。

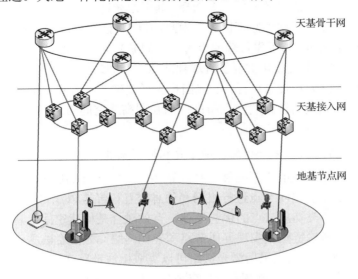

图 1-16　天地一体化信息网络架构

（6）天基信息网络是具有信息港功能的多功能异构卫星系统，是天基网络信息体系中的用户接入节点、信息汇聚枢纽、处理分发平台和管理控制中心，能够实现天基用户管理、控制管理和业务管理三个核心功能。

天基信息网络是天基网络信息体系中高轨道节点的一种形态，本质上天基信息网络是一种天地一体化的"信息+网络"的复杂系统，联通管理各类子网和用户、汇集处理各种数据与信息，是天基网络信息体系能力提升的关键，是天基信息实现体系化应用的核心。

1.6 发展趋势

我国正处于空间信息网络发展进程的关键时期，中星系列通信卫星、天链系列数据中继卫星、高分辨率对地观测系列卫星、北斗导航系列卫星、载人航天与探月工程等各类航天器系统，都呈现出全域覆盖、网络扩展和协同应用的发展趋势，需要提升空间信息网络的时空连续支撑能力，解决在高动态条件下空间信息网络的全天候、全天时快速响应和大范围覆盖问题。从目前空间信息网络的发展来看，主要呈现以下两个显著趋势。

1. 空间信息网络链路由单一微波向微波/光混合发展

从技术特点来看，以微波链路为主的空间信息网络基本满足现有通信、导航、遥感和测控任务的需求，但从长远来看，受微波频率的限制，空间平台在处理速率、通信容量、抗干扰能力等方面存在的局限性使其难以满足未来空间信息网络向下支持对地观测的高动态、宽带实时传输，向上支持深空探测的超远程、大时延可靠传输的需求。从军事应用来看，随着空天信息化武器装备的高速发展，未来空天战场对天基信息的支援需求将急剧增加，这必将对空间信息网络的数据传输与分发能力提出更高的要求。若单纯依靠提升微波通信频段来提高传输速率，那么随着通信频段的提升、信道和天线波束数量的增加，空间平台有效载荷的复杂性必然剧增。由此看来，面向未来空间信息网络高动态、宽带实时、可靠传输的需求，微波链路的能力局限问题将会越来越凸显。

方兴未艾的空间激光链路是另外一个选择。基于激光链路的空间光通信系统具有容量大、体积小、抗干扰能力强、保密性好等优势。为此，自20世纪90年代以来，以欧洲为代表的发达国家相继开展了高速、高可靠传输的点对点空间激光通信关键技术研究和星上演示验证，尤其近年来美国NASA先后成功实现了月球到地球、空间站到地球的激光通信链路，验证了空间激光通信的巨大潜力和技术可行性。我国也先后突破了一系列关键技术，并于2012年实现了低轨卫星对地激光通信链路的演示验证，为我国高速空间信息网络建设提供了一个新的途径。

2. 空间信息网络组网由单一功能向动态异构协同发展

随着空间信息网络领域的不断拓展，种类繁多、功能各异的航天器及飞行器相继投入使用，纯粹依靠单一功能的空间节点进行组网和信息交互已经难以满足未来大数据量、高可靠性数据传输的要求。各类功能节点的优势互补、有效融合是构建空间信息网络的必要前提。

选择合适的信息传输链路是实现异质节点和异构网络高效融合的关键。例如，GEO-GEO之间、LEO-GEO之间信息传输采用激光链路可以克服微波链路在功耗和体积方面的瓶颈，充分发挥空间光通信的优势。中低轨卫星、升空平台、飞机之间或其与GEO卫星间的信息交互，可以根据业务需求采用激光链路或微波链路。航空骨干网的机间链路要求宽带宽、抗干扰和隐身能力。因此，具有低截获、高速、抗干扰通信特点的激光宽带数据链路就成为构建航空骨干网的理想方案。航空战术子网通过机间射频数据链路组成高吞吐量、延时敏感的协同交战网络。航空战术子网可以连接航空骨干网核心节点，并通过航空骨干网与整个空间信息网络进行互连。

参考文献

[1] PELTON J N. Satellite Communications[M]. Springer, New York, 2012.

[2] 王家胜，齐鑫. 为载人航天服务的中国数据中继卫星系统[J]. 中国科学：技术科学，2014，3：235-242.

[3] 孙宝升. 我国中继卫星系统在交会对接任务中的应用[J]. 飞行器测控学报，2014，3：183-187.

[4] 胡鹤飞，刘元安. 高速空间激光通信系统在空天信息网中的应用[J]. 应用光学. 2011，32（6）：1270-1290.

[5] 程洪玮，陈二虎. 国外激光链路中继卫星系统的发展与启示[J]. 红外与激光工程，2012，41（6）：1571-1574.

[6] 宋婷婷，马晶，谭立英，等. 美国月球激光通信演示验证——实验设计和后续发展[J]. 激光与光电子学进展，2014，4：24-31.

[7] 张靓，郭丽红，刘向南，等. 空间激光通信技术最新进展与趋势[J]. 飞行器测控学报，2013，32（4）：286-293.

[8] 赵静，赵尚弘，李勇军. 星间激光链路数据中继技术研究进展[J]. 红外与激光工程，2013，42（11）：3103-3110.

[9] SEEL S, KAMPFNER H, HEINE F, et al. Space to Ground Bidirectional Optical Communication Link at 5.6 Gbps and EDRS Connectivity Outlook[C]//Aerospace Conference, 2011 IEEE, 2011: 1-7.

[10] 沈荣骏. 我国天地一体化航天互联网构想[J]. 中国工程科学，2006，8（10）：19-30.

[11] 李德仁，沈欣，龚健雅，等. 论我国空间信息网络的构建[J]. 武汉大学学报：信息科学版，2015，40（6）：711-715.

[12] 闵士权. 我国天基综合信息网构想[J]. 航天器工程，2013，22（5）：1-14.

[13] 吴曼青，吴巍，周彬，等. 天地一体化信息网络总体架构设想[J]. 卫星与网络，2016，3：30-36.

[14] 陆洲，秦智超，张平. 天地一体化信息网络系统初步设想[J]. 国际太空，2016，7：20-25.

[15] 胡伟，刘壮，邓超. "一带一路"空间信息走廊建设的思考[J]. 工业经济论坛，2015，（5）：125-133.

[16] 陈建光，徐鹏. "欧洲数据中继系统"发展及其影响分析[J]. 航天系统与技术，2016，（8）：16-18.

[17] 冯少栋，李广侠，张更新. 全球宽带多媒体卫星通信系统发展现状（上）[J]. 卫星与网络，2010，（6）：46-50.

[18] 冯少栋，张更新，李广侠. 全球宽带多媒体卫星通信系统发展现状（下）[J]. 卫星与网络，2010，（7）：74-7.

第二章 空间信息网络协议

未来的空间信息网络除了要为陆基网难以覆盖的移动用户提供远程语音和数据通信服务，还必须满足空间任务、空间透明接入和中继的需求，能够为卫星、飞船和陆基分布式传感数据传输提供特有的高速率、大容量服务。由于目前的空间信息网络几乎都是基于干线通信网设计的，没有特别考虑终端用户需求的多样性，所以必须采用新的思路构建空间信息网络来满足各类航空航天信息的传输要求。最初人们研究 ATM 交换协议在极轨道卫星星座中的应用，由于切换和卫星节点的移动导致虚电路或虚路径被反复重建，协议开销增大，空间信息网络效率远低于 ATM 地面网。随着 Internet 的迅猛发展，研究者想把地面的 IP 协议应用到空间信息网络中，虽然取得了一些成果，但是 IP 路由协议基于实时状态计算路由，对卫星通信系统未来可能路由缺乏预见性，导致开销很大，因此不适用于空间信息网络。

国内外针对不同的应用环境，制定了许多空间信息网络协议。现有的空间信息网络协议如表 2-1 所示。在众多协议中，唯有 CCSDS 被广泛认同，其参与制定的单位包括美国国家航空航天局（NASA）、欧洲太空局（ESA）、德国 DLR、日本宇宙航空研究开发机构（JAXA）及中国国家航天局等世界权威航天机构，被认为是最接近实际应用的空间信息网络协议。CCSDS 采用类似 ISO 标准协议的分级结构设计方法，包括物理层、数据链路层、网络层及可靠传输等内容。CCSDS 通过改进、参考地面 IP 技术开发了一套涵盖网络层和应用层的空间通信协议规范（Space Communication Protocol Systems，SCPS），加强了对深空通信的适应性。CCSDS 属于空间数据链路专用协议，目前在空间信息网络中得到了广泛应用，但是还没有正式地针对光通信数据链路的协议规范。DTN 属于面向星际互联网的专有协议，可适应大延时和中断的网络场景。TCP/IP 协议在地面网络中得到了广泛应用，技术成熟，在空间信息网络中应用易实现天地一体化网络的高效融合，也有 IP over CCSDS 的协议规范，规定了 IP 数据在 CCSDS 空间数据链路上传输的标准。

表 2-1　现有的空间信息网络协议

协议名称	主要特点	优势	问题
CCSDS	空间数据链路专用	• 协议体系完善； • 经多次航天任务应用	• 无法与地面网络直接互操作，需要协议转换； • 开发维护费用高
DTN	• "覆盖层"方式，灵活性高； • 存储转发机制	• 面向星际互联网设计； • 兼容性好，可基于已有成熟网络技术	标准制定处于起步阶段
TCP/IP	• 核心技术 IP：无连接分组交换； • "窄腰"结构	• 技术成熟，研发成本低； • 易实现天地一体化网络的高效融合	• 不适应空间数据链路特征； • 安全性存在问题

2.1　CCSDS 协议分层

CCSDS 协议参考模型如图 2-1 所示，包括五层协议。图 2-2 所示为五层协议的可能组合形式。

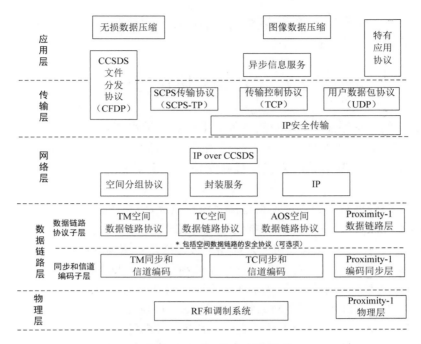

图 2-1　CCSDS 协议参考模型

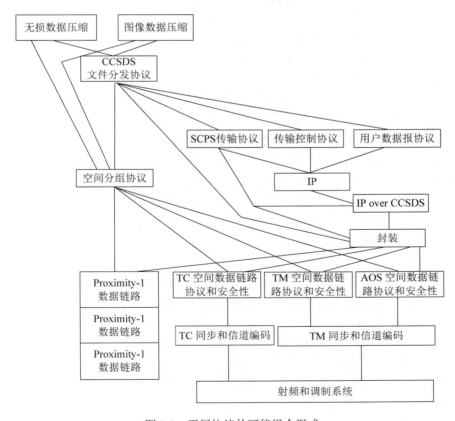

图 2-2　五层协议的可能组合形式

图 2-1 中, CFDP 跨应用层和传输层, Proximity-1 空间数据链路协议跨数据链路层和物理层, 其他协议都可以实现一层的功能。

2.2 CCSDS 协议历史

在早期的空间通信系统中, 从空间飞行器上得到的遥测数据以时分复用方式, 通过固定长度帧发送, 按自定义规则复用。由于缺乏相关国际标准, 因此每个空间飞行器数据通信系统项目都只能开发定制的系统为该项目独立使用, 重用性差, 研发周期长, 严重浪费人力物力。

空间飞行器微处理技术的出现使得遥测系统更具灵活性, 增加了系统吞吐量, 极大地提高了星上数据的传输效率。20 世纪 80 年代早期, CCSDS 提出了分组遥测 (Packet Telemetry) 标准, 称为源分组, 数据单元长度可变, 提高了传输效率。该标准通过固定长度传输帧发送, 兼容性好。基于相同的理念, CCSDS 又提出了分组遥控 (Telecommand) 标准, 该标准适用于将间歇性、长度可变的传输帧从地面发送到不同空间飞行器上。20 世纪 80 年代晚期, CCSDS 将上述标准进行扩展, 满足高级在轨系统 (Advanced Orbiting System, AOS) 的使用需求, AOS 称为第三个标准。AOS 可用于传送文件、音频、视频等各种类型的在线数据, 还可用于空地或地空链路。AOS 使用和分组遥测相同的数据结构, 但帧格式稍许不同。

早期的三种标准, 即 Packet Telemetry、Telecommand 和 AOS 后来由 CCSDS 重新进行修订, 形成了更加统一的标准, 具体如下。

(1) 空间分组协议 (Space Packet Protocol)。

(2) TM、TC、AOS 空间数据链路协议。

(3) TM、TC 同步和信道编码。

CCSDS 制定了在空间飞行器和地面站间 RF 信号传输的标准, 称为 RF 和调制, 规定了 RF 信号传输分组和组帧方法。

20 世纪 90 年代, CCSDS 又提出了一组叫作空间通信协议规范 (SCPS) 的协议, 包括 SCPS 网络协议 (Network Protocol, SCPS-NP)、SCPS 安全协议 (Security Protocol, SCPS-SP)、SCPS 传输协议 (Transport Protocol, SCPS-TP) 和 SCPS 文件协议 (File Protocol, SCPS-FP)。SCPS 协议基于 Internet 协议, 但进行了适应性修改和扩展, 适用于空间任务的特殊使用要求。

为了满足空间任务中从或向星载主存储器传输文件的需求, CCSDS 提出了文件分发协议 (CCSDS File Delivery Protocol, CFDP), 它具有在非可靠协议上 (如空间分组协议) 可靠、有效传输文件的能力。

在数据压缩领域, CCSDS 提出了无损数据压缩标准和图像数据压缩标准, 可增加科学数据的回传能力或降低对星载存储的要求。前者确保原始数据无任何失真的重构, 而后者则无法保证无任何失真。

CCSDS 又提出了 Proximity-1 空间数据链路协议, 适用于近距离的空间数据链路。Proximity-1 空间数据链路协议应用在短距、双向、固定或移动无线链路中, 通常的适用范围是在固定探测器、登陆器、巡视器、轨道星座和轨道中继卫星之间通信。该协议定义了数据链路协议、编码同步方法和 RF 调制特性。

在许多空间任务中都要强调安全的重要性, CCSDS 发布了几个文档, 包括 The Application

of CCSDS Protocol to Secure Systems，Security Architecture for Space Data Systems 和 CCSDS Cryptographic Algorithms，使得在使用 CCSDS 实现飞行器控制和数据处理的同时，能确保一定的安全和数据保护。

2.2.1　物理层

CCSDS 对物理层有一套通用的标准，Proximity-1 空间数据链路协议也有 Proximity 物理层的推荐标准。

2.2.2　数据链路层

CCSDS 将数据链路层分为数据链路协议子层，同步和信道编码子层。数据链路协议子层规定了高层点到点空间数据链路上数据单元的传输方法，称此数据单元为传输帧。同步和信道编码子层规定了传输帧在空间数据链路上传输时的同步和信道编码方法。

CCSDS 提出了 4 种数据链路协议子层的协议。

（1）TM 空间数据链路协议。

（2）TC 空间数据链路协议。

（3）AOS 空间数据链路协议。

（4）Proximity-1 空间数据链路协议。

TM、TC 和 AOS 可利用 SDLS 协议，支持插入安全用户数据到传输帧的功能。然而，Proximity-1 并没有安全性要求。SDLS 协议为 TM、TC 和 AOS 提供安全服务，包括认证和加密，但只是可选项，并不强制。

CCSDS 提出了 3 个同步和信道编码子层的标准，AOS 同步和信道编码与 TM 一致，因此没有单独列出。

（1）TM 同步和信道编码。

（2）TC 同步和信道编码。

（3）Proximity-1 同步和信道编码。

2.2.3　网络层

CCSDS 有 2 个网络层标准。

（1）空间分组协议（Space Packet Protocol）。

（2）封装服务（Encapsulation）。

空间分组协议产生协议数据单元（PDUs），封装服务可将经 CCSDS 认证的 PDUs 封装为空间分组或封装分组，然后这些分组可利用 CCSDS 空间数据链路协议在一条空间数据链路上传输。

基于 IP over CCSDS，CCSDS 认证的 Internet 报文也可以利用 CCSDS 空间数据链路协议在空间数据链路上传输。

2.2.4　传输层

传输层提供端到端的传输服务，CCSDS 提出了 SCPS-TP。SCPS-TP 的 PDUs 通常利用空间数据链路的网络层协议进行传输，也可直接通过数据链路层进行传输。

　　TCP、UDP 等 Internet 传输协议也可用于 IP 报文 over CCSDS 空间数据链路的顶层。IPSec 提供端到端的数据保护。

2.2.5　应用层

　　应用层为用户提供端到端的文件传输和数据压缩服务。CCSDS 提出了 5 类应用层的协议。
（1）异步信息服务。
（2）CFDP 文件分发服务。
（3）无损数据压缩服务。
（4）图像数据压缩服务。
（5）无损多光谱&超光谱图像压缩。

2.3　CCSDS 协议的主要特征

2.3.1　物理层

　　CCSD 在物理层规定了 RF 和调制系统，适用于飞行器之间或与地面之间的通信链路。

2.3.2　数据链路层

2.3.2.1　数据链路层一般特征

　　CCSD 在数据链路层规定了四个协议，统称为空间数据链路协议，这些协议支持在空间数据链路上传输不同类型的数据，其基本功能是传输称为分组的可变长度数据单元，4 个协议分别如下。
（1）TM 空间数据链路协议。
（2）TC 空间数据链路协议。
（3）AOS 空间数据链路协议。
（4）Proximity-1 空间数据链路协议。
　　由空间数据链路协议传的数据包格式（Packet Format）必须有包版本号，这些包版本号是由 NASA 规定的。分配了包版本号的数据包可直接在空间数据链路协议上传输，但 CCSDS 有另一套机制来传输 CCSDS 本身的 PDUs 和非 CCSDS 的数据，这套机制叫作封装服务。
　　CCSDS 数据链路层提供在空间数据链路上发送数据的功能，其中 TM/TC/AOS 可使用 SDLS（Space Data Link Security）协议在数据帧中插入安全用户数据，保证数据传输的安全性。然而，在 Proximity-1 空间数据链路协议中并没有规定安全性。
　　TM 空间数据链路协议一般用于从飞行器向地面传送遥感数据，称为反向链路。TC 空间数据链路协议一般用于供地面站向飞行器发送控制数据，称为前向链路。AOS 空间数据链路协议应用包括单独反向链路数据回传或前向和反向链路兼具。Proximity-1 空间数据链路协议的应用场合是近距离空间数据链路，包括短距离、双向、固定或移动无线电链路。
　　由空间数据链路协议承载的 PDUs 叫作传输帧。TM 和 AOS 空间数据链路协议使用固定长度传输帧，以方便实现噪声链路中的同步。TC 和 Proximity-1 空间数据链路协议使用可变长度传输帧，以方便实现短延时的短消息接收。

所有空间数据链路协议的核心都是"虚拟信道"（VC）概念的引入，它可实现多个高层数据流共享一个物理信道，且每个虚拟信道都有不同的服务质量要求。一个物理信道可分为几个分离的逻辑数据信道，每个信道都称为虚拟信道。在一个物理信道上传输的每个传输帧都属于该物理信道中的某一个虚拟信道。

TC 空间数据链路协议具有重新发送丢失或损坏数据的功能，确保数据有序、无中断或无复制地在空间数据链路上传输。这个功能由通信操作程序-1（Communication Operation Procedures-1，COP-1）的重传控制机制实现。在 Proximity-1 空间数据链路协议中也有一个类似的功能，叫作 COP-P。在 TM 和 AOS 空间数据链路协议中没有此功能，因此，如果要求数据的完整接收，则必须在高层设置重传控制机制。

TM 和 AOS 空间数据链路协议共用一个同步和信道编码子层，TC 有自己的同步和信道编码子层，Proximity-1 空间数据链路协议也有自己的同步和信道编码子层。

2.3.2.2 数据链路层协议的标识符

数据链路层具有链路标识功能，可以对数据流进行标识，标识符的名称由 NASA 统一规定。NASA 为所有 CCSDS 提供注册。

TM、TC 和 AOS 空间数据链路协议有三类标识符：传输帧版本号（TFVN）、航天器标识符（SCID）和虚拟信道标识符（VCID）。

TFVN 用来区别不同的传输帧，但不同的传输帧一定不会复用到一个物理信道中。TFVN 和 SCID 统称为 MCID（主信道标识符），用来标识与一条空间数据链路相关的航天器。

在一个物理信道中，所有具有相同 MCID 的传输帧构成一个主信道（MC）。一个主信道包括一个或多个虚拟信道，每个虚拟信道都有一个 MCID。在大多数情况下，一个物理信道上仅能承载一个 MCID 的传输帧。然而，一个物理信道也可承载多个 MCID，前提是它们具有相同的 TFVN。在此情况下，一个物理信道包括多个主信道。一个物理信道由一个物理信道名称来标识，具体由管理单元设置，不包含在传输帧中。

TC 空间数据链路协议使用了一个可选的标识符，叫作复用接入点标识符（MAP ID），用来在一个虚拟信道中创建多个数据流。具有相同 MAP ID 的一个虚拟信道中的全部数据帧组成一个 MAP 信道。一个虚拟信道包括一个或多个 MAP 信道。

Proximity-1 空间数据链路协议使用了一组三个参量。SCID 使用源-宿标识符（Source or Destination ID），用来标识在链路连接阶段传输帧的源或宿。物理信道标识符（PCID）提供两个独立的复用信道。端口 ID 可将收发器输出端口的用户数据路由到规定的逻辑端口或物理端口。

空间数据链路协议标识符的值由 NASA 分配，具体如表 2-2 所示。

表 2-2 空间数据链路协议标识符的值

标 识 符	TM	TC	AOS	Porximity-1
TFVN	1（二进制编码 00）	1（二进制编码 00）	2（二进制编码 01）	3（二进制编码 10）
SCID	0～1023	0～1023	0～1023	0～1023
PCID	N/A	N/A	N/A	0～1
VCID	0～7	0～63	0～63	N/A

标 识 符	TM	TC	AOS	Porximity-1
MAP ID	N/A	0～63	N/A	N/A
Port ID	N/A	N/A	N/A	0～7

2.3.2.3 数据链路层协议提供的服务

数据链路层协议最重要的服务是传输可变长度的数据单元，称为分组。除此之外，数据链路层协议可为固定或可变长度私有格式数据、固定长度短数据、比特流和传输帧等提供传输功能。具体服务如表 2-3 所示。

表 2-3　数据链路层协议提供的服务

服务数据单元类型	TM	TC	AOS
分组	分组服务； 封装服务	MAP 分组服务； 虚拟信道分组服务； 封装服务	分组服务； 封装服务
固定长度私有格式数据	虚拟信道接入服务	None	虚拟信道接入服务
可变长度私有格式数据	None	MAP 接入服务； 虚拟信道接入服务	None
固定长度短数据	VC FSH； MC FSH； VC OCF； MC OCF	None	插入服务； VC OCF 服务
比特流	None	None	比特流服务
传输帧	虚拟信道帧服务； 主信道帧服务	虚拟信道帧服务； 主信道帧服务	虚拟信道帧服务； 主信道帧服务

注：FSH 为 Frame Secondary Header；OCF 为 Operational Control Field

2.3.2.4 同步和信道编码

同步和信道编码的功能是传输帧的界定/同步，纠错编码和解码，比特再生和移除。CCSDS有 5 个同步和信道编码协议标准，TM 有 3 个，即 TM 同步和信道编码、高码率遥感应用的灵活高级编码调制系统及基于 ETSI DVB-2 标准 CCSDS 空间数据链路协议。1 个 TC 的同步和信道编码标准和 1 个 Proximity-1 协议的同步和信道编码标准。如表 2-4 所示。

表 2-4　同步和信道编码的功能

功　能	TM	TC	Proximity-1
纠错+帧验证	● 卷积+FECF； ● RS 编码； ● 级联编码； ● Turbo 码+FECF； ● LDPC 编码； ● SCCC+FECF； ● DVB-S2+FECF	● BCH 码； ● BCH 编码+FECF	● 卷积+附加 CRC； ● LDPC+附加 CRC

功　　能	TM	TC	Proximity-1
伪随机化	循环伪随机噪声序列	循环伪随机噪声序列	循环伪随机噪声序列（只有在 LDPC 编码时强制使用）
帧同步	32 比特（或更长）ASM	16 比特开始序列	24 比特 ASM

2.3.3　网络层

2.3.3.1　网络层一般特征

在网络层只有一种封装服务，它可提供两类不同的分组服务：空间分组（Space Packet）和封装分组。IP over CCSDS 只能使用封装分组服务。

空间分组协议的数据传输有两种模式：①从飞行器的源到地面站的一个或多个宿或另一个飞行器的宿；②从地面的一个源到一个或多个飞行器的一个或多个宿。作为每个分组的一部分，APID（Application ID）决定了数据包的路径。基于 APID，所有决定了分组如何处理和转发的 APID 都由管理协定设定，而不由协议本身的正式内容设定。

其他经 CCSDS 认证的网络协议，如 DTN 和 IP 等，都可使用封装分组服务。

2.3.3.2　网络层协议编址

网络层协议使用了两类地址，路径地址（Path Address）和宿系统地址（End Systems Address）。

路径地址用于空间分组协议，标识了网络中从一个源到一个或多个宿的逻辑数据路径（LDP）。宿系统地址用于 IP 和 DTN，清楚地标识了一个或一组宿系统。除非特别说明，否则在宿系统地址中，必须使用一对源和宿地址。这些地址由 IP 和 DTN 的 PDUs 规定，IP 和 DTN 的路由节点使用这些地址来执行端到端路径上的路由选择。

2.3.4　传输层

CCSDS 提出了 SCPS 传输协议 SCPS-TP 和 CFDP。SCPS-TP 支持端到端通信，可满足的空间任务范围很大，它扩展了 TCP，并以 UDP 为参考引入，应用于空间分组、封装分组和 IP over CCSDS 的上层。CFDP 具有应用层的功能，如文件管理等，也具有传输层的功能。Internet 的传输协议包括 TCP、UDP，因此 TCP、UDP 也能在封装包或 IP over CCSDS 空间数据链路的上层应用。

2.3.5　应用层

应用层为用户提供端到端的文件传输和数据压缩服务。CCSDS 提出了 5 类应用层协议。

2.4　CCSDS 协议配置实例

一个空间数据系统包括一个（多个）星载子网系统，一条（多条）空间数据链路，一个（多个）地面子网。一些空间通信协议用于星载终端和地面终端间的端到端通信，而另一些则只用于空间段间的端到端通信。一个简单的空间数据系统由四部分组成，有效载荷、飞行器数据处理中心、地面站和地面用户，其具体结构如图 2-3 所示。

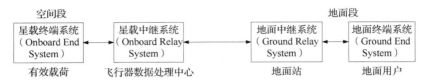

图 2-3　空间数据系统具体结构

实际上，空间数据系统中有多种协议的组合方式，本节只介绍几种典型的空间通信协议配置实例，每个配置实例包括两个图形，一个为空间数据链路的协议栈，另一个为空间数据系统的协议配置。它们的主要区别在于端到端的路由或端到端前向传送。在一个空间数据系统中，用户数据通常要跨越多个子网，如多个星载子网、多条空间数据链路或多个地面子网。当我们将用户数据从一个子网传送到另一个子网，从而将数据从源地址发送到宿地址时，称为端到端路由。

2.4.1　使用 CCSDS 定义的分组实现端到端前向传送

在此配置实例中，使用空间分组（Space Packet）协议来实现端到端的前向传送。空间分组协议的设计目的是在空间数据链路上高效地传输用户数据。这种配置适用于空间分组协议中需要简单 APID 和具有前向传送能力的空间任务。

空间数据链路协议配置如图 2-4 所示，空间数据系统协议配置如图 2-5 所示。在每个中间节点中，某种机制检测 APID，并把数据转发到下一个节点。在此过程中，没有终节点地址，也没有特殊机制协同实现转发功能，只通过用户和服务提供商间的管理和外部协定实现。

图 2-4　空间数据链路协议配置（使用 CCSDS 定义的分组实现端到端前向传送）

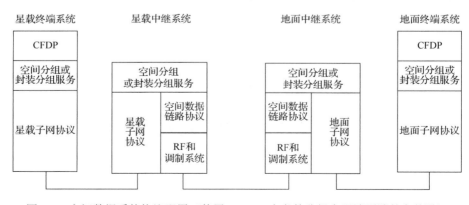

图 2-5　空间数据系统协议配置（使用 CCSDS 定义的分组实现端到端前向传送）

2.4.2　使用 IP over CCSDS 实现端到端路由

在此配置实例中，采用一个由 NASA 定义、CCSDS 认证的 IP 报文实现端到端路由。这种配置适用于需要将空间段综合到 Internet 中的空间任务。在空间段协议配置中，空间数据链路协议配置如图 2-6 所示，空间数据系统协议配置如图 2-7 所示。在每个中间系统配置一个路由机制，检查宿地址并实施路由，将数据发送到路径中的下一个节点。宿地址是显性的，并且所有协作实施路由的机制有着完备的规定。封装包可插入 IP 报文到 CCSDS 的空间数据链路中，并且可在另外一个节点中提取出来。

图 2-6　空间数据链路协议配置（使用 IP over CCSDS 实现端到端路由）

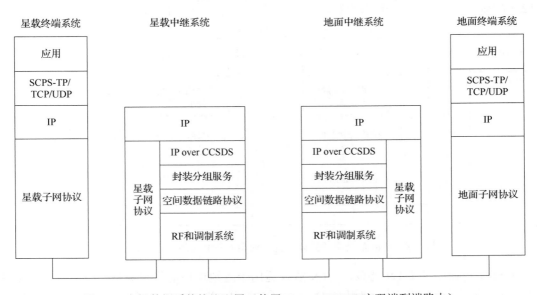

图 2-7　空间数据系统协议配置（使用 IP over CCSDS 实现端到端路由）

2.4.3 使用 CFDP 实现端到端前向传送

CFDP 可直接实现端到端前向传送。虽然 CFDP 是一个文件分发协议，但它也可实现空间数据系统的文件传送。这种配置适用于大部分数据都是以文件形式传输的空间任务。典型配置仅使用 CFDP 的不可靠和可靠两种模式，而且只在终节点配置 CFDP。

图 2-8 中假设 CFDP 的数据单元可以承载空间分组或封装分组服务，也可以承载 IP over CCSDS。

图 2-8 空间数据链路协议配置（使用 CFDP 实现端到端前向传送）

图 2-9 是一个端到端前向传送的实例，使用多个 CFDP 和存储转发覆盖（SFO，Store and Forward Overlay）。在每个中间系统，CFDP 协议终止中，文件进行重组，SFO 启动将数据转发到下一个节点。这是逐跳的文件分析形式，由用户和服务提供商间的管理和外部协作来实施。

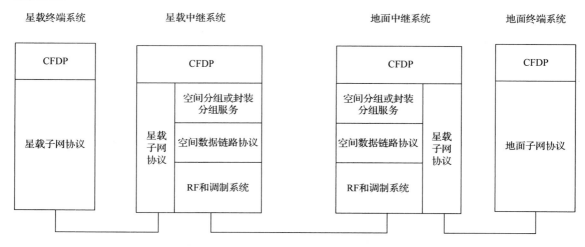

图 2-9 空间数据系统协议配置（使用 CFDP 实现端到端路由）

CCSDS 正在研究 DTN 协议，DTN 协议适用于近地连接情形和深空，或者具有长 RTLT 的非连接环境。在此情况下，使用 CFDP over DTN 实现端到端的文件分发服务，DTN 协议管理端到端路由和 CFDP PDUsDE 分发。我们将在本章后续节介绍 DTN 协议。

2.5　TC 空间数据链路协议

遥控　（Telemetry Control，TC）空间数据链路协议是一个供空间任务使用的数据链路层协议，适用于空间任务中地面-空间或空间-空间的通信。通过地面-空间或空间-空间通信链路，该协议能够满足空间任务中高效传输各类型数据的需求。

图 2-10 给出了 TC 空间数据链路协议和 OSI 参考模型的对应关系，CCSDS 将数据链路层分为两个子层，即数据链路协议子层、同步和信道编码子层。空间数据链路协议对应数据链路协议子层，能够使用变长的协议数据单元（传输帧）传输各种数据。其中，数据链路层的安全协议是可选项，并不强制，通常在数据链路协议子层中提供。同步和信道编码子层为传输帧提供纠错编码/解码、界定/同步编码块、比特转换生成/去除。对于同步和信道编码子层，信道编码和同步推荐标准必须和 TC 空间数据链路协议同时使用。

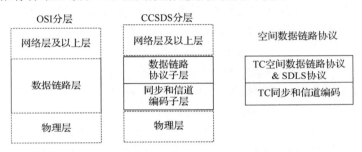

图 2-10　TC 空间数据链路协议与 OSI 参考模型的对应关系

2.5.1　协议特点

2.5.1.1　高效的数据传输

TC 空间数据链路协议支持多个用户业务在一个空间数据链路上传输多个业务数据单元。该协议的主要功能包括：①对业务数据单元进行分段和分块；②对业务数据单元进行传输控制。

空间数据链路的各类噪声会造成数据传输差错，通过把长业务数据单元分解为多个短的小块，每小块业务数据单元比长业务数据单元具有更小的错误传输概率。当接收方检测到错误时，仅需重传小块业务数据单元，可极大地提高系统吞吐效率。另外，也存在业务数据单元较短的情况，为了有效传输业务数据单元，通常把多个短业务数据单元合并成长业务数据单元。TC 空间数据链路协议具有把长业务数据单元分成短业务数据单元和把短业务数据单元合并成长业务数据单元的能力，分别称为分段和组合。

通过数据的重传，确保数据按顺序到达且无缺漏和重复，TC 空间数据链路协议控制业务数据单元的传输。这个功能可通过自动重传控制机制（通信操作程序，COP）提供。另外，用于深空链路的系统重传机制可以由同步和信道编码子层提供。

2.5.1.2　共享物理信道

TC 空间数据链路协议使用的协议数据单元称为 TC 传输帧和通信链路控制字（CLCW）。对于每个传输帧，都包含一个帧头（提供协议控制信息）和一个可变长的业务数据单元（携带高层业务数据单元）。传输帧朝着业务数据单元的方向发送数据。每个 CLCW 都包含描述接收传输帧状态的确认信息，接收端通常对发送端的传输帧进行回复。

TC 空间数据链路协议的主要特点就是虚拟信道。虚拟信道允许一个物理信道共享多个高层数据流，每个高层数据流有不同的业务需求。一个单一的物理信道可被划分为多个分离的逻辑数据信道，也就是虚拟信道。每个传输帧在物理信道的虚拟信道上进行传输。

2.5.1.3 可选的空间数据链路安全协议

数据链路协议子层包含空间数据链路安全（SDLS）协议，SDLS 协议能够为传输帧提供可靠性和安全性保障,是否支持 SDLS 协议是可选项,也是 TC 空间数据链路协议的一个特点。

2.5.2 寻址

TC 空间数据链路协议传输帧的帧头中有三个标识符：传输帧版本号（TFVN）、航天器标识符（SCID）和虚拟信道标识符（VCID）。连接 TFVN 和 SCID 的是主信道标识符（MCID），连接 MCID 和 VCID 的是全局虚拟信道标识符（GVCID）。因此，有如下关系

$$MCID=TFVN+SCID$$
$$GVCID=MCID+VCID=TFVN+SCID+VCID$$

每个物理信道上的虚拟信道都指定一个 GVCID。因此，组成传输帧的一个虚拟信道有相同的 GVCID。物理信道上有相同 MCID 的传输帧组成一个 MCID。一个主信道包括一个（多个）虚拟信道。在大多数情况下，一个物理信道只传输一个 MCID 的传输帧，并且要求主信道与物理信道相同。然而，一个物理信道可能传输具有相同 MCID（相同 TFVN）的传输帧。在这种情况下，一个物理信道包含多个主信道。通常，一个物理信道指定一个物理信道名，信道名要易于管理且不包含传输帧。

在可选的分段头中，有一个复用器接入点标识符（MAP ID）。所有具有相同 GVCID 和 MAP ID 的传输帧组成一个 MAP 信道。如果使用分段头，那么一个虚拟信道就包含一个或多个 MAP 信道。连接 GVCID 和 MAP ID 的叫作全局 MAP ID（GMAP ID）。因此

$$GMAP\ ID = GVCID + MAP\ ID$$
$$= MCID + VCID + MAP\ ID$$
$$= TFVN + SCID + VCID + MAP\ ID$$

信道之间的关系如图 2-11 所示。

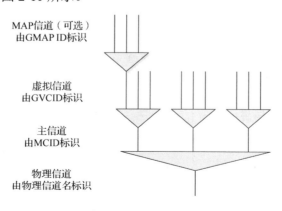

图 2-11 信道之间的关系（一）

2.5.3　TC 空间数据链路协议服务的基本类型

TC 空间数据链路协议为用户提供数据传输服务。由协议实体向用户提供服务的位置称为服务接入点（SAP）。每个服务用户都有一个 SAP 地址标识。每个 SAP 可以提供两个端口，每个端口描述一种服务类型。提交给 SAP（或端口）的相同服务类型的服务数据单元按照提交的顺序进行处理。提交到不同 SAP（或端口）的服务数据单元是无法维持处理顺序的。

TC 空间数据链路协议定义的服务具有以下共同特征。

（1）单向服务：连接的一端可以发送但不能通过空间数据链路接收数据；而另一端可以接收数据，但不能发送数据。

（2）异步服务：无论是业务用户的业务数据单元还是服务提供商的传输帧，都没有预定义的定时传输规则。用户可以在任何时间请求传输数据，但服务提供商可能会对数据产生速率施加限制。数据传输的时间由服务提供商根据特定任务规则和当前传输流量确定。

（2）序列保存服务：按照发送用户提供的服务数据单元序列，通过空间数据链路传输后，该序列可得到保持。然而，在进行快速服务时，接收用户接收到的业务数据单元序列可能与发送序列存在差异。

TC 空间数据链路协议提供序列控制（Sequence-Controlled）和快速（Expedited）两种服务类型，这两种服务类型是由发送用户提供的业务数据单元交付给接收用户的可靠性确定的。这两种服务类型在任何业务接入点都可以提供，除了虚拟信道帧、主信道帧和 COP 管理服务。服务提供商可以在一个业务接入点提供两个单独的端口，一个用于序列控制服务，另一个用于快速服务。

对于虚拟信道帧和主信道帧服务，服务提供商对服务用户提供的业务数据单元，没有区分序列控制和快速服务。用户应该执行必要的程序为其业务数据单元提供序列控制和快速服务。

1.　序列控制服务

序列控制服务也称为 A 型服务，在发送端和接收端，使用回退 n 帧的自动重传请求（ARQ）序列控制机制，接收端返回一个标准报告给发送端。

对于序列控制服务，将在 SAP 的发送用户提供的业务数据单元插入传输帧，并在虚拟信道上按照它们在 SAP 上出现的顺序进行传输。重传机制确保具有很高的传输成功率，即①没有业务数据单元丢失；②业务数据单元没有重复；③没有业务数据单元不按顺序传送。

序列控制服务对用户在单个 MAP 或虚拟信道上提供的业务数据单元，以很高的概率保证完整的序列传输。由于在每个虚拟信道上独立执行重传，因此不能保证在独立的虚拟信道上传输的序列控制业务数据单元按最初的顺序传递到用户接收端。此外，因为 MAP 复用是在序列控制服务之前执行的，因此也不能保证在独立的虚拟信道上传输的序列控制业务数据单元将按最初的顺序传递到用户接收端。

需要说明的是，TC 空间数据链路协议可能在接收端无法区分通过序列控制和快速服务传输的业务数据单元。在这种情况下，如果序列控制和快速服务同时使用一个 MAP 信道，那么即便通过 ARQ，接收端可能也无法重建序列控制服务传输的业务数据单元。对于这种情况，在启动快速服务之前，发送端需要在相同的虚拟信道上终止正在进行的序列控制服务。

2. 快速服务

快速服务也称为 B 型服务,通常用于特殊操作情况(航天器恢复操作期间),或者当较高层协议提供重传功能的时候。

对于快速服务,由发送用户提供的业务数据单元只传输一次(不重传)。所有快速业务数据单元都不保证交付给接收用户。

具体可将 TC 空间数据链路协议提供的服务分为七类,其中两个(MAP 数据包和 MAP 接入)由 MAP 信道提供;四个(虚拟信道数据包、虚拟信道接入、虚拟信道帧和 COP 管理)由虚拟信道提供;一个(主信道帧)由主信道提供。TC 空间数据链路协议提供的服务名称和特性如表 2-5 所示。

表 2-5　TC 空间数据链路协议提供的服务名称和特性

服 务 名 称	服 务 类 型	业务数据单元	SAP 地址	SDLS 安全特点
MAP 数据包(MAPP)	序列控制和快速	数据包	GMAP ID +数据包版本号(PVN)	全部
虚拟信道数据包(VCP)	序列控制和快速	数据包	GVCID + 数据包版本号(PVN)	全部
MAP 接入(MAPA)	序列控制和快速	MAP_SDU	GMAP ID	全部
虚拟信道接入(VCA)	序列控制和快速	VCA_SDU	GVCID	全部
虚拟信道帧(VCF)	N/A	传输帧	GVCID	没有
主信道帧(MCF)	N/A	传输帧	MCID	没有
COP 管理	N/A	N/A	GVCID	N/A

2.5.4　TC 空间数据链路协议的功能

使用较低层的服务时,TC 空间数据链路协议通过把发送用户提供的各种业务数据单元封装在协议数据单元序列中进行传输。该协议数据单元也称为 TC 传输帧,长度可变,能够通过物理信道异步传输。协议实体执行以下协议功能。

(1)生成和处理协议控制信息(报头和尾标),执行数据识别、丢失检测和错误检测。

(2)对业务数据单元进行分段和分组,以便各种尺寸的业务数据单元封装在协议数据单元中进行有效传输。

(3)复用/多路分解,以便各种服务用户共享一个物理信道。

(4)重传丢失的协议数据单元,拒绝失序重复的协议数据单元,以及在发送端和接收端进行序列控制机制的控制,以保证完整和按顺序的数据传输(仅适用于序列控制服务)。

(5)流量控制(仅适用于序列控制服务)。

2.5.4.1　协议实体内部组织

图 2-12 和图 2-13 分别显示了发送端和接收端的协议实体内部组织结构。图 2-12 中的数据流从上到下,图 2-13 中的数据流从下到上。这些图的上半部分的四个功能称为分割子层,下半部分的其他四个功能称为传输子层。

图 2-12 和图 2-13 显示了协议实体执行的数据处理功能。其目的是显示协议实体之间的逻辑关系,并不意味着真实系统中的任何硬件或软件配置。根据实际中用于实际系统的服务,不是全部功能都存在于协议实体中。

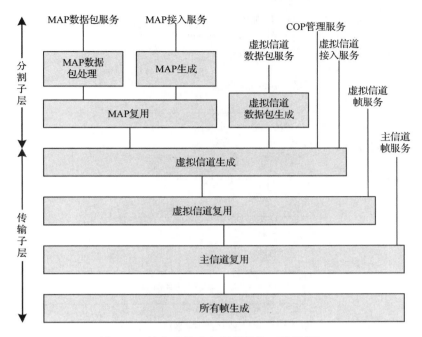

图 2-12 协议实体内部组织结构（发送端）

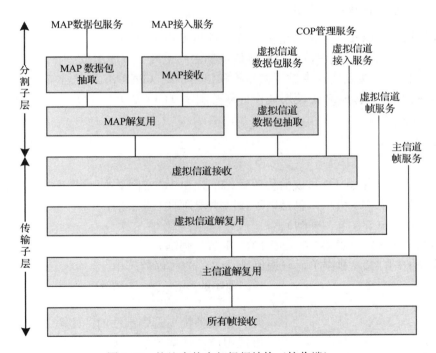

图 2-13 协议实体内部组织结构（接收端）

通过从图 2-12 和图 2-13 中提取复用和解复用功能，各种数据单元之间的关系可以如图 2-14 所示，称为 TC 空间数据链路协议信道树。在图 2-14 中，复用（用三角形表示）是混合的函数，根据由项目建立的算法，多个数据单元流，每个都有不同的标识符，能够生成单个数据单元流。

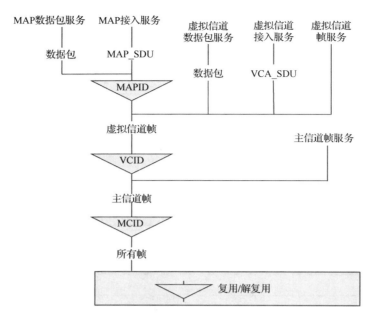

图 2-14　TC 空间数据链路协议信道树

2.5.4.2　通信操作程序（COP）

通信操作程序（COP）完全指定了由 TC 空间数据链路协议的发送端和接收端执行的闭环程序。COP 完全在该协议内，每个虚拟信道都由一对同步程序组成：在发送实体中进行帧操作程序（FOP）；在接收实体中进行帧接收和报告机制（FARM）。发送 FOP 将传输帧传送到接收的 FARM 中。该 FARM 使用通信链路控制字（CLCW）向 FOP 返回传输帧接收状态报告，从而关闭环路。

2.5.5　TC 传输帧

本节只介绍不支持 SDLS 协议的协议数据单元和 TC 空间数据链路协议的程序。

TC 传输帧如图 2-15 所示，包括以下按顺序排列的主要字段。

- 传输帧帧头（5 字节，强制）。
- 传输帧数据字段（高达 1019 或 1017 字节，强制）。
- 传输帧控制字段（2 字节，可选）。

图 2-15　TC 传输帧

2.5.5.1　传输帧帧头

传输帧帧头是强制性的，如图 2-16 所示，由八个字段组成，连续定位，按顺序排列如下。

- 传输帧版本号（2 比特，强制）。
- 旁路标志（1 比特，强制）。
- 控制命令标识符（1 比特，强制）。
- 保留备用（2 比特，强制）。
- 航天器标识符（10 比特，强制）。

- 虚拟信道标识符（6 比特，强制）。
- 帧长度（10 比特，强制）。
- 帧序列号（8 比特，强制）。

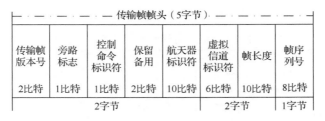

图 2-16 传输帧帧头

2.5.5.2 传输帧数据字段

传输帧数据字段应无间隔地跟在传输帧帧头的后面。传输帧数据字段应包含整数字节，其长度变化最多可达 1019 字节（如果存在传输帧控制字段，则为 1017 字节）。传输帧数据字段应包含整数字节对应于一个帧数据单元（用于 D 型传输帧）或整数个数据控制命令信息（用于 C 类传输帧）。

2.5.5.3 传输帧控制字段

传输帧控制字段是可选的，其存在或不存在应由物理层建立。如果存在，则传输帧控制字段将在传输帧数据字段中占用无间隔以下 2 字节。如果不存在，则传输帧控制字段将发生在每个传输帧内，在整个任务阶段内在同一物理信道内传输。

2.6 TM 空间数据链路协议

遥测（Telemetry Measure，TM）空间数据链路协议是一个供空间任务使用的数据链路层协议，适用于空间任务中地面-空间或空间-空间的通信，图 2-17 给出了 TM 空间数据链路协议和 OSI 参考模型的对应关系。其协议描述和 TC 空间数据链路协议基本一致，本书不再赘述，只对其协议数据单元进行介绍。

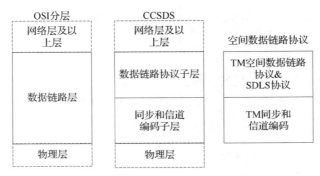

图 2-17 TM 空间数据链路协议和 OSI 参考模型的对应关系

2.6.1　TM 传输帧

TM 传输帧如图 2-18 所示，包含连续的传输帧主头、传输帧次级头、传输帧数据域和传输帧尾。

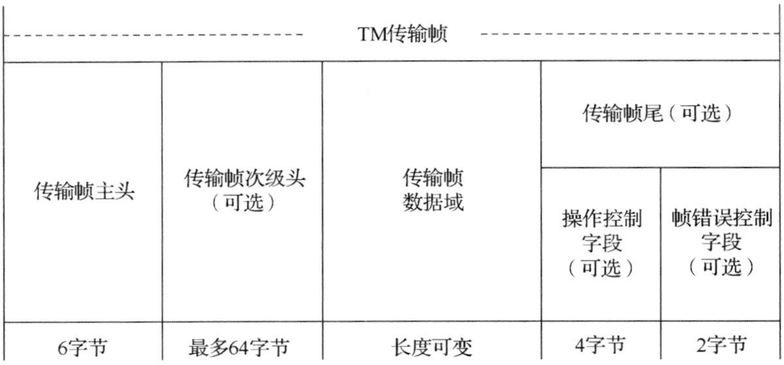

TM传输帧				
传输帧主头	传输帧次级头（可选）	传输帧数据域	传输帧尾（可选）	
			操作控制字段（可选）	帧错误控制字段（可选）
6字节	最多64字节	长度可变	4字节	2字节

图 2-18　TM 传输帧

- 传输帧主头（6 字节，强制）。
- 传输帧次级头（最多 64 字节，可选）。
- 传输帧数据域（长度可变，强制）。
- 操作控制字段（4 字节，可选）。
- 帧错误控制字段（2 字节，可选）。

在一个特定的任务阶段，TM 传输帧在一个物理信道的任何虚拟信道或主信道上的长度是恒定的。

2.6.1.1　传输帧主头

传输帧主头是强制性的，由六个连续的字段组成，如图 2-19 所示。

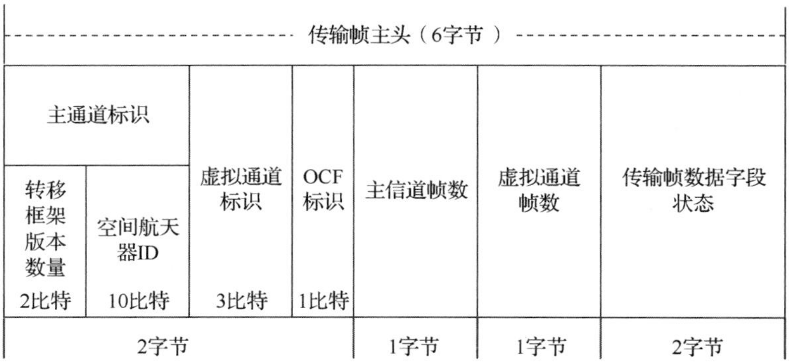

传输帧主头（6字节）						
主通道标识		虚拟通道标识	OCF标识	主信道帧数	虚拟通道帧数	传输帧数据字段状态
转移框架版本数量 2比特	空间航天器ID 10比特	3比特	1比特			
2字节				1字节	1字节	2字节

图 2-19　传输帧主头

- 主通道标识（12 比特，强制）。
- 虚拟通道标识（3 比特，强制）。
- OCF 标识（1 比特，强制）。
- 主通道帧数（1 字节，强制）。

- 虚拟通道帧数（1字节，强制）。
- 传输帧数据字段状态（2字节，强制）。

由传输帧主头结构（见图2-19）知，32～47比特，2字节表示传输帧数据字段状态。其中最后一个字段，传输帧数据字段状态如图2-20所示，2字节划分为5个字段。

- 二级传输帧标识（1比特，强制）。
- 同步标识（1比特，强制）。
- 数据包排序标识（1比特，强制）。
- 段长度ID（2比特，强制）。
- 首头指针（11比特，强制）。

图2-20 传输帧数据字段状态结构

2.6.1.2 传输帧次级头

传输帧次级头是固定长度的，与执行空间任务期间的主信道或虚拟信道相关，其结构如图2-21所示。

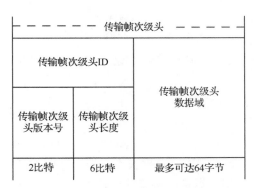

图2-21 传输帧次级头结构

2.6.1.3 传输帧数据域

传输帧数据域长度是整数字节，其长度可变，等于一个物理信道上使用的固定传输帧长度减去传输帧主头长度，再加上传输帧次级头或传输帧尾长度。传输帧数据域包含数据包、一个虚拟信道接入服务数据单元（Virtual Channel Access Service Data Unit，VCA_SDU）或空闲数据。

在相同的虚拟信道上，数据包和VCA_SDUs不能混合到一起，而空闲数据在传输帧数据域的虚拟信道上传输。一个虚拟信道是否传输上述三者中的一个，由管理员决定，并且在整个任务期间是固定的。当传输帧数据域包含数据包时，数据包连续无间断，正序插入传输帧。

2.7　AOS 空间数据链路协议

2.7.1　基本概念

AOS 空间数据链路协议适用于空间-地面，地面-空间和空间-空间之间的通信链路。AOS 空间数据链路协议的设计用于满足空间任务中不同类型和特征空间应用数据的有效传输，包括空间-地面、地面-空间和空间-空间通信链路。AOS 空间数据链路协议和 OSI 参考模型的对应关系如图 2-22 所示，填充部分表示 AOS 空间数据链路协议，同步和信道编码子层的功能和 TM 空间数据链路协议功能一致。

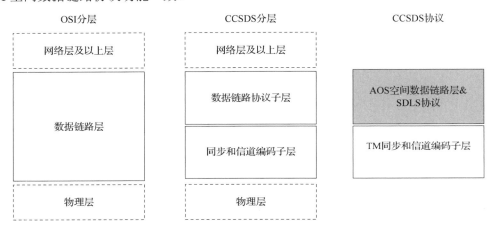

图 2-22　AOS 空间数据链路协议和 OSI 参考模型的对应关系

2.7.1.1　协议特征

1.　传输帧和虚拟信道

为了实现简单、可靠和鲁棒性同步程序，AOS 空间数据链路协议使用固定长度数据单元在弱信号、噪声信道中传送数据。这个数据长度在一个特殊的任务管理阶段为一个特殊的物理信道所构建，称为 AOS 空间数据链路协议的传输帧。每个传输帧都包含可提供协议控制信息的一个帧头（Header）和固定长度的数据域（Data Field），在数据域中承载高层的服务数据单元。

AOS 空间数据链路协议的一个关键特征是虚拟信道（Virtual Channels，VC）。虚拟信道可使多个高层数据流共享一个物理信道，每个数据流均有不同的服务需求。一个物理信道被分为几个分离的逻辑数据单元信道，每个逻辑数据单元信道称为一个虚拟信道。每个在物理信道上传输的帧都属于该物理信道上的一个虚拟信道。

2.　可选的空间数据链路安全协议

数据链路协议包括空间数据链路安全（Space Data Link Security，SDLS）协议。SDLS 协议能提供认证和保密功能，是 AOS 空间数据链路协议的可选协议。每个虚拟信道上的安全类型都是可变的，一个有安全协议，另一个就没有安全协议。

2.7.1.2 编址

AOS 传输帧帧头有三个标识域：帧版本号（TFVN）、航天器标识符（SCID）和虚拟信道标识符（VCID）。TFVN 和 SCID 统称为主信道标识符（MCID），MCID 和 VCID 称为全局虚拟信道标识符（GVCID）。因此，有如下关系

$$MCID=TFVN+SCID$$
$$GVCID=MCID+VCID=TFVN+SCID+VCID$$

物理信道上的每个虚拟信道均由一个 GVCID 标识，因此，每个虚拟信道都由具有相同 GVCID 的传输帧组成，如图 2-23 所示。

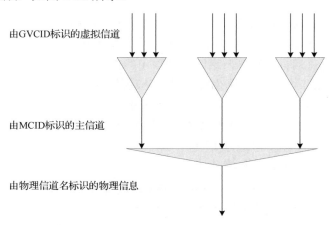

图 2-23　信道之间的关系（二）

2.7.1.3 协议描述

AOS 空间数据链路协议由以下三种方式描述。

（1）为用户提供的服务。

（2）协议数据单元。

（3）由协议执行的程序。

2.7.2 服务

2.7.2.1 服务的一般特征

AOS 空间数据链路协议为用户提供数据传输服务，由一个协议实体提供给用户的服务称为服务接入点（Service Access Point，SAP），每个服务用户均由一个 SAP 地址标识。所有服务的通用特征如下。

（1）单向服务：一端只负责发送，另一端只负责接收。

（2）无确认服务：发送端不接收从接收端发来的确认信息。

（3）不完全服务：服务无法确保完整性，但某些服务会以交付给接收用户服务数据单元的顺序发送中断通知。

（4）顺序保留服务：发送端提供的顺序服务数据单元在空间数据链路的传输过程中保留，虽然有中断和复制等情况出现。

2.7.2.2　服务的类型

AOS 空间数据链路协议提供异步、同步和周期三种服务，具体采用哪种服务取决于用户提供的服务数据单元在空间数据链路中协议数据单元的传输方式。

（1）异步服务：服务数据单元的传输和传输帧的传输没有定时关系。用户可以在其需要的任何时候发起数据传输的请求。每个发送用户的服务数据单元置于一个队列中，要发送给接收用户的队列内容按照进入队列的方式先后发送。传输错误会阻碍某些服务数据单元的交付，所有的服务数据单元只发送一次。异步服务的核心是所有发送用户的服务数据单元都被发送过且只发送过一次。

（2）同步服务：在同步模式中，服务数据单元的传输和虚拟信道传输帧、主信道传输帧或一个物理信道的所有传输帧的释放是同步的。每个服务数据单元放置于仅可容纳一个服务数据单元的缓存中，每当有传输帧发送时，缓存中的内容将被发送给接收用户。同步服务的核心是时分复用，数据传输的定时是由传输机制驱动的，不是由用户的服务请求单独驱动的。因此，一个用户特殊的服务数据单元可能发一次或多次，也可能一次都不发。

（3）周期服务：周期服务是同步服务的一种特殊形式，服务数据单元以恒定的速率发送。

AOS 空间数据链路协议提供 7 类服务，如表 2-6 所示，前 5 类为虚拟信道服务，第 6 类为主信道服务，最后 1 类为物理信道的所有传输帧服务。

表 2-6　AOS 空间数据链路协议提供的服务

服 务 名 称	服 务 类 型	服务数据单位元	SAP 地址	SDLS 安全特征
虚拟信道包（VCP）	异步	数据包	GVCID+数据包版本号	全部
比特流	异步或周期	比特流	GVCID	全部
虚拟信道接入（VCA）	异步或周期	虚拟信道接入	GVCID	全部
虚拟信道操作控制域（VC_OCF）	同步或周期	操作控制域	GVCID	无
虚拟信道帧（VCF）	异步或周期	传输帧	GVCID	无
主信道帧（MCF）	异步或周期	传输帧	MCID	无
插入	周期	插入	物理信道名称	无

（1）虚拟信道包服务。本服务传输一系列长度可变、经界定、以字节排列的服务数据单元。经此服务传输的数据包（Packets）必须有一个由 CCSDS 授权的数据包版本号（PVN），它不确保完整性，在顺序服务数据单元中也不通知中断。

一个用户由 PVN 和 GVCID 标识，不同用户（如不同版本的数据包）能共享一个虚拟信道。若一个虚拟信道中有多个用户，则该服务可把不同版本的数据包进行复用，形成一个数据包流，从而在本虚拟信道中发送。

（2）比特流服务。本服务提供比特字符串的传输，其内部边界和结构对服务提供商来说是未知的。它不确保完整性，但在顺序服务数据单元中会通知中断。对于一个给定的服务，由 GVCID 标识的一个用户仅能使用一个虚拟信道的虚拟信道接入服务。不同用户的服务数据单元不能服务到一个虚拟信道中。

（3）虚拟信道接入服务。本服务提供一系列固定长度私有格式化服务数据单元的传输。对于一个给定的服务，由 GVCID 标识的一个用户仅能使用一个虚拟信道的虚拟信道接入服务。不同用户的服务数据单元不能服务到一个虚拟信道中。

（4）虚拟信道操作控制域服务。虚拟信道操作控制域服务提供固定长度服务数据单元的同步传输，一个虚拟信道传输帧的操作控制域（OCF）为 4 字节。对于一个给定的服务，由 GVCID 标识的一个用户仅能使用一个虚拟信道的虚拟信道操作控制域服务。不同用户的服务数据单元不能服务到一个虚拟信道中。

（5）虚拟信道帧服务。虚拟信道帧服务提供一个虚拟信道中一系列固定长度 AOS 传输帧的传输，它传输在空间数据链路中独立生成的 AOS 传输帧，也传输服务提供商本身生成的 AOS 传输帧。

（6）主信道帧服务。主信道帧服务提供一个主信道中一系列固定长度 AOS 传输帧的传输。它传输在空间数据链路中独立生成的 AOS 传输帧，也传输服务提供商本身生成的 AOS 传输帧。

（7）插入服务。插入服务提供私有、长度固定、字节安排的服务数据单元的传输，它可以较低的数据率提高空间数据链路传输的资源。对于一个给定的服务，由物理信道命名的用户仅能使用一个物理信道的插入服务。不同用户的服务数据单元不能服务到一个虚拟信道中。

2.7.3 功能

2.7.3.1 一般功能

AOS 空间数据链路协议传输封装在一系列协议数据单元的不同类型服务数据单元中。AOS 协议数据单元，即我们知道的 AOS 传输帧是固定长度，且必须以固定速率在一个物理信道中传输。协议实体执行以下协议功能。

（1）产生和处理协议控制信息（如头和尾），以此进行数据识别、丢失检测和错误检测。

（2）将服务数据单元分段和分块为可变长度的服务数据单元，在固定长度的协议数据单元中传输。

（3）按序复用/解复用，交换/反交换不同的服务用户来共享一个物理信道。

假如协议实体支持 SDLS 协议，它还要完成以下安全配置的功能。

（1）连接的建立和释放。

（2）流量控制。

（3）协议数据单元的重传。

（4）SDLS 协议的管理和配置。

2.7.3.2 协议实体（Protocol Entity）的内部组织

协议实体内部流程如图 2-24 所示。AOS 空间数据链路协议的信道树如图 2-25 所示，复用将具有不同标识符的多个数据单元流汇聚为一个数据单元流。

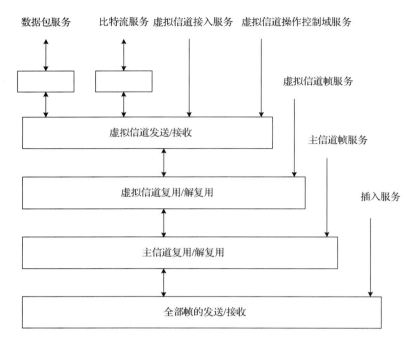

图 2-24　协议实体内部流程（发送端/接收端）

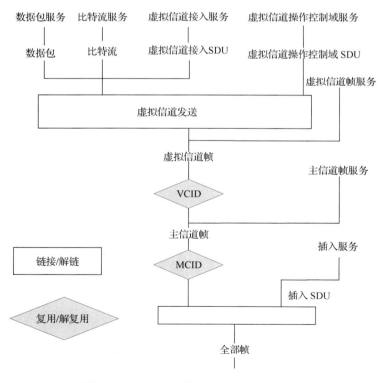

图 2-25　AOS 空间数据链路协议的信道树

2.7.4　底层服务

2.7.4.1　同步和信道编码子层服务

AOS 空间数据链路协议使用 TM 的同步和信道编码子层，实现的功能如下。

- 错误控制编码/解码。
- 产生比特转换和移除的功能。
- 定界和同步功能。

TM 的同步和信道编码子层将连续的、固定长度的、经定界的协议数据单元当作一个连续的比特流在物理层传输。

2.7.4.2　性能需求

信道编码和同步子层有如下性能上的需求。

- 混淆 MCID 和 VCID 的概率比规定的值要小。
- 利用首头指针和数据包长度域，不能正确解析从传输帧来的数据包的概率必须小于规定的值。

2.7.5　无 SDLS 协议的协议数据单元

2.7.5.1　协议数据单元

1）AOS 传输帧

AOS 传输帧包括连续放置的主要域。

- 传输帧主头（6 或 8 字节，强制）。
- 传输帧插入域（长度可变，可选）。
- 传输帧数据域（长度可变，强制）。
- 操作控制域（4 字节，可选）。
- 帧错误控制域（2 字节，可选）。

对于在一个物理信道中的任何虚拟信道或主信道的特殊任务阶段，AOS 传输帧是固定长度的，AOS 传输帧结构如图 2-26 所示。

传输帧主头	传输帧插入域	传输帧数据域	传输帧尾	
			操作控制域（可选）	帧错误控制域（可选）
6或8字节	长度可变	长度可变	4字节	4字节

（注：①AOS 空间数据链路协议的协议数据单元就是 AOS 传输帧；②操作控制域和帧错误控制域合起来叫作传输帧尾；③传输帧的开始由下面的同步和信道编码子层通知；④传输帧长度的变化会导致接收机同步的丢失）

图 2-26　AOS 传输帧结构

2）传输帧主头

传输帧主头是强制的，包括五个连续的域，它的次序如图 2-27 所示。

主信道ID（MCID）		虚拟信道ID（VCID）	虚拟信道帧计数	通知域				帧头错误控制（可选）
传输帧版本号（TFVN）	航天器ID（SCID）			重传标识	虚拟信道帧计数循环使用标识	预留备用	虚拟信道帧计数循环	
2比特	8比特	6比特	24比特	1比特	1比特	2比特	4比特	
2字节		3字节		1字节				2字节
8字节								

图 2-27　传输帧主头次序

（1）TFVN：0～1 比特为传输帧版本号，AOS Version 2 传输帧版本号定义为"01"。

（2）SCID：2～9 比特为航天器 ID，它由 CCSDS 统一分配，提供航天器的识别，它与包含在传输帧中的数据相关。SCID 在整个任务阶段是静态不变的。

（3）VCID：10～15 比特，用来标识每个虚拟信道。

（注：①假如只有一个虚拟信道在使用，则这 6 比特永久置 0，仅传输空闲数据时的虚拟信道标识全置 1；②除了上述规定，虚拟信道的标识没有限制，不需要连续编号；③空闲数据虚拟信道传输帧的数据域中不包含任何合法用户数据，但假如有插入服务，传输帧中要包含插入域。）

（4）虚拟信道帧计数：16～39 比特，对在每个规定的虚拟信道上传输的传输帧进行顺序计数，计数方式为二进制的模 16777216（2^{24}）除。除非无法避免，否则虚拟信道帧计数在达到 16777215 之前是不会重置的。该域的目的是为每个虚拟信道提供单独的计数，从而可以从传输帧数据域中提取系统数据包。假如由于无法避免的再初始化，虚拟信道帧计数重置，则在相关虚拟信道中一系列传输帧的完整性便不能保证。

（5）通知域：40～47 比特，用于对传输帧的接收机进行告警，提供重要的再确认机制，以防止人工或自动的错误检测和隔离。

① 重传标识：在空间数据链路不可用时，识别是否需要对此期间内传输的传输帧进行存储，当链路恢复后，启动随后的再传机制。此标识对传输帧接收机进行告警是"实时"或"再传"状态。它的主要目的是当使用同样的虚拟信道时，区分实时或再传传输帧，"0"代表实时传输帧，"1"代表再传传输帧。

② 虚拟信道帧计数循环使用标识：占用第 41 比特，1 比特的域表明虚拟信道帧计数循环域是否可用。"0"表示虚拟信道帧计数循环不可用，应该被接收机忽略；"1"表示虚拟信道帧计数循环可用，应该被接收机翻译解释。

③ 42～43 比特是 CCSDS 预留备用的，默认值设置为"00"。

④ 虚拟信道帧计数循环：44～47 比特。每次虚拟信道帧计数归零时，虚拟信道帧计数循环增加。

（6）帧头错误控制：共 2 字节，10 比特的 MCID，6 比特的 VCID 和 8 比特的通知域都由可选的错误检测和纠错编码保护，其中，符号校验包含在这 16 比特（2 字节）域中。是否启用这个域取决于数据质量、同步和信道编码子层的任务需求。帧头错误控制能纠出 2 个符号错误，帧头错误控制是一个短的(10,6)Reed-Solomon 码。

3）传输帧插入域

传输帧插入域无中断地紧随在传输帧帧头后面，是否设置该域取决于系统管理。假如物理信道支持传输周期性数据的插入服务，在同一物理信道上传送的每个传输帧都有该域的内容，包括空闲数据（OID）传输帧。

插入域的长度是一个常数，若管理员设置了该域，则该域的有和无在整个任务阶段是静态不变的。一旦设置了插入域为有效，那么管理员将减少传输帧数据域的长度，减小的数据域长度和增加的插入域长度是相等的。

4）传输帧数据域

紧随在传输帧帧头或传输帧插入域后面的是传输帧数据域，它包含整数字节，长度可变，具体包括一个复用协议数据单元（M_PDU）、一个比特流协议数据单元（B_PDU）、一个虚拟信道接入服务数据单元（VCA_SDU）或空闲数据（OID）。上述的 M_PDUs、B_PDU、VCA_SDU 或 OID 不会在一个虚拟信道中混合出现，假如一个虚拟信道传输 M_PDUs，则在该虚拟信道上的每个传输帧都应该包含一个 M_PDUs。具体由管理员确定到底传输哪类单元，一旦决定，在整个任务阶段都是不变的。

2.7.5.2 复用协议数据单元（Multiplexing Protocol Data Unit，M_PDU）

M_PDU 紧随在传输帧帧头或传输帧插入域后面。因为要和固定长度传输帧数据域匹配，所以对于任意特殊的虚拟信道，M_PDU 的长度都是固定的。M_PDU 内容包括两部分，如图 2-28 所示。

M_PDU头		M_PDU数据包域					
保留 5比特	首头指针 11比特	前一个CCSDS数据包的结束（#k）	第k+1个CCSDS数据包	...	第m个CCSDS数据包	第m+1个CCSDS数据包的开始	

图 2-28 M_PDU 内容

（1）M_PDU 头，2 字节，而 M_PDU 头又可分为两部分：①保留（5 比特）；②首头指针（11 比特）。M_PDU 数据包域中第一个字节编号为 0，域中字节的位置是以升序排列的。首头指针表示在 M_PDU 数据包域起始的第一个数据包中第一个字节的位置。首头指针设置的目的是方便地对包含在 M_PDU 数据包域中可变长度的数据包进行直接界定。后续任意子数据包的位置通过计算这些数据包的长度即可定位。假如在第 N 个传输帧的 M_PDU 数据包域中的最后一个数据包溢出到同一个虚拟信道的第 M 个传输帧（$N<M$），则第 M 个传输帧中首头指针忽视溢出的数据包，只表示在第 M 个传输帧中下一个数据包的头。以上情况是针对出现一个很长的数据包，其长度超出一个传输帧的长度而定义的。

（2）M_PDU 数据包域，是指整数字节的数据包或空闲数据。数据包连续且以正序的方式插入 M_PDU 数据包域。由于第一个数据包可能是前一个 M_PDU 中最后一个数据包的溢出部分，且最后一个数据包可能要延续到同样虚拟信道的下一个 M_PDU 中第一个数据包，因此，一个 M_PDU 中第一个数据包和最后一个数据包不一定是完整的。

2.7.5.3 比特流协议数据单元（Bitstream Protocol Data Unit，B_PDU）

B_PDU 无间隔地紧随在传输帧帧头或传输帧插入域后面。在任何规定的虚拟信道中，

B_PDU 的长度都是固定的。B_PDU 内容包括 B_PDU 头和 B_PDU 比特流数据域两部分，如图 2-29 所示。

B_PDU头		
预留	比特流数据指针	B_PDU 比特流数据域
2比特	14比特	

图 2-29 B_PDU 内容

1）比特流数据指针

假如在一个 B_PDU 被释放用来传输数据之前，接收到的比特流数据域的数据比特数量不足，则必须插入空闲数据。此时，指针指向最后一个合理用户数据比特的位置。

B_PDU 数据比特的位置以升序的方式排列，在此域中，第一个数据比特分配的编号为 0。指针指向的是在比特流数据域中最后一个合理用户的数据比特。

如果在比特流数据域中没有空闲数据（如 B_PDU 中仅包含合理用户数据），则指针值全置 1。

如果在比特流数据域中没有合理用户数据（如 B_PDU 中仅包含空闲数据），则指针值全置 0。

2）比特流数据域

比特流数据域包含固定长度的用户比特流数据块或空闲数据。当承载 B_PDU 的一个虚拟信道的传输帧释放，比特流数据块不可用时，将产生一个仅包含空闲数据的 B_PDU。

操作控制域无间隔地放置在传输帧数据域的后面，占用 4 字节。

第 0 个比特包含类型标识符（Type Flag）。如果该域支持包含一个通信链路控制字（CLCW）的 Type-1-Report，则设置为"0"，否则设置为"1"。

该域的设置对少数几个实时功能提供标准化报告机制，包括重传控制或飞行器时钟校准等。目前重传控制的使用已经在 CCSDS 中定义了，指的是 Type-1 报告，但没有定义 Type-2 报告。

帧错误控制域占用 2 字节，无间隔地跟随在操作控制域后面，它是可选的，由管理员设置。

在传输帧传输或数据处理过程中会引入错误，因此设置该域的目的是提供错误检测。使用 CRC 校验来实现错误检测，编码时接收 n～16 比特长的传输帧，并且通过添加一个 16 比特的帧错误控制域作为码字的最后 16 比特，从而产生一个系统的二进制码字块，其中，n 是传输帧的长度。

2.7.5.4 发送端协议处理

发送端协议处理如图 2-30 所示，包括数据包处理、比特流处理、虚拟信道生成、虚拟信道复用、主信道复用和全部帧生成等功能。

1）数据包处理功能

本功能用来传输在传输帧固定长度 M_PDU 中的可变长度数据包。M_PDUs 连接许多数据包直至到达最大 M_PDU 长度。任意超出最大 M_PDU 长度的数据包都会被分割，填充完一个完整的 M_PDU，即在同一个虚拟信道中开始一个新的 M_PDU 后，下一个 M_PDU 将继续连接数据包，直至溢出。

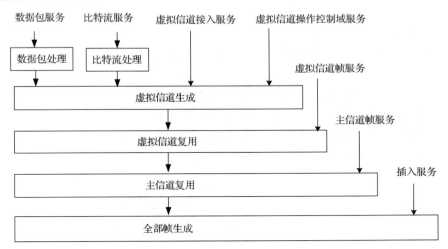

图 2-30　发送端协议处理

假如有多个不同版本的数据包在一个虚拟信道上传输，这些数据包在构建为 M_PDU 前先复用成一个连续的数据包字符串。

当用户端没有足够多的数据包时，将产生一个或多个适当长度的空闲数据。最短的空闲数据包长度是 7 字节（6 字节的头和 1 字节的空闲数据）。假如在一个 M_PDU 中填充的区域小于 7 字节，则空闲数据包将被分割，进入下一个 M_PDU。

一般来讲，数据包处理功能如图 2-31 所示。

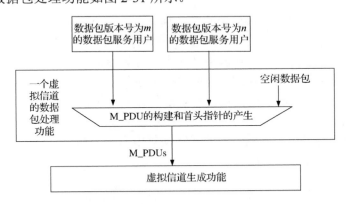

图 2-31　数据包处理功能

2）比特流处理功能

本功能是传送在传输帧固定长度 B_PDU 中的可变长度的比特流。比特流处理用来把用户的比特数据填充到 B_PDU 的数据域中。每个比特数据都顺序、不变地放置到数据域中。当比特数据已经填满一个特定的 B_PDU 时，后续的比特数据将被放置到同一个虚拟信道的新的 B_PDU 中。

由于传输帧释放算法的限制，在释放时间内，一个 B_PDU 不一定完全由比特数据填充，比特流处理功能可以将本地的特殊空闲数据填充到剩余的 B_PDU 中。合法比特数据结尾和空闲数据开始的边界由 B_PDU 头中的比特流数据指针标识。

B_PDU 的长度必须和有 GVCID 标识的虚拟信道的传输帧长度一致，比特流处理基本流程如图 2-32 所示。

3）虚拟信道生成功能

虚拟信道生成的基本功能是构建基本的传输帧结构。它也用于构建传输帧主头，以实现在每个虚拟信道中的数据传输。

虚拟信道生成将 M_PDU、B_PDU 或 VCA_SDU 组装为传输帧数据域，并创建传输帧主头。每个虚拟信道独立创建一个帧计数并置于传输帧主头中。如果一个虚拟信道的用户是虚拟信道操作控制域服务，那么用户的 OCF_SDU 置于操作控制域中。虚拟信道生成过程如图 2-33 所示。

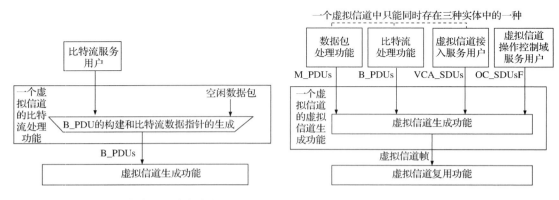

图 2-32　比特流处理基本流程　　　　图 2-33　虚拟信道生成过程

4）虚拟信道复用功能

虚拟信道复用将虚拟信道生成的多个传输帧复用为一个主信道，将复用后的传输帧置于一个队列中，其过程如图 2-34 所示。CCSDS 对多个传输帧进行排序的算法并未做具体规定，但在具体应用中，应考虑优先级、释放率及同步定时等参数进行排序。

假如在物理信道中只有一个主信道，则虚拟信道复用将创建一个 OID 传输帧，以保持传输数据流的联系性，以防在释放时间内没有合法传输帧可传输的情况出现。

5）主信道复用功能

主信道复用功能将多个不同主信道的传输帧复用为一个物理信道，它的基本原理和虚拟信道复用功能一样，如图 2-35 所示。

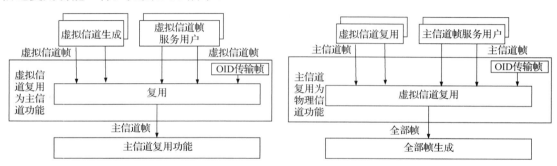

图 2-34　虚拟信道复用过程　　　　图 2-35　主信道复用过程

6）全部帧生成功能

全部帧生成功能插入服务数据单元到一个物理信道的传输帧中，同时用于实现错误控制编码，其过程如图 2-36 所示。

如果激活可选的插入服务，则固定长度的插入域将出现在每个传输帧中，从而在某一特定的物理信道上传输。IN_SUDs 以相同的时间间隔定时到达，这个时间间隔对应传输帧释放到物理信道的时间。全部帧生成功能将从插入服务用户接收到的 IN_SDUs 放置于传输帧的插入域。

若帧头错误控制可用，则会产生校验比特，附加到传输帧主头和传输帧尾中。一旦该值设置为可用，则某个物理信道上的所有传输帧都具有错误控制功能。

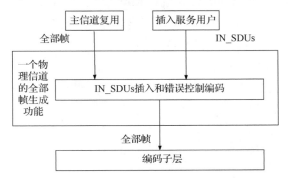

图 2-36　全部帧生成过程

2.7.5.5　接收端协议处理

接收端协议处理如图 2-37 所示，包括数据包解析、比特流解析、虚拟信道接收、虚拟信道解复用、主信道解复用和全部帧接收等功能。

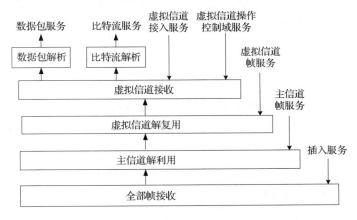

图 2-37　接收端协议处理

1）数据包解析功能

数据包解析功能将可变长度数据包从固定长度 M_PDU 中解析出来。M_PDU 的首头指针与包含在其中的数据包长度域协作，共同提供数据包解析时所需的界定信息，如图 2-38 所示。

假如从 M_PDU 中获取的最后一个数据包是不完整的，则数据包解析将重新从下一个 M_PDU 的开头获取剩余的数据包。下一个 M_PDU 的首头指针决定了剩余数据包的长度，因此在这个 M_PDU 中下一个数据包的开头即可解析出来。

假如计算获得的第一个数据包的开始位置和首头指针指向的位置不一致，则数据包解析功能假设首头指针指向的位置是正确的，从而基于此假设继续进行数据包解析。利用首头指针中的数据包版本号，将解析后的数据包交付给用户。需要说明的是，不完整的数据包不交付，空闲数据包做丢弃处理，仅包含空闲数据的 M_PDU 也做丢弃处理。

2）比特流解析功能

比特流解析功能将可变长度比特流从固定长度 B_PDU 中解析出来。解析的比特流数据交付给有 GVCID 标识的比特流服务用户，在交付之前，利用比特流数据指针信息，任意从发送端插入进来的空闲数据都被丢弃，如图 2-39 所示。

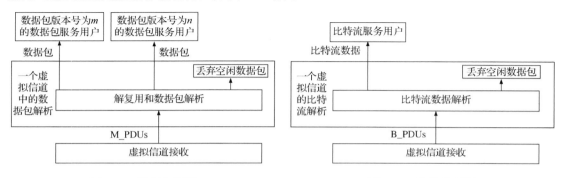

图 2-38　数据包解析　　　　　　　　　　图 2-39　比特流解析

比特流解析功能将比特流数据丢失标识作为一个参数传送给比特流服务用户。这个标识是从虚拟信道接收中得到的。如果此功能启用，则比特流数据丢失标识向比特流服务用户表明，数量无法确定的比特流数据已经丢失。需要说明的是，比特流数据丢失标识设置以后，其后的一个或多个 B_PDUs 将被丢弃。

3）虚拟信道接收功能

虚拟信道接收功能解析包含在传输帧数据域中的数据，然后将它们交付给用户（如数据包解析、比特流解析或虚拟信道接入服务用户），其过程如图 2-40 所示。

4）虚拟信道解复用功能

虚拟信道解复用功能解复用一个主信道中不同虚拟信道的传输帧，它检查传输帧输入流的 VCID，并把它们路由到虚拟信道接收或虚拟信道帧服务用户，如图 2-41 所示。

假如检测到虚拟信道计数的中断，则交付一个丢失标识给用户。OID 传输帧将被丢弃，不合法 VCID 的传输帧也将被丢弃。

5）主信道解复用功能

主信道解复用功能将一个物理信道中不同主信道的传输帧解复用，它检查传输帧输入流的 MCID，并把它们路由到虚拟信道解复用或主信道帧服务用户，如图 2-42 所示。

假如下层信道编码子层通知帧丢失，则发送一个丢失标识给用户。

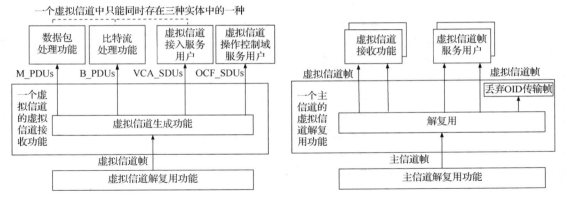

图 2-40　虚拟信道接收　　　　　　　　图 2-41　虚拟信道解复用

6）全部帧接收功能

全部帧接收功能从一个物理信道的传输帧中解析插入服务数据单元，同时实现 CCSDS 规定的错误控制解码功能，如图 2-43 所示。

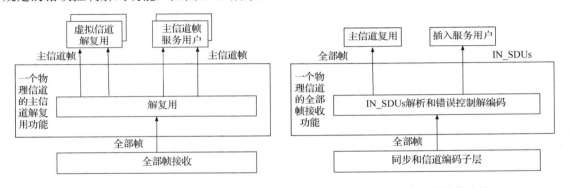

图 2-42　主信道解复用　　　　　　　　图 2-43　全部帧接收功能

如果帧错误控制域设置为可用，则全部帧接收功能使用帧头错误控制域的内容来纠正传输帧主头中的关键内容，重新计算传输帧的 CRC 值并和帧错误控制域的内容进行比较，从而决定传输帧是否包含一个检测到的错误。

如果插入服务激活，则全部帧接收功能不考虑 GVCID，仅从传输帧输入流的插入域中解析 IN_SDUs，并把它们交付给插入服务用户。

2.7.6　无 SDLS 协议的管理参数

为了在空间数据链路上保留带宽，一些与 AOS 空间数据链路协议相关的参数必须由管理员而不是在线通信协议处理。管理参数一般是静态长期有效的，如有变化，则与某个特定任务相关的协议实体的重新配置相关。通过使用管理系统，可将必需的信息传送给协议实体。

物理信道管理参数如表 2-7 所示。

表 2-7　物理信道管理参数

管　理　参　数	类　　　型
物理信道名称	字符串
传输帧长度	整数（字节）

管 理 参 数	类 型
传输帧版本号	2
合法飞行器 IDs	一组整数
主信道复用机制	任务规定
帧头错误控制	有/无
插入域	有/无
插入域长度	整数
帧错误控制	有/无

主信道管理参数如表 2-8 所示。

表 2-8　主信道管理参数

管 理 参 数	类 型
飞行器 ID	字符串
合法 VCIDs	从 0～62 选择一个整数，63 预留
虚拟信息复用机制	任务规定

注：

① 一个物理信道上所有传输帧的版本号都是相同的；

② 对于一个 VCID，其值为 63（二进制数全置 1）是合法的，由于该值是为 OID 传输预留的，因此合法的 VCIDs 值通常包括 63 和 0～62 的一个可选数

虚拟信道管理参数如表 2-9 所示。

表 2-9　虚拟信道管理参数

管 理 参 数	类 型
飞行器 ID	整数
VCIDs	从 0～62 选择一个整数，63 预留
数据域内容	M_PDU, B_PDU, VCA_SDU, Idle Data
VC_OCF 存在	有/无

注：

① 一个物理信道上所有传输帧的版本号都是相同的；

② VCID 值为 63（二进制数全置 1）是为 OID 传输帧预留的

数据包传输管理参数如表 2-10 所示。

表 2-10　数据包传输管理参数

管 理 参 数	类 型
合法的数据包版本号	一组整数
最大数据包长度	整数
在接收端是否需要将不完全的数据包交付给用户	需要/不需要

2.7.7　支持 SDLS 协议的规范

为了支持 SDLS 协议安全特征，一个安全头和安全尾加入 AOS 传输帧中。SDLS 协议的使用可以在不同虚拟信道中变化，因此可用一个管理参数来表明安全头的设置。一个安全头

和一个安全尾分别置于传输帧数据域的两头，占用传输帧数据域的空间，因此实际的数据域长度会减小，如图 2-43 所示。

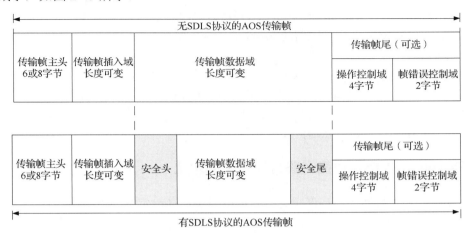

图 2-44 支持 SDLS 协议的 AOS 传输帧结构

2.8 Proximity-1 空间数据链路协议

2.8.1 概述

Proximity 空间数据链路协议用于短距离、双工、固定或移动无线电链路，通常适用于探测器、登陆器、巡游器（如月球车、火星车等）、星座及轨道中继系统。这些链路具有短延时、中等信号强度和小规模的、独立的任务段。CCSDS 在 Proximity-1 空间数据链路协议中定义了以下术语。

（1）异步信道：在信息周期（Message Period）内，符号数据（Symbol Data）被调制到一个数据信道中，为了实现符号同步，捕获序列必须超前于数据信息。但握手信道是异步的。

（2）异步数据链路：数据链路包含一系列长度可变的 PLTUs，包括如下两类。

① 异步信道上的异步数据链路：握手过程是一个异步信道上的异步数据链路。

② 同步信道上的异步数据链路：数据服务是一个同步信道上的异步数据链路。一旦通过握手建立了一条链路，通信就会转换到同步信道并保持此配置下的链路状态，直到链路终止或中断。如果物理层没有接收到数据链路层的数据，则提供空闲帧来保持信道同步。

（3）呼叫器（caller）和应答器（responder）：caller 为链路建立的发起者或会话的管理者；responder 从 caller 中接收链路，建立参数。

（4）前向链路：从 caller 到 responder 的空间数据链路，典型代表为 TC 链路。

（5）握手（Hailing）：用来建立从 caller 到 responder 的全双工或半双工链路的一个持续活动。

（6）握手信道（Hailing Channel）：前向和反向频率对，即在 caller 和 responder 间建立物理通信。

（7）物理信道：用来传输信息比特流的 RF 信道。

（8）近距离链路传输单元（Proximity Link Transmission Unit，PLTU）：此传输单元包括附

加同步标识、传输帧、附加 CRC 校验。

（9）Porximity link：短距离、双工、固定或移动无线电链路。

（10）返回链路：从 responder 到 caller 的链路，典型代表为 TM 链路。

（11）会话（Session）：两个通信的 Proximity 链路收发机之间的对话，包括任务建立、数据服务和任务终止三个阶段。

（12）空间数据链路（Space Link）：收发单元间的通信链路。

（13）同步信道：一个数据信道，其符号数据以固定速率调制到一个信道中。

（14）工作信道：在数据服务和任务终止阶段，用来发送用户数据/信息帧（U-frames）和协议/监测帧（P-frames）的前向和反向频率对。

2.8.2　Proximity-1 空间数据链路协议定义的术语

Proximity-1 空间数据链路协议定义了数据链路层标准约定和如下术语。

（1）异步数据链路（Asynchronous Data Link）：一个数据链路包含一系列可变长度非连续的 PLUTs。

（2）caller 和 responder：Proximity 空间数据链路任务的发起者和接收者。

（3）COP-P：Proximity 空间数据链路通信操作程序（Communication Operations Procedure for Proximity links，COP-P）。COP-P 包括收发单元的 FARM-P 和 FOP-P。

（4）FARM-P：Proximity 空间数据链路的帧接收和报告机制（Frame Acceptance and Reporting Mechanism for Proximity links，FARM-P）。

（5）FOP-P：Proximity 空间数据链路的帧操作程序（Frame Operation Procedure for Proximity lInks，FOP-P），对输出帧进行排序，有序控制发送机载波输出。

（6）前向链路（Forward Link）：Proximity 空间数据链路的一部分，其过程为 caller 发送，responder 接收。

（7）握手（Hailing）：用来建立从 caller 到 responder 的全双工或半双工链路的一个持续活动。

（8）握手信道（Hailing Channel）：前向和反向频率对，即在 caller 和 responder 间建立物理通信。

（9）任务阶段（Mission Phase）：任务持续周期，在此期间内，规定通信特征参数。在两个连续任务阶段的转换之间会有一个通信服务的中断。

（10）物理信道 ID（Physical Channel ID，PCID）：承载于传输帧和链路控制字中。PCID 设计的初衷是有两个并发收发单元的接收（如主信道和备份信道），它可用来选择哪个接收机处理接收到的帧，也可用来界定接收端两个冗余接收机的任意一个。

（11）物理信道：实现符号流传输的 RF 信道。

（12）链路控制字（Proximity Link Control Word，PLCW）：通过从 responder 到 caller 的反向链路，报告序列控制服务状态的协议数据单元。

（13）端口号（Port ID）：识别用户服务数据单元目的地的逻辑或物理端口。

（14）伪随机包 ID（Pseudo packet ID）：在分割过程中，协议分配给数据包的临时 ID。

（15）再连接（Reconnect）：在正在进行的数据服务阶段，caller 向 responder 再次发起握手的过程。

（16）Routing ID：在分割和汇聚过程中，用户数据包的唯一标识符。它是输入/输出子层使用的一个内部标识符，包含 PCID，Port ID，Pseudo ID。

（17）会话（Session）：两个或多个通信链路收发机间的对话，包括三个不同的操作过程，会话建立、数据服务和任务接收。

（18）监控协议数据单元（Supervisory Protocol Data Unit，SPDU）：本地收发机用来向远端收发机控制或报告状态，包括一个或多个指令、报告、PLCW。

（19）U-Frame：Version-3 传输帧。

（20）Vehicle Contorller：飞行器控制器。

2.8.3 Proximity-1 协议栈

Proximity-1 是一个用作空间任务的双向空间数据链路协议，它包含物理层、编码和同步子层、帧子层、MAC 子层、数据服务子层和输入/输出子层，如图 2-45 所示。

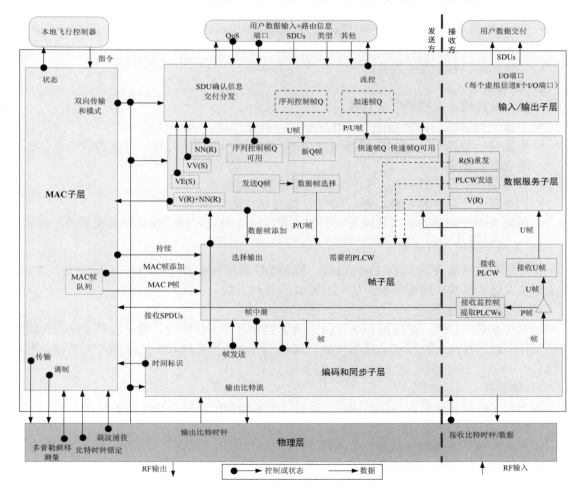

图 2-45 Proximity-1 协议栈

在发送端，数据链路层负责向物理层提供待发的数据。在接收端，数据链路层接收从物理层接收机接收的一系列编码后的符号数据流，并对包含的数据进行进一步处理。MAC 子层控制点到点通信链路的建立、保持和终止。它通过控制变量控制数据链路层和物理层的运行状态。它从本地飞行控制器和控制它运行的链路来接收 Proximity-1 的指令，同时负责存储和分发管理信息数据（MIB）。

　　帧子层：负责帧头域的处理。在发送端，帧子层决定帧的发送顺序，向编码和同步子层交付帧。在接收端，帧子层接收并验证从编码和同步子层来的帧，并把这些帧向数据服务子层或 MAC 子层交付。

2.8.4　各层功能

2.8.4.1　帧子层

1．帧子层的功能

1）发送端的功能

- 接收由数据服务子层和 MAC 子层提供的帧，根据需要对帧的域值进行修改。
- 对 PLCWs 和状态报告进行格式化处理，把处理后的内容打包到一个 P 帧中。
- 决定帧的发送顺序。
- 将帧向编码和同步子层发送。

2）接收端的功能

- 接收从编码和同步子层来的帧。
- 对接收到的帧是否为 Version-3 传输帧进行验证。
- 根据帧中的 Spacecraft ID 和 Source-or-Destination ID 域值，验证接收到的帧是否由本地收发机接收。
- 如果是一个合理的 U 帧，则将它路由发送到数据服务子层。
- 如果是一个合理的 P 帧，则将 SPDUs 的内容发送给 MAC 子层。
- 如果是一个合理的 P 帧且包含一个 PLCW，则将 PLCW 路由发送给数据服务子层。

2．发送端帧输出的选择

帧子层实现对帧头格式化（Formatting）和 SPDU 数据传输的控制。在交付给物理层之前，这些帧被发送给编码和同步子层，从而组装成一个 PLUT。

1）帧复用处理控制

当发送参数为真时，产生帧，当 PLTU 内容已经准备好传输时，数据发送给编码和同步子层进行处理。当 PLCW 或状态报告参数为真时，产生状态或 PLCW 数据插入到 P 帧中准备交付。

2）帧选择

每当一个帧要被交付到编码和同步子层时，一系列帧的选择都基于以下原则。

- MAC 子层队列第一个优先选择。
- PLCW 或状态报告参数第二个选择。
- 输入/输出子层加速帧队列第三个选择。
- 序列控制帧第四个选择。

2.8.4.2　MAC 子层

MAC 子层负责每次对话的建立和终止，它也负责数据服务阶段在物理层的所有操作。一般来讲，收发双方都需要 MAC 子层的握手程序。握手程序通过物理层控制信号来实现，如 Carrier_Acquired 和 Symbol_Inlock_Status。由于空间信道的非稳定性，收发双方间的控制信号会出现丢失现象，因此 MAC 子层的控制需要一个"持续"（Persistence）程序来保证在其他任务开始之前，一个任务的期望值是可信的。这个过程称为"Persistence Activity"。

1. MAC 子层控制机制

由于空间信道会导致潜在的帧丢失，因此 MAC 子层的控制需要一个持续程序来确保能正确地接收到管理协议指令。为了完成一个任务，可以将一系列"持续活动"进行链接，但 MAC 子层一次只能应用到一个活动中。

2. 指令解码

指令解码对从本地或远程控制器接收到的管理协议指令进行解码。指令解码处理接收到的指令，设置物理层和数据链路层参数。

2.8.4.3　数据服务子层

1. 数据服务子层的功能

数据服务子层控制一次会话中待传用户数据的发送顺序。主要通过 COP-P 来实现，而 COP-P 主要包括 FOP-P 和 FARM-P 两部分。

1）发送端

- 运行 FOP-P。
- 处理接收到的 PLCWs。
- 向 I/O 子层确认所有 SDUs 均已交付。
- 向 I/O 子层提供帧确认信息。

2）接收端

- 运行 FARM-P。
- 从帧子层接收 U 帧。

2. COP-P

COP-P 用于一个发送节点、一个接收节点和二者之间的一条链路。发送机向接收机发送帧，接收机接收所有验证过的加速帧（Expedited Frame）和经验证的在队列里的序列控制帧（Sequence Control Frame）。接收机以 PLCW 的形式向发送机发送反馈信息。发送机使用此反馈信息对序列控制帧进行再传。加速帧则不需要再传。

FOP-P 驱动加速和序列控制服务，负责对用户的数据进行排序和复用，并和接收端的 FARM-P 保持同步，必要时启动再传机制。假如在某一个时间周期内没有收到一个合理的 PLCW，发送机的 FOP-P 通知本地控制器，发送机和接收机的 FARM-P 未同步。FOP-P 决定本地控制器如何实现再同步，或者强制执行再同步。

FARM-P 是由数据驱动的，它仅对从 FOP-P 接收到的信息进行动作，通过 PLCW 提供一个相应的反馈。FARM-P 使用编码和同步子层的服务来验证接收到的帧是无误的。FARM-P 依靠帧子层来验证接收到的帧是否是 Version-3 的传输帧，从而在该层进行后续的处理。

2.8.4.4 输入/输出子层

1. 输入/输出子层的功能

输入/输出子层为收发器、星载数据系统和任务提供接口，其功能如下。

1）发送端

（1）接收用户规定的数据，内容如下。

- QoS。
- 输出端口 ID。
- PDU 类型。
- 帧数据结构规则，用来建立一个标准的 Version-3 传输帧。
- 远程的飞行器 ID。
- PCID。
- 源-宿 ID。

（2）利用参数 Maximum_Packet_Size 和 Maximum_Frame_Length 对数据进行组织，形成帧数据单元和传输帧帧头。这个过程决定了接收到的数据包如何整合为帧，它包括由于数据包超出最长数据包长度而分割的数据包。

（3）当加速 SDU 传输时，向用户发送通知。

（4）当序列 SDU 通过通信信道成功传输时，向用户发送通知。

2）接收端

（1）接收底层来的 U 帧。

（2）将接收到的分割数据组装成数据包，并证明每个数据包的完整性。

（3）仅将完整的数据包交付给用户。

（4）通过 U 帧帧头中的输出端口 ID 向用户交付数据包。

2. 向下层的接口

为了接收 U 帧，输入/输出子层提供了两个队列：加速队列和序列控制队列，可支持通信信道所规定的最大传输速率。通过序列控制队列传送序列控制服务所需的 SDUs，通过加速队列传送加速服务所需的 SDUs。

2.8.4.5 其他参数

（1）物理层频率为 UHF 频段，从 390～450MHz 的 60MHz 宽。前向频段：435～450MHz，反向频段：390～405MHz。

（2）握手信道（Hailing Channel）：握手是一个双工过程，由任意一个发起握手的用户终端发起，它速率低且带宽窄，以便最小化占用有效带宽。握手是一个使用半双工或全双工的异步信道或异步数据链路，使得收发信件建立初始通信的一个频段，前向握手信道为435.6MHz，反向握手信道为 403.4MHz。如果系统只支持一个通信信道，则握手信道和通信信道是一致的；如果系统不止一个通信信道，则握手信道和通信信道要加以区分。

2.8.5 服务

Proximity-1 空间数据链路协议提供数据传输和定时服务。数据传输服务有两种：一种是接收和分发数据包，另一种是接收和分发用户自定义的数据。定时服务通过所选 PLUTs 的增加和减少来实现时间计数。

2.8.5.1　服务类型

1）CCSDS 的数据包分发服务

数据包分发服务（Packet Delivery Service）为数据包在 Proximity-1 空间数据链路传输提供服务。每个数据包都有 CCSDS 授权的版本号。如果数据包长度比链路规定的最大帧数据域还要大，那么在它被插入到多个传输帧之前要进行分割处理，即数据包的重新组装。当数据包长度比链路规定的最大帧数据域小时，多个数据包可封装到一个帧中。在数据包分发服务中，分发操作利用端口 ID 来识别规定的物理或逻辑端口，通过这些端口，数据包可实现路由传输。

2）用户定义的数据分发服务

用户定义的数据分发服务（User Defined Data Delivery Service）为单个用户的字节集合传输提供服务。SDU 是以字节排列的数据单元，对服务来说，其具体格式是未知的。该服务不使用任何 SDU 中的信息。

根据 SDU 的长度，SDU 置于一个或多个帧中。如果 SDU 在多个帧中传输，则当接收到多个帧时，该服务从每个帧中分发字节。与数据包分发服务不同，该服务不对 SDU 进行重组装。同理，在用户定义的数据分发服务中，分发操作利用端口 ID 来识别规定的物理或逻辑端口，通过这些端口，数据包可实现路由传输。

2.8.5.2　服务质量

Proximity-1 的数据服务协议具有两类服务质量，序列控制和快速（Sequence Controled and Expedited），服务质量决定了发送用户的 SDU 以什么样的可靠度向接收机发送。控制过程称为 COP-P，由一个 FOP-P 和一个 FARM-P 组成，前者用于发送端的服务，后者用于接收端的服务。

在数据传输服务中，每次数据传输都有与其相关的服务质量要求。在异步帧中，比最大帧长度还要大的数据单元只能通过分割来实现传输，用序列控制服务或快速服务均可。

1）序列控制服务

序列控制服务确保数据在空间数据链路中可以可靠传输和有序分发。在单个通信会话过程中无须 COP-P 的再同步，不会出现断开、错误或复制的情况。这种服务基于后退 N 步的 ARQ，它在收发两端均使用序列控制机制和标准的报告机制（从发送端向接收端返回）。

使用序列控制服务的发送用户 SDUs 根据需要嵌入到传输帧中，并以它们插入的顺序通过物理信道进行顺序传输。SDUs 通过规定的端口发送到接收用户，再传机制确保高可靠地传输，即无 SDUs 丢失、复制或溢出队列。

2）快速服务

快速服务与上层协议一起使用，提供重传或在异常情况下使用，如飞行器恢复过程。

发送端的加速 SDUs 不使用 ARQ。在发送端，加速 SDUs 在规定的物理信道中传输，它与等待发送的序列控制服务 SDUs 在相同的物理信道中独立传输。

2.8.6　协议数据单元

Proximity-1 协议数据单元如图 2-46 所示，包括附加同步标识（ASM）、码字块（Code

Block）和 CRC 校验三大部分。

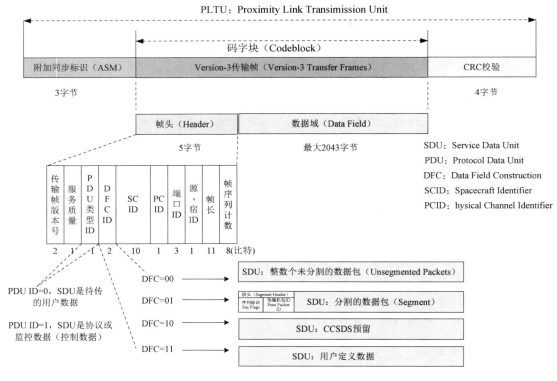

图 2-46　Proximity-1 协议数据单元

2.8.6.1　帧头

Proximity-1 协议数据单元的帧头包括连续的十部分。

（1）传输帧版本号 2 比特。

（2）服务质量（QoS）1 比特："0"代表队列控制服务，"1"代表队列加速服务。

（3）PDU 类型 ID 1 比特：规定了传输帧数据传送协议控制数据或用户数据信息。"0"代表用户数据，此帧称为 U 帧，"1"代表 SPDUs，此帧称为 P 帧。

（4）DFCID（数据域结构标识符）2 比特，如表 2-11 所示。在 P 帧情况下，不使用 DFCID，其值为"00"。在 U 帧情况下，DFCID 说明了传输数据帧的内容。

表 2-11　数据域结构标识符

DFCID	帧　内　容
"00"	整数未分割的数据包
"01"	分割的数据包（一个完整的或分割过的数据包）
"10"	CCSDS 预留
"11"	用户自定义数据

（5）SCID（飞行器标识符）10 比特：飞行器的识别，它是包含在传输帧中的源或宿数据。

（6）PCID（物理信道标识符）1 比特：主要用于一个接收机上同时进行的收发（主信道

和备份信道），选择哪个接收机来处理接收到的数据帧。

（7）端口 ID（Port ID）3 比特：在 P 帧中，不使用端口 ID 且设置其为 0。在 U 帧中，端口 ID 说明了数据帧中的 SDUs 向输入/输出子层的哪个端口交付。端口 ID 可为不同的物理或逻辑连接端口编址，从而实现数据的路由。一个端口 ID 可向一个飞行器的总线分配一个物理数据端口，或者指定一个过程。端口和物理信道分配是独立的，因此，所有经编址去往相同端口 ID 的 SDUs 都往相同端口发送，即使它们在不同的物理信道 ID 中传输。

（8）源-宿 ID（Source-Destination Identifier）1 比特。

发送节点设置源-宿 ID，标注 SCID 的内容，如表 2-12 所示。

表 2-12　当接收一个帧时，SCID 和源-宿 ID 的设置

源-宿 ID	SCID 内容	发送 SCID
0（Source）	SCID 发送数据帧	MIB 参数 Local_Spacecraft_ID
1（Destination）	SCID 接收数据帧	MIB 参数 Remote_Spacecraft_ID

接收节点设置 SCID 的行为和源-宿 ID 的内容，如表 2-13 所示。

表 2-13　当接收一个帧时，SCID 和源-宿 ID 的设置

源-宿 ID	真-假值	用于验证的 SCID
0（Source）	真	MIB 参数 Local_Spacecraft_ID
0（Source）	假	不执行测试
1（Destination）	真或假	MIB 参数 Remote_Spacecraft_ID

（9）帧长（Frame Length）11 比特：从传输帧帧头第一个字节开始计数，直到传输帧数据域的最后一个字节。最大为 2048 字节，最小为 5 字节。

（10）帧序列计数（Frame Sequence Number，FSN）8 比特：当一组帧分配了具有队列控制服务的 PCID 时，FSN 是单调增加的。

2.8.6.2　数据域

数据域无间隔地置于传输帧帧头之后，最大为 2043 字节，包括对应于一个或多个 SDUs 的整数字节数据（U 帧）或整数字节的协议信息（P 帧）。

1）U 帧数据包（Packets in a U-frame）

当 U 帧的 DFCID 是"00"时，如图 2-47 所示，数据域包含整数个数据包，每个数据包都分配相同的端口 ID 和 PCID。数据域的第一个比特是一个数据包头的第一个比特。

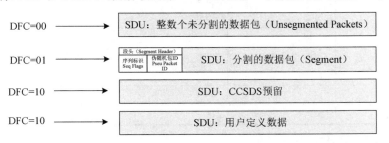

图 2-47　U 帧的 DFCID

2）U 帧的分段数据单元

当 U 帧的 DFCID 是"01"时，数据域包含分段数据单元，这些数据单元由 8 比特的段

头和紧随其后的分段数据包组成。

● 序列标识（sequence flag）由段头的比特"0"和"1"组成，它表明了分段相对数据包的位置，如表 2-14 所示。

表 2-14　序列标识

序 列 标 识	作　　　用
01	第一个段
00	连续段
10	最后一个段
11	无分割

● 伪随机包 ID，把一个数据包的数据单元的所有分段关联起来。

各个分段以如下的顺序放置于数据链路中。

① 相同数据包的分段填充到具有相同 PCID 和端口 ID 的帧中。

② 不同数据包的分段填充到不同 PCID 和端口 ID 的帧中。

总之，在把数据交付给用户之前，数据链路层对相同 Routing ID 的分段进行重新组装。例如，把具有相同 PCID、Port ID 和伪随机包 ID 的分段组装到一个数据包中。当出现以下情况时，数据包将被丢弃。

① 数据包的长度和接收到的比特数不一致。

② 一个 Routing ID 的第一个分段不是数据单元的第一个分段。

③ 一个新数据包开始分段接收之前，一个 Routing ID 的最后一个分段仍然没有接收到。

2.8.6.3　监控 PDU（Supervisory Protocol Data Unit）

1. 基本内容

目前，CCSDS 定义的只有固定长度的 SPDUs，如 PLCW。可变长度的 SPDUs 提供链接和复用功能，包括指令和状态信息的报告。在固定长度模式中，SPDU 头为 2 比特，SPDU 数据域为 14 比特。在可变长度中，SPDU 头为 1 字节，数据域为 0～15，共计 16 比特（2 字节）。

（1）固定长度 SPDU，其固定格式如表 2-15 所示。

表 2-15　固定长度 SPDU 固定格式

固定长度 SPDU （16 比特）	SPDU 头 （2 比特）		SPDU 数据域 （14 比特）
	SPDU 格式 ID（"0"）	SPDU 类型 ID（"1"）	包括一个协议对象，如指令、报告或 PLCW 2～15 比特
F1 类型	"1"	"0"	固定长度 PLCW
F2 类型	"1"	"1"	CCSDS 预留

（2）可变长度 SPDU。

当 SPDU Format ID 为 0 时，表明其是一个可变长度 SPDU，其格式如表 2-16 所示。

表 2-16　可变长度 SPDU 格式

可变长度 SPDU	SPDU 头（1 字节，固定长度）			SPDU 数据域（0～15 字节）
	SPDU 格式 ID 0 比特	SPDU 类型 ID 1，2，3 比特	SPDU 数据域长度 4，5，6，7 比特	包括一个或多个协议（指令/报告）
类型 1	"0"	"000"		指令/报告
类型 2	"0"	"001"		时间分布 PDU
类型 3	"0"	"010"		状态报告
类型 4	"0"	"011"		CCSDS 预留
类型 5	"0"	"100"		CCSDS 预留
类型 6	"0"	"101"		CCSDS 预留
类型 7	"0"	"110"		CCSDS 预留
类型 8	"0"	"111"		CCSDS 预留
注：指令和报告可以在 SPDU 数据域中进行复用				

2. PLCW

PLCW 在加速服务质量（Expedited QoS）情形下传输使用。PLCW 共计 16 比特（2 字节），其结构如表 2-17 所示。

表 2-17　PLCW 结构

SPDU 头		SPDU 数据域				
SPDU 格式 ID 1 比特	SPDU 类型 ID 1 比特	重传标识 1 比特	PCID 1 比特	预留 1 比特	加速帧计数 3 比特	报告值（FSN）8 比特

2.8.7　Proximity-1 编码和同步子层协议

2.8.7.1　编码和同步子层功能

在收发双端，通过捕获时钟、帧序列号、QoS 标识符和方向（入口或出口），编码和同步子层支持 Proximity-1 的定时服务。在 Proximity-1 中，包含三类速率：数据速率（R_d）、编码符号速率（R_{cs}）、信道符号速率（R_{chs}），如图 2-48 所示。

1）发送端
- 构建 PLTUs，每个 PLTU 都包含一个从帧子层接收到的帧。
- 产生编码的比特流，根据需要插入空闲数据。
- 信道编码。
- 以恒定速率 R_{cs} 提供编码符号流,供物理层调制。

2）接收端
- 以恒定速率 R_{cs} 接收物理层的编码符号流。
- 信道解码。

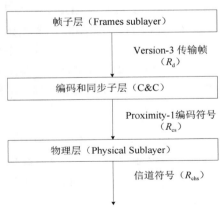

图 2-48　发送过程

- 每个 PLTU 的界定和验证。
- 对于每个 PLTU，将交付界定完成的帧给帧子层。

2.8.7.2　Proximity-1 的链路传输单元

在发送链路上，编码和同步子层构建了一个 PLTUs，每个 PLUT 都包含一个传输帧。在接收端，编码和同步子层处理每个 PLUT 并对它进行界定。

在发送端，编码和同步子层产生输出的编码符号流（包含 PLTUs 和空闲数据），将它们交付给物理层，从而实现无线电载波的调制。每个 PLUT 都包含一个 Version-3 传输帧，同时定义 FIFO 的输出比特流，输出比特流经编码后变为符号数据流，然后交付给物理层。

PLTUs 是一个非连续的系列数据流，包含一系列可变长度的 PLUTs，其中一个 PLUTs 的结尾和下一个 PLUTs 的开始之间具有延时。为了建立 Proximity-1 会话，要保证每个 PLUTs 都同步，并且需要空闲数据来实现同步。当没有 PLUTs 可用时，要发送空闲数据保持同步。

1. PLTU 结构

一个 PLTU 包含三个连续排列的域，如图 2-49 所示。

（1）24 比特附件同步标识（ASM），用十六进制表示的 ASM 为 FAF320，接收端 ASM 检测 PLTU 的开始。

（2）Version-3 传输帧。

（3）32 比特的 CRC 校验。

附加同步标识（ASM） 3字节	Version-3传输帧（Version-3 Transfer Frames） 最大2048字节	CRC校验 4字节

图 2-49　PLTU 结构

2. 空闲数据

空闲数据用伪随机噪声（PN）序列表示，十六进制表示为 352EF853，PN 序列循环重复使用，有如下三个功能。

- 数据捕获，称为捕获序列（Acquisition Sequence），当传输开始时，要插入一个捕获序列。仅当使用 LDPC 编码时，捕获序列从 PN 的第一个比特开始。
- 当 PLTU 不可用时，要填充空闲数据，称为空闲序列（Idle Sequence）。
- 当传输结束时，要插入一个尾标识，称为尾序列（Tail Sequence）。

当使用 LDPC 编码时，捕获序列从 PN 序列的第一个比特开始。任何时候，当到达 PN 序列的结尾时，此序列都将从第一个比特开始重复再传。

3. 捕获序列

物理层为一次会话中的双方提供必需的调制发射功能，从而捕获和处理收发双方的数据传输。当传输开始时，发送机调制信号进行排序（第一个载波紧随着一个捕获序列），这样接收机才能捕获信号并获得可靠的信道符号流，做好接收传输信号的准备。捕获序列也用来获得解码器中的节点同步。如果采用 LDPC 编码，则捕获序列要持续足够长的时间，直至在符号（symbol）同步建立之前正确检测到码字同步标识符（Codeword Sync Marker，CSM），此后开始传输第一个 PLTU。

4. 空闲序列

在数据传输阶段，一个连续的信道符号流从发送机到接收机传送的过程中，PLTU 开始发送。当没有 PLTU 可用时，空闲序列将插入到比特流中进行编码，保持信道符号流连续传送，使得接收机能保持同步。

5. 尾序列

在传输结束之前，发送机以固定的周期发送一系列空闲序列。这个过程有助于接收机保持比特锁定和卷积解码。在这个过程中，系统要完成最后接收数据的处理。

2.8.7.3 信道编码

CCSDS 推荐两种信道编码，卷积码和 LDPC 编码，不包括 RS 码，其编码过程如图 2-50 所示。

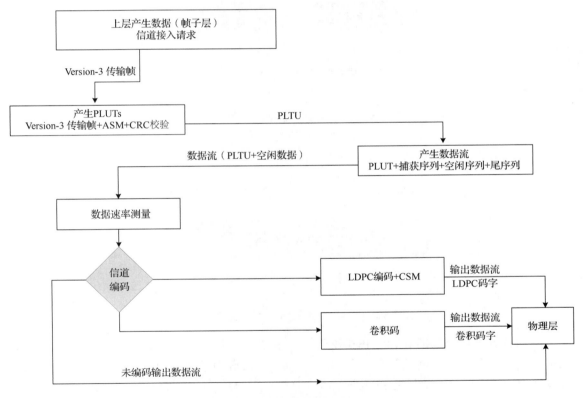

图 2-50 信道编码过程

2.9 IP over CCSDS

为了降低国际空间站的高速数据传输设备成本，NASA 开展了支持长期空间观测任务的宽带通信架构研究，主要采用商用路由协议和网络设备进行建构，通过类 IP 技术完成数据的端到端传输。2006 年 1 月，由 SIS 片下属的 IP over CCSDS 空间数据链路工作组（SIS_IPO）首先发布了 CCSDS 702.1-W-1 白皮书，IP over CCSDS 的概念应运而生；8—10 月又发布了

CCSDS 702.1-R-0、CCSDS 702.1-R-1 红皮书；2007 年 1 月发布了 CCSDS 702.1-R-2；2008 年 9 月发布了 CCSDS 702.1-R-3[1]；2010 年 4 月，CCSDS 发布了第四版 "IP over CCSDS SPACE L INKS"（702.1-R-4）；2012 年，CCSDS 发布了 702.1-B-1 版本，作为 IP 数据报在 CCSDS 链路协议上传输的推荐标准。IP over CCSDS 将原有的单个航天器-地面控制-用户的模式转变为航天器之间及航天器与地面任一用户之间任意通信的方式。这种新的通信模式不仅能够更有效地利用 Internet 基础设施，而且能够方便地利用现有的网络技术和产品，使空间任务的成本大幅度降低。IP over CCSDS 通过 CCSDS 空间数据链路协议，包括 AOS、TC、TM 及 Proximity-1，如图 2-51 所示。该协议的核心思想是使用了称为 CCSDS IPE（IP Extention）的规范和数据封装服务，将 IP 协议数据单元复用到 TC、TM、AOS 及 Proximity-1 空间数据链路上，具体做法是在各个 IP_PDU 中预先考虑 CCSDS IP 扩展（IPE），再逐一封装到 CCSDS 封装包中，并在一个或多个 CCSDS 空间数据链路传递帧中直接传送这些封装包。

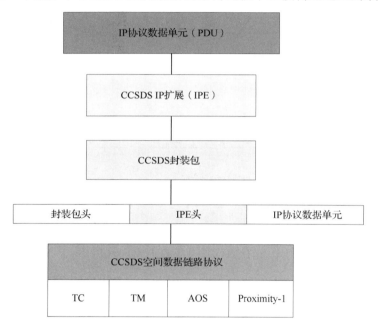

图 2-51　IP over CCDSS 空间数据链路基本组成

　　IP 协议数据单元包括 IPv4、IPv6 和经过 IP 头压缩的数据包等类型。IPE 由一个或多个填充字节组成，放置在 IP 协议数据单元的前端，是 CCSDS 封装包头的扩展，通过 IPE 的取值，可以标识使用不同分支协议的 IP 数据，并允许以此解复用。CCSDS 封装包由长度为 1、2、4 或 8 比特的封装包头和可变长度的数据域组成。封装包头由 3、4、6 或 7 个域组成，按照封装包版本号、协议标识号、封装包长度、用户自定义字段、协议标识扩展、CCSDS 定义的字段及封装包长顺序连续排列。

参考文献

[1]. 胡行毅. IP over CCSDS 解析[J]. 卫星与网络，2010，（9）：34-40.

[2]. 郭蕊. IP over CCSDS 空间通信网络[J]. 北京工业职业技术学院学报，2011，10（3）：31-35.

[3]. 王晓波，孙甲琦. IP over CCSDS 空间组网应用浅析[J]. 飞行器测控学报，2011，30：37-40.

[4]. CCSDS. CCSDS 713.0-B-1-S Space communications protocol specification (SCPS)-Network protocol (SCPS-NP)[S].Washington D.C, CCSDS Secretariat, 1999.

[5]. CCSDS. CCSDS 232.0-B-2TC Space Data Link protocol [S]. Washington D.C, CCSDS Secretariat, 2015.

[6]. CCSDS. CCSDS 132.0-B-2TM Space Data Link protocol [S]. Washington D.C, CCSDS Secretariat, 2015.

[7]. CCSDS. CCSDS 732.0-B-3AOS Space Data Link protocol [S]. Washington D.C, CCSDS Secretariat, 2015.

[8]. CCSDS. CCSDS 211.0-B-5 Proximity-1 Space Data Link protocol –Data Link Layer[S]. Washington D.C, CCSDS Secretariat, 2015.

[9]. CCSDS. CCSDS 702.0-B-1 IP over CCSDS Space Links [S]. Washington D.C, CCSDS Secretariat, 2012.

[10].CCSDS. CCSDS 211.1-B-3 PROXIMITY-1 SPACE LINK PROTOCOL—PHYSICAL LAYER [S]. Washington D.C, CCSDS Secretariat, 2006.

[11].CCSDS. CCSDS 130.0-G-3 OVERVIEW OF SPACE COMMUNICATIONS PROTOCOLS [S]. Washington D.C, CCSDS Secretariat, 2014.

[12].CCSDS. CCSDS 131.0-B-2 TM SYNCHRONIZATION AND CHANNEL CODING [S]. Washington D.C, CCSDS Secretariat, 2011.

第三章 空间 ATP 技术

3.1 ATP 系统的组成及工作原理

卫星光通信中的 ATP 系统一般采用复合控制系统结构，它可分为以下几个部分：粗瞄准机构，精瞄准机构、预瞄准机构、传感器等，如图 3-1 所示。

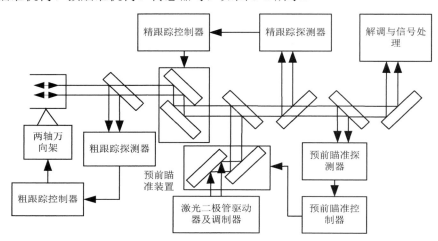

图 3-1 卫星光通信的 ATP 系统框图

3.1.1 粗瞄准机构

粗瞄准机构主要包括一个两轴或三轴万向架及安装在上面的望远镜，一个中继光学机构，一个捕获传感器，一套万向架角传感器设备，以及万向架伺服驱动电机。

捕获阶段，粗瞄准机构工作在开环方式下，接收命令信号（该命令信号由上位机根据已知的卫星运动轨迹或星历表给出），将望远镜定位到对方通信终端的方向上，以便来自对方的信标光进入捕获探测器的视场（FOV）。粗跟踪阶段，粗瞄准机构工作在闭环方式下，根据目标在探测器上的位置与探测器中心的偏差控制万向架上的望远镜，它的跟踪精度必须保证系统的光轴处于精跟踪探测器的视场内，以确保入射的信标光在精跟踪控制系统的动态范围内。另外，由于粗跟踪环的带宽比较低，一般只有几赫兹，因此它只能抑制外部干扰的低频成分。

粗瞄准机构将给系统引入轴承摩擦，这是影响系统性能和跟踪精度的主要干扰之一，如何克服和抑制它对系统的影响是设计粗瞄准机构和粗跟踪控制器时需要着重考虑的问题。

3.1.2 精瞄准机构

精瞄准机构主要包括一个两轴快速反射镜，一个跟踪传感器，一套执行机构（压电陶瓷或音圈电机）和位置传感器。精瞄准机构工作在闭环方式下，根据精跟踪探测器的误差信号，控制快速反射镜，跟踪入射信标光，从而构成精跟踪环。精跟踪环的跟踪精度将决定整个系统的跟踪精度，它要求带宽非常高，一般为几百赫兹甚至上千赫兹。带宽越高，对干扰的抑制能力越强，系统的反应速度越快，跟踪精度就越高。因此，设计一个高带宽、高跟踪精度的精跟踪环是整个 ATP 系统的关键。

3.1.3　预瞄准机构

预瞄准机构是由一个快速反射镜及其执行机构加上一个四象限传感器构成的。为什么要加入这样一个机构？因为在卫星光通信中，通信的双方都在自己的轨道上不停地运转，距离非常远，激光在二者之间进行传输需要一定的时间，在这段时间内，双方都将移动一定的距离。这样，如果接收端沿对方信标光的方向返回信标光，则不会瞄准对方，加入预瞄准机构正是为了解决这个问题。预瞄角可以根据卫星的姿态、速度和星历表提前计算出来，作为预瞄准控制的命令信号。采用开环控制方式，使出射光根据预瞄角预先偏离入射光一个角度，从而使出射光可以精确地瞄准对方。

3.1.4　传感器

在卫星光通信中，ATP 系统的传感器包括三种：捕获传感器、跟踪传感器和通信传感器。捕获传感器一般采用面阵 CCD，视场较大，帧频较低，通常为几十帧，主要用于捕获和粗跟踪阶段。跟踪传感器一般采用四象限探测器，响应速度很快，使其采样频率可以达到上千赫兹及以上；另外，它的灵敏度也很高，但视场较小，主要用于精跟踪阶段。通信传感器一般采用灵敏度更高的 APD。

3.1.5　ATP 系统的原理

收发天线接收到的信标光入射在探测器的光敏面上，粗跟踪探测器获取的信号经过误差信号提取电路提取出误差信号，将误差信号送入计算机处理，控制计算机以控制伺服系统驱动光学天线，使光学天线对准信标光方向，然后进行精定位。

3.2　ATP 系统的关键技术及其参数设置

3.2.1　ATP 系统的关键技术

ATP 系统是卫星光通信中一个相当重要的子系统，它直接关系到卫星光通信的成败。其关键技术如下。

1. 精跟踪回路系统的设计

精跟踪回路是一个高带宽、高精度的伺服系统。为此，应对回路内部的关键器件，如快速倾斜镜（FSM）、误差信号探测器（APD 或面阵 CCD）和补偿器等，有一定的技术要求。

2. 精跟踪回路的两轴快速倾斜镜

两轴快速倾斜镜是精跟踪回路的一个关键器件，是一个宽带的平台扰动的校正器。它应该具有足够高的结构谐振频率和良好的阻尼特性。

3. 精跟踪回路的探测器

探测器同样是精跟踪回路的一个关键器件，采用面阵 CCD 作为跟踪误差探测器具有良好的发展前景。不过，为了能够检测和补偿带宽的扰动功率谱，作为跟踪探测器的面阵 CCD 必须具有很高的帧频，希望能达到 10kHZ 量级，这样就可以提供所希望的扰动抑制能力。

3.2.2 信标光链路分析

信标光用于卫星光通信的捕获和跟踪的激光发射源。

信标光链路的功率预留量为

$$\text{Link margin} = 10\log_{10}\left(\frac{P_r}{P_{req}}\right) \tag{3-1}$$

式中，P_r 是接收机探测器接收的信号功率（W）；P_{req} 是要求在接收机探测器上接收的功率（W）。

P_r 可以简化表示为

$$P_r = 2P_t \times \eta_t \times \eta_r \times \left[\frac{\frac{D_r}{2}}{\frac{\theta_{div}}{2} \times R}\right]^2 \tag{3-2}$$

式中，P_t 为激光发射功率（W）；η_t 为发射天线效率；η_r 为接收天线效率；$\frac{D_r}{2}$ 为接收天线半径（m）；$\frac{\theta_{div}}{2}$ 为激光发散半角（rad）；R 为激光传输距离（m）。

3.2.3 跟踪灵敏度

跟踪灵敏度就是为满足给定的探测率 P_{Det} 和虚警率 P_{fa}，所要求的在跟踪探测器上接收到的最小功率 P_{req}。在跟踪探测器上采用阈值探测的 P_{req} 为

$$P_{req} = \frac{I_{PK}}{R_d} \tag{3-3}$$

式中，R_d 为探测器响应率；I_{PK} 为满足给定 P_{fa} 和 P_{Det} 要求值的接收信号峰值电流。

$$R_d = \frac{\eta q \lambda}{hc} \tag{3-4}$$

式中，η 为探测器量子效率；q 为电子电荷；h 为普朗克常数；c 为光速；λ 为激光信号波长。

$$I_{PK} = \left(K_1\sigma_n + qFBK_2^2\right) + \left[\left(K_1\sigma_n + qFBK_2^2\right)^2 + \left(K_2^2 - K_1^2\right)\sigma_n^2\right]^{\frac{1}{2}} \tag{3-5}$$

式中，B 为电路带宽；F 为检测过程噪声因子；K_1 是和虚警率 P_{fa} 有关的系数；K_2 是和探测率 P_{Det} 有关的系数。

$$P_{fa} = \frac{1}{\sqrt{2\pi}}\int_{K_1}^{\infty} e^{\frac{x^2}{2}} dx \tag{3-6}$$

$$P_{Det} = \frac{1}{\sqrt{2\pi}}\int_{-\infty}^{K_2} e^{\frac{x^2}{2}} dx \tag{3-7}$$

对于面阵 CCD（N×N 元），有

$$\sigma_n^2 = \sigma_B^2 + \sigma_d^2 + \sigma_{r0}^2 + \sigma_{fpn}^2 \tag{3-8}$$

式中，σ_B^2 为背景噪声电流噪声均方值（A^2）；σ_d^2 为探测器暗电流噪声均方值（A^2）；σ_{r0}^2 为面阵 CCD 读出噪声电流均方值（A^2）；σ_{fpn}^2 为面阵 CCD 固定画面噪声电流均方值（A^2），由像素灵敏度不均匀性和噪声特性不均匀性产生。

3.2.4 捕获灵敏度

捕获灵敏度的分析模型和跟踪灵敏度的分析模型完全相同。由于捕获系统也采用面阵 CCD，所以二者的参数值也相同，不过，捕获系统的带宽要远远小于跟踪系统的带宽，捕获系统的带宽往往在几十赫兹以内，而跟踪系统的带宽可以达到几百赫兹甚至上千赫兹，此外，捕获系统视场宽，需要用大面阵 CCD 象元（如 128×128=16384），而跟踪系统视场窄，只需要用小面阵 CCD 象元（如 14×14= 196），因此捕获灵敏度和跟踪灵敏度不同。

1）捕获不确定区域（Uncertainty Area）

卫星光通信在建立通信过程中的扫描范围应大于或等于初始不确定角，初始不确定角过大，将增加捕获时间，而初始不确定角的确立与卫星姿态控制精度有关。捕获不确定区域一般可由 GPS 定位精度或星历表给出。

2）捕获概率

在大多数卫星光通信设计中，对 ATP 系统捕获成功概率要求在 99%以上。捕获概率表示为

$$P_{acq} = P_{u-area} \times P_{Det} \tag{3-9}$$

式中，P_{u-area} 为捕获不确定区域对目标的覆盖概率；P_{Det} 为接收机的探测率。

3）捕获时间

捕获时间和捕获时对端机的工作方式有关，当工作在凝视/扫描方式，即发射机以一个窄的光束发散角扫描捕获不确定区域，接收机处于凝视状态时，捕获时间为初始不确定角与发射光束发散角的比值乘以在每个位置上的停留时间，即

$$T_{acq_{stare/scan}} = \left[\frac{\theta_{unc}^2}{\theta_{beam}^2} \right] \times T_{dwell} \times N_t \tag{3-10}$$

式中，θ_{unc} 为不确定区域角；θ_{beam} 为发射光束发散角的 $\frac{1}{e}$；T_{dwell} 为发射机在一个位置上的停留时间；N_t 为扫描的区域数。

考虑到抖动的影响，对初始不确定角与发射光束发散角的比值进行了修改，添加了一个重叠因子

$$\varepsilon_t = (1-k)^2 \tag{3-11}$$

式中，$k = 10\% \sim 15\%$。因此

$$T_{acq_{stare/scan}} = \left[\frac{\theta_{unc}^2}{\theta_{beam}^2 \times \varepsilon_t} \right] \times T_{dwell} \times N_t \tag{3-12}$$

3.2.5　瞄准性能

1）瞄准精度的确定

卫星光通信的 ATP 系统的瞄准误差是一个重要的设计参数。它和卫星光通信的光学天线孔径、发射光束发散角、通信系统的突发误差概率及位误差概率都有直接的关系。

从实际的光学系统性能考虑，在认为光通信发射机光学系统是理想的衍射极限光学系统的条件下，激光发散角为光学系统的最小分辨率

$$\theta_{\mathrm{div}} = \frac{1.22\lambda}{D_{\mathrm{T}}} \tag{3-13}$$

式中，D_{T} 为发射光学系统孔径（m）；λ 为发射激光波长（μm）。

考虑到实际的光学系统的制造、装校产生的偏差，不可能达到理想的衍射光学系统性能，一般取 θ_{div} 大于理想的衍射极限条件下对应的数值。因此，式（3-13）给出的 θ_{div} 是激光发散角的最小极限值。

从发射功率在接收探测器上给出的接收功率为最大的最佳性能判据出发，得到允许的最大瞄准误差 θ_{PM} 与激光发散角 θ_{div} 的最佳比例关系为

$$\theta_{\mathrm{PM}} = 0.24\,\theta_{\mathrm{div}} \tag{3-14}$$

2）跟踪性能

在瞄准误差的各项误差源中，跟踪误差是内部和外部扰动引起的，由跟踪探测器的等效噪声角（NEA）和跟踪系统有限的抑制能力造成的残余常平架抖动组成。

对于四象限跟踪传感器

$$\mathrm{NEA} = \frac{1}{\mathrm{SF}\sqrt{\mathrm{SNR}}} \tag{3-15}$$

式中

$$\mathrm{SNR} = \frac{\left(P_{\mathrm{r}}R_{\mathrm{d}}\right)^2}{N_0 B} \tag{3-16}$$

式中，SF 是斜坡因子（1/rad）；P_{r} 是接收功率（W）；R_{d} 是探测器灵敏度（A/W）；N_0 是接收机噪声（A²/Hz）；B 是跟踪环的跟踪控制带宽（Hz）。

NEA 与跟踪控制带宽的方根成比例，降低 NEA 的方法是选择更灵敏或低噪声的探测器。

残余常平架抖动跟踪误差分量由作用在 ATP 常平架跟踪系统上的外部扰动功率谱和常平架跟踪系统本身对扰动的抑制能力决定。首先应该掌握有关外部扰动源的功率谱数据，然后根据这些功率谱的性质选择和确定跟踪系统的设计。不过，在空间站或卫星设计研制初期，很难给出扰动的功率谱数据，因此，采用经验验证或参考的数据是必要的。

图 3-2 是典型的三轴稳定传感器卫星的扰动功率谱密度（PSD），它是在轨道上实际测量的 LANDSAT-4 卫星的扰动 PSD。

$$S(f) = \mathrm{PSD} \tag{3-17}$$

由图 3-2 可得，卫星扰动 PSD 从低频（0.01Hz）一直扩展到高频（约 100Hz），在 200Hz 频率上存在角振幅 $A=1.9\mu\mathrm{rad}$ 的扰动。数据分析表明：在 1Hz 处由太阳能电池板驱动产生 $A=100\mu\mathrm{rad}$ 的角振动，在 100Hz 处存在 $A=12\mu\mathrm{rad}$ 和 200Hz 处存在 $A=1.9\mu\mathrm{rad}$ 的角振动，它们是由卫星上反作用轮与二次谐波产生的。因此，整个扰动随机模型是由连续扰动 PSD 和三个谐波分量组成的。

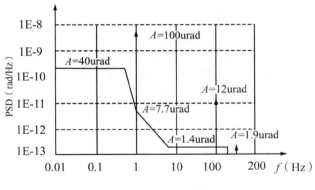

图 3-2 卫星扰动功率谱密度

3.3 光束捕获技术

3.3.1 捕获的基本原理

空间捕获要求将接收透镜瞄准在光场到达的方向上，其必须根据光束的到达角度调节光阑平面的法向量。通常调节到某一精度以内就认为是可以接收的，即到达角可以位于法向量发出的一个立体角内。这一可以接收的角度成为捕获过程的分辨角（或分辨束宽），在后面的讨论中用 Ω_r 标记。显然，最小的分辨角为衍射极限视场，但在实际设计时所希望的分辨角通常要更大一些，这样可以使光源的很多模式进入，并对对准误差和其他不定因素进行补偿。分辨角作为一个设计指标，其数值在后面分析中起着重要的作用。

捕获分为单向和双向两种过程。单向捕获如图 3-3 所示。位于某一点的单个发送机向位于另一点上的单个接收机发送，如果已经达到满意的对准（或等价为发送机束宽覆盖了对准误差），则光束将照亮接收机所在的点。在某些不确定性下，接收机知道发送机方向位于从接收机位置定义的立体角 Ω_u 内，接收机希望其天线与到达光场的垂直度在某一预先设定的分辨角 Ω_r 内，即希望其天线法向量指向发送机视线矢量上 Ω_r 球面弧度之内，通常 $\Omega_r \ll \Omega_u$，因此接收机必须在不确定角度上进行捕获搜索，从而使发送机位于所希望的分辨角之内。

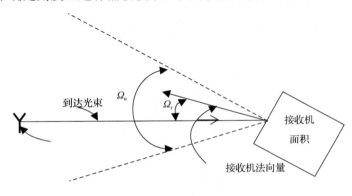

图 3-3 单向捕获

双向捕获时，在两个通信站上同时具有一台发送机和一台接收机，如图 3-4 所示。两个通信站必须进行空间捕获形成双向通信链路。在典型情况下，通信站 1 能够较准确地知道通信站 2 的位置，从而可以发送一个足够宽的光束以覆盖其对准误差，并用一个接收天线以相近的视场沿发送光束视线的方向进行瞄准。通信站 2 可能不具备通信站 1 的知识来进行对准，因此通信站 2 必须搜索其不确定视场 Ω_u 进行捕获。在以分辨角 Ω_{r2} 成功地完成空间捕获之后，通信站 2 用捕获得到的到达方向，以分辨角 Ω_{r2} 向通信站 1 进行发送。这样，通信站 1 就正确地完成了捕获和对准。

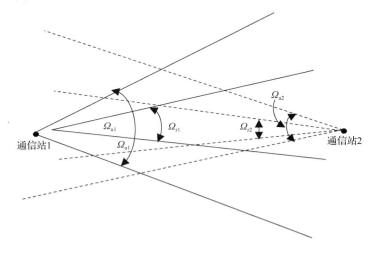

图 3-4　双向捕获

通信站 1 现在可以用它所希望的分辨角 Ω_{r1} 对返回的光束进行捕获。这样的连接是以所希望的分辨角完成的，并可以开始通信，还可以用更窄的光束重复上述操作进行更进一步地改善。通信站 1 先使其发送和接收光束变窄，通信站 2 进一步减小所希望的分辨角 Ω_{r2}，重新进行捕获，并以一个更窄的光束重新进行发送。

显然，无论是单向捕获还是双向捕获，关键的操作是在不确定视场上进行搜索以找出到达方向。在保持适当准确性（成功地实现捕获概率）的前提下，空间捕获希望在尽可能短的时间内完成。下面我们将考虑四种通常的捕获搜索过程。

（1）天线扫描：在不确定视场上旋转接收系统（天线透镜加上探测器），寻找被发送的光束。

（2）焦平面扫描：在这种方法中，天线和接收机是固定的，它们具有很宽的视场，通过扫描焦平面来定位光束。

（3）平面阵列：用固定的探测器阵列覆盖焦平面。

（4）顺序搜索：使用一个固定的探测器阵列，在相继的步骤中重新调节视场，从而捕获到发送机。

3.3.2　捕获方法

我们以 A、B 分别表示需要建立光链路的两个终端，A、B 端互相捕获、对准的过程如下。

（1）A 端发出信标光，然后在不确定视场范围内进行扫描。扫描方法可分为矩形扫描和螺旋扫描，如图 3-5 所示。

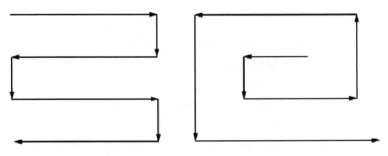

图 3-5 矩形扫描和螺旋扫描

（2）B 端在 A 端扫描的同时采取跳步扫描的方式进行扫描，即在 A 端一帧扫描期间，B 端凝视不动。另一帧 B 端跳一步，凝视于另一角度。如果不确定视场不大，而 B 端的接收视场等于或大于不确定视场，则 B 端不需要进行扫描，只处于凝视等待状态，A 端信标光的光束在扫描过程中必然会落在 B 端的接收视场内，即 B 端必然会接收到 A 端的信标光。

（3）当 B 端接收到 A 端的信标光后，B 端探测器输出位置误差信号，经过处理后送给万向支架控制器，驱动万向支架转动，从而对准 A 端，工作开始时，B 端已经发出信标光。

（4）A 端收到 B 端的信标光，达到一定的门限后，扫描停止，A 端探测器输出位置误差信号，经过处理后送给万向支架控制器，驱动万向支架转动，进一步对准 B 端。

（5）A 端和 B 端进一步调整，从而达到捕获、对准的目的。A、B 端捕获、对准过程如图 3-6 所示。

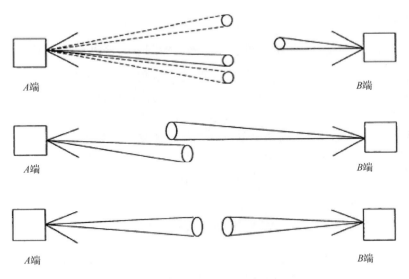

图 3-6 A、B 端捕获、对准过程

当通信两端在各向的轨道上运行时，从对方的角度来看，它们都存在两种不确定性：一种是位置的不确定性，另一种是视轴方向的不确定性。这两种不确定性（主要是后一种不确定性）增加了对方的搜索范围（通常在 10mrad 左右）。但是，发送端的光束宽度和接收端的探测器视场一般只有几个或几十个微弧度，只能覆盖这个范围的一小部分。因此，在捕获过程中，发送端的信标光束和接收端的探测器在各向的搜索范围内进行扫描。前者做慢速扫描，后者做快速扫描。常用的扫描方式有两种：矩形扫描（Square Scan）和螺旋扫描（Spiral Scan）。

矩形扫描又有两种方式，如图 3-7 所示。如果探测器无行程限制，能够在整个搜索范围内进行扫描，则采用第一种方式。如果探测器存在行程限制，只能在一个很小的范围内进行扫描，则需要一个能够覆盖整个搜索范围的慢扫描器来带动它。这个慢扫描器的功能可以由望远镜或跟踪架来完成。尽管第一种方式比第二种方式简单，但由于探测器行程受到限制，所以在实际系统中常常采用第二种方式。采用螺旋扫描比矩形扫描所需的捕获时间要少，但扫描驱动电流比较复杂，这里不做介绍。

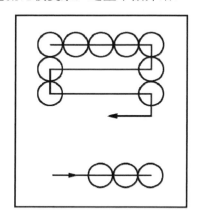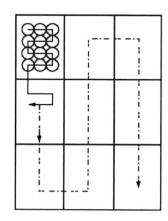

图 3-7 矩形扫描的两种方式

3.3.3 天线扫描

考虑采用具有固定视场 Ω_r 的接收机透镜和光电探测器，接收系统在不确定范围 Ω_u 上进行扫描，如图 3-8 所示。为简化分析，我们只考虑方位角（水平）搜索，其结果可以很方便地扩展到仰角搜索的情况。在扫描过程中，对光电探测器输出进行连续地监测，直到确认光束已经被观察到。对探测器输出信号进行阈值测试即可实现这一结果。对这一操作过程可以建立如下模型。考虑被发送的光场为一单色点光源连续发送的定向电磁波，在接收机上产生的平均计数速率为 $n_s = \alpha P_r$，其中，P_r 为接收机上的光信号功率。我们假定一个具有噪声计数速率 n_b 的高增益计数模型。如果发送光场进入接收视场 T 秒钟，将产生 $K_s = n_s T$ 的平均信号计数，那么正确捕获光束的概率为

$$\text{PAC} = \sum_{k=k_T}^{\infty} \text{Pos}(k, K_s + K_b) \qquad (3\text{-}18)$$

式中，$K_b = n_b T$ 为噪声计数；k_T 为阈值计数；$\text{Pos}(k, m)$ 为平均计数为 m 的泊松计数概率。阈值计数 k_T 是根据使错误捕获概率（PEA）唯一所期望的值选择的，其中

$$\text{PEA} = \sum_{k=k_T}^{\infty} \text{Pos}(k, K_b) \qquad (3\text{-}19)$$

图 3-9 给出了用这一方案绘制的一系列曲线。其概率简明地依赖信号和噪声计数，这些计数又直接与发送机进入接收机视场的时间 T 相关。我们可以进一步将 T 与方位角转动速率 S_L（弧度/秒）联系起来，近似地有

$$T \approx \sqrt{\Omega_r / S_L} \qquad (3\text{-}20)$$

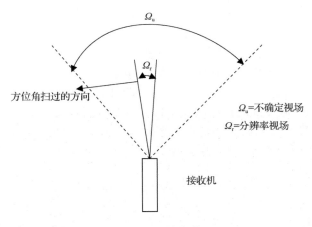

图 3-8 天线扫描

式（3-18）到式（3-20）给出了几个关键系统参数之间的关系。对概率特性的要求决定了 K_s 和 K_b 的设计值，由此可以进一步确定探测器视场和转动速率。注意，噪声和信号计数都随 T 的增加而增大，而增大 Ω_r 只增加噪声计数。这表示 Ω_r 应尽可能小。理论上，Ω_r 只需要宽到可覆盖一个空间模式（衍射极限运行），但是传输干扰和衍射使光源变模糊，通常需要用较大的分辨角来覆盖发送机的不确定性。我们还看到，减少 Ω_r 要求较慢的扫描速率以产生所期望的 K_s 值，这将延长捕获所需的时间。

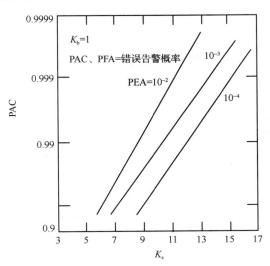

图 3-9 一次搜索捕获概率

平均捕获时间可以通过在图 3-8 中采用不连续的搜索模型来进行计算。我们把不确定区域 Ω_u 分成 Q 个角度为 Ω_r 的不相交的子区域，其中

$$Q = \frac{\Omega_u}{\Omega_r} \tag{3-21}$$

我们假定接收机在每个子区域位置停留 T 秒，并在 Ω_r 上进行搜索直到光场被探测到。在

每个子区域中的概率由式（3-18）和式（3-19）给出，它们依赖被发送的光束是否出现在该子区域。

捕获测试一直进行到超过某一阈值，其捕获性能由上述概率决定。捕获概率使我们联想到 OOK 误差概率，捕获系统也存在相同的基本不利因素——必须知道噪声水平以便正确地设置阈值。阈值捕获搜索的另一个严重不利条件是捕获时间可能变得相当长。因为式（3-18）中的 PAC 是在正确的子区域成功捕获的概率，在一个搜索时间内实现捕获的概率 PAC_1 可通过在所有可能的子区域上取平均值得到。当光束位于第 j 个子区域时，捕获的概率为 $(PAC)(1-PFA)^{j-1}$，在所有子区域上的平均概率为

$$PAC_1 = \frac{1}{Q}\sum_{j=1}^{Q}(PAC)(1-PFA)^{j-1} = \frac{PAC}{Q}\left[\frac{1-(PFA)^Q}{PFA}\right] \tag{3-22}$$

式中，Q 是可能包含目标的子区域总数。

如果在单个间隔内没有捕获成功，则捕获必须在下一时间间隔内重复进行。花费 i 个间隔完成捕获的概率为 $(PAC_1)(1-PAC_1)^{i-1}$。进行搜索的平均间隔数则为

$$N_s = \sum_{i=1}^{\infty}i(PAC_1)(1-PAC_1)^{i-1} \approx \frac{1}{PAC_1} \tag{3-23}$$

因此，平均捕获时间为 $TN_s \approx \dfrac{T}{PAC_1}$。如果式（3-22）中的 PFA 接近 1，那么平均捕获时间可能变得相当长。

3.3.4 焦平面扫描

焦平面扫描与天线扫描的机制不同，但总体效果是一样的。固定的光学透镜将不确定视场传送到焦平面上，通过探测器在焦平面上进行扫描而完成搜索。这种操作可以很容易地用一个析像系统完成。由于接收机构可以做成固定的，不需要可移动的机械部件，通常焦平面扫描优于天线扫描，系统分析与天线扫描相同，因此其特性仍由式（3-18）到式（3-22）描述。

焦平面扫描和天线扫描都可以进行光栅存储，因而可以在扫描完整个聚焦光场之后再进行比较。这可以将捕获搜索过程简化为计数比较而不是阈值测试，即在对收集到的信号进行存储的同时，扫描器对整个视场进行扫描。判决推迟到扫描结束之后进行，这时可能性最大的位置被选择为光束到达的角度。如果采用离散的空间模式，则测试表现为在 Q 个空间单元上进行比较，以确定最大的技术。式（3-21）中的 Q 直接与进行扫描时所要求的分辨角有关。因此，在一次焦平面扫描中成功捕获的概率为

$$PAC_1 = \sum_{k_1=0}^{\infty}Pos(k_1,K_s+K_b)\left[\sum_{k_2=0}^{k_1-1}Pos(k_2,K_b)\right]^{Q-1} \tag{3-24}$$

式中，K_s 和 K_b 由式（3-18）给出。为方便计算，定义 n_{bu} 为在整个不确定角 Ω_u 上的噪声计数速率（对于焦平面扫描，n_{bu} 为在整个接收视场上的噪声）。这样，在式（3-24）中我们可以写出

$$K_s = n_s T \tag{3-25}$$

$$K_b = \frac{n_{bu}T}{Q} \tag{3-26}$$

此外，我们将整个焦平面（不确定区域）上的搜索时间标记为 T_t，它与在每个分辨位置上观察所用的时间 T 的联系为

$$T_t = QT \qquad\qquad (3\text{-}27)$$

对于一个具体的 Q（具体的不确定范围和所希望的分辨角）及固定的发送机和背景功率电平，捕获概率 PAC_1 及总的搜索时间 T_t 直接与观察时间 T 相联系。图 3-10 所示为在几个 $(n_sT, n_{bu}T)$ 值下，式（3-24）中的 PAC_1 随 Q 变化的变化曲线。

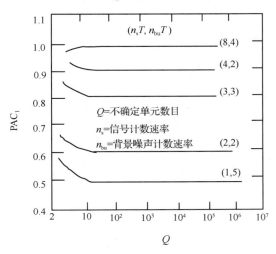

图 3-10　PAC_1 随 Q 变化的变化曲线

在一个特定的 Q 值上。我们看到 PAC_1 非常强烈地依赖观察时间 T。图 3-11 进一步显示了这种依赖关系，图中给出了一个固定的功率电平上对于几个不同的 Q 值，PAC_1 随 T 变化的变化曲线。这一结果显示，如果 T 不足够长，那么 PAC_1 将突然下降。这个结果又一次强调在光点探测问题中收集到的信号能量的重要性。令人奇怪的是，当 Q 较大时（典型的为 $Q \geqslant 10^2$），结果几乎与 Q 无关。这样，具有较大 Q 值的系统要求相当长的搜索时间，以维持某一期望的 PAC_1。

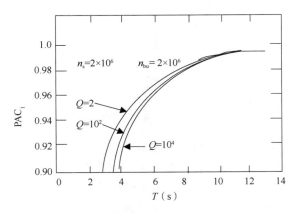

$T=$每个搜索位置上的时间　$Q=$搜索位置上的数目

图 3-11　PAC_1 随 T 变化的变化曲线

将图 3-11 根据式（3-27）重新绘制而成的图 3-12 显示了这一结果。这些曲线对于不同的

Q 值给出了搜索整个不确定区域所需的时间。我们可以看出，为达到预先给定的 PAC$_1$，在搜索时间（T_t）和系统分辨角（Q）之间直接的折中关系。

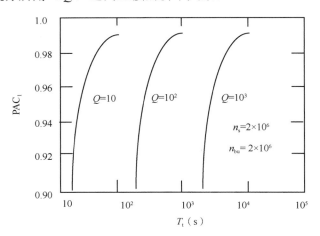

图 3-12　完成 Q 个搜索位置所需的总搜索时间

3.3.5　焦平面阵列

在焦平面上使用探测器阵列可以实现并行处理，因此可缩短捕获时间。阵列中的每个探测器都对不确定区域的某一部分进行检查，如图 3-13 所示。

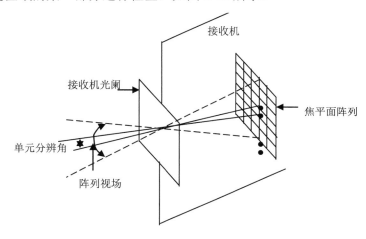

图 3-13　焦平面阵列

在一段固定的观察时间之后，将每个探测器的输出收集起来进行计数比较，以确定发送机的位置。具有最大计数的探测器被认为看到了要接收的光束。每个探测器都必须独立地进行操作，对其计数也必须进行正确的分类，因而增加了接收机的复杂性。与式（3-27）相反，因为计数是并行进行的，捕获时间减少到了单个观察时间 T，因此，我们看到的探测器阵列是用于快速捕获的有力工具。

考虑具有 S 个探测器的阵列情况，不确定角被分割成 $\dfrac{\Omega_u}{S}$ 的分辨区域。显然，为了得到与扫描方法同数量级的分辨单元，S 必须非常大。这样，焦平面被分割成 S 个区域，捕获概率仍由式（3-24）给出，K_s 和 K_b 由式（3-25）、式（3-26）定义。不过现在我们有

$$\Omega_r = \Omega_u / s \tag{3-28}$$

$$T_t = T \tag{3-29}$$

因此，一次扫描 PAC_1 可以直接由与图 3-11 相似的曲线得出，其中，Q 由 S 取代。现在，由于搜索时间在实质上与 S 无关，因此为了获得好的分辨角，S 应尽可能大。必须对阵列单元进行并行处理，现在的折中是直接就接收机的复杂性而言的。通过扫描进行捕获在捕获分辨角与搜索时间之间进行折中，而用焦平面阵列进行捕获则是分辨角与接收机复杂性之间的折中。

3.3.6　阵列顺序搜索

一次扫描阵列搜索的困难之处在于所达到的分辨角通常比所期望的要大，除非采用相当大的 S。不过这可以通过反复进行阵列搜索直到达到所期望的分辨角改善，而同一阵列进行的顺序搜索成为顺序捕获。采用一个固定的探测器阵列，并连续地调节视场即可实现顺序空间搜索，从而以所期望的分辨角找到光束。在搜索的每个步骤上，视场都被阵列分割成许多扇形的区域，并进行并行判决，以决定哪个扇区观察到了光束。然后视场被缩小（放大率增加）到决定的扇区，并重新进行并行判决。因此，最终所达到的分辨角依赖测试重复的次数。不过整个操作受到接收机透镜系统所允许的放大率范围，即接收机"变焦"范围的限制。

考虑一个由 S 个探测器组成的阵列，初始不确定角为 Ω_u 的顺序搜索。第一步，视场被分割成分辨角为 Ω_u / S 的 S 个单元，T 秒后进行信号计数能量 K_s、噪声计数能量 $K_b = n_{bu}T / S$ 的 S 个单元判决。判决之后，将接收机视场重新调节到只包含被决定的扇区。第二步，将视场在此分割成 S 个扇区重新进行测试，这一次的分辨角为 Ω_u / S^2。以此类推，第 i 步的分辨角为 Ω_u / S^i。将初始不确定角 Ω_u 减小到所期望的分辨角 Ω_r 所需的步数 r 满足 $\Omega_r = \Omega_u / S^r$ 或

$$r = \frac{\log\left(\Omega_u / \Omega_r\right)}{\log S} \tag{3-30}$$

那么在第 i 步正确地判定扇区的概率为

$$PAC_i = \sum_{k_1=0}^{\infty} Pos\left(k_1, n_s T_i + \frac{n_{bu} T_i}{S^i}\right)\left[\sum_{k_2=0}^{k_1-1} Pos\left(k_2, \frac{n_{bu} T_i}{S^i}\right)\right]^{S-1} \tag{3-31}$$

式中，T_i 为第 i 次判决的观察时间。PAC 为在每步都正确探测的概率，因此

$$PAC = \prod_{i=1}^{r} PAC_i \tag{3-32}$$

总捕获时间 T_t 为完成所有 r 次测试的时间。这样，如果忽略调节放大率所用的时间，则并行处理需要的总时间为

$$T_t = \sum_{i=1}^{r} T_i \tag{3-33}$$

式（3-30）到式（3-32）描述了用并行处理进行顺序捕获的性能参数。为了方便，一般情况下具体操作采用与每个 i 的 PAC_i 都相同的等探测概率测试进行，或者采用在每个 i 上 T_i 都相同的等观察时间测试进行。由于在每步视场都减小了，因此减少了噪声计数，等探测概率

测试在每个 i 上都花费了较少的时间。与此相反，等观察时间在每个 i 上都改善了 PAC。

图 3-14 概括地给出了固定时间顺序测试的结果。对于固定的 S，$T_i = T$ 调节为所期望的观察时间，顺序测试的 PAC 由式（3-32）计算。

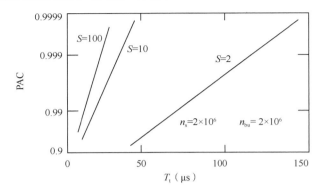

图 3-14　由 S 个探测器组成的阵列及顺序捕获所需的总捕获时间（多次测试时间固定）

图 3-14 给出了在几个不同的阵列大小 S 下，PAC 随完成全部 r 次测试所需时间的变化情况。对于固定的 PAC，把阵列大小与搜索时间联系起来的结果绘制成图 3-15。注意，在达到给定 PAC 的情况下，当阵列增大时搜索时间一直下降。但是对于很大的阵列，所得到的改善并不特别显著，即在图 3-13 中考虑大于 100 个单元阵列可能没有必要。还应注意到，与图 3-8 中焦平面扫描的结果相比，顺序测试极大地减少了总搜索时间 T_t，这可以直接归因于必须进行的测试次数减少了。扫描所需要的搜索时间直接正比于必须进行检测的分辨单元的数目，而顺序搜索则正比于这一数值的对数。

对于固定概率顺序搜索，每步上的捕获概率都被调节到一个期望的值。这样，如果 PAC 为所期望的总捕获概率，并且测试将进行 r 步，那么我们选择

$$PAC_i = \left(PAC\right)^{1/r} \tag{3-34}$$

对每个 i 在式（3-31）中调节每个 T_i 时都达到这一数值。总搜索时间由式（3-33）给出。

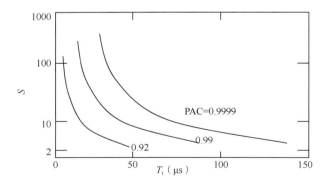

图 3-15　阵列大小与总搜索时间的关系，顺序搜索（多次测试时间固定）

3.3.7　固定阵列顺序搜索

在上述固定阵列测试中采取了并行处理，即对阵列中所有探测器的输出同时进行检测，选出其最大值。与这一最大值相应的视场被选择为包含发送机的视场，再在这个视场上进行

重复测试。然而对大量探测器进行并行处理在物理上可能变得非常困难。一个替代方法是在每次重复时都对阵列进行串行扫描，以获取最大值，而不是进行并行检测。这样以略微长的搜索时间为代价减少了接收机的复杂性。对于 T 秒的固定观察时间，一个具有 S 个探测器的阵列完成一次重复现在需要 ST 秒，完成搜索需要 r 次重复操作，由式（3-30）给出，总搜索时间现在为

$$T_t = rST = \left(\frac{S}{\log S}\right) T \times \log\left(\frac{\Omega_u}{\Omega_r}\right) \qquad (3\text{-}35)$$

对于固定的 T（具体的 PAC）及固定的视场 Ω_u 和分辨角 Ω_r，注意到如下事实是有意义的，满足 $dT_t / dS = 0$ 的 S 值使 T_t 达到最小值，这时 $\log_e S = 1$，即 $S = e$。对于正方形阵列，S 必为一整数的平方。因此，当 $S = 4$（距离 e 最近的平方数）时搜索时间最小，对应于一个 2×2 的阵列。这样，顺序测试将视场分成四个部分，并对每个部分都进行串行检测，以找出最有可能包含发送机的部分，然后在被决定的部分上重复进行测试。注意，串行处理的设计目标已经完全转变为使用小的探测器阵列。

在讨论顺序捕获时，我们已经隐含地要求在每步上都要改变放大率（视场）。认识到改变放大率需要时间这一事实是重要的。此外，还存在一个最大放大率范围 U，在这一范围上我们可以采用一个望远镜系统来实现。在放大率最小时（捕获搜索的第一步），我们将覆盖一个包含 $D_s = \Omega_u / \Omega_{dL}$ 个模式的场，或者一个 Ω_u 球面弧度的立体角。在放大率最大时（最后一步），我们将覆盖一个包含 S 个模式的场。因此，必须在第 $\log_s (D_s) - 1$ 步上进行放大率改变，并且我们要求在每步上放大率都改变 S 倍。这样我们可以看出 U 为

$$U = \left[D_s / S\right]^{1/2} \qquad (3\text{-}36)$$

如果 $D_s = 10^5$，那么一个具有 100 个单元的阵列要求的放大率为 $U=31.6$。然后将阵列缩小到只有 10 个单元，所要求的放大率 U 近似地增加为 100。如果试图通过机械的方式改变放大率，那么我们几乎可以肯定，调节放大率所需的时间将比扫描所需的时间长得多。因此，能够显著地降低放大率调节时间的器件或技术对光学搜索系统的顺序捕获操作将是十分有益的。一种可能的技术是采用具有较大阵列的电子放大，在这样的系统中，我们采用一个较大的阵列来覆盖所预期的视场，用电子的方法将探测器重新分组。这样就避免了对大的探测器阵列进行并行处理需要大量器件的问题。对于这里的顺序操作应用，在这一步上我们只需要 S 个处理器，而处理器能够用恰当的开关网络顺序重新连接到不同的阵列单元上，以实现视场的等效改变。当然，如果对其量子极限性能有要求，那么每个阵列单元还必须具有充分的增益。通常，如果各阵列单元没有足够多的内部增益，那么搜索时间将损失几个数量级。

归纳起来，我们看到空间捕获操作包含系统设计目标之间的折中。一旦确定了接收机光阑（衍射极限视场 Ω_{dL}）和不确定角（Ω_u），搜索的总空间维数 $D_s = \Omega_u / \Omega_{dL}$ 也就确定了。根据关于正交模式检测的知识我们知道，对于给定的捕获概率，就最短捕获时间和最小分辨角而言，在理论上，对 D_s 个模式中的每个模式进行并行搜索可以获得最好的性能。降低模式总数的任何努力都可以降低系统分辨率，降低在同一时间内进行观察的模式数的任何努力都可以增加捕获时间。从工程的观点来看，采用低分辨率或长捕获时间的系统事实上也许更加方便。我们必须认识到，长捕获时间的概念依赖系统的职能。例如，短捕获时间对将要开通几个小时的通信系统来说，并不像重返飞船或导弹的快速捕获那样严格。当然，我们总希望

降低初始不确定性和设置更好的器件使 D_s 尽可能小。在观察时间内降低任何模式的背景噪声能量都直接要求降低光学带宽。由于调制频率通常较低，因此在确定每个模式的噪声时，我们只受到可以实现的最小光学带宽的限制。同时，观察 D_s 个模式需要一个很大的阵列。变通的顺序化过程应该使用在经济考虑之后尽可能大的阵列进行顺序搜索。在经过优化之后，其性能是相当好的，可以满足大多数的应用。

3.4 捕获时间优化

3.4.1 系统配置和捕获协议

卫星光通信由于可以将发射的光聚集到一个非常窄的光束中瞄准接收方，因此具有比射频通信还要强的抗探测性。然而，当其中一方不得不以宽视场搜寻去捕获另一方时，所要求的隐蔽性在捕获阶段会很容易被破坏，这样就暴露了自己的存在。此外，由于光束通常非常窄，因此当通信方处于快速运动状态时，在有效时间内保持通信连接会很困难。在这些情况下，就需要重复连接，从而增加了被探测到的危险。

为了最大化隐蔽性，需要在最短的时间内获得捕获，对双方来说就是需要一方不发送光直到另一方开始发送序列。在这里，我们讨论的是在运动平台间短距离捕获（1～10km）的最小化捕获时间问题。我们将展示如何通过光栅扫描模式的选择，光束发散角的最优化及扫描速度的选择来最小化捕获时间。

卫星光通信的光束定位和捕获问题，所有工作考虑的都是长距离的连接，使用非常窄的光束宽度（通常为微弧度量级），通常使用庞大的慢速光束扫描设备，如伺服机构电动机驱动的常平架望远镜。运动平台间短距离捕获涉及快速运动物体间的短距离连接，所以光束宽度可以增加到毫弧度量级，可以使用快速小型光束扫描设备。

如图 3-16 所示，我们使用焦平面阵列（FPA）作为姿态探测器和数字传送探测器。由于FPA 具有可以覆盖整个搜寻视场的宽视场，所以接收方不需要扫描自身的接收机来捕获发送方，有利于减少捕获时间。此外，通过使用探测阵列中的大量像素，FPA 能够以相对部分发射光高的分辨率探测到姿态。

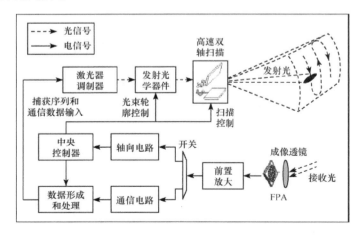

图 3-16 点对点短距离卫星光通信的结构框图（只显示通信的一方）

FPA 被设计成工作在两种模式。

为了检测到姿态，FPA 工作在凝视模式。在这种模式下，探测器阵列的所有像素都需要被监视，FPA 仅探测到来光束的存在性，并判决图像落在了哪些像素上（我们假定图形同时覆盖了几个邻近的像素）。在凝视模式下，FPA 的工作过程如下：每个像素都被连接到一个积分器，在一个固定的曝光时间开放。在曝光时间结束时，所有积分器的输出被采样和保持，然后所有的积分器同时被复位。采样、保持和复位的时间相比曝光时间可以忽略。在曝光时间内，从探测器阵列中读出先前曝光时间段内积分器输出的采样和保持结果。曝光时间等于读出所有积分器输出的时间。

FPA 可被电子地转换为"数据接收"模式，在这种模式下，只有在接收图像周围的像素才被监视。像素的输出不被积分而被预放大后送到数据探测器。由于其他所有像素都是无效的，所以探测器的电容被降下来了，这样就允许 FPA 作为高速低噪声的接收器使用。

基于图 3-16 中的系统结构，设计了发射/捕获协议，如图 3-17 所示。开始通信的一方叫作"起始方"另一方叫作"接收方"。第一阶段，起始方用椭圆光束进行光栅扫描，允许接收方判断起始方的方位和身份。第二阶段，接收方向起始方发射一窄圆光束，允许起始方判决接收方的方位和身份。第三阶段，捕获结束，数据传输开始。

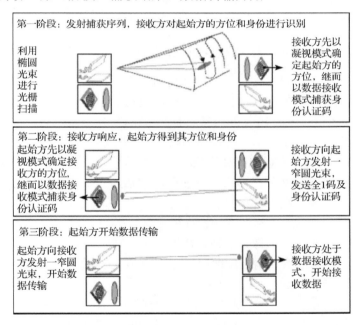

图 3-17　发射/捕获协议

第一阶段：起始方和接收方都处于空闲状态，它们的激光器都关闭，FPA 接收器处于凝视模式，可以随时接收在各自的视场角（FOV）来自任何方位的信息。起始方开始在搜寻视场内用光束扫描。一般来说，光束的横截面是椭圆形，这样可以使完成起始/捕获的时间最短，将在下面的部分介绍。

起始方使用的扫描模式如图 3-18 所示，整个搜寻场被分为 m 列，每列都有 n 个扫描通道。在每列中，起始方首先进行标准光栅扫描，发送全 1 码进行方位探测，当扫完一列后，起始方后退 n 个扫描通道到该列的开始再重新扫描，采用双环扫描模式。在双环扫描模式中，每环（由两个邻近的以相反方向扫描的通道组成）都用全 1 码进行扫描，然后又马上用 IV（Identity-Verifying）码进行扫描。在图 3-18 中，实线和虚线分别代表全 1 码和 IV 码。

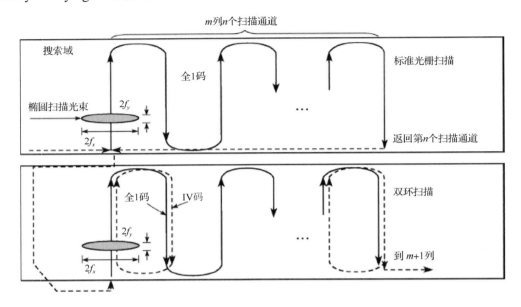

图 3-18　标准光栅扫描模式和双环扫描模式

在第一阶段，光束三次掠过接收方，标准光栅扫描模式下一次，双环扫描模式下两次。

当光束第一次掠过接收方时（在标准光栅扫描模式下），全 1 信号照亮接收方 FPA 的一个或多个像素。在凝视模式下的 FPA 开放其所有的像素，然后读出所有的像素并判决哪个(些)像素接收到了全 1 信号。当光束第二次掠过接收方时（在标准光栅扫描模式下），接收方必须重构其 FPA，以便"凝视"靠近照亮像素的一个小的像素子集。由于在起始方和接收方都存在相对运动，因此像素子集必须足够大，以便能够包括当光束第二次掠过接收方时被照亮的像素。我们将该过程称为"粗方位探测"。

当光束第二次掠过接收方时（在双环扫描模式下），全 1 信号照亮像素子集中的一个或多个像素。这个小的像素子集中的像素能被很快地读出，同时接收方的 FPA 能被很快地重构为数据接收模式。该过程被称为"精方位探测"。当光束第三次掠过接收方时（仍在双环扫描模式下），接收方接收并检验起始方的 IV 码。

第二阶段：当接收方接收并检验起始方的 IV 码时，接收方通过导引一窄圆光束来回答起始方。光束应当足够宽，以覆盖当起始方在读出其 FPA 的时间内发生运动的范围。起始方的 FPA 到目前为止一直保持"凝视"模式，它接收从接收方来的光束，判决接收方的方位，转换到数据接收模式，然后检验接收方的 IV 码。

第三阶段：如果起始方和接收方都已经捕获了对方的方位并检验了对方的身份，那么便可以开始用窄圆光束进行高速数据传输。

值得注意的是，在第一阶段，当起始方发送宽的椭圆光束时，它的位置很容易被发现，隐蔽性不能保证。一旦接收方捕获了起始方，那么剩下的捕获过程和数据传输便可以使用窄的校准过的圆光束，被第三方探测到的概率最小。

3.4.2　捕获时间最小化

在上面描述的协议中，起始/捕获的整个时间 T_{acp} 是第一阶段和第二阶段所需时间的总和。然而，由于在第二阶段不需要扫描，它所需的时间将比第一阶段的时间短很多，因此为了简单化，我们将第一阶段的时间称为 T_{acp}。

正如第一阶段介绍的一样，扫描通道被分为许多列，每列的扫描过程包括三步：标准光栅扫描，退后 n 个扫描通道和双环光栅扫描。在下面的计算中，我们将忽略退后 n 个扫描通道所需的时间，分别用 τ_s 和 τ_d 代表在一列中标准光栅扫描和双环光栅扫描所需的时间，m 代表列的总数。

在图 3-18 所示的长方形搜寻视场进行捕获的总时间可以表示为

$$T_{acq} = m(\tau_s + \tau_d) = m\tau_s + m\tau_d \tag{3-37}$$

可以注意到，$m\tau_s$ 和 $m\tau_d$ 分别代表整个视场的标准光栅扫描和双环光栅扫描所需的时间，所以如果分别用 T_s 和 T_d 来表示它们，则我们可重写式（3-37）得

$$T_{acq} = T_s + T_d \tag{3-38}$$

T_s 和 T_d 分别与两个扫描模式有关，为了更清楚地理解，我们将分别分析这两种模式，并考虑式（3-37）所表达的扫描时间的最小化问题。相应地，分析过程将分为四步：第一步，为分析两种模式做准备工作，推断出光束发散角和扫描步骤的关系，同时引入两个用来对方位探测和身份认证进行评价的错误概率；第二步，分析标准光栅扫描，计算 SNR 并得到全场扫描时间的表达式；第三步，对双环扫描进行类似的分析；第四步，讨论在几种实际约束条件下的 T_s+T_d 的最小化问题。

1）准备工作

如图 3-19 所示，假定起始方必须搜寻这样一个视场：它在沿 x 轴和 y 轴方向的角度范围都为 $\alpha \times \alpha$。起始方发送椭圆光束，它的发散度为 $2\Phi_x \times 2\Phi_y$。为了避免在高速扫描的过程中改变光束的横截面，在标准光栅扫描和双环扫描中采用具有相同发散度的光束。此外，假定在接收方所在的远场处的光斑具有高斯分布的横截面，并且光束横截面的主轴沿 x 轴和 y 轴方向。

使用能沿 x 轴和 y 轴方向扫描的扫描仪进行光束的光栅扫描，扫描算法要求扫描仪沿 y 轴方向扫描的速度要比沿 x 轴方向的速度快得多。沿 y 轴方向，在标准光栅扫描中的来回扫描时间为 T_1，在双环扫描中的来回扫描时间为 T_2。

在 x 轴方向扫描一步用 $2\beta_x$ 表示。为了计算接收的光功率，我们从 SNR 角度出发考虑最差的情况，这就是接收方恰好在通道的边界，此时接收的光功率最低（见图 3-19）。在双环扫描 IV 码接收的特殊情况下，考虑当接收方在长方形 $2\beta_x \times 2\beta_y$ 角内时的 SNR（见图 3-19）。由于我们假定只有当接收方位于这个长方形中时，它接收的信号才足够强以便于解码，所以这个长方形被称为双环扫描的"有效光斑"。

当接收方被假定位于有效光斑的角内时，接收的光功率为

$$P(\Phi_x, \Phi_y, \beta_x, \beta_y) = \left[2I(\Phi_x, \Phi_y, \beta_x, \beta_y)L_0 A_R P_t \cos\psi\right] / (\pi d^2) \tag{3-39}$$

式中，L_0 代表从起始方发送机到接收方接收机通道上的各种光损耗（$L_0 \leqslant 1.0$）；A_R 是接收机光学透镜的面积；ψ 是接收光束和透镜平面的夹角；d 代表通信双方间的距离；P_t 为发射

的激光功率；$I\left(\varPhi_x,\varPhi_y,\beta_x,\beta_y\right)$ 是远场光束横截面。我们知道的高斯光束远场横截面为

$$I\left(\varPhi_x,\varPhi_y,\beta_x,\beta_y\right)=\exp\left[-2\left(\beta_x^2\,/\,\varPhi_x^2+\beta_y^2\,/\,\varPhi_y^2\right)\right]/\left(\varPhi_x\varPhi_y\right) \tag{3-40}$$

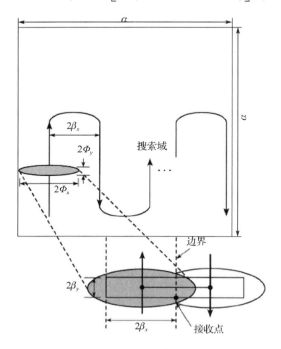

图 3-19　捕获过程中扫描图形

由于指数函数的单调性，我们可以通过设定

$$\frac{\partial}{\partial\varPhi_x}P\left(\varPhi_x,\varPhi_y,\beta_x,\beta_y\right)=0 \text{ 和 } \frac{\partial}{\partial\varPhi_y}P\left(\varPhi_x,\varPhi_y,\beta_x,\beta_y\right)=0 \tag{3-41}$$

选择 β_x 与 $\varPhi_x$ 和 β_y 与 $\varPhi_y$ 的比率来最大化式（3-39）。式（3-41）的解将有效光斑的发散角与椭圆光斑的发散角联系起来，关系如下

$$\varPhi_x=2\beta_x,\ \varPhi_y=2\beta_y \tag{3-42}$$

由于总的光功率 P_t 是固定的，因此关系式（3-39）保证光功率几乎在有效光斑内平均分配。值得注意的是在标准光栅扫描过程中，当光束沿 y 轴方向扫描时，输入的信号几乎连续不断地被合并，在这种情况下再使用有效光斑就不适用了，我们仅要求 $\varPhi_x=2\beta_x$。

对于方位探测和身份认证，我们感兴趣的是两种错误事件："失败的探测"（MD）和"错误告警"（FA）。用它们发生的概率来衡量方位探测和身份认证的性能。然而，需要明白的一点是，方位探测和身份认证错误的定义是不同的。在方位探测中，当 FPA 被照亮且一个或多个像素接收到信号，但方位判决电路却不能显示任何像素时，发生 MD；相似的是，在方位探测中，当 FPA 未被照亮但方位判决电路报告至少有一个像素被照亮时，发生 FA。在身份认证过程中，当发送机发送的是真的 IV 码但接收方译码的结果显示为错误的 IV 码时，发生 MD；当发送机发送的是错误的 IV 码但译码电路判决后却认为是真的 IV 码时，发生 FA。我们发现，对 MD 和 FA 错误概率的要求可以转化为对接收方信噪比（SNR）的要求，换句话说就是，为了确保 MD 和 FA 错误概率低于某些特定的值，我们仅需要保证 SNR 高于某些值。

由于 SNR 直接与光束参数和扫描速度有关，所以在以下的分析中，我们将考虑在标准光栅扫描和双环扫描模式下容许的最小 SNR，而不是 MD 和 FA 错误概率。

2）标准光栅扫描分析

如前所述，当发送机在标准光栅扫描模式下时，接收机的 FPA 工作在凝视模式下，从每个像素中获得的信号被送到相应的积分电路。如果相应的像素被照亮，则假定积分电路的输出是具有 $N\left(\mu_1, \sigma_1^2\right)$ 的高斯概率密度函数（PDF）。如果像素未被照亮，则为 $N\left(0, \sigma_1^2\right)$。这里定义 SNR 为 μ_1^2 / σ_1^2。在方位探测中允许的最小 SNR 值用 SNR_1 表示。

为了计算 SNR，使用式（3-39），（3-40）和（3-42），可以判断接收方在光通道边界处接收的光功率为

$$P_s\left(\Phi_x, \Phi_y, \beta_x, \beta_y\right) = \frac{2L_0 A_R P_t \cos\psi}{\pi d^2 \Phi_x \Phi_y} \exp\left(-\frac{1}{2}\right) \exp\left(-\frac{2\theta_y^2}{\Phi_y^2}\right) \tag{3-43}$$

θ_y 代表接收机与光斑中心的垂直角度距离。扫描过程中 θ_y 不断变化。考虑到光束的发散角相比视场角范围要小得多，我们可以假设在随后的积分过程中 θ_y 在 $(-\infty, \infty)$ 范围内变化。当光束以角速度 ω 掠过接收机时，FPA 接收到的光的总功率为 $\int_{-\infty}^{\infty} P_s / \omega \mathrm{d}\theta_y$，与一个被照亮的像素（在 J 个同样被照亮的像素中）相连接积分器的输出具有的 SNR 为

$$\text{SNR} = \left(\int_{-\infty}^{\infty} \frac{RP_s}{J\omega} \mathrm{d}\theta_y\right)^2 / \left(N_0 T_{\text{int}}\right) \tag{3-44}$$

式中，R 是探测器响应率；N_0 是（单边）接收机噪声（假设为白色高斯噪声）的功率谱密度；T_{int} 是积分时间。在标准光栅扫描模式中，FPA 的所有像素都被采样，所以 T_{int} 等于 FPA 的读出时间。式（3-44）中的信号功率计算很简单，是噪声部分的计算参照。对于光栅扫描仪，假定扫描光束以匀速 ω 扫描，ω 用视场角范围 α 和来回时间 T_1 表示如下

$$\omega = (2\alpha) / T_1 \tag{3-45}$$

将式（3-45）带入式（3-44）积分后得

$$\text{SNR} = \kappa\left(T_1^2 / \Phi_x^2\right) \tag{3-46}$$

式中，$\kappa \equiv \dfrac{\pi}{2N_0 T_{\text{int}}}\left(\dfrac{RL_0 A_R P_t \cos\psi}{\pi d^2 e^{1/2} \alpha J}\right)^2$，$e$ 是欧拉常数。

当扫描一步等于 $2\beta_x$，即 Φ_x 时，全场标准光栅扫描所需的时间可以表示为

$$T_s = \alpha T_1 / 2\Phi_x \tag{3-47}$$

参照式（3-46）可重写式（3-47）为

$$T_s = \frac{\alpha}{2}\sqrt{\frac{\text{SNR}}{\kappa}} \tag{3-48}$$

我们可以注意到，T_s 与光束发散度 Φ_x 和 Φ_y 无关。在以下的分析中，该事实可使我们在最短的双环扫描时间内判决光束的发散度，同时对于标准光栅扫描可以取得同样的值。

3）双环扫描分析

回想起始/捕捉协议，当起始方开始用双环扫描模式进行扫描时，接收方首先定位那些接收全 1 码的像素，然后仅激活这些像素来接收 IV 码。当接收 IV 码时，假设使用最大比结合（MRC）将来自大量被照亮的像素得到的信号进行组合，以最大化 SNR。由于 IV 码不可避免

地包括"0"码和"1"码，当接收"1"码时假定组合电路的输出具有 $N\left(\mu_2,\sigma_2^2\right)$ 的 PDF；当接收"0"码时为 $N\left(0,\sigma_2^2\right)$。与以前相同，定义 SNR 为 μ_2^2/σ_2^2。在 IV 码探测中允许的最小 SNR 值用 SNR_1 表示。

在前面，我们已经在接收 IV 码时最大化了接收的光功率，将式（3-40）和式（3-41）代入式（3-39）得光功率为

$$P_{\mathrm{d}} = \frac{2L_0 A_{\mathrm{R}} P_{\mathrm{t}} \cos\psi}{\pi e d^2 \Phi_x \Phi_y} \tag{3-49}$$

相应的 SNR 为

$$\mathrm{SNR} = R^2 P_{\mathrm{d}}^2 T/(JN_0) = T\chi/\left(\Phi_x^2 \Phi_y^2\right) \tag{3-50}$$

式中，T 是 IV 码的比特间隔；$\chi \equiv \left(2RL_0 A_{\mathrm{R}} P_{\mathrm{t}} \cos\psi\right)^2/\left(\pi^2 e^2 d^4 JN_0\right)$。

为了得到上述的 SNR，可以使用对附加的白高斯噪声最优的接收机。

回想扫描步距为 Φ_x，来回扫描时间为 T_2，可得全场双环扫描所需的时间为

$$T_{\mathrm{d}} = \alpha T_2/\Phi_x \tag{3-51}$$

4）捕获时间最小化

现在我们希望通过优化光束发散度 Φ_x 与 Φ_y，来回扫描时间 T_1 与 T_2 和 IV 码的比特间隔 T 来最小化 $T_{\mathrm{acq}} = T_{\mathrm{s}} + T_{\mathrm{d}}$，受限于以下条件。

（1）SNR 要求：标准光栅扫描 $\mathrm{SNR} \geqslant \mathrm{SNR}_1$，双环扫描 $\mathrm{SNR} \geqslant \mathrm{SNR}_2$。

（2）扫描速度限制：$T_1 \geqslant T_y$ 和 $T_2 \geqslant T_y$，T_y 为扫描仪能获得的最小来回扫描时间。

（3）接收机带宽限制：$T \geqslant 1/B_{\mathrm{rec}}$，$B_{\mathrm{rec}}$ 代表接收机的电子带宽。

（4）由扫描仪镜面大小要求的发散限制为

$$\Phi_x \geqslant \Phi_{x\min} \equiv \lambda/(\pi r) \text{ 和 } \Phi_y \geqslant \Phi_{y\min} \equiv \lambda/(\pi r) \tag{3-52}$$

式中，λ 是激光器波长；r 是扫描仪镜面半径（假设镜面是圆形的）。为了判决 $\Phi_{x\min}$ 和 $\Phi_{y\min}$，减少反射过程中功率的损耗，我们假定近场光束宽度 w_x 和 w_y 不会超过扫描仪镜面的半径 r，并使用已知的近场高斯光束宽度和光束发散度之间的关系式

$$\Phi_y = \lambda/(\pi w_x) \text{ 和 } \Phi_x = \lambda/(\pi w_y) \tag{3-53}$$

在标准光栅扫描和双环扫描中使用一样的光束发散度。式（3-48）给出了全场光栅扫描时间。检查式（3-48），我们发现 T_{s} 仅与标准扫描的参数有关，即 SNR_1 和 T_1、T_{d} 无关。这样就允许我们通过最小化 T_{s} 和 T_{d} 来最小化 T_{acq}，在很大程度上可以简化分析。由于 T_{s} 与光束发散度无关，因此我们可以使用光束发散度来最小化 T_{d}，然后对标准光栅扫描使用同样的值，这样就满足了限制。

将 SNR_1 代入式（3-48）得到的最小化的 T_{s} 为

$$T_{\mathrm{s}} = \frac{\alpha}{2}\sqrt{\frac{\mathrm{SNR}_1}{\kappa}} \tag{3-54}$$

我们注意到，为了达到最小化，必须满足以下表达式

$$T_1 = \Phi_x\sqrt{\frac{\mathrm{SNR}_1}{\kappa}} \tag{3-55}$$

由于受到扫描速度的限制，为了满足式（3-55）必须满足以下不等式

$$\varPhi_x \sqrt{\frac{\mathrm{SNR_1}}{\kappa}} \geqslant T_y \tag{3-56}$$

在应用中，我们想象使用快速的扫描仪，如用 MEMS 镜制成的扫描仪，所以 T_y 通常足够小以满足式（3-56）。

为了最小化 T_d，必须考虑所有列出的约束条件。在下面的分析中，首先忽略扫描镜发散度限制的约束条件，并将首先的三个约束条件转化为在 IV 码时间间隔 T 内三个更低的限制，然后将这些更低的限制代入 T_d 的表达式并最小化。最后，在考虑色散限制的情况下修改结果。

由于在 IV 码接收的过程中要求 SNR 大于 $\mathrm{SNR_2}$，因此使用式（3-50）是我们得到的对 T 的第一个限制条件

$$T \geqslant \left(\varPhi_x^2 \varPhi_y^2 \mathrm{SNR_2}\right) / \chi \tag{3-57}$$

为了使接收方正确接收 N 比特的 IV 码，光束必须照亮接收方的时间至少为 NT。假定只有当接收方位于有效光斑内，偏差在 $2\beta_x \times 2\beta_y$ 范围内才能接收到信号，所以 $2\beta_y / \alpha \times T_2 / 2 = NT$，即

$$T_2 = NT\alpha / \beta_y = 2NT\alpha / \varPhi_y \tag{3-58}$$

扫描速度限制的约束条件要求 $T_2 \geqslant T_y$，这样便可得到对 T 的第二个限制条件

$$T \geqslant \varPhi_y T_y / (2N\alpha) \tag{3-59}$$

对 T 的第三个限制条件是对带宽的限制，如下

$$T \geqslant 1 / B_{\mathrm{rec}} \tag{3-60}$$

结合式（3-57）到式（3-60），描述双环扫描时间的不等式可变为

$$T_d \geqslant 2N\alpha^2 \max\left(A\varPhi_x\varPhi_y, \frac{B}{\varPhi_x}, \frac{C}{\varPhi_x\varPhi_y}\right) \tag{3-61}$$

式中，$A = \mathrm{SNR_2} / \chi$；$B = T_y / (2N\alpha)$；$C = 1 / B_{\mathrm{rec}}$。

如果 $\varPhi_x\varPhi_y = \sqrt{C / A}$ 且 $\varPhi_y \leqslant C / B$，则式（3-61）满足相等，我们可以得到 T_d 的最小值为

$$T_{d\min} = 2N\alpha^2 \sqrt{AC} \tag{3-62}$$

如果我们定义 $\varPhi_{y\max} \equiv C / B$，那么为了使 T_d 取得式（3-62）给出的最小值，必须满足

$$\varPhi_y \leqslant \varPhi_{y\max} \tag{3-63}$$

现在考虑偏差限制的影响。观察式（3-52）和式（3-63），可以发现，如果 $\varPhi_{y\min} \leqslant \varPhi_{y\max}$，则当 $\varPhi_y$ 取 $\varPhi_{y\min}$ 到 $\varPhi_{y\max}$ 之间任一值时，不等式都可以满足，称为非偏差约束情况。然而，如果 $\varPhi_{y\min} > \varPhi_{y\max}$，则式（3-63）不满足。在这种情况下，称为偏差约束情况，当 $\varPhi_y = \varPhi_{y\min}$ 时，T_d 可以被最小化取值为

$$T_{d\min} = 2N\alpha^2 \sqrt{AB\varPhi_{y\min}} \tag{3-64}$$

在表 3-1 中，对于双环扫描，列出了 $\varPhi_x$，$\varPhi_y$，T 的最佳值和两种不同情况下的 $T_{d\min}$ 的最小值。在表 3-2 中，对于标准光栅扫描，列出了 T_1 的最佳值和 $T_{s\min}$ 的最小值。

表 3-1　双环扫描：光束发散度，比特间隔和最小全场扫描时间

	Φ_y	Φ_x	T	T_{dmin}
$\Phi_{y\min} \leqslant \Phi_{y\max}$	$\Phi_{y\min} \sim \Phi_{y\max}$	$\sqrt{C/A}/\Phi_y$	C	$2N\alpha^2\sqrt{AC}$
$\Phi_{y\min} > \Phi_{y\max}$	$\Phi_{y\min}$	$\sqrt{B/A}/\Phi_{y\min}$	$B\Phi_{y\min}$	$2N\alpha^2\sqrt{AB\Phi_{y\min}}$

在以上两种情况下：$\Phi_{y\min} = \lambda/\pi rr$，$\Phi_{y\max} = C/B$，$T_2 = 2NT\alpha/\Phi_y$。

表 3-2　标准光栅扫描：光束发散度，来回扫描时间最优值和最小全场扫描时间

Φ_x	Φ_y	T	T_{smin}
和双环扫描中的取值一样	和双环扫描中的取值一样	$\sqrt{\mathrm{SNR}_1/\kappa\Phi_x}$	$\sqrt{\mathrm{SNR}_1/\kappa}(\alpha/2)$

我们注意到，在双环扫描分析时，考虑了 IV 码接收要求的 SNR，但没有考虑精方位探测的 SNR。容易看出，精方位探测需要的 SNR 要比 IV 码接收要求低，因为前者不需要识别信息的内容，因此约束条件变弱。根据上述分析，对于最小化 $T_{\mathrm{acq}} = T_{\mathrm{s}} + T_{\mathrm{d}}$：

当最小化 T_{d} 时。

（1）根据 IV 码接收中对 MD 和 FA 错误概率的特殊要求计算 SNR_2。

（2）写下对 T 的三个约束条件，即式（3-57）、式（3-59）和式（3-60），得到参数 A，B 和 C。

（3）计算 $\Phi_{y\min}$ 和 $\Phi_{y\max}$ 的值。

（4）依靠 $\Phi_{y\min}$ 和 $\Phi_{y\max}$ 的关系，根据表 3-1 确定 Φ_x，Φ_y，T 和 T_{dmin} 的值。

当最小化 T_{s} 时。

（1）在方位探测过程中用对 MD 和 FA 错误概率的特殊要求计算 SNR_1 和 κ。

（2）根据表 3-2 确定来回扫描时间 T_1 和 T_{smin} 的值。

该部分将给出显示以上描述的最优化过程的设计例子。假定在建立连接的过程中，搜寻角的范围为 $\alpha = 1\mathrm{rad}$，连接距离为 $d = 1\mathrm{km}$，发射功率为 $P_{\mathrm{t}} = 5\mathrm{W}$，激光器波长为 $1.55\mathrm{\mu m}$，ψ 为 0.5rad，接收噪声功率密度为 $N_0 = 0.96 \times 10^{-23}\mathrm{A}^2/\mathrm{Hz}$，$R = 1\mathrm{mA/mW}$，接收机透镜面积为 $A_R = 25.64\mathrm{mm}^2$，接收机最大带宽为 $B_{\mathrm{rec}} = 1\mathrm{GHz}$，信号被分在 $J = 4$ 像素中。我们对损耗因子取值 $L_0 = 0.48$。使用这些参数我们可以得到 $\chi = 4.17$，选择的 IV 码长度为 $N = 50\mathrm{bit}$。

假设要求的最小信噪比 SNR_2 为 68，则我们可以得到 $A = 16$ 和 $C = 10^{-9}$。

假设使用的 MEMS 扫描仪的 $T_y = 200\mathrm{\mu s}$，镜面直径为 1mm，则可以得到 $B = 2 \times 10^{-6}$，$\Phi_{y\max} = 0.5 \times 10^{-3}\mathrm{rad}$ 和 $\Phi_{y\min} = 1 \times 10^{-3}\mathrm{rad}$。比较 $\Phi_{y\min}$ 和 $\Phi_{y\max}$ 的值，判断其是否与偏差约束情况相符。使用表 3-1 中的值，可得到光束发散度的最优值，比特间隔和来回扫描时间 $\Phi_x = 11\mathrm{mrad}$，$\Phi_y = 1\mathrm{mrad}$，$T = 2 \times 10^{-9}\mathrm{s}$，$T_2 = 200\mathrm{\mu s}$ 和 $T_{\mathrm{dmin}} = 18\mathrm{ms}$，可以发现最优的光束不是圆形。

现在计算标准光栅扫描的来回扫描时间，假设我们具有 500 像素 $\times$ 500 像素的 FPA，粗方位探测的 SNR 的值 SNR_1 为 45。整合时间 T_{int} 等于 FPA 的读出时间，假设为 250μs（读出率为 1 像素/ns）。κ 表达式中其他参数的取值与双环扫描中的相同，所以 $\kappa = 1800$。可以得到 $T_1 = 1.8\mathrm{ms}$ 和 $T_{\mathrm{smin}} = 79\mathrm{ms}$，我们发现 T_{smin} 要比 T_{dmin} 长得多，这是因为 FPA 的读出时间长。

由于已经得到了 Φ_x，SNR_1，κ，T_1 的值，因此可以验证式（3-56）完全满足，这就说明在标准光栅扫描中使用光束偏差来最优化双环扫描是正确的。

3.5 光束跟踪技术

3.5.1 空间光束跟踪原理

在完成对准和空间捕获之后，不管是否存在光束漂移和发送机—接收机相对运动，都将面临发送机光束保持在探测器表面区域上的问题。这种将接收机光阑相对于到达光场保持正确定向的操作要求进行空间跟踪。这种跟踪是通过即时产生误差电压对光学硬件进行连续地重新调节实现的。

在入射光束被成功地捕获之后，定向光场应聚焦到捕获阵列的中心，这一中心是被共轴地校准到跟踪子系统的位置误差传感器上的。捕获阈值使阵列处理不再进行，并使聚焦到中心的光束能够用于跟踪操作。当视线光束移动或接收机平台抖动而使聚焦光束移离中心时，跟踪子系统即可产生误差信号。

跟踪子系统通常使用两个（方位角和仰角）分离的闭环，如图 3-20 所示。通过位置误差传感器可以即时地决定方位角和仰角坐标上的跟踪误差，并产生误差信号。然后将误差信号用于接收机透镜的对准轴控制。通常用分离的伺服环路对方位角和仰角分别进行控制，控制环路采用相同的动力学模型。典型的环路控制函数为相同类型的低通积分滤波器形式，它使误差信号可以平滑地进行位置控制。滤波器带宽必须足够宽，以使跟踪环路能够跟随所预期的光束移动，同时使环路内的噪声效应最小化。

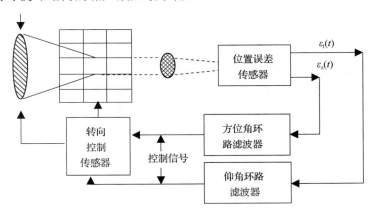

图 3-20 跟踪子系统框图

在所选择的接收机坐标系上，假定 (θ_z, θ_1) 为发送机所在点视线矢量的方位角和仰角，(φ_z, φ_1) 为接收机光阑平面的法向量所对应的角。那么接收机指向发送机的瞬时角误差为

$$\psi_z(t) = \theta_z - \varphi_z \qquad (3\text{-}65)$$

$$\psi_1(t) = \theta_1 - \varphi_1 \qquad (3\text{-}66)$$

式中，对 t 的依赖强调了误差随时间的变化。假定 $\varepsilon_z(t)$ 和 $\varepsilon_1(t)$ 分别为光学传感器产生的用来控制方位角和仰角的误差电压。这些误差电压被用来纠正 (φ_z, φ_1) 的方向。因此

$$\varphi_z(t) = \overline{\varepsilon_z(t)} \qquad (3\text{-}67)$$

$$\varphi_1(t) = \overline{\varepsilon_1(t)} \qquad\qquad (3\text{-}68)$$

上横线表示环路滤波器的平均效应。结合式（3-65）到式（3-68）得到一对系统方程

$$\psi_z(t) = \theta_z - \overline{\varepsilon_z(t)} \qquad\qquad (3\text{-}69)$$

$$\psi_1(t) = \theta_1 - \overline{\varepsilon_1(t)} \qquad\qquad (3\text{-}70)$$

该系统方程表示一组关于角度指向误差的耦合微分方程。$\left[\theta_z(t), \theta_1(t)\right]$ 表示指向发送机的视线矢量的移动，因而在式（3-69）和式（3-70）中表现为驱动函数。方程的具体形式依赖误差电压与位置误差之间的关系（由光学传感器的特性决定），以及环路内滤波的形式。注意，从方程的形式解释出图 3-21 的等价系统。这里，等价环路的变量为角位置，环路包含由发送机矢量移动进行驱动的耦合反馈环。等价系统中的环路滤波与实际跟踪环路中的相同。注意，光学传感器是等价环路的一个积分部件，实际环路也是如此。

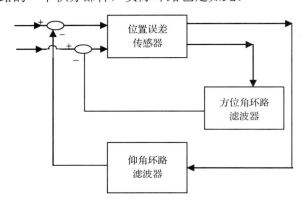

图 3-21　等效的方位角-仰角跟踪环路

光学传感器用来根据接收到的光束产生误差信号。最普通的传感器类型是四象限探测器，其中四个分别的探测器用来即时地确定位置误差。接收到的光场聚焦到焦平面上放置的呈正方形的四个探测器的中心，如图 3-22（a）所示。误差电压通过适当的比较探测器输出产生。

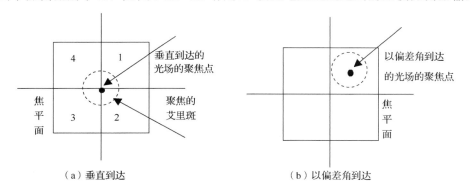

（a）垂直到达　　　　　　　　（b）以偏差角到达

图 3-22　聚集光场

当接收到的平面波光场垂直到达透镜上时，将被严格地聚焦在四个象限的中心，而且理论上所有探测器都接收到相同的能量。到达角度的偏离造成探测器输入的不平衡，从而可以用来产生纠正电压。在方位角和仰角上的误差信号通过合并每两个探测器的输出并进行比较得出。如果我们用 $y_i(t)$ 表示各探测器的电流输出，则误差信号为

$$\varepsilon_z(t) = \left[y_1(t) + y_2(t) \right] - \left[y_3(t) + y_4(t) \right] \tag{3-71}$$

$$\varepsilon_1(t) = \left[y_1(t) + y_4(t) \right] - \left[y_2(t) + y_3(t) \right] \tag{3-72}$$

探测器输出为散弹噪声过程，其均值与在其表面上收集到的平均场强相关。假定接收到的发送机光场为垂直到达接收机光阑上的平面波场，则在焦平面上的衍射场为 $I_s(t,r)$，并假定背景在焦平面上附加一个恒定的强度 I_b。由发送机和背景光场产生的误差的均值为

$$\overline{\varepsilon_z(t)} = \overline{\left[y_1(t) + y_2(t) \right]} - \overline{\left[y_3(t) + y_4(t) \right]}$$
$$= (ge)\left[\alpha \int_{A_1+A_2} \left[I_s(t,r) + I_b \right] \mathrm{d}r - \alpha \int_{A_3+A_4} \left[I_s(t,r) + I_b \right] \mathrm{d}r \right] \tag{3-73}$$

式中，A_i 为第 i 个探测器的面积；g 为探测器增益，并假定对每个探测器都相等。注意，如果探测器精确平衡（具有相等的增益和面积），则背景项相互抵消，平均误差函数只依赖积分信号强度之差。

对于一个直径为 d 的圆形透镜，我们可以近似地把焦平面上的艾里斑表示成下述强度函数

$$I_s(t,r) = I_s = 0, \quad |r| \leqslant \frac{1.22\lambda f_c}{d} \tag{3-74}$$

式中，λ 为微波场；f_c 为焦距。如果光场精确地垂直到达，那么衍射图案位于四个探测器的中心，误差为零。如果光场沿方位角和仰角偏差的方向到达，在焦平面的方位角和仰角坐标上，那么衍射图案的中心将位于 $(f_c\psi_z, f_c\psi_1)$ 点。因此，式（3-73）中的积分就相对焦平面上偏离中心的圆形区域下面的面积。对于小的偏离，艾里斑仍然包含在四象限区域之内，积分为

$$\overline{\varepsilon_z(t)} = uP_r \left\{ 1 - \frac{2}{\pi}\cos^{-1}\left(\frac{\psi_z d}{1.2\lambda} \right) + (0.53)\left(\frac{\psi_z d}{\lambda} \right)\left[1 - \left(\frac{\psi_z d}{1.2\lambda} \right)^2 \right]^{1/2} \right\} \tag{3-75}$$

式中，$u = ge\alpha$ 为探测器响应；P_r 为四个探测器接收到的发送机总功率。注意，式（3-75）不依赖 ψ_1，平均方位角误差信号仅由方位角误差产生。同样地，在式（3-75）中用 ψ_1 代替 ψ_z，平均仰角误差信号也只依赖于仰角误差。这样，四象限探测器使跟踪操作之间不产生耦合，图 3-21 中的每个环路在跟踪特性方面都可以看作分立的环路。有人建议包括天线扫描棱镜和旋转刻度线在内的其他类型的光学误差传感器都可以代替四象限探测器。

图 3-23 给出了式（3-75）括号中表达式的一条曲线，以及方位角（或仰角）平均误差信号是如何由跟踪误差产生的。

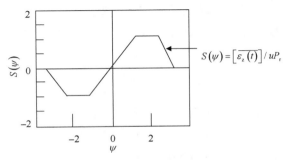

$$S(\psi) = \overline{\left[\varepsilon_z(t) \right]} / uP_r$$

图 3-23　$S(\Psi)$ 随对准误差 Ψ（方位角或仰角）变化的归一化曲线

当艾里斑移离中心时，产生一个逐渐增加的误差电压并达到饱和，然后随着艾里斑离开探测器而降为零。用跟踪的术语来讲，图 3-23 中的归一化函数 $S(\psi)$ 为环路 S 曲线，它给出

了从角度误差到误差电压的转换。

应用环路 S 曲线进行的完整跟踪操作模型如图 3-24 所示。

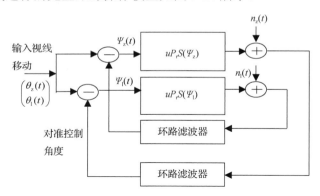

图 3-24　完整跟踪操作模型

发送机矢量与接收机法向量之间的角度差给出瞬时对准误差 $\left[\psi_z(t),\psi_1(t)\right]$，再通过 S 曲线转换成方位角和仰角方向的误差电压。来自四象限探测器上的探测器噪声（散弹噪声、暗电流和热噪声）叠加到平均误差信号上。然后对带有噪声的合成误差信号进行滤波和反馈，以进行平衡调节和对准误差控制。由此，在方位角和仰角方向上的整个跟踪操作由一对跟踪方程支配

$$\psi_z(t) + F\left[uP_r S\left(\psi_z(t) + n_z(t)\right)\right] = \theta_z(t) \tag{3-76}$$

$$\psi_1(t) + F\left[uP_r S\left(\psi_1(t) + n_1(t)\right)\right] = \theta_1(t) \tag{3-77}$$

式中，$F[\bullet]$ 表示滤波操作；噪声信号 $\left[n_z(t), n_1(t)\right]$ 表示每条环路中合成的探测器噪声。上述跟踪方程是一对描述方位角和仰角方向上联合跟踪操作的非线性随机方程。每条环路中的加性噪声项来源于四象限探测器的合成探测器噪声，得到的环路输入噪声谱电平为

$$N_{oL} = (ge)^2 \alpha\left(P_r + 4P_b\right) + 4N_{oc} \tag{3-78}$$

式中，P_b 和 N_{oc} 为每个探测器的背景功率和热噪声电平。当跟踪角较小时，图 3-23 的环路 S 曲线可以认为是线性的，近似地有

$$S(\psi) \approx (0.53d/\lambda)\psi \tag{3-79}$$

式中，λ 为 S 曲线在原点的近似斜率。采用环路线性化措施，式（3-76）或式（3-77）的跟踪操作都可以用图 3-25 的线性跟踪环路进行建模。这样一个线性环路现在可以用闭环传输函数描述

$$H_L(\omega) = \frac{G_L F(\omega)}{1 + G_L F(\omega)} \tag{3-80}$$

该函数依赖环路增益因子 $G_L = 0.53udP_r/\lambda$ 和环路滤波 $F(\omega)$。可以看出闭环中的误差处理可以通过用线性传输函数 $-H_L(\omega)/G_L$ 对探测器噪声进行滤波，或者传输函数 $\left[1 - H_L(\omega)\right]$ 对输入角移动滤波来进行。那么无论是方位角方向还是仰角方向，总的跟踪误差的方差为

$$\sigma_e^2 = \frac{1}{2\pi}\int_{-\infty}^{\infty}\left|1 - H_L(\omega)\right|^2 S_\theta(\omega)\mathrm{d}\omega + \frac{1}{2\pi}\int_{-\infty}^{\infty}\left(\frac{N_{oL}}{G_L^2}\right)\left|H_L(\omega)\right|^2 \mathrm{d}\omega \tag{3-81}$$

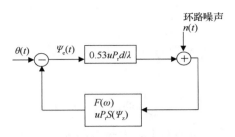

图 3-25　线性跟踪环路

式中，$S_\theta(\omega)$ 为输入角移动 $\theta(t)$（发送机运动和平台抖动）的频谱；N_{oL} 为式（3-78）给出的噪声谱电平。第一项为视线移动引起的未经补偿的误差信号的方差，第二项为噪声引起的误差。根据这一误差信号的方差公式，我们看到位于环路带宽（满足 $H_{\mathrm{L}}(\omega) \approx 1$ 的 ω 范围）内的输入角偏离将通过环路跟踪消除。而位于环路带宽以外的角偏离将直接导致跟踪误差。这表示可以通过增加环路带宽 $[H_{\mathrm{L}}(\omega)]$ 超过所预期的 $S_\theta(\omega)$ 的主要频段来降低由于发送机和接收机平台抖动引起的跟踪误差。因此，环路滤波器设计直接成为跟踪能力改善与环路噪声增加之间的折中。

根据式（3-78），由环路噪声引起的跟踪误差的方差可用下式代替

$$\sigma^2 = \left(\frac{2N_{\mathrm{oL}}}{G_{\mathrm{L}}^2}\right) B_{\mathrm{L}} \tag{3-82}$$

式中，B_{L} 为环路噪声带宽，定义为

$$B_{\mathrm{L}} = \frac{1}{2\pi} \int_0^\infty |H_{\mathrm{L}}(\omega)|^2 \mathrm{d}\omega \tag{3-83}$$

如果将式（3-69）、式（3-70）和式（3-83）的结果合并起来，则由噪声引起的总的跟踪误差的方差可以重新写为

$$\sigma^2 = \frac{(1.8\lambda/d)^2}{\mathrm{SNR}_{\mathrm{L}}} \tag{3-84}$$

式中

$$\mathrm{SNR}_{\mathrm{L}} = \frac{(\mathrm{eg}\alpha P_{\mathrm{r}})^2}{2N_{\mathrm{oL}} B_{\mathrm{L}}} = \frac{(\mathrm{eg}\alpha P_{\mathrm{r}})^2}{\left[\mathrm{e}^2\alpha(P_{\mathrm{r}} + 4P_{\mathrm{b}}) + 4N_{\mathrm{oc}}\right] 2B_{\mathrm{L}}} \tag{3-85}$$

即在环路噪声带宽 B_{L} 内有效光电探测输出的 $\mathrm{SNR}_{\mathrm{L}}$。这样，噪声引起的跟踪误差方均根值表现为接收机参数（$1.8\lambda/d$）的一小部分，并与 $\mathrm{SNR}_{\mathrm{L}}$ 成反比。因此，采用合适的 $\mathrm{SNR}_{\mathrm{L}}$，线性化环路将对位于衍射极限视场之内的方均根对准误差角进行跟踪。

式（3-85）中的功率 P_{r} 为接收机光阑上从发送机光束收集到的平均功率。如果光束为脉冲型，其接收到的脉冲功率为 P_{p}，脉宽为 τ，脉冲重复频率为 PRF，那么式（3-85）中的 P_{r} 应由平均脉冲功率代替

$$P_{\mathrm{r}} = (P_{\mathrm{p}}\tau)\mathrm{PRF} \tag{3-86}$$

这样，式（3-85）可同时应用于连续或脉冲光场。

当光电探测器噪声过程被当作零均值高斯噪声且方位角和仰角环路是线性化和非耦合时，跟踪误差的方位角和仰角分别演化为独立的联合高斯误差过程。如果环路精确地跟踪视线的移动，则误差振幅

$$\left|\psi_\mathrm{e}\right| = \left[\psi_z^2 + \psi_1^2\right]^{1/2} \tag{3-87}$$

完全由噪声引起，并在每时刻 t 上都成为一个瑞利分布的随机变量。任意时刻的瞬时对准误差振幅 $\left|\psi_\mathrm{e}(t)\right|$ 都具有概率密度

$$P_{\psi_\mathrm{e}}(x) = \frac{x}{\sigma^2}\exp\left[-\left(x^2/2\sigma^2\right)\right] \tag{3-88}$$

这样，进行光束跟踪的接收机的对准误差振幅将随机进行变化，并具有式（3-88）给出的概率密度，它来自跟踪环路传感器的光电探测噪声。这些统计模型已经由报道的实验室研究证实。

3.5.2　空间双向光束跟踪

在上一节，我们分析了一个单向光束跟踪系统，通过对来自准确地指向接收机的一台发送机的光束进行跟踪，接收机建立了一条瞄准线。在这一节，我们把问题扩展到双向跟踪操作，两个终端同时对来自另一端的光束进行跟踪，在系统的两端都产生对准误差矢量，并且一端的对准误差将影响另一端的对准误差。因此，两个终端上的对准误差矢量都成为在时间和统计上相关的联合随机变量。例如，在两个运动的宇宙飞船或轨道空间站之间建立双向光通信就会遇到这种跟踪情况。

双向光束跟踪构成如图 3-26 所示。终端 1 和终端 2 对互相传送的光束同时进行跟踪，并将自己的光束沿同一方向进行对准。假定相对于自己的坐标系从终端 1 观察到的视线移动为 $\theta_1(t)$，从终端 2 观察到的视线移动为 $\theta_2(t)$。令 $\left[\psi_1(t),\psi_2(t)\right]$ 为每个终端上相应的对准误差矢量。上述每个角度都是包含方位角和仰角分量的矢量过程。

图 3-26　双向光束跟踪构成

我们在此假设每个接收机都采用包含聚焦透镜的四象限探测器直接探测跟踪系统，同时产生方位角和仰角对准误差电压，以进行对准控制，如图 3-27 所示。由四象限探测器产生的误差电压将入射光束校准在四象限探测器的十字线上。而后每个终端再将其激光束沿接收光束的方向发送出去。因此每个终端上的跟踪和对准都是同时进行的。假定不需要超前对准，并且为了简化分析，假定每个终端都采用相同的跟踪回路、S 曲线和光束形状。

t 时刻，在终端 2 的整个接收机光阑上对来自终端 1 的光场测量的功率为

$$\text{终端 2 上接收到的功率} = P_\mathrm{r}G\left(\left|\psi_1(t-t_\mathrm{d})\right|\right) \tag{3-89}$$

式中，$G\left(\left|\psi_1\right|\right)$ 为从终端 1 发送的归一化光束图案（假定关于视轴是圆对称的）损失函数；t_d 为从终端 1 到终端 2 的传输时延；P_r 为终端 1 准确对准进行发送时的接收功率。因此，通过发送机光束图案损失函数，t_d 秒之前终端 1 上发生的对准误差将影响终端 2 在 t 时刻的接收功率。终端 2 上的跟踪系统产生对准误差信号并对其进行滤波，如图 3-27 所示。对式（3-76）、式（3-77）的系统方程进行推广，得到终端 2 上的跟踪方程（方位角和仰角）为

$$\psi_2(t) + F\left[uP_\mathrm{r}G\left(\left|\psi_1(t-t_\mathrm{d})\right|\right)S(\psi_2(t)) + n_2(t)\right] = \theta_2(t) \tag{3-90}$$

式中，$n_2(t)$ 为探测器噪声过程；$F[\bullet]$ 为环路滤波；$S(\psi_2)$ 为跟踪环路的 S 曲线。对于终端 1，

在同一时刻 t，有

$$\psi_1(t) + F\left[uP_rG\left(\left|\psi_2\left(t-t_d\right)\right|\right)S\left(\psi_1(t)\right) + n_1(t)\right] = \theta_1(t) \tag{3-91}$$

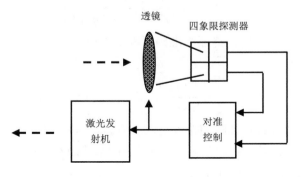

图 3-27　终端框图

式（3-90）和式（3-91）表示一对互相关联的随机光束跟踪方程组，它们将双向跟踪过程中的联合对准误差联系起来。该方程组由瞄准线动态特性和接收机噪声过程驱动，依赖每个终端的光束图案、误差传感器和环路滤波器。

这些方程可以用纯稳定性的观点加以分析，以决定瞬时存在的范围和条件。这种方法依赖环路滤波的类型、光束形状的数学模型和 S 曲线，对这一问题的详细研究超出了我们这里的范围，不过人们已经对这类稳定性问题进行了研究。

耦合的系统方程组表明，一端的瞬时跟踪误差依赖另一端的对准误差。噪声使误差信号成为一个时间上的随机过程。如果以 t_d 秒之前终端 1 上的跟踪误差为条件（给定 $x = \left|\psi_1\left(t-t_d\right)\right|$），则可估算终端 2 上跟踪误差的统计特性。$t$ 时刻，终端 2 上由噪声引起的跟踪误差分量（方位角和仰角）的条件（在 x 上的）方差为

$$\sigma_e^2 \mid x = \frac{(1.8\lambda/d)^2}{\text{SNR}_L} \tag{3-92}$$

式中

$$\text{SNR}_L = \frac{\left[\alpha P_r G(x)\right]^2}{\left\{\alpha\left[P_r G(x) + 4P_b\right] + 4n_c\right\}2B_L} \tag{3-93}$$

式中，$n_c = N_{oc}/(ge)^2$ 为探测器热噪声计数速率；P_r 为终端 1 准确对准终端 2 时的接收功率。根据信号功率和接收机噪声功率的相对值，可以重新写出 SNR。当 $\alpha P_r G(x) \gg 4(\alpha P_b + n_c)$ 时，接收机为量子极限，并且

$$\text{SNR}_L = \left(\frac{\alpha P_r}{2B_L}\right)G(x) \tag{3-94}$$

当 $\alpha P_r G(x) \ll 4(\alpha P_b + n_c)$ 时，接收机为噪声极限，并且

$$\text{SNR}_L = \left[\frac{(\alpha P_r)^2}{4(\alpha P_d + n_c)2B_L}\right]G^2(x) \tag{3-95}$$

对于介于二者之间的情况，可以通过光束函数 $G(x)$ 的指数在 1 和 2 之间变化得到一般化的表达式。可以将式（3-95）重新写成普遍的形式

$$\text{SNR}_\text{L} = \left(\text{SNR}_0\right) G^q\left(x\right) \tag{3-96}$$

式中

$$\text{SNR}_0 = \frac{\left(\alpha P_\text{r}\right)^2}{\left[\alpha\left(P_\text{r} + 4P_\text{b}\right) + 4n_\text{c}\right]2B_\text{L}} \tag{3-97}$$

q 位于 1 和 2 之间。SNR_0 为终端 1 准确对准接收机探测器时的 SNR_L。这一简化使我们可以将式（3-92）写为

$$\sigma_\text{e}^2 \mid x = \left[\frac{\left(1.8\lambda / d\right)^2}{\text{SNR}_0}\right] G^{-q}\left(x\right) = \sigma_0^2 G^{-q}\left(x\right) \tag{3-98}$$

σ_0^2 为终端 1 准确对准终端 2 时的接收机对准方差。这样，终端 2 上的条件对准方差总是增加的，因为终端 1 上的对准误差使接收到的光束图案按照 $G\left(x\right)$ 减少。终端 2 的对准误差对终端 1 跟踪的影响可以进行相似的讨论。

总的对准误差联合概率密度可以用式（3-98）的结果进行计算，跟踪环路仍假定为具有高斯型噪声、线性化、在方位角和仰角上无耦合的情况。终端 1 上的对准误差振幅（用 $y = \left|\psi_2\left(t\right)\right|$ 标记）为瑞利分布，密度为

$$p_2\left(y \mid x\right) = \frac{y}{\sigma_0^2 G^{-q}\left(x\right)} \exp\left[-\left(y^2 / 2\sigma_0^2\right) G^{-q}\left(x\right)\right] \tag{3-99}$$

σ_0^2 由式（3-98）给出。误差振幅变量 x 和 y 的联合密度为

$$p\left(x, y\right) = p_2\left(y \mid x\right) p_1\left(x\right) \tag{3-100}$$

式中，$p_1\left(x\right)$ 为终端 1 上变量 $x = \left|\psi_1\left(t - t_\text{d}\right)\right|$ 的概率密度。后者可以通过假定终端 1 上的对准误差在 t_d 秒以前达到稳态来近似。然而，稳态跟踪条件只有在某些条件下才能达到。如果终端 1 的跟踪环路具有额外的噪声，那么终端 2 接收到的光功率将降低，并增加终端 2 的跟踪方差，这反过来又降低终端 2 返回到终端 1 的方差，反过来又降低终端 1 的方差。

通过考察这些方差的变化，我们可以对稳态条件进行估计。如果达到稳态，则在一个循环中方差的改变不再增加。如果能够出现稳态方差，则可以在每端相继的方差计算中采用递归算法得出，像 Peters 和 Sasaki 提出的那样。假设在每端上的跟踪环路都是相同的，那么可以考虑在同一环路上每隔 t_d 秒进行迭代。令 ψ_i 为在开始后 it_d 时刻的误差，第 $i+1$ 步上得到的方差为第 i 步上方差的平均值，平均在第 i 步对准误差方差的概率上进行。这样，假定从式（3-98）中得初始方差 σ_0^2 开始

$$\sigma_{i+1}^2 = \sigma_0^2 \int_{-\infty}^{\infty} G^{-q}\left(x\right) p_i\left(x\right) \text{d}x \tag{3-101}$$

式中，$p_i\left(x\right)$ 为 $x = \left|\psi_i\right|$ 的概率密度。当 $G\left(x\right)$ 为束宽 λ / d 的归一化高斯图案，且 $p_i\left(x\right)$ 为参数 σ_i^2 的瑞利分布时，式（3-101）积分后为

$$\sigma_{i+1}^2 = \frac{\sigma_0^2}{1 - 2q\left(d/\lambda\right)^2 \sigma_i^2} \tag{3-102}$$

在这种情况下，如果存在稳态，则 $\sigma_{i+1}^2 = \sigma_i^2 \underline{\Delta} \sigma_\text{ss}^2$，它仅当下式成立时出现

$$\sigma_\text{ss}^2 = \frac{1 - \sqrt{1 - 8q\left(d\sigma_0 / \lambda\right)^2}}{4q\left(d / \lambda\right)^2} \tag{3-103}$$

要达到稳态要求，必须满足

$$\sigma_0^2 \leqslant \frac{(\lambda/d)^2}{8q} \tag{3-104}$$

这是在双向跟踪操作时，每端上可以承受的最大跟踪方差。式（3-104）等价于 SNR_0 上的条件

$$\mathrm{SNR}_0 \geqslant (1.8)^2 \, 8q \tag{3-105}$$

此时

$$\sigma_{\mathrm{ss}}^2 \leqslant \frac{(\lambda/d)^2}{4q} \tag{3-106}$$

因此，在量子极限跟踪（$q=1$）时，为避免跟踪方差无止境地上升，需要约 14dB 的 SNR_0。对于噪声极限运行（$q=2$），则增加到约 17dB。只要 SNR_0 超过这些阈值，理论上环路跟踪将收敛到由式（3-106）给出的一个稳态值。

对于非高斯光束的一般情况，必须用数值方法对式（3-100）进行求解。表 3-3 列出了这种计算的一些结果，对于高斯光束和由 $\left[2J_1(x)/x\right]^2$ 描述的圆形光束（$q=1$ 和 $q=2$），光束直径 λ/d 给出了 σ_0 和 σ_{ss} 的最大值。我们再次注意到，方差总是衍射极限束宽的一小部分。由于高斯光束的束宽随对准误差下降得较快，因此它要求较高的功率电平（较高的 SNR_0 和较小的 σ_0）。

表 3-3　高斯光束和圆形光束的双端跟踪 σ_0 和 σ_{ss} 的最大值

	高 斯 光 束		圆 形 光 束	
	$q=1$	$q=2$	$q=1$	$q=2$
$\dfrac{\sigma_0}{(\lambda/d)}$	0.113	0.08	0.171	0.131
$\dfrac{\sigma_{\mathrm{ss}}}{(\lambda/d)}$	0.159	0.113	0.191	0.151

注：$q=1$ 为量子极限，$q=2$ 为噪声极限。

在双向跟踪过程中，对跟踪误差振幅的稳态量和概率密度可以通过假定 t_{d} 秒前已达到稳态计算。仍令 $x=\left|\psi_1(t-t_{\mathrm{d}})\right|$，$y=\left|\psi_2(t)\right|$，有

$$p(y,x) = \left(\frac{xyG^q(x)}{\sigma_0^2 \sigma_{\mathrm{ss}}^2}\right) \exp\left[-\left(\frac{y^2}{2\sigma_0^2}\right)G^{-q}(x)-\left(\frac{x}{2\sigma_{\mathrm{ss}}^2}\right)\right] \tag{3-107}$$

式中，σ_0^2 为式（3-98）的误差方差；σ_{ss}^2 为式（3-106）的稳态方差；系数 q 依赖功率电平，对于量子极限接收机，$q=1$；对于噪声极限情形，$q=2$；对于介于二者之间的情况，$1<q<2$，并且必须用数值方法求解式（3-96）得出。在下一节，上述概率密度将被用于双向光束跟踪时数字解码的计算。

3.5.3　光束跟踪对数据传输的影响

当双向空间数据链路中每个接收机都进行光束跟踪时，如图 3-27 所示，即可通过直接调制跟踪光束进行数据跟踪传送。在完成捕获之后，随着跟踪误差信号的产生，跟踪操作将聚焦后的接收光场保持在四象限阵列的中心附近。根据编码的类型，通过光场调制产生的光载

波或脉冲光载波即可进行数据传送，如图 3-28 所示。在这一求和通道中，阵列上的总功率被用于解码。

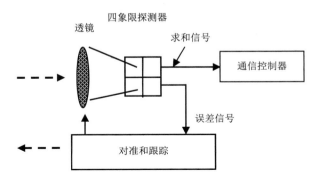

图 3-28　组合的跟踪（差分信号）和通信（求和信和）子系统

　　这样，接收机上的跟踪子系统将产生方位角和仰角修正信号，同时求和信号被用于数据处理。在数据传送的同时，双向跟踪可持续进行。从发送机到接收机的对准误差使接收到的光功率减小，因为当偏离瞄准运行时光束图案发生了损失。接收机对准误差式的衍射图案移离四象限阵列的中心，造成焦平面上光电探测积分功率的损失。这些相互联系的功率损失使得每端上的跟踪操作直接影响数据传送。在这一节，我们将考察这种关系。

　　假定对准误差振幅（发送端为 x，接收端为 y）在一个空间数字链路的脉冲积分时间 T_p 内为常数，则在求和通道搜集到的信号计数可以写成

$$K_s(x,y) = K_{s0}\left[G_1(x)G_2(y)\right] \tag{3-108}$$

式中，K_{s0} 为准确对准时的信号计数；$G_1(x)$ 为发送机光束图案损失；$G_2(y)$ 表示由于接收机对准误差引起衍射图案移动造成的功率损失。根据解码格式通过计数导出误码概率，令 $P(x,y)$ 为用式（3-108）的 K_s 代入后得到的 P_E。由于在信号脉冲和比特时间内的对准误差为一随机变量，因此解码的 P_E 必须在由跟踪子系统产生的对准误差上取平均，为

$$P_E = \int_{-\infty}^{\infty} \int_{-\infty}^{\infty} P_E(x,y)p(x,y)\mathrm{d}x\mathrm{d}y \tag{3-109}$$

　　作为一个例子，直接检测 M 位 PPM 的 P_E 为

$$P_E \approx (M/2)Q\left(\frac{\sqrt{\mathrm{SNR}}}{2}\right) \tag{3-110}$$

式中

$$\mathrm{SNR} = \frac{K_s^2}{K_s + 2K_b + 2K_n} \tag{3-111}$$

　　与式（3-96）一样，进行代换

$$\mathrm{SNR} = \mathrm{SNR}_0\left[G_1(x)G_2(y)\right]^q \tag{3-112}$$

式中，SNR_0 为准确对准时的 SNR；q 为 1～2。式（3-110）中的 P_E 成为

$$P_E = (M/2)Q\left\{\frac{\sqrt{\mathrm{SNR}_0}}{2}\left[G_1(x)G_2(x)\right]^{q/2}\right\} \tag{3-113}$$

应用式（3-107）的联合密度，式（3-109）成为

$$P_E = \int_{-\infty}^{\infty}\int_{-\infty}^{\infty}(M/2)Q\left\{\frac{\sqrt{\mathrm{SNR}_0}}{2}\left[G_1(x)G_2(x)\right]^{q/2}\right\}$$
$$\left[\left(\frac{xyG_1^q}{\sigma_0^2\sigma_{ss}^2}(x)\right)\exp\left[-\left(\frac{y^2}{2\sigma_0^2}\right)G_1^{-q}(x)-\left(\frac{x^2}{2\sigma_{ss}^2}\right)\right]\right]\mathrm{d}x\mathrm{d}y$$

（3-114）

对于具体的函数 $G_1(x)$ 和 $G_2(y)$，通常可以对 P_E 进行数值积分。一个重要的例子仍为高斯型损失函数

$$G_1(x) = \exp\left[-(2xd_t/\lambda)^2\right]$$

（3-115）

$$G_2(y) = \exp\left[-(2yd_r/\lambda)^2\right]$$

（3-116）

式中，d_t 和 d_r 为发送和接收的光学直径。式（3-114）可以通过变量代换 $u = x/\sigma_{ss}$ 和 $v = y/\sigma_0$ 进行简化，使

$$2xd_t/\lambda = u\gamma_t$$

（3-117）

$$2yd_r/\lambda = v\gamma_r$$

（3-118）

及

$$\gamma_t = 2\sigma_{ss}d_t/\lambda$$

（3-119）

$$\gamma_r = 2\sigma_0 d_r/\lambda$$

（3-120）

这样式（3-114）就为

$$P_E = (M/2)\int_{-\infty}^{\infty}\int_{-\infty}^{\infty}Q\left[\frac{\sqrt{\mathrm{SNR}_0}}{2}\exp\left\{-\left[(u\gamma_t)^2+(v\gamma_r)^2\right](q/2)\right\}\right]$$
$$\times\left\{uv\exp\left[-\frac{(u\gamma_t)^2}{2}\right]\exp\left[-(v^2/2)\right]\mathrm{e}^{-(u\gamma_t)^2}\right\}\mathrm{d}u\mathrm{d}v$$

（3-121）

我们注意到，P_E 仅为式（3-107）中归一化光阑直径、参数 q、M 和 SNR 的函数。

概括起来可以看到，通过采用连续的光束跟踪和对准，光束空间通信具有相互关联的性能参数（比特错误概率或 SNR）。这些参数的导出需要将链路通信参数和跟踪的统计运算结合起来。

3.6　光束瞄准技术

3.6.1　瞄准光束特性

回顾对光阑和束宽的讨论，可以表明，空间数据链路中一个典型光束的角度和宽度可以被限制在 1 弧度秒以下。如果接收机要对这个光束进行探测，那么该光束必须被对准到这一束宽的一小部分之内，或者说，如果光束只能以 $\pm\Psi_e$ 弧度的精度对准一个所期望的接收机（当

作一个点），那么束宽至少应为 $2\Psi_e$，以确保接收机对光场的接收，如图 3-29 所示。

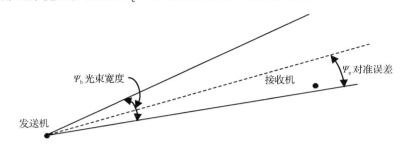

图 3-29　发送机—接收机系统中的光束宽度和对准误差

为了用具体数值论证这一结果，假定该光束是从高度为 22000 英里的一颗卫星上指向地球的。从这一高度发出的一个 50rad 的光束在地球上照亮的范围为（50×10⁻⁶）（22000）≈1 英里（1 英里=1.609344 千米）。这表示，这一发自卫星的光束的中心必须被对准到距地球上的接收机半英里以内。将这一结果与束宽约 10°、地面覆盖区域约 4000 英里的 RF 卫星天线相比，RF 卫星天线仅需对准到 2000 英里以内。这在极大程度上降低了要求的对准精度。

3.6.2　瞄准误差

由于对准误差引起的损耗依赖光束截面的实际形状。因此，如果我们假定发送光束为高斯型，其 $1/e$ 束宽为 Ψ_b 弧度，那么由于发送机对准误差 Ψ_e 导致的接收机功率损耗为

$$P_r = \frac{C}{\Psi_b^2} e^{-(2\Psi_e/\Psi_b)^2} \tag{3-122}$$

式中，C 为依赖发送机功率、接收机面积和传输距离的系数。注意，当对准误差超过发送机光束宽时将导致很大的功率损耗。用增加束宽 Ψ_b 的方法来补偿对准误差可以减小式（3-122）的指数损耗项，但由于光源功率分布在较宽的束宽上，因此会造成天线增益的降低，同时接收到的功率（$1/\Psi_b^2$ 项）减少。

一光束经过很长距离后，在某一具体方向上对准的不确定性由几个基本的因素引起。第一个主要因素是不能精确所期望的方向。参照系的误差导致视线方向的不确定性，对准只能在基本坐标系建立的精度内进行。通常，坐标系是根据某一已知的恒星或其他天体定位的，在这种情况下，对参照系的运动采取补偿措施是非常重要的。一般来说，这种运动并不是精确已知的。除了实际参考轴的运动，还存在一种表观运动（例如，由于地球从其轨道的一边移动到另一边导致的恒星视差移动）。参照系的误差直接转化为对准过程中视线方向的误差。

对准误差的第二个主要因素是由实际对准误差引起的。通常，望远镜或透镜系统通过电子或机械连接，由远程传感器操作进行对准。应力、噪声、安装结构等因素在这一机械系统中造成的误差将使光束不能精确地对准。这种误差称为瞄准误差。

第三个主要因素是不能够精确地补偿发送机和接收机的运动。只要二者之间有一个是运动的就会出现这种情况，或者它也可以由地球的转动或定点卫星的往复运动引起。当我们试图用系统动力学方程预言这种运动时，系数的误差将直接导致对准误差。此外，通过相移或多普勒频移跟踪对位置和速度的实际测量也由于系统噪声而包含内在的误差。

在处理包含大气的空间传输链路时，地球表面的大气层是引起对准误差的第四个主要因素。除损耗（吸收）和散射之外，由于湍流、云和热梯度引起的光束漂移和扩展将严重地影

响对准。光束漂移指光束在传输过程中由于弯曲而偏离预定的路径，显然这将直接影响对准。光束扩展使光束发散角增加，导致接收到的功率减少，这与对准误差具有相同的效果。由于大气层只向上延伸几百千米，对于地球上的发送机表现为近场效应，而对于从高空卫星向地球发送的光束则表现为远场效应。因此，光束漂移和发散对地面发送的影响要比地面接收更严重。对于从地面上发送的光束，即使是由晴朗的大气层引起的轻微角偏移，在经过长距离传输到达位于深层空间的卫星上时也将产生很大的偏差距离。向上传送链路的光束偏移角的典型值为 ±1 ～ ±15 μrad，对于大的温度梯度可达 50μrad。向下传送链路的光束通过大气层后表现为相对较小的光束角偏移，其主要大气层效应是功率吸收。在没有大气层（如卫星到卫星链路）的情况下，对准的不精确性可以大大降低。

如果传送距离很大而使传输弛豫时间过长，则要考虑在相对运动时，发送机对准误差操作将受到更进一步的阻碍。在这种情况下，发送机必须将光束实际指向接收机的前方以进行接收。也就是说，发送机必须考虑在光束弛豫时间内所发生的附加移动，并对准到所预计的点，这一对准过程称为超前对准。当地面上的发送机与轨道上的宇宙飞船进行通信时，超前对准是特别重要的。将发送机指向发送光束与接收机正好同时到达的空间点即可实现超前对准。这要求光束发送应相对当前视线位置矢量有一个提前角。考虑图 3-30 的情况，图中给出了在地面和卫星链路之间有相对运动的情况。卫星在点 r_1 进行发送，在地面进行接收时，可以定义一个到发送卫星所在位置的矢量，不过此时卫星已运动到点 r_2。地面站进行再发送时必须补偿从点 r_1 到点 r_2 的运动，以及卫星进行接收时所处位置点 r_3 的附加运动。地面接收矢量与发送矢量之间的夹角定义为超前角。如果大气层效应存在，则将造成发送机和卫星光束的畸变和弯曲。不幸的是，由于一个表现为近场效应，另一个表现为远场效应，因此这些效应不能相互补偿。如果超前角是严格确定了的，则二者都必须进行恰当的补偿。此外，弯曲现象通常是与时间相关的，因此对其影响必须进行连续的校正。

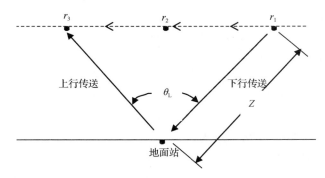

图 3-30　移动发送机的超前角

假定超前角很小，则可以导出其简化表达式。只要与光束相比卫星运动得很慢，那么这一假定就是成立的。假设 Z 为从发送机到卫星的距离，τ 为光束往返弛豫时间，则 $\tau = 2Z/c$，其中，c 为光速。卫星沿轨道运动的距离为 τv，其中，v 为卫星的速度。对于小角度假定，所要求的以弧度表示的超前角 θ_L 为

$$\theta_L \approx \frac{2v}{c} \qquad\qquad （3-123）$$

如果可能，对于向上和向下传送链路的光束弯曲，必须对这一角度进行调节。由其他原因引起的对准不确定效应必须通过增加束宽来克服。

参考文献

[1] 陈娅冰，赵尚弘，朱蕊蘋，等. 自由空间中卫星激光通信[J]. 系统工程与电子技术，2003，25（9）：1173-1175.

[2] 陈娅冰，赵尚弘，庄茂录，等. 自由空间光通信技术与展望[J]. 光机电信息，2003，（4）：11-15.

[3] 刘铁锋，张明华. 美军转型卫星通信系统及其发展[J]. 卫星与网络，2011，（5）：62-63.

[4] 王志明，程玲，李玉权. 卫星间光通信技术[J]. 光电子技术，2006（1）：53-56.

[5] 曹馨蕾，林澄清，黄东海，等. 卫星光通信技术发展及其影响因素分析[J]. 中国西部科技，2014，13（2）：27-28+66.

[6] 赵尚弘. 卫星光通信导论[M]. 西安电子科技大学出版社，2005.

[7] 李大社，管绍鹏. 自由空间光通信 ATP 技术的研究[J]. 光电技术应用，2006，（4）：47-51.

[8] 姜会林，安岩，张雅琳，等. 空间激光通信现状、发展趋势及关键技术分析[J]. 飞行器测控学报，2015，34（3）：207-217.

[9] 谢木军，马佳光，傅承毓，等. 空间光通信中的精密跟踪瞄准技术[J]. 光电工程，2000，（1）：13-16.

[10] 李睿，赵洪利，曾德贤. 空间激光通信及其关键技术[J]. 应用光学，2006，（2）：152-154.

[11] 刘立人. 卫星激光通信 I 链路和终端技术[J]. 中国激光，2007，（1）：3-20.

[12] 郭振铎，郭炳. 空间光通信精跟瞄处理技术研究[J]. 微型机与应用，2016，35（10）：43-45.

[13] ROBINSON B S, BOROSOND M, BURIANEK D A, et al. The lunar laser communications demonstration[C]//2011 International Conference on Space Optical Systems and Applications (ICSOS). IEEE, 2011: 54-57.

[14] BOROSON D M, ROBINSON B S, MURPHY D V, et al. Overview and results of the Lunar Laser Communication Demonstration[C]//Spie Lase. International Society for Optics and Photonics, 2014.

[15] BOROSON D M, ROBINSON B S, BURIANEK D A, et al. Overview and status of the Lunar Laser Communications Demonstration[J]. Proceedings of SPIE—The International Society for Optical Engineering, 2012, 8246(6): 7.

[16] HEMMATI H, BOROSON D M. Free-Space Laser Communication and Atmospheric Propagation XXVI[M]//Free-Space Laser Communication and Atmospheric Propagation XXV, 2013.

[17] MURPHY D V, KANSKY J E, GREIN M E, et al. LLCD operations using the Lunar Lasercom Ground Terminal[C]//Free-Space Laser Communication and Atmospheric Propagation XXVI. International Society for Optics and Photonics, 2014.

[18] JONO T, TOYOSHIMA M, TAKAHASHI N, et al. Laser tracking test under satellite microvibrational disturbances by OICETS ATP system[J]. Proc eedings of SPIE, 2002, 4714: 97-104.

[19] POLISHUK A, ARNON S. Optimization of a laser satellite communication system with an

optical preamplifier[J]. JOSA A, 2004, 21(7): 1307-1315.

[20] TAN L, YU J, MA J, et al. Approach to improve beam quality of inter-satellite optical communication system based on diffractive optical elements[J]. Optics Express, 2009, 17(8): 6311-9.

[21] LI X Z, HAN C S, WEN M, et al. Research on Satellite Platform Vibration Compensation Method based on Liquid Crystal Steering System[C]//International Conference on Broadcast Technology & Multimedia Communication, 2010.

思考与练习题

1. ATP 系统由哪几部分组成？
2. 简述 ATP 系统的工作原理。
3. 空间光通信捕获的基本原理。
4. 阵列顺序扫描和固定阵列顺序搜索的特点是什么？
5. 简述发射捕获协议的三个阶段。
6. 简述空间光束跟踪的原理。
7. 瞄准误差是由哪些因素引起的？

第四章 空间光调制发射技术

对于光电子系统，不论其具体结构如何，都有一个共同的特点——利用光波来传递信息。激光是具有特殊性质的光波，它相干性好，易于信息加载；方向性强、发散角小，能传输较远的距离；频率极高，可供利用的频带很宽，能传递的信息量也远高于无线电波；激光传输还具有保密性好、抗干扰性强和传递速度快等许多优点。因此，激光可以用来作为传递信息的载体，是传递信息（如语言、文字、图像、符号等）的理想光源。光调制是指改变光波的振幅、强度、频率、相位和偏振等参量使之载携信息的技术过程，它在光通信、光信息处理、光测量和控制等方面有着十分重要的作用。

4.1　空间光信号的产生及传输特性

4.1.1　空间光通信对光源的要求

和光纤通信所用光源相比，空间光通信对光源的要求更高，主要包括：①合适波长。波长必须满足空间传输的低损耗窗口，如大气通信的 820~860 nm 和 1600 nm 波长区。②高功率。轨道卫星之间的距离为数千至数万千米，传输过程存在严重损耗，轨道卫星之间的信号衰减一般达 9 个量级。如 LEO（Low-Earth Orbit）网络 1W 左右的能量在接收天线上将衰减到 1nW。为在共同工作的卫星间建立可靠的低误码率通信线路，足够大的功率是必不可少的条件。③窄光束。现有系统一般对于光束的要求为小于 10μrad，所以高功率的光源必须以衍射极限光束为输出。典型激光器发射功率如表 4-1 所示。

表 4-1　典型激光器发射功率

激光器类型	波　　　长	激光器发射功率	光束发散角	
ALGaAs（固态）	0.8~0.9μm	约 100mW	水平	25°
			垂直	35°
InGaAsP （固态）	1.3~1.5μm	约 100mW	水平	25°
			垂直	35°
Nd:YAG（固态）	1.06μm	0.5~1W	水平	0.15°
			垂直	0.15°
Nd:YAG 倍频（固态）	0.532μm	100mW	水平	0.15°
			垂直	0.15°

4.1.2　激光的发光原理

激光（LASER）一词是"Light Amplification by Stimulated Emission of Radiation"的首字母缩写，是以激光形成的主要物理过程，即受激辐射光放大来命名的。激光是继原子能和半导体之后，在 20 世纪 60 年代初期迅速发展起来的又一项重大的新技术，它的出现标志着人类对光波（光子）的掌握和利用进入了一个崭新的阶段。激光以其极好的单色性、相干性、高亮度和方向性被广泛应用于光通信、光学雷达、光学加工、测量、医疗及能源开发等领域，形成了如光电子学、光纤光学、非线性光学和集成光学等一系列新学科，推动了现代科学技术的迅猛发展。下面简要介绍激光产生的基本原理。

1. 玻尔假说

1913 年，玻尔（Bohr）以下述两个基本假设为基础，提出了一个解释氢原子光谱的理论——玻尔理论。该理论开创了原子现象研究的先河，为原子结构的量子理论奠定了基础。

（1）定态假设。原子中存在具有确定能量的定态，在这些定态中，电子绕核运动不辐射也不吸收电磁能量。原子定态的能量是不连续的，是量子化的，只能取某些允许的分立数值 E_1，E_2，$\cdots$，E_n。

（2）跃迁假设。只有当原子从具有较高能量 E_n 的定态跃迁到较低能量 E_m 的定态时，才能发射一个能量为 $h\nu$ 的光波，其频率满足

$$h\nu = E_n - E_m \tag{4-1}$$

式（4-1）为玻尔频率条件。式中，h 为普朗克常数。反之，原子在较低能量 E_m 的定态吸收一个能量为 $h\nu$、频率为 ν 的光波，跃迁到较高能量 E_n 的定态时，原子各定态的能量值称为原子能级。原子能级中能量最低的定态称为基态，能量高于基态的定态称为激发态，如图 4-1 所示。

2. 粒子数正常分布

物质是由原子、分子和离子等微观粒子组成的，我们把这些微观粒子通称为原子。根据量子力学的结论，每个原子都处于一定的能量状态之中，原子只能占据一些分立的能级。前面所说的原子能级，是指原子可能具有的能级。在某一时刻，一个原子只能处于某一能级。但是，物质中含有的原子数是相当庞大的，对于某一个原子，它可能具有这个能级或那个能级。对于由大量原子组成的物质系统，由热力学统计理论可知，在

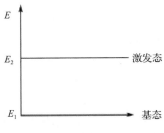

图 4-1　原子能级

热平衡状态下，处于各能级上的原子数是一定的，且原子数按能级的分布服从玻耳兹曼分布。设原子体系的热平衡热力学温度为 T，原子有 n 个能级，第 i 个能级为 E_i（$i=1,2,\cdots,n$），E_i 的能级简并度（E_i 的状态数）为 g_i，E_i 上的原子数为 N_i，则玻耳兹曼分布指出

$$N_i = Ag_i\mathrm{e}^{-\frac{E_i}{kT}} \tag{4-2}$$

即随着 E_i 的增高，E_i 上的原子数 N_i 按指数规律减少。式中，k 为玻耳兹曼常数；A 为常数。如果总原子数为 N，则可由 $\sum_{i=1}^{n} N_i = N$ 求出

$$A = \frac{N}{\sum_{j=1}^{n} g_i\mathrm{e}^{-\frac{E_i}{kT}}} \tag{4-3}$$

由式（4-3）可得，在热平衡状态下，E_2 和 E_1 上的原子数之比为

$$\frac{N_2}{N_1} = \frac{g_2}{g_1}\mathrm{e}^{-\frac{E_2-E_1}{kT}} \tag{4-4}$$

从式（4-4）看出，若 $E_2>E_1$，则必有 $(N_2 / g_2) < (N_1 / g_1)$。也就是说，在热平衡状态下，

高能级 E_2 上每个简并能级的平均原子数 N_2/g_2 一定小于低能级 E_1 上每个简并能级的平均原子数 N_1/g_1，则 N_2/g_2 与 N_1/g_1 的比值由体系的温度决定。在给定温度下，E_2-E_1 的值越大，N_2/g_2 比 N_1/g_1 就越减小。以氢原子为例，它的第一激发态能量为 E_2=-3.40eV，基态能量为 E_1=-13.60eV，则 E_2-E_1=10.20eV，令 $g_1=g_2=1$，在室温 T=300K 时（$kT\approx0.026$eV），由式（4-4）可以计算出

$$\frac{N_2}{N_1} = e^{-\frac{1020}{0.026}} \approx e^{-392} \approx 10^{-170} \qquad (4\text{-}5)$$

可见，在室温热平衡状态下，气体中几乎全部原子都处于基态，这种分布是原子在能级上的正常分布。

3. 光与物质的共振相互作用

在普朗克于 1900 年用辐射量子化假设成功地解释了黑体辐射分布规律，以及玻尔于 1913 年提出了原子中电子运动状态量子化假设的基础上，爱因斯坦从光量子概念出发，于 1917 年重新推导了黑体辐射的普朗克公式，并在《关于辐射的量子理论》论文中，首次提出了两个极为重要的概念：自发辐射和受激辐射。几十年后，受激辐射在激光技术中得到了应用。

按照光辐射和吸收的量子理论，物质发射光或吸收光的过程都是与构成物质的原子在其能级之间的跃迁联系在一起的。激光的产生是光与物质共振相互作用的结果。光与物质共振的相互作用有三种基本过程，光的自发辐射、受激辐射和受激吸收。对于一个包含大量原子的物质体系，这三种过程是同时存在又不可分开的。发光物质在不同的情况下，这三种过程所占的比例不同，例如，在普通光源中，自发辐射占绝对优势，而在激光放大介质中，受激辐射占绝对优势。

为了简化问题，讨论中只考虑与辐射直接相关的两个能级 E_1 和 E_2（$E_2>E_1$，且 $h\nu=E_2-E_1$）设 E_2、E_1 之间满足辐射跃迁的选择定则，处于能级 E_1 和 E_2 的原子数密度分别为 n_1 和 n_2，构成黑体物质原子中辐射场能量密度为 $\rho(\nu)$，如图 4-2 所示。

1）自发辐射

处于高能级 E_2 的原子是不稳定的，即使在没有任何外界作用的情况下，也有可能自发地跃迁到低能级 E_1 并发射一个频率为 ν、能量为 $h\nu=E_2-E_1$ 的光波，这种过程称为自发辐射，如图 4-3（a）所示。自发辐射常用自发辐射概率 A_{21} 来描述，代表每个处于能级 E_2 的原子在单位时间内向能级 E_1 自发辐射的概率。A_{21} 又称为自发辐射爱因斯坦系数，定义为单位时间内能级 E_2 上 n_2 个原子中发生自发跃迁的原子数与 n_2 的比值。即

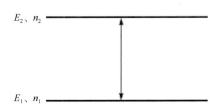

图 4-2　二能级原子能级图

$$A_{21} = \left(\frac{\mathrm{d}n_{21}}{\mathrm{d}t}\right)_{\mathrm{sp}} \frac{1}{n_2} \qquad (4\text{-}6)$$

式中，$(\mathrm{d}n_{21})_{\mathrm{sp}}$ 为由自发跃迁引起的、由能级 E_2 向能级 E_1 跃迁的原子数。

自发跃迁是一种只与原子特性有关而与外界辐射场无关的过程，因此 A_{21} 只由原子本身固有性质决定。由于自发跃迁的存在，单位时间内能级 E_2 上减少的原子数为

$$\frac{\mathrm{d}n_2}{\mathrm{d}t} = -\left(\frac{\mathrm{d}n_{21}}{\mathrm{d}t}\right)_{\mathrm{sp}} = -A_{21}n_2 \qquad (4\text{-}7)$$

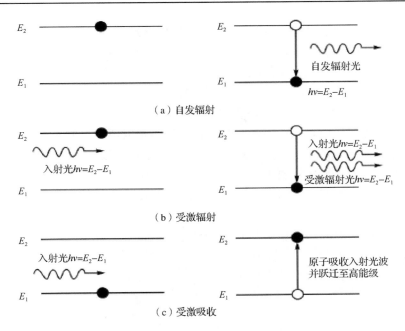

（a）自发辐射

（b）受激辐射

（c）受激吸收

图 4-3　原子的自发辐射、受激辐射和受激吸收示意图

由此可得

$$n_2(t) = n_{20}\mathrm{e}^{-A_{21}t} = n_{20}\mathrm{e}^{-\frac{t}{\tau_\mathrm{s}}} \tag{4-8}$$

式中，n_{20} 为 $t=0$ 时刻能级 E_2 上的原子数；τ_s 为原子在能级 E_2 上的平均寿命，在数值上等于能级 E_2 上的原子数减少到它的初始值 1/e 所需的时间。由式（4-8）可以看出，自发辐射过程使得高能级 E_2 上的原子数以指数规律衰减。τ_s 越大，A_{21} 越小，表明原子在能级上逗留时间越长，自发辐射的过程越慢。若 $\tau_\mathrm{s} \to \infty$（$A_{21}=0$），则称这种能级为稳定能级；一般 τ_s 仅为 $10^{-7}\sim 10^{-8}$s；若 τ_s 为 10^{-3}s 或更长，则称这种能级为亚稳态能级。亚稳态能级在激光理论中占有重要地位，它能聚集较多的激发能。一般来说，激光跃迁的高能级为亚稳态能级。

自发辐射是不受外界辐射场影响的自发过程，各个原子在自发跃迁过程中彼此无关，不同原子产生的自发辐射光在频率、相位、偏振方向及传播方向上都有一定的任意性。因此，自发辐射光是非相干的荧光，自发辐射光场的能量分布在一个很宽的频率范围内，平均分布于腔内所有光波模中。普通光源的发光过程就是处于高能级的大量原子的自发辐射过程。

2）受激辐射

处于高能级 E_2 的原子，在频率为 ν、能量为 $h\nu=E$ 的外来光波的激励下，受激跃迁到低能级 E_1，并发射一个能量为 $h\nu$ 且与外来激励光波处于同一光波态的光波，这两个光波可以诱发其他发光原子，产生更多状态相同的光波。这样，在一个入射光波的作用下，可以产生大量运动状态相同的光波，这种过程称为受激辐射，如图 4-3（b）所示。同样，受激辐射可用受激辐射概率 W_{21} 来描述，代表每个处于能级 E_2 的原子在单位时间内发生受激辐射的概率，定义为在频率为 ν 的外来光波的激励下，单位时间内能级 E_2 上 n_2 个原子中发生受激跃迁的原子数与 n_2 的比值，即

$$W_{21} = \left(\frac{\mathrm{d}n_{21}}{\mathrm{d}t}\right)_{\mathrm{st}}\frac{1}{n_2} \tag{4-9}$$

式中，$(dn_{21})_{st}$ 为由受激跃迁引起的由能级 E_2 向能级 E_1 跃迁的原子数。

W_{21} 不仅与原子本身的固有性质有关，还与频率为 ν 的外界辐射场能量密度 $\rho(\nu)$ 成正比，即

$$W_{21} = B_{21}\rho(\nu) \tag{4-10}$$

式中，B_{21} 为受激辐射爱因斯坦系数，由原子本身固有性质决定。

受激辐射是在外界辐射场激励下的发光过程，受激辐射所发出的光波在频率、相位、偏振方向及传播方向上与激励光波高度一致。因此，受激辐射光波与激励光波属于同一光波态，或者说受激辐射场与外界辐射场属于同一光波模式，特别是大量原子在同一辐射场激励下产生的受激辐射处于同一光波态或同一光波模式，因此受激辐射光场是相干的。

3）受激吸收

受激吸收是受激辐射的反过程。处于低能级 E_1 的原子，在频率为 ν、能量为 $h\nu=E_2-E_1$ 的外来光波的激励下，吸收一个能量为 $h\nu$ 的光波并受激跃迁到高能级 E_2，这种过程称为受激吸收，如图 4-3（c）所示。同样，受激吸收过程可用受激吸收概率 W_{12} 来描述，代表每个处于能级 E_1 的原子在单位时间内发生受激吸收的概率。该概率定义为在频率为 ν 的外来光波的激励下，单位时间内能级 E_1 上 n_1 个原子中发生受激跃迁的原子数与 n_1 的比值。即

$$W_{12} = \left(\frac{dn_{12}}{dt}\right)_{st} \frac{1}{n_1} \tag{4-11}$$

式中，$(dn_{12})_{st}$ 为由受激跃迁引起的由能级 E_1 向能级 E_2 跃迁的原子数。

W_{12} 不仅与原子本身的固有性质有关，还与频率为 ν 的外界辐射场能量密度 $\rho(\nu)$ 成正比，即

$$W_{12} = B_{12}\rho(\nu) \tag{4-12}$$

式中，B_{12} 为受激吸收爱因斯坦系数，由原子本身固有性质决定。

4）系数 A_{21}、B_{21} 和 B_{12} 的关系

系数 A_{21}、B_{21} 和 B_{12} 称为爱因斯坦系数，都是原子本身固有性质，与体系中原子按能级的分布状况无关。

实际上，在外界辐射场与物质相互作用时，三种跃迁过程是同时存在的，而且这三种过程不是各自孤立的，而是有某种内在的联系，这表现在 A_{21}、B_{21} 和 B_{12} 三个系数的关系上。通过讨论空腔黑体的热平衡过程，导出 A_{21}、B_{21} 和 B_{12} 的相互关系。

在热平衡状态下，腔内物质的原子数按能级分布服从玻耳兹曼分布，即

$$\frac{n_2}{n_1} = \frac{g_2}{g_1} e^{-\frac{E_2-E_1}{kT}} \tag{4-13}$$

式中，g_1 和 g_2 分别为能级 E_1 和 E_2 的能级简并度。

在热平衡状态下，n_2（或 n_1）应保持不变，即从高能级 E_2 跃迁到低能级 E_1 的原子数与从低能级 E_1 跃迁到高能级 E_2 的原子数应相等，即

$$n_2 A_{21} + n_2 B_{21}\rho(\nu) = n_1 B_{12}\rho(\nu) \tag{4-14}$$

联立式（4-13）和式（4-14）可得出

$$\rho(\nu) = \frac{A_{21}}{B_{21}} \times \frac{1}{\dfrac{B_{12}g_1}{B_{21}g_2} e^{h\nu/kT} - 1} \tag{4-15}$$

在热平衡状态下，腔内辐射场的分布满足黑体辐射的普朗克公式，即

$$\rho(v) = \frac{8\pi h v^3}{c^3} \times \frac{1}{e^{hv/kT} - 1} \tag{4-16}$$

式中，c 为真空中的光速。式（4-15）和式（4-16）对所有 $T > 0$ 都成立，比较上述两式可知

$$B_{12}g_1 = B_{21}g_2 \tag{4-17}$$

$$\frac{A_{21}}{B_{21}} = \frac{8\pi h v^3}{c^3} \tag{4-18}$$

式（4-17）和式（4-18）为著名的爱因斯坦关系式。当能级简并度 $g_1 = g_2$ 时，有 $B_{12} = B_{21}$，或

$$W_{12} = W_{21} \tag{4-19}$$

从式（4-18）可以看出，自发辐射系数 A_{21} 与受激辐射系数 B_{21} 的比值正比于频率 v 的三次方，因而 $E_2 - E_1$ 的值越大，v 越高，自发辐射越容易，受激辐射越难。一般地，在热平衡状态下，自发辐射占绝对优势，受激辐射是微乎其微的。

4. 激光产生的条件

要产生激光首先要满足两个必要条件：粒子数反转分布和减少振荡模式数，要形成稳定的激光输出还必须满足阈值和相位两个充分条件。

1）粒子数反转分布

这是产生激光的必要条件之一。当光束通过原子或分子系统时，总同时存在受激辐射和受激吸收两个相互对立的过程，前者使入射光强增加，后者使光束强度减弱。从爱因斯坦关系式可知，在一般情况下，受激吸收总是远大于受激辐射，绝大部分粒子数处于基态；而如果激发态的粒子数远多于基态粒子数，则使激光工作物质中受激发射占支配地位，这种状态就是所谓的工作物质"粒子数反转分布"状态，又称为布局数反转分布。

为简单起见，我们考虑一个二能级系统，讨论在工作物质的两个能级 E_1、E_2 之间粒子数的分布情况。设有一频率为 $v_{21} = \dfrac{E_2 - E_1}{h}$ 的光束通过此系统，则由于受激吸收和受激辐射，光束的能量会发生变化。如果入射光的能量密度为 $\rho(v_{21})$，则在 $t \to t+dt$ 的时间内，单位体积中因吸收而减少的光能为 $\mathrm{d}\rho_1(v_{21}) = N_1 B_{12}\rho(v_{21})hv_{21}\mathrm{d}t$，因受激辐射而增加的光能为 $\mathrm{d}\rho_2(v_{21}) = N_2 B_{21}\rho(v_{21})hv_{21}\mathrm{d}t$，能量密度的总变化量为 $\mathrm{d}\rho(v_{21}) = (N_2 B_{21} - N_1 B_{12})\rho(v_{21})hv_{21}\mathrm{d}t$。将爱因斯坦关系式代入得

$$\mathrm{d}\rho(v_{21}) = \left(\frac{N_2}{g_2} - \frac{N_1}{g_1}\right) g_2 B_{21}\rho(v_{21})hv_{21}\mathrm{d}t \tag{4-20}$$

由此可知，光束在传播过程中的能量密度是不断增加还是不断减少，由式（4-20）中 $\mathrm{d}\rho(v_{21})$ 的正负决定。由于 $g_2 B_{21}\rho(v_{21})hv_{21}\mathrm{d}t$ 恒为正，因此 $\mathrm{d}\rho(v_{21})$ 的正负由 $\left(\dfrac{N_2}{g_2} - \dfrac{N_1}{g_1}\right)$ 的正负决定。因此，可把工作物质状态分为粒子数正常分布和粒子数反转分布两类。

粒子数正常分布指能级上的粒子数分布满足

$$\frac{N_1}{g_1} > \frac{N_2}{g_2} \tag{4-21}$$

如图 4-4（a）所示。此时，$\mathrm{d}\rho(v_{21}) < 0$，因此入射光束能量密度随传播的进程不断减少。

在一般情况下，物质中的粒子数总呈这种分布。当物体处于热平衡时，有

$$\frac{N_2}{N_1} = \frac{g_2}{g_1} \exp\left(-\frac{E_2 - E_1}{kT}\right) \tag{4-22}$$

由于 $E_2 > E_1$，因此粒子数分布总有 $N_1/g_1 > N_2/g_2$。实际上，即使是非平衡状态，分布也总近似有这种关系，也就是说，总处于粒子数正常分布状态。

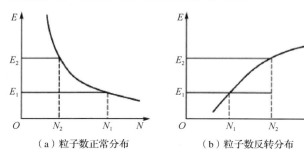

（a）粒子数正常分布　　　（b）粒子数反转分布

图 4-4　粒子数分布

g_1，g_2 分别表示 E_1，E_2 的能级简并度（能级 E_1 由 g_1 个重叠在一起的能级组成，能级 E_2 由 g_2 个重叠在一起的能级组成），于是 N_1/g_1 与 N_2/g_2 分别表示能级 E_1 和 E_2 中"一个"能级上的粒子数。也就是说，$N_1/g_1 > N_2/g_2$ 表示在工作物质中，若具有较低能量的一个能级上的粒子数大于具有较高能量的一个能级上的粒子数，则称它处于粒子数正常分布状态。

粒子数反转分布指能级上的粒子数分布满足

$$N_1/g_1 < N_2/g_2 \tag{4-23}$$

如图 4-4（b）所示，有 $\mathrm{d}\rho(v_{21}) > 0$，表示光束在粒子数反转分布状态下的工作物质中传播时，光能密度将不断增加，我们称这种状态的物质为激活介质。

在激活介质中，粒子数是反转分布的，粒子在能级上的分布情况与玻耳兹曼分布情况相反，是"上多下少"。要达到粒子数反转分布，需要有一个机构将低能级粒子抽运到高能级，这种机构称为泵浦源，泵浦源将粒子从低能级抽运到高能级的过程称为泵浦。正是通过泵浦源的工作，某些具有特殊能级结构的介质才能发生粒子数反转分布，形成激活介质。因而，泵浦源是形成激光器的物质基础之一。

光射入激活介质时，由于 $\mathrm{d}\rho(v_{21}) > 0$，入射光能密度通过激活介质后被"放大"了，故激活介质如同一个"光放大器"。这样，光的受激辐射在激活介质中占据主导地位。因此，在工作物质中建立粒子数反转分布状态是形成激光的必要条件。

2）减少振荡模式数

这是产生激光的另一个必要条件。要想得到方向性很好、单色性很好的激光，仅有激活介质是不够的。这是因为：①在反转分布能级间的受激辐射可以沿各个方向产生，且传播一定的距离后就射出工作物质，难以形成极强的光束，如图 4-5（a）所示；②激发出的光可以有很多频率，对应多种模式，每种模式的光都携带能量，难以形成单色亮度很强的激光。欲使光束进一步加强，必须使光束来回往复地通过激活介质，不断地沿某一方向得到放大，并减少振荡模式数。1958 年，汤斯等人提出了开式光学谐振腔概念，该问题得到了解决。设想：把激活介质放在镜面相对的一对反射镜之间，两块反射镜相互平行，其反射率分别为 $R_1 = 1$ 和 $R_2 < 1$。这样，在镜面轴线方向上就可以形成光振荡，在 $R_2 < 1$ 的镜面处可

有激光输出，如图 4-5（b）所示。

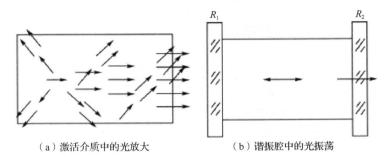

（a）激活介质中的光放大　　　　（b）谐振腔中的光振荡

图 4-5　激活介质中的光放大与谐振腔中的光振荡

这样的一对反射镜就组成了一个"光学谐振腔"——法布里-珀罗（F-P）腔。由于光束在腔内多次地来回反射，极少频率的光满足干涉相长条件，光强得到加强，频率得到筛选，特别是在谐振腔轴线方向，可以形成光强最强、模式数最少的激光振荡，而和轴线有较大夹角方向的光束，则由侧面逸出激活介质，不能形成激光振荡。故只在谐振腔的轴线方向及其附近能够得到激光输出；谐振腔的侧面是打开的，只起损耗作用，因而人们常形象地将光学谐振腔称为开式光学谐振腔，简称光腔。

3）阈值

这是产生激光的充分条件之一。光在谐振腔内传播时，由于 $R_2 < 1$，光在镜面上总有一部分透射损失，且镜面和腔内激活介质总存在吸收、散射等损失，因此只有当光的增益能超过这些损失时，光波才能被放大，从而在腔内振荡。也就是说，激光器必须满足某个条件才能"起振"，这个条件称为阈值。

设激活介质的增益系数为 $G(v)$，谐振腔长为 L，腔内充满激活介质，则光束通过单程 L 后，强度由 I_0 增至 I_1，$I_1 = I_0 \exp[G(v)L] = I_0 G_L(v)_s$，式中，$G(v)L = \exp[G(vL)]$ 为单程增益，即光束经过激活介质一次所得的放大倍数。

谐振腔两镜面分别有反射率 R_1、R_2，透射率 T_1、T_2，镜面其他损耗 α_1、α_2，则

$$R_1 + T_1 + \alpha_1 = 1$$
$$R_2 + T_2 + \alpha_2 = 1$$

（4-24）

光束在腔内往返一次的强度变化情况如图 4-6 所示。

往返一次光束强度变化过程为

$$I_1 = I_0 G_L, \quad I_2 = I_1 R_2, \quad I_3 = I_2 G_L, \quad I_4 = I_3 R_1 \quad （4\text{-}25）$$

于是可得

$$I_4 = I_0 R_1 R_2 G_L^2 \qquad （4\text{-}26）$$

若 $I_4 < I_0$，则光束通过激活介质振荡一次后，强度减小，多次振荡后光强将无法形成激光振荡；若 $I_4 > I_0$，则随着振荡的不断进行，光强逐渐加强，形成有效的激光振荡。可见，形成激光振荡的条件为 $I_4 \geqslant I_0$，于是，激光振荡必须满足的条件为

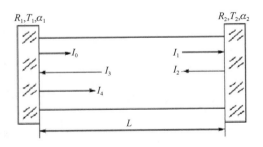

图 4-6　光束在腔内往返一次的强度变化情况

$I_0 R_1 R_2 G_L^2 = 1 \dfrac{n!}{r!(n-r)!}$，由此可得增益的阈值为

$$G(\nu)_{\text{th}} = -\frac{1}{2L}\ln R_1 R_2 \qquad (4\text{-}27)$$

又 $G(\nu) = \left(N_2 \dfrac{g_1}{g_2} - N_1\right) kg(\nu)$，于是还可推出激光振荡的反转粒子数阈值公式

$$\left(N_2 \frac{g_1}{g_2} - N_1\right)_{\text{th}} = -\frac{1}{k} \times \frac{\ln R_1 R_2}{2Lg(\nu)} = -\frac{4\pi}{A_{21}\lambda^2} \times \frac{g_1}{g_2} \times \frac{\ln R_1 R_2}{Lg(\nu)} \qquad (4\text{-}28)$$

也就是说，通过泵浦，$N_2 / g_2 > N_1 / g_1$，且满足式（4-28）的反转阈值要求时，光强才能逐渐加强，谐振腔内才开始形成激光振荡。

4）相位

要产生激光振荡，除了要满足阈值条件，还要满足相位条件，即激光器必须工作在谐振腔的工作模式上。

对一平行平面谐振腔，当光沿着腔轴方向在腔的两个反射面之间来回传播时，如图 4-6 所示，从 R_1 射向 R_2 的光波与从 R_2 射向 R_1 的光波方向相反，因此，光在腔内沿着腔轴方向将形成干涉。多次往复反射后，就会发生多次光干涉。为了能在腔内形成稳定振荡，要求光波能因干涉得到加强，形成正反馈。发生干涉加强的条件为：光波从某一点出发，经腔内往返一周再回到原位置时，应与初始出发光波同相，即相差为 2π 的整数倍。可以表示为

$$(2\pi / \lambda_q)2nL = 2\pi q \qquad (4\text{-}29)$$

式中，$q = 1, 2, 3, \cdots$；λ_q 为与 q 值相对应的波长；L 为腔的长度；n 为腔内均匀工作物质的折射率。

式（4-29）为激光器的相位条件，通常又称为光腔的驻波条件，当满足这一条件时，腔内将形成驻波。式（4-29）可以写为

$$\lambda_q = 2nL / q \qquad (4\text{-}30)$$

或

$$\nu_q = c / \lambda_q = q(c / 2nL) \qquad (4\text{-}31)$$

式（4-30）和式（4-31）叫作光腔的谐振条件；λ_q 为光的谐振波长；ν_q 为光的谐振频率。可以看出，光腔的谐振频率是分立的，即激光器的谐振频率只能取某些分立的值。相邻谐振频率差 $\Delta\nu$ 称为纵模间隔。

4.1.3　激光器的基本结构及输出特性

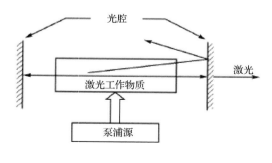

图 4-7　激光器的基本结构

1. 激光器的基本结构

激光器的基本结构包括激光工作物质、泵浦源和光腔，如图 4-7 所示。其中，激光工作物质提供形成激光的能级结构体系，是激光产生的内因；泵浦源提供形成激光的能量激励，是激光产生的外因；光腔提供反馈放大机构，使受激辐射的强度、方向性和单色性进一步提高。

1）激光工作物质

当激光工作物质中形成粒子数反转分布时，

激光工作物质处于激活状态，光在此物质中传播时，会获得放大作用。也就是说，原子系统一旦实现了粒子数反转分布，就变成了增益介质，对外来的光而言就变成了放大器。

4.1.2 节以二能级系统为例分析三种跃迁过程及激光产生条件，当外界激励能量作用于二能级系统物质时，首先建立自发辐射，在体系中有了初始光辐射之后，一方面物质吸收光，使 N_1 减小，N_2 增加。另一方面由于物质中同时存在辐射过程，使 N_2 减小，N_1 增加。两种过程同时存在，最终达到 $N_1 = N_2$ 状态，光吸收和受激辐射相等，二能级系统不再吸收光，达到所谓的自受激辐射状态，在这种状态下，N_2 不再继续增加；即便采用强光照射，共振吸收和受激辐射以相同的概率发生，也不能实现粒子数反转分布。这意味着二能级系统即使有入射光等激励也不能实现粒子数反转分布，因而不能充当激光工作物质。

那么究竟什么样的物质适合做激光工作物质呢？事实上，一个原子系统的结构十分复杂，不同物质有自己独特的能级结构，但要产生激光，工作物质只有高能态（激发态）和低能态（基态）是不够的，至少还要有这样一个能级，它可以使粒子在该能级上具有较长的停留时间或较小的自发辐射概率，从而实现与低能级之间的粒子数反转分布，这样的能级称为亚稳态能级。所谓的"亚稳"是相对稳定的低能态或基态而言的。只有具备亚稳态能级的物质才有产生激光的可能，这样，激光工作物质应至少具备三个能级。实际上，不管原子能级结构多么复杂，激光工作物质不外乎为三能级或四能级结构，如图 4-8 所示。

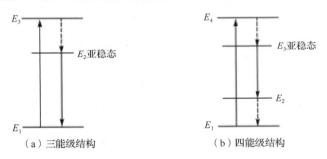

（a）三能级结构　　　　（b）四能级结构

图 4-8　激光工作物质能级结构

1960 年的第一台激光器就是三能级系统的典型代表，其能级结构如图 4-8（a）所示。其中，E_1 是基态，E_2 是亚稳态，E_3 是激发态。外界激发作用使粒子从能级 E_1 跃迁到能级 E_3。由于 E_3 的寿命很短（10^{-9}s 量级），因此不允许粒子停留，跃迁到能级 E_3 的粒子很快通过非辐射弛豫过程跃迁到能级 E_2。由于能级 E_2 是亚稳态，寿命较长（10^{-3}s 量级），因此允许粒子停留。于是，能级 E_1 的粒子不断被抽运到能级 E_3，又很快转到能级 E_2，因而粒子在能级 E_2 上大量积聚。当把一半以上的粒子抽运到能级 E_2 时，就实现了粒子数反转分布，此时若有能量为 $h\nu = E_2 - E_1$ 的入射光，则将产生光的受激辐射，发射 $h\nu$ 的光波，从而实现光放大。由于三能级系统要在亚稳态与基态之间实现反转，也就是说，要把总粒子数的一半以上从能级 E_1 抽运到能级 E_2，因此对激励源的泵浦能力要求很高，即要求其激光阈值很高。

四能级结构如图 4-8（b）所示，由于 E_4 到 E_3、E_2 到 E_1 的无辐射跃迁概率都很大，而 E_3 到 E_2、E_3 到 E_1 的自发跃迁概率都很小，外界激发使 E_1 上的粒子不断被抽运到 E_4，又很快转到亚稳态 E_3，而 E_2 留不住粒子，因此 E_2、E_3 很容易形成粒子数反转分布，产生 $h\nu = E_3 - E_2$ 受激辐射。四能级系统使粒子数反转分布很容易实现，激光阈值很低，因此现在绝大多数激光器都采用这种结构。

2）泵浦源

由于在一般情况下介质都处于粒子数正常分布状态，即非激活状态，故欲建立粒子数反转分布状态，就必须用外界能量来激励工作物质。我们把在外界作用下，粒子从低能级进入高能级从而实现粒子数反转分布的过程称为泵浦。可以说，泵浦过程就是原子（或分子、离子）的激励过程。把将粒子从低能态抽运到高能态的装置称为泵浦源或激励源。泵浦源是组成激光器的三个基本部分之一，是激光产生的外因。事实上，激光器不过是一个能量转换器件，它将泵浦源输入的能量转变为激光能量。合适的激励方式和能量大小将对激光效率产生重要影响。

泵浦方式有很多，从直接完成粒子数反转分布的方式来分，主要有以下几种。

（1）光激励方式：用一束自发辐射的强光或激光束直接照射工作物质，利用激光工作物质泵浦能级的强吸收性质将这种光能量转化成激光能量。大多数固体激光器都采用这种激励方式，但效率不高。

（2）气体辉光放电或高频放电方式：大多数气体激光器由于工作物质密度小，粒子间距大，相互作用弱，能级极窄，且吸收光谱多在紫外波段，用光激励技术难度大，效率低，故多采用气体放电中的快速电子直接轰击或共振能量转移完成粒子数反转分布。

（3）直接电子注入方式：半导体激光器的发光是通过电子与空穴的复合实现的，因此粒子数反转分布是通过电子与空穴的反转分布实现的。直接电子注入可以完成粒子数反转分布，且效率高。

（4）化学反应方式：通过化学反应释放的能量完成相应粒子数反转分布。化学激光器就是采用的这类泵浦方式，一般具有功率大的特点。

除了上述 4 种泵浦方式，热激励、冲击波、电子束和核能等都可以用来实现粒子数反转分布。究竟采用何种泵浦方式，视工作物质的能级结构而定。

3）光腔

光腔是构成激光器的重要器件，它不仅为获得激光输出提供了必要的条件——限制了可能的模式数，而且对激光的频率（高单色性）、功率（高亮度）、光束发散角（方向性好）及相干性等都有很大影响。前述所引的两平面镜构成的 F-P 腔是一种最简单的光腔。

在实际情况中，根据不同的应用场合及激光器类型，可以采用不同曲率、不同结构的光腔。但不管是哪种光腔，它们都有一个共同特性，那就是都是开腔，即侧面没有边界的腔，这使偏轴模不断耗散，以保证激光定向输出。

设激光器腔长为 L，反射镜曲率半径分别为 r_1，r_2（凸面镜 $r<0$，凹面镜 $r>0$）。总的来讲，光腔可分为稳定腔（低损耗腔）和非稳定腔（高损耗腔）两大类。

（1）稳定腔。

稳定腔就是满足下列条件的腔

$$0 \leqslant s_1 s_2 \leqslant 1 \tag{4-32}$$

式中，$s_1 = 1 - L/r_1$；$s_2 = 1 - L/r_2$。

典型的稳定腔有 F-P 腔、共焦腔等（见图 4-9（a）、（b））。傍轴光线在这类光腔内往返多次而不至于横向逸出腔外。

（2）非稳定腔。

满足下列不等式之一的光腔为非稳定腔

$$s_1 s_2 < 1 \text{ 或 } s_1 s_2 > 1 \tag{4-33}$$

傍轴光线在这类光腔内往返有限次后必然从侧面逸出腔外，因此这类腔具有较高的几何损耗。典型的非稳定腔有双凸腔、平凸腔、平凹腔、双凹腔、非对称实共焦非稳腔和虚共焦腔等（见图 4-9（c）、（d）、（e）、（f）、（g）、（h）），其中，图 4-9（e）、（f）、（g）三种腔因腔内存在焦点，强激光的聚焦作用容易破坏工作物质，所以在实际情况中很少采用。

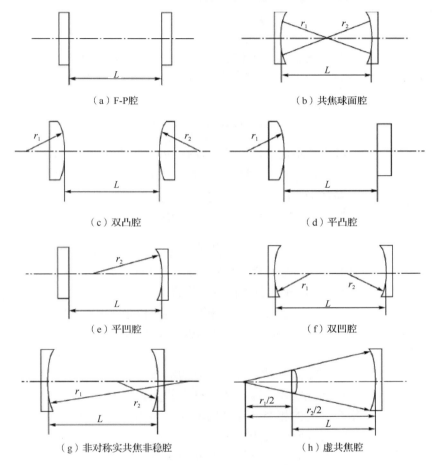

图 4-9　各种光腔

有时将 $s_1 s_2 = 0$ 或 $0 \leqslant s_1 s_2 \leqslant 1$ 的共轴球面腔划分为临界腔。

另外，$r_1 = r_2 = 1$ 的谐振腔称为对称共焦腔，$s_1 = 0$，$s_2 = 0$，$s_1 s_2 = 0$；$r_1 = r_2 = \infty$ 的谐振腔称为平行平面腔，$s_1 = s_2 = 1$；$r_1 + r_2 = L$ 的谐振腔称为共心腔。

谐振腔的质量用品质因数 Q 来表示，定义为 $Q = \dfrac{2\pi E}{T E_s}$，$E$ 为谐振腔内储存的能量，E_s 为每秒损失的能量。

设谐振腔储能为 E，反射镜反射率为 R，镜间距为 L，则每经过一次反射就有 $(1-R)E$ 的光能由谐振腔损失掉，于是每秒损失能量为

$$\frac{\mathrm{d}E}{\mathrm{d}t} = \frac{-(1-R)E}{L/c} = -\frac{(1-R)E}{L}$$

式中，c 为光速。于是

$$Q = 2\pi v \frac{E}{c(1-R)(E/L)} = \frac{2\pi L}{\lambda(1-R)} = \frac{2\pi L}{\lambda \alpha} \qquad (4\text{-}34)$$

式中，$\alpha = 1 - R$ 为除反射以外的其他各种损失，如透射损失、衍射损失、吸收损失和散射损失等。

2. 激光器的输出特性

1）输出功率

如果一个激光器的小信号增益系数恰好等于阈值，则激光输出是十分微弱的。实际的激光器总是在阈值以上工作的。设小信号增益系数为 $G_0(v)$，腔长为 L，单程损耗为 δ，光强 I 在腔内往返一次后变为 I'，则有

$$\frac{I'}{I} \exp[2G_0(v)L - 2\delta] > 1 \qquad (4\text{-}35)$$

若开始时，某一振荡频率的小信号增益系数 $G_0(v)$ 大于阈值增益系数 $G(v)_{\text{th}}$，则腔内光强 I 将逐渐增加；但受饱和效应的影响，若大信号增益系数 $G(v, I)$ 仍比 $G(v)_{\text{th}}$ 大，则这一过程便继续下去，且随着 I 的不断增加，$G(v, I)$ 不断减少，直到满足式（4-35），增益和损耗达到平衡，I 不再增加，激光器建立稳定工作状态，有恒定输出功率

$$G(v, I) = G(v)_{\text{th}} = \frac{\delta}{L} \qquad (4\text{-}36)$$

当外界激光作用增强时，小信号增益系数 $G_0(v)$ 增大，此时 I 必须增加到一个更高的稳定值，才能使 $G(v, I)$ 降低到 $G(v)_{\text{th}}$，建立新的稳定工作状态。

因此，外界激光增强时，激光器输出功率增加，但无论激光是强还是弱，稳态工作时激光器的大信号增益系数总稳定在 $G(v)_{\text{th}}$，由式（4-36）可以确定稳态工作时的腔内光强。

2）输出模式

在分析激光器的输出时发现，它是由许多独立的频率分量组成的。这些独立的频率分量称为模式。准确地讲，它是指能在腔内存在的、稳定的光波基本形式。所谓稳定包含下列含义：有确定的频率；振幅在空间的相对分布是确定的，不随时间改变而改变；相位在空间的相对分布是确定的，不随时间改变而改变。

振荡模式常用 $\text{TEM}_{m,n,q}$ 来表示，m，n，q 可分别取 0，1，2，…。一组确定的 m，n，q 对应一种模式，其中，m 和 n 表征该模式在垂直于腔轴的平面内的振幅分布情况，称为横模阶数。在直角坐标系中，m 和 n 分别是该模式在 x 轴和 y 轴上的节点数；在柱坐标系中，m 和 n 分别为径向和旋转角 θ 向的节点数，q 表示该模式在光腔轴向形成的驻波节点数，称为纵模阶数。m，n，q 三者共同决定该模式的振荡频率。例如，在矩形腔中，设矩形腔的 x 轴、y 轴、z 轴方向长度（长、宽、高）分别为 a、b、c，则相应振荡频率为

$$v = \frac{c}{2} \sqrt{\left(\frac{m}{a}\right)^2 + \left(\frac{n}{b}\right)^2 + \left(\frac{q}{c}\right)^2} \qquad (4\text{-}37)$$

（1）纵模。

在一个光腔中，并非所有频率的电磁波都能产生振荡，只有频率满足一定共振条件的光波才能在腔内的来回反射中形成稳定分布，获得最大强度。这个共振条件就是相长干涉条件。但并非所有满足相长干涉条件的频率都能产生振荡，只有那些落在增益曲线线宽（阈值条件）范围内的频率才能产生实际的振荡，如图 4-10 所示。

实际振荡纵模数为

$$\Delta q = \left[\frac{\Delta v_T}{\Delta v_q}\right] + 1 \tag{4-38}$$

式中，[·]表示对方括号内部的结果取整；Δv_T 为激光工作物质的增益线宽。在实际应用中，常需要单色性极好、频率稳定度极高的激光器，即单模工作激光器。由式（4-38）可知，只需要满足 $\Delta v_T/\Delta v_q < 1$。有两种途径可用来保证实现单模振荡：一种是使激光器工作在阈值附近，但此时饱和增益低，输出功率小；另一种是采用短腔激光器（如 10cm 左右的氦氖激光器），但其总增益不会很高，输出功率也较小。

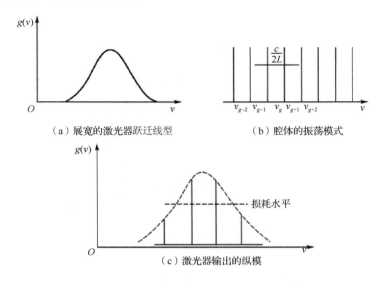

（a）展宽的激光器跃迁线型　　　　（b）腔体的振荡模式

（c）激光器输出的纵模

图 4-10　激光器纵模振荡模式

（2）横模。

在激光器内，除有沿着腔轴方向分布的纵模以外，还存在保持稳定不变分布的横向光场分布，这种在来回反射中可保持住的横向光场分布称为横模，用整数 m，n 来表征。对于稳定腔中激光模的光场分布，常用衍射积分法或波动方程法求解。前一种方法求解菲涅耳-基尔霍夫衍射积分方程，表征光腔两镜面上光场分布之间的关系；后一种方法从麦克斯韦电磁理论出发，在与稳定腔相对应的特定边界条件下，直接求解波动方程。在此就不详加推导了，只要知道两种方法结果相同，所得光场分布均为高斯分布，就足以说明光在谐振腔内振荡最终形成高斯光束。现仅以一种分布形式最简单的横模（$m=n=0$ 的基横模）为例，来看一下腔内高斯光束光场分布的情况。

$m=n=0$ 的横模称为基横模，记为 TEM_{00q}，在其模场分布中，用 $R(z)$ 表示 z 处等相面曲率半径，$\varphi(z)$ 表示 z 处相位角，$\omega(z)$ 表示 z 处光斑束径。

① 当 $z=0$ 时，$\omega(z)=\omega_0$，$R(z)=\infty$，$\varphi(z)=0$，基横模的光波电场表示式为

$$E(x,y,0) = \sqrt{\frac{2}{\pi}}\frac{1}{\omega_0}\exp\left(-\frac{x^2+y^2}{\omega_0^2}\right) \tag{4-39}$$

可见 $z=0$ 处光波电场等相面为平面，振幅部分为高斯函数。当 $x^2+y^2=\omega_0^2$ 时，即在半径为 ω_0 处，振幅分布减小到中心部分的 1/e 倍。由式（4-39）可知，基横模是一个圆形光斑，

中心部分最亮，向外逐渐减弱，无清晰的边缘。通常将波振幅下降到其中心部分的 $1/e$ 处的光斑半径 ω_0 作为光斑尺寸，称为束腰半径。

② $z \neq 0$ 处，基横模振幅仍为高斯函数分布，波阵面为球面，z 处有光斑半径

$$\omega(z) = \omega_0 \sqrt{1 + \left(\frac{\lambda z}{\pi \omega_0^2}\right)^2} \tag{4-40}$$

波阵面曲率半径为

$$R(z) = z\left[1 + \left(\frac{\pi \omega_0^2}{\lambda z}\right)^2\right] \tag{4-41}$$

相位角为

$$\varphi(z) = \arctan \frac{\lambda z}{\pi \omega_0^2} \tag{4-42}$$

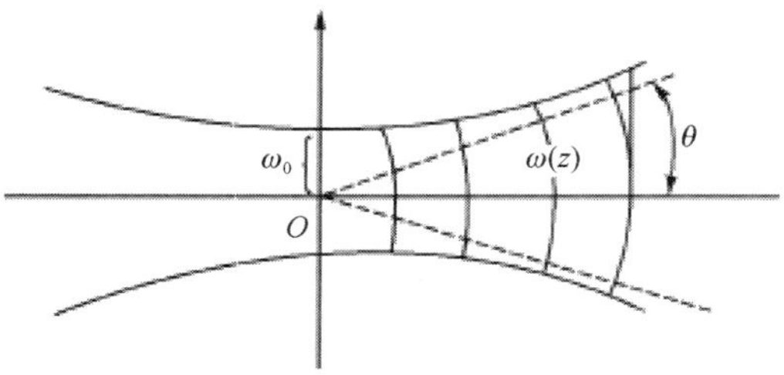

它们都是 z 的函数，如图 4-11 所示。

显然，高斯光束在 $z=0$ 处光斑最小，束腰半径为 ω_0。随着 z 的增大，$\omega(z)$ 也增大，这表示光束逐渐发散。光线的传播方向（垂直于波前的方向）是两条双曲线，双曲线的渐近线与 z 轴交角为 θ。即

$$\theta = \arctan \frac{\omega(z)}{z}\Big|_{z \to \infty} = \arctan \frac{\lambda}{\pi \omega_0} \approx \frac{\lambda}{\pi \omega_0} \tag{4-43}$$

图 4-11　基横模波型

m, n 不同时为零的横模称为高阶横模，图 4-12 给出了 m, n 不同取值时的几种高阶横模花样，其中，图 4-12（a）所示为矩形腔情形，图 4-12（b）所示为圆形腔情形。

高阶横模的光束尺寸 ω_m 和发散角 θ_m 可通过基横模的 ω，θ 求出，即

$$\omega_m(z) = \sqrt{(2m+1)/2}\,\omega_{\text{基}}(z) \tag{4-44}$$

$$\theta_m(z) = \sqrt{(2m+1)/2}\,\theta_{\text{基}}(z) \tag{4-45}$$

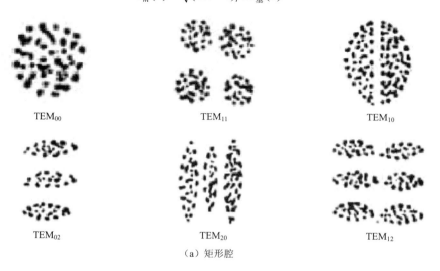

TEM$_{00}$　　　　　TEM$_{11}$　　　　　TEM$_{10}$

TEM$_{02}$　　　　　TEM$_{20}$　　　　　TEM$_{12}$

（a）矩形腔

图 4-12　横模花样

TEM$_{00}$　　　　　　TEM$_{03}$　　　　　　TEM$_{04}$

（b）圆形腔

图 4-12　横模花样（续）

4.1.4　激光的传输特性

激光与普通光源相比，具有许多优良的性能，总的来说，主要表现在以下 4 个方面。

1. 方向性

激光束基本上是沿着激光器光轴所确定的方向向前传播的，除半导体激光器由于自身结构决定的光束发散角较大之外，一般激光器发出的光束发散角 θ 和在空间所张开的立体角 Ω 都很小。典型数据 $\theta \approx 10^{-3}\mathrm{rad}$，相应的 $\Omega \approx \pi \times 10^{-6}\mathrm{rad}$，这说明激光一般都以十分小的立体角向空间传播，而不像普通光源那样，朝着四面八方（$\Omega \approx 4\pi$）所有可能的方向传播。由此可见，与普通光源相比，激光具有极好的方向性。

2. 单色性

由于激光的发光频率 ν 是受激光跃迁决定的，仅有极小的线宽（$\Delta\nu \approx 7.5 \times 10^{3}\mathrm{Hz}$），因此与普通光源中单色性最好的 Kr^{86} 灯的谱线宽度 $\Delta\nu \approx 3.8 \times 10^{8}\mathrm{Hz}$ 相比，仍非常窄，是 Kr^{86} 灯的 10^{-5} 倍，可见，激光的单色性远优于普通光源。

3. 相干性

1）时间相干性

时间相干性是指同一光源在不大于 τ_{c} 的两个不同时刻发生的光在空间某处交会能产生干涉的性质，τ_{c} 称为相干时间，是表征时间相干性的参量；而 τ_{c} 内所走过的光程差 L_{c} 称为相干长度。于是

$$\tau_{\mathrm{c}} = \frac{L_{\mathrm{c}}}{c} = \frac{1}{\Delta\nu} \tag{4-46}$$

式中，$\Delta\nu$ 为谱线线宽。

相干时间的物理意义是，在空间某处，同一光源在时间间隔处于 τ_{c} 内的不同时刻发生的光都是相干的。

由于 $\tau_{\mathrm{c}}=1/\Delta\nu$，因此，光的单色性越好，相应的相干时间和相干长度就越长，相干性就越好。例如，Kr^{86} 灯的 $L_{\mathrm{c}} \approx 78\mathrm{cm}$，$\tau_{\mathrm{c}} \approx 2.6 \times 10^{-9}\mathrm{s}$，而氦氖激光器的 $L_{\mathrm{c}} \approx 4 \times 10^{4}\mathrm{m}$，$\tau_{\mathrm{c}} \approx 1.3 \times 10^{-4}\mathrm{s}$，二者相差 2×10^{5} 倍。

2）空间相干性

空间相干性是指在同一时刻，处于某给定光波的同一波阵面上不同两点（线度 2ω）之间

波场的相干性。对于普通光源，在光源线度$2\omega_0$内各点发出的光，通过距其R处空间某平面上间距为d的两狭缝，产生的干涉条件是

$$d < \frac{\lambda R}{2\omega} \tag{4-47}$$

而对于激光器，不放置两狭缝（d无穷大）也可以观察到干涉现象，因此，激光具有极好的空间相干性。

4. 亮度

光亮度的定义为：单位面积的光源表面，在其法向单位立体角内传送的光功率。面积为ΔS的光源发出的光，在与法线成i角的方向上且立体角$\Delta\Omega$范围内传递光能量ΔE时，该方向上光的亮度为

$$B = \frac{\Delta E}{\Delta S \times \Delta\Omega \times \Delta t \times \cos i} = \frac{P}{\Delta S \times \Delta\Omega \times \cos i} \tag{4-48}$$

考虑光辐射的频率因素后，定义单位谱线宽度内的亮度为单色亮度

$$B_\nu = \frac{B}{\Delta\nu} = \frac{\Delta E}{\Delta S \times \Delta\Omega \times \Delta t \times \cos i \times \Delta\nu} \tag{4-49}$$

由于激光器在时间（单色性）和空间（方向性）方面的高度集中，因此具有极高的亮度与单色亮度。

4.1.5　半导体激光器

以半导体材料为工作物质的激光器称为半导体激光器。它具有体积小、成本低、输出功率大、效率高、泵浦容易、易于调制、易于集成，工作速度快和波长范围宽等一系列优点。半导体激光器是光纤通信的重要光源，在激光通信、光纤通信、光存储、激光打印、测距和制导等方面有着广泛的应用。就激光器数量而言，它已成为国际市场上占有率最高的激光器。

1. 半导体激光器的工作原理

下面以注入式同质结半导体激光器为例，说明它的工作原理。所谓"同质结"是指 PN结由同一种材料的 P 型和 N 型构成。例如，由 P-GaAs 和 N-GaAs 构成的 PN 结为同质结。"注入式"是一种泵浦方式，即靠注入电流来激励工作物质的泵浦方式。其他三种泵浦方式是电子束激励、光激励和碰撞电离激励。

在电流（或光）的激励下，半导体价带中的电子可以获得能量，跃迁到导带上，在价带中形成一个空穴，相当于受激吸收。如果导带中的电子（受到光的刺激）跃迁下来，和价带中的空穴复合，并放出一个频率为$\nu = E_g / h$的光子，则相当于自发辐射（或受激辐射）。

在半导体 PN 结附近，如果作为激光上能级的导带中的电子数大于作为激光下能级的价带中的电子数，并且价带中留有空穴，则产生光放大作用。在热平衡状态下，电子基本处于价带中，半导体介质对光辐射只有吸收作用而没有放大作用。但是当电流注入半导体二极管的 N 结时，热平衡状态受到破坏，使 PN 结附近形成大量的非平衡载流子，在此注入区中，导带电子和价带空穴可处于相对反转分布状态，因而可使半导体介质产生光放大作用。

为了形成在正向偏压下的载流子的反转分布，必须采用重掺杂的 PN 结半导体。例如，用 P$^+$N$^+$GaAs 表示重掺杂的 PN 型 GaAs 半导体（见图 4-13（a）），其未受外加电源激励的能级结构如图 4-13（b）所示。此时，费米能级分别进入价带和导带，势垒高度为eV_D。这表明，

N 区的导带底部有大量的电子，而 P 区价带顶部很少有电子，基本上是空的。在未加电压时，PN 结处于平衡状态，不会有电流，因为两区间载流子的相互扩散正好被自建场抵消。

当 PN 结外加正向电压 V 时，其势垒高度下降为 $e(V_D-V)$，外加电压使两区的费米能级偏离，并有 $eV=(E_F)_N-(E_F)_P$ 的关系，如图 4-13（c）所示。在 PN 结附近，导带中拥有电子，而在其对应的价带中留有空穴，这部分能带范围称为作用区。在此区中，如果导带中的电子向下跃迁到能量较低的价带，则会发生电子空穴的复合。电子从高能带回到低能带时，多余的能量以光波的形式辐射出去，经过光腔的作用，就能形成激光。

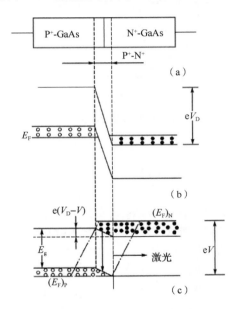

图 4-13　P⁺N⁺GaAs 的能级结构

在作用区，除了从导带向价带的受激辐射，还存在受激吸收，即价带中的电子吸收光波而跃迁到导带。可以证明，受激辐射大于受激吸收的条件，也就是载流子反转分布的条件。该条件为：导带能级为电子占据的概率应大于价带能级为电子占据的概率。在外界激励产生非平衡载流子的情况下，不能用统一的费米能级 E_F 描述载流子的分布。但在较其复合寿命短的时间内，可认为电子在导带，空穴在价带分别达到平衡，它们对能级的占有概率可用导带中的准费米能级 $(E_F)_N$ 与价带中的准费米能级 $(E_F)_P$ 来表达

$$f_{ec}(E_2)=\cfrac{1}{1+e^{\frac{|E_2-(E_F)_N|}{kT}}} \tag{4-50}$$

$$f_{hV}(E_1)=\cfrac{1}{1+e^{\frac{-|E_1-(E_F)_P|}{kT}}} \tag{4-51}$$

式中，E_2、E_1 分别为导带底部和价带顶部的能级；$f_{ec}(E_2)$ 表示导带中电子占有能级 E_2 的概率；$f_{hV}(E_1)$ 表示价带中空穴占有能级 E_1 的概率。由式（4-51）可得，价带中电子占有能级 E_1 的概率为

$$f_{eV}(E_1)=1-f_{hV}(E_1)=\cfrac{1}{1+e^{\frac{|E_1-(E_F)_P|}{kT}}} \tag{4-52}$$

按载流子反转分布条件，应有

$$f_{ec}(E_2) > f_{eV}(E_1) \tag{4-53}$$

将式（4-51）、式（4-52）代入式（4-53），得到

$$(E_F)_N - (E_F)_P > E_2 - E_1 = E_g \tag{4-54}$$

这就是产生光受激辐射放大的条件。通过注入非平衡载流子，非平衡的电子和空穴的准费米能级之差大于禁带宽度，即要求电子和空穴的准费米能级分别进入导带和价带。这就要求 PN 结两边的 P 区和 N 区必须是高掺杂的。在满足式（4-54）的条件下，如果有频率为 v 的信号光入射半导体，且满足

$$E_g < hv < (E_F)_N - (E_F)_P \tag{4-55}$$

则会产生光放大作用。

这里要指出，式（4-55）只表示受激辐射放大的必要条件，并不表示激光振荡的阈值条件。因为激光器内部存在各种损耗，因此，仅当费米能级之差$(E_F)_N-(E_F)_P$ 或正向注入电流密度达到某一由损耗确定的数值时，才能实现激光振荡。

2. 典型半导体激光器

半导体激光器的种类很多，这里只简要介绍几种典型的激光器，着重介绍它们的特点。

1）同质结半导体激光器

同质结半导体激光器的典型代表是 GaAs 激光器，其基本结构如图 4-14 所示。采用重掺杂的 P^+N^+GaAs，通常在 N^+-GaAs 衬底上生长一薄层 P^+-GaAs 而形成 PN 结，PN 结作为有源区，厚度为 d。GaAs 激光器的谐振腔直接利用与 PN 结平面相垂直的（110）解理面构成平行平面腔，GaAs 的折射率 $n=3.6$，两个解理面在不镀膜的情况下，对于垂直于端面的光的反射率为 32%。为了提高输出功率，降低工作电流，一般使其中一个解理面镀上全反射膜。GaAs 激光器发射波长为 840nm（77K）和 900nm（室温）激光。

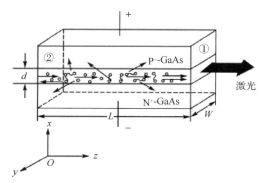

L：激光器腔长；W：激光器宽度；d：有源区厚度；①，②：（110）解理面

图 4-14　GaAs 激光器基本结构

从激光器的工作特性来说，同质结半导体激光器是很不理想的。当同质结加正向偏压时，由于非平衡载流子的注入，在 PN 结附近将出现复合发光；由于电子扩散长度 L_N 大于空穴扩散长度 L_P（对于 GaAs，$L_N \approx 5\mu m$，$L_P \approx 1.7\mu m$），所以发光区偏向 P 区。由于有源区极宽，因此要满足阈值条件，就必须有很大的激励电流。此外，由于有源区的自由载流子浓度低于邻近区，且有光增益，因此有源区的折射率高于邻近区，出现"波导效应"，光波被限制在波导

区内传播。显然，有源区的折射率与邻近区的折射率之差越大，全反射临界角越小，泄漏过边界而损耗掉的光能也越小。但同质结波导的折射率差值很小（$\Delta n \approx 0.1\% \sim 1\%$），有源区波导的边界损耗显著。由于有源区宽和光波导传输差这两个原因，因此同质结受激辐射的阈值电流密度很高，一般为（$3 \sim 5$）$\times 10^4 \mathrm{A/cm}^2$，这样高的电流密度将使器件发热，故同质结半导体激光器在室温下只能进行低重复率脉冲工作。

2）异质结半导体激光器

同质结半导体激光器存在的最大问题是难以得到低阈值电流和实现室温下连续工作。为此，在同质结半导体激光器的基础上发展了异质结半导体激光器，从而大大提高了半导体激光器的实际应用价值。半导体激光器涉及的半导体材料有很多种，但目前最常用的有两种材料体系：一种材料体系以 GaAs 和 $Ga_{1-x}Al_xAs$（下标 x 表示 GaAs 中被 Al 原子取代的 Ga 原子的百分数）为基础，另一种材料体系以 InP 和 $Ga_{1-x}In_xAs_{1-y}P_y$ 为基础。

由不同的半导体材料构成的"结"称为"异质结"，异质结又分为单异质结、双异质结和多异质结。图 4-15（a）给出了 GaAs 的同质结，图 4-15（b）所示为 GaAs/GaAlAs 单异质结，图 4-15（c）为 GaAs/GaAlAs 双异质结，$n1$、$n2$、$n3$ 分别为不同半导体材料的折射率。仅在 GaAs 衬底一侧生长 GaAs/GaAlAs 结，而另一侧仍为一般的 GaAsPN 结的结构称为单异质结（SH）；若在 GaAs 衬底的两侧各生长出 PGaAlAs 层和 NGaAlAs 层，则构成两个结，称为双异质结（DH）。异质结又可分为同型和异型两种，由 PP 结或 NN 结组成的异质结为同型异质结，如图 4-15（b）所示；由 PN 结组成的异质结为异型异质结，如图 4-15（c）所示。

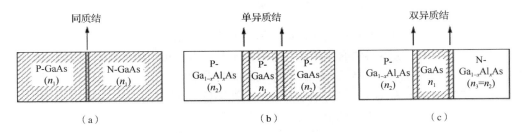

图 4-15　同质结和异质结示意图

同质结、单异质结和双异质结激光器加正向偏压时的情况如图 4-16 所示。当单异质结激光器加正向偏压时，由于 P-GaAs 和 P-GaAlAs 之间的结效应较弱，所以电压主要降在 PN 结上。于是 PN 结的势垒高度会降低，使大量电子从 NGaAs 区注入 PGaAs 区。当两种不同半导体材料形成结时，由于禁带宽度差异，所以界面附近势垒高度会增高。PGaAs 和 PGaAlAs 构成的异质结在导带内形成电子势垒，使注入 PGaAs 区的电子受到限制，不能继续向 PGaAlAs 区扩散，这样就在 PGaAs 区积累了大量的电子，使之成为进行光放大的激活区。与同质结相比，其激活区的电子浓度大，光增益系数高。此外，由于异质结处有明显的折射率突变（达5%），因此光波导效应较显著，光波导传播损耗低。由于异质结对载流子和光波的限制作用，单异质结激光器的阈值电流密度降至约 8000 $\mathrm{A/cm}^2$。

由此可见，在单异质结激光器中，PP 异质结的作用是限制载流子的扩散，使电子扩散长度减小，即减小有源区的宽度。在单异质结激光器中，有源区（PGaAs）的宽度 d 是关键因素。典型的单异质结激光器的阈值电流密度 J_{th} 与 d 值的关系曲线如图 4-17 所示，图中表明，当 $d \approx 2\mu m$ 时，可得到最低的 J_{th}，其原因可定性地解释为：若 d 值过大，则异质结对载流子的限制作用减弱；若 d 值过小，则在非对称波导内光波传输损耗加大。因此，对于单异质结激光器，d 值的典型取值范围为 2～2.5μm。

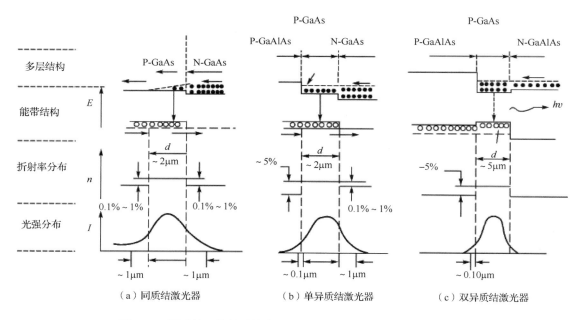

图 4-16 同质结、单异质结和双异质结激光器加正向偏压时的情况

单异质结激光器的阈值电流虽然比同质结激光器小若干倍，但仍较高，所以常与同质结器件一样用作脉冲器件。这种器件的脉冲功率可达数十瓦，寿命可达数万小时以上。为了得到能在室温下连续工作的小型激光器，人们在单异质结激光器的基础上发展了双异质结激光器。

双异质结 GaAlAs/GaAs 激光器的典型结构如图 4-18 所示。其中，P-GaAs 为有源区，它在 x 轴方向上的厚度仅为 0.1～0.2μm，受激辐射的产生与放大在有源区中进行；有源区两侧为相反掺杂的 $Ga_{1-x}Al_xAs$ 包围层，它们分别与 P-GaAs 形成 PP 和 PN 两种异质结；最下一层 N-GaAs 为衬底，最上一层 P^+-GaAs 为缓冲层，是为在它们上面制作欧姆接触电极而设置的。双异质结外延结构断面示意图如图 4-19 所示。

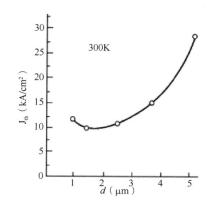

图 4-17 单异质结激光器的 J_{th}-d 的关系曲线

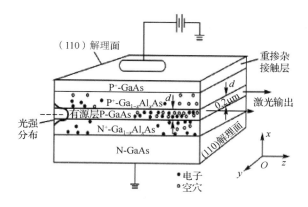

图 4-18 双异质结 GaAlAs/GaAs 激光器的典型结构

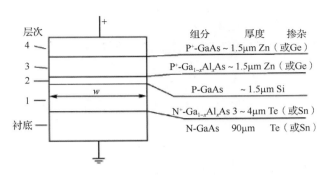

图 4-19　双异质结外延结构断面示意图

　　双异质结激光器比单异质结激光器作用更显著。单异质结激光器只在有源区的一侧限制非平衡载流子和光波，双异质结激光器则在有源区的两侧限制载流子和光波。由图 4-19 可知，当加正向偏压时，P 区和 N 区的多数载流子很容易注入 P-CaAs 区，在这里形成有源区。由于 P-GaAs 和 P-GaAlAs 构成的异质结在导带内形成电子势垒，P-GaAs 和 N-GaAlAs 构成的异质结在价带内形成空穴势垒，故有源区可视为电子势垒和空穴势垒。

　　注入 P-GaAs 区的非平衡载流子将受到两侧异质结势垒的限制，不易向外扩散，因而有源区载流子浓度将极大地增加，增益大大提高。此外，由于有源区的折射率远大于其相邻包围层的折射率（$\Delta n \approx 5\%$），光波导效应显著，可有效地将光波场约束在有源区内，因此光波导传播损耗大大减小。由于上述两个原因，双异质结激光器的阈值电流密度大大减小。双异质结 GaAlAs/GaAs 激光器的 J_{th} 的典型数值为：在 77K 低温下，$J_{th}=102A/cm^2$；在 300K 室温下，$J_{th}=（102\sim103）A/cm^2$，比同质结激光器低约 2 个数量级。异质结 GaAs/Ga$_{1-x}$Al$_x$As 激光器的激射波长 λ 取决于 GaAlAs 中 Al 原子的掺杂情况，一般为 0.85μm。这种器件可用于短距离的光纤光通信和固体激光器的泵浦源。异质结 InP/Ga$_{1-x}$In$_x$As$_{1-y}$P$_y$ 激光器的激射波长取决于下标 x 和下标 y，一般为 0.92～1.65μm，但最常见的波长是 1.3μm、1.48μm 和 1.55μm。其中，1.55μm 附近的波长在光纤中传输损耗很低，可作为长距离光纤通信的光源。

　　近年来，以 GaAs/Ga$_{1-x}$Al$_x$As 和 GaAs/In0.5（Ga$_{1-x}$Al$_x$）0.5P 材料体系为基础的室温连续可见光半导体激光器也迅速发展起来，通过改变 Al 原子含量可得到不同波长的可见光输出，一般为 660～800nm。双异质结激光器可使激活区压缩在 0.4μm 以下，阈值电流密度降至 600～800A/cm^2，并实现室温下连续运转。

　　3）分布式反馈（DFB）激光器

　　由于光纤通信和集成光学的需要，DFB 激光器获得了迅速发展。这种激光器易于获得单纵模、单频输出，容易与光纤和调制器耦合，可作为集成光路的光源。

　　一般的半导体激光器谐振腔是由两端两个平行的天然晶体解理面形成的平行平面腔，这种腔容易产生多纵模振荡或模式跳变。在 DFB 激光器中，利用特殊微电子工艺，将激活层沿光传播方向做成周期性的波纹光栅结构，其腔内的光反馈是利用波纹光栅的布拉格衍射建立的，而不再用解理面来做光反馈，称为分布反馈。因而，DFB 激光器符合集成光路的把调制器、开关、光波导和光源共同制作在一块单片上的需要。

　　分布反馈原理示意图如图 4-20 所示。分布反馈的实现基于布拉格衍射原理，在介质表面上做成周期性变化的波纹结构，设纹的周期为 Λ。如图 4-20（a）所示，一束平面波与界面成 θ 角入射时，将被波纹衍射。按布拉格衍射原理，衍射角 $\theta'=\theta$，入射波在界面 B、C 点反射后，产生光程差 $\Delta L = BC - AC = 2\Lambda \sin \theta'$。

若光程差 ΔL 是波长 λ 的整数倍，则衍射波彼此加强，于是有

$$2\Lambda \sin \theta' = m\lambda \tag{4-56}$$

式中，m 为正整数，$m=0$，1，2，$\cdots$，称为衍射级序。

由于在介质内部前、后向传播的光波都可以认为有 $\theta = \theta' = 90°$ 的关系，因此式（4-56）又可改写成

$$2\Lambda = m\lambda / n \tag{4-57}$$

式中，n 为半导体介质的折射率。式（4-57）表明：由于波纹光栅提供反馈结果，前、后向两种光波得到了相互耦合。由于介质表面的波纹结构，光波在介质中能自左向右或自右向左来回反射，实现了腔内的光反馈，这种光栅式的结构完全可以起到一个谐振腔的作用。当介质内实现粒子数反转分布时，光波在来回反射的反馈作用中不断得以加强，一旦增益满足振荡阈值条件即可形成激光，DFB 激光器的输出激光频率完全由波纹周期 Λ 决定，因此只要改变光栅结构，就可得到不同波长的激光。

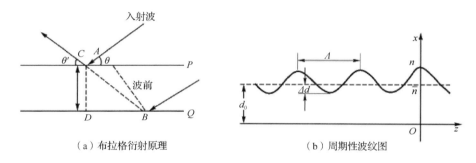

（a）布拉格衍射原理   （b）周期性波纹图

图 4-20   分布反馈原理示意图

在 DFB 激光器中，激活区的波纹图如图 4-20（b）所示，由于周期性波纹的存在，其激活区的厚度被周期性调制，即

$$d(z) = d_0 + \Delta d \cos(2\beta_0 z) \tag{4-58}$$

式中，d_0 为激活区介质的平均厚度；Δd 为激活区厚度的调制幅度；β_0 为由布拉格衍射原理给出的系数，即 $\beta_0 = 2\pi q / \lambda_b$。其中，$q$ 为纵模指数，λ_b 为满足布拉格衍射原理的波长。

由于波纹光栅的作用，介质中的折射率 n 和增益系数 g 也呈现周期性变化，即

$$n(z) = \overline{n} + n_0 \cos(2\beta_0 z) \tag{4-59}$$

$$g(z) = \overline{g} + g_0 \cos(2\beta_0 z) \tag{4-60}$$

式中，$\overline{n}$ 和 $\overline{g}$ 分别表示折射率和增益系数的平均值；n_0 和 g_0 分别表示它们的调制幅度。

DFB 激光器的特殊结构使得腔内不同纵模到达受激辐射所需的阈值增益不同，高阶模所要求的阈值也高。因此在一定增益下，只能激发起最低次模，从而获得单纵模运转。DFB 激光器能够较好地实现单模振荡，提高器件的单色性，谱线宽度可以达到零点几埃，比一般半导体激光器的线宽（1～2nm）少了许多。这种激光器的另一个优点是波长随温度的变化（0.09nm/K）比一般谐振腔的情况（0.5nm/K）要小很多，且发生模式跳变的可能性大大减少。此外，阈值电流低（10～20mA）、调制速率高（GHz 以上）都显示 DFB 激光器具有良好的动态单纵模特性。

DFB 激光器的结构剖面图及其发射光谱如图 4-21 所示。在有源区 P-GaAs 一侧刻制光栅，

光栅周期 T 为 341.6nm，光栅深度为 90nm，做成条形结构，条宽 50μm，有源区厚度为 1.3μm，条长 L=630μm。在热力学温度 T=82K 时，采用 50ns 脉冲测得的单纵模发射光谱，阈值电流密度为 J_{th}=9kA/cm²，阈值工作电流为 2.6A，光谱峰值为 8112nm，线宽 0.03nm，输出偏振光，偏振面与结平面平行，波长随温度的变化为 0.05nm/K。

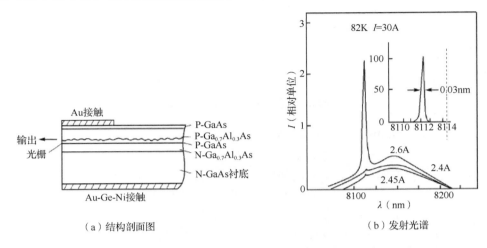

（a）结构剖面图　　　　　　　　（b）发射光谱

图 4-21　DFB 激光器的结构剖面图及其发射光谱

4）量子阱激光器

两个高势能的阱壁夹住一个低势能阱底就构成了一个势阱，双异质结就是这样一个半导体势阱。一般双异质结激光器有源层最佳厚度为 0.15μm，减小有源层厚度将使激光器的阈值电流密度明显地提高。当有源层的厚度减小到同载流子的德布罗意波长差不多（约 10nm）时，载流子在晶体中的运动性质、晶体的能带结构都与在较厚的有源层中不同，导致载流子的 z 轴方向能量的量子化，形成子能带结构，发生量子效应。晶体的这种结构称为量子阱，采用这种结构的激光器叫作量子阱激光器。

量子阱的特点：一是阱窄、阱深、对载流子和光波的约束更强烈；二是载流子在阱中的能量是不连续的，如图 4-22 所示。图中 E_{1e}、E_{2e} 代表导带中电子子带，E_{1hh}、E_{2hh} 代表价带中空穴子带。电子与空穴能量呈不连续状，表现出量子特征。

量子阱激光器有单量子阱和多量子阱两种。

（1）单量子阱（SQW）激光器。

若只有一个有源层，则这种量子阱激光器称为单量子阱激光器，GaAlAs/GaAs 单量子阱结构如图 4-23（a）所示。单量子阱激光器是一种缓变型折射率光学波导和高反射涂层掩埋型异质结激光器，其典型的结构和参数是：250μm 腔长，1μm 宽有源区，两端面涂反射率 70% 左右的反射膜，激光振荡阈值电流约 0.95mA，器件的外量子效率为每面 0.4mW/mA。对于腔长为 120μm，两端面涂反射率 80% 左右反射膜的器

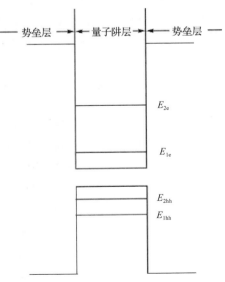

图 4-22　量子阱中量子化能级示意图

件，阈值电流为 0.55mA；对于腔长为 100μm 的器件，阈值电流仅为 0.3mA。

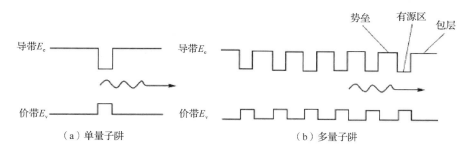

图 4-23　量子阱激光器结构示意图

（2）多量子阱（MQW）半导体激光器。

如果有多个极薄有源层，则称为多量子阱半导体激光器。采用多个量子阱组成有源层，可使光限制因子的数值明显提高，从而使模式增益大大增加，而且各个量子阱所负担的光增益也可控制在较低水平。GaAlAs/GaAs 多量子阱结构如图 4-23（b）所示，阱的材料为 GaAs，势垒层材料为 $Al_{0.2}Ga_{0.8}As$，阱的数目为 5～10 个，阱的宽度 L_z 和势垒高度 L_b 均为 10nm。

目前，国内研制的条形结构 GaAlAs/GaAs 多量子阱激光器达到的水平是：在室温下连续工作，阈值电流密度为 $980A/cm^2$，宽度为 8μm，最低阈值电流为 28mA，阱宽 10nm，发射波长为 852nm，输出功率大于 15mW，单面微分量子效率约为 24%。

量子阱激光器与一般的半导体激光器相比，具有阈值电流低（在同尺寸的情况下，其电流密度只有普通半导体激光器的 1/3），输出功率高（可达到几瓦以上），温度稳定性好，线宽窄，调制速率高（能够实现每秒几吉字节的调制），可以通过改变阱宽而改变激光器的发射波长等特点。因此，量子阱激光器已成为半导体激光器的发展方向。

半导体激光器是以直接带隙半导体材料构成的 PN 结或 PIN 结为工作物质的一种小型化激光器。由于半导体激光器有着超小型、高效率和高速工作的优异特性，所以这类器件的发展，一开始就和光通信技术紧密结合，对光通信的发展产生了重大影响。

卫星光通信的主要发展趋势之一就是发展更高传输速率的系统，从实验型系统向应用型系统转化。这一趋势要求有高功率和高码率调制的光源，而目前半导体激光器的水平无法满足系统的这一要求。再者，半导体激光器有一个很大的缺点：激光性能受温度影响大，光束的发散角较大（一般为几度到二十度），且光斑为椭圆形，需要一个较复杂的准直系统。目前比较好的解决方案是引入光放大技术来增大光源输出功率，同时用光纤作为输出尾纤，来改善光束特性。这一解决方案有两种方式：一种是直接利用光纤放大器，另一种是制作具有光功率放大结构的半导体光源。日本在研发卫星光通信中就很重视第一种方式，20 世纪末期开发了各种大功率光纤放大器，用于卫星光通信。其结构如图 4-24 所示。

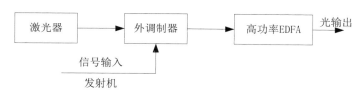

图 4-24　光纤放大器光源结构框图

可将多量子阱分布式反馈半导体激光器（MQW-DFB-LD）和 EDFA 结合，作为卫星光通信的一种光源。多量子阱半导体激光器（MQW-LD）的阈值电流可下降到几十微安或更低，可明显降低光源功耗。此外，多量子阱半导体激光器的微分增益较高，调制特性较好，特征温度较普通半导体激光器高，阈值电流随温度的变化较小，从而可以降低对激光器温度控制系统的要求，对光发送机的设计十分有利；DFB 激光器利用光栅的波长选择性可实现单纵模输出。因此，结合这两种光源优点制作的多量子阱分布式反馈半导体激光器是一种非常好的卫星光通信光源。

随着半导体制作技术的发展，具有功率放大结构的光源已研制出来，如有源光栅放大器、外注入宽面积放大器和主振功率放大器（Maser Oscillator Power Amplifier，MOPA）等结构的光源。从制作工艺和光源性能方面，MOPA 半导体激光器是目前最理想的结构，其结构图如图 4-25 所示。

该技术的特点在于利用小功率输出的激光器具有的优良的调制带宽、纵模和横模特性，经光放大技术进行放大，从而获得光束质量优良、输出功率满足系统要求的单纵模基横模激光，光发射系统可靠性可达 105h。就综合性能考虑，MOPA 半导体激光器将是非常有前途的光源之一。

随着科学技术的迅速发展，半导体激光器的研究正向纵深方向推进，其性能在不断地提高，仍是卫星光通信优先选择的光源之一。

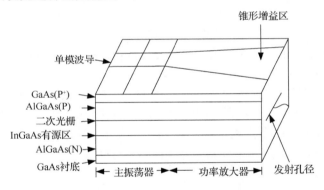

图 4-25　MOPA 半导体激光器结构图

4.1.6　光纤激光器

光纤激光器是由掺杂某些稀土元素的光纤和光反馈元件（通常是反射镜或光纤光栅）构成的。在泵浦光作用下，掺杂光纤介质产生受激辐射，并形成激光振荡，工作波长为 $0.4 \sim 4\mu m$。光纤激光器在开始发展阶段，发射功率比较低。但近几年，高功率、高亮度多模半导体激光器的改进和包层泵浦光纤技术的发展，使得高功率光纤激光器得到了快速发展，在工业加工、印刷、打标、军事、医疗和通信等领域有着广泛的应用。光纤激光器具有以下特点。

1）输出激光光束质量好

光纤激光器输出激光光束由光纤纤芯的波导结构（纤芯直径 d 和数值孔径 NA）决定，不因易受热变形而变化，所以其输出光束质量易达到单横模激光输出，发射的光斑形状为圆形，即光纤横截面上输出光的发散角相同，非常利于准直。与半导体激光器的椭圆形光束准直相比，光纤激光器明显优化了星上通信终端中的准直系统。例如，对于连续输出功率为 100 W 的掺 Yb^{3+} 双包层光纤激光器，输出激光的光束质量因子 M^2 接近于 1，而对于半导体激光泵浦的固体激光器，M^2 接近于 1 的百瓦级器件在技术上目前仍不成熟。

2）易实现高效率和高功率

光纤激光器的增益介质长，能很方便地延长增益介质以便抽运光被充分吸收，这一特性使光纤激光器能在低抽运功率下运转，并保证极佳的光束质量和很高的转换效率。光纤激光器中发丝般粗细的光纤也能使光纤激光器获得极高的光功率密度，目前输出功率从几毫瓦到几千瓦都可以做到，完全可以满足卫星光通信对光源高输出功率的要求。

3）结构简单，体积小巧，使用灵活方便

双包层光纤激光器用光纤本身作为激光介质，谐振腔由光纤的 2 个端面黏腔片构成，或者直接在光纤上刻写光纤布拉格光栅作为谐振腔，腔体结构简单，光纤柔软，几乎可弯曲盘绕成任意形状。泵浦源也采用体积小巧、模块化的高功率半导体激光器，且为光纤输出，因此该激光器结构简单，体积小巧，使用灵活方便，符合卫星对所载器件体积等方面的要求。

4）散热特性好

固体激光器实现高功率激光输出的主要困难在于，激光介质的热效应引起光束质量及效率下降，为了有效散热，需要专门的技术和系统对固体激光介质进行冷却，这对空间激光通信显然是非常不利的。光纤激光器具有大的表面/体积比，从而可以避免高功率泵浦时产生的热透镜效应，具有良好的热稳定性，在百瓦量级只需要一个小风扇散热，不需要额外庞大的制冷系统，给光纤激光器在星上的使用带来了很大方便。

自 1999 年 V. Dominic 等人报道了输出功率高达 110W 的掺 Yb^{3+} 双包层光纤激光器以后，在 2002 年的 CLEO 会议上，N. S. Platonov 和 J. Limpert 等人分别报道了掺 Nd^{3+} 双包层光纤和 Yb^{3+}/Nd^{3+} 共掺双包层光纤连续输出达 135W 和 150W。2002 年 8 月，IPG 公司报道了掺 Yb^{3+} 双包层光纤激光器连续输出已达到 2000W，同年 11 月，他们又将输出功率提高到 10kW。2001—2003 年，P. K. Cheo、J. Nilsson 和 S. Alam 等人先后利用 Er^{3+}:Yb^{3+} 共掺的双包层光纤激光器获得了接近 2W 和 16.8W 的激光输出，J. Nilsson 等人还实现了波长为 1533～1600nm 的调谐输出；最近，J. Nisson 和 J. K. Shu 实现了用 Er^{3+}:Yb^{3+} 共掺的双包层光纤激光器获得输出波长为 1565nm、功率为 103W 的激光。

由以上可以看出，光纤激光器的性能特点符合卫星光通信对光源的要求，与半导体激光器相比，光纤激光器在卫星光通信中有更大的应用优势；光纤激光器的迅速发展，也为其实用化提供了技术支持，光纤激光器将在卫星光通信中得到广泛应用。

4.1.7　YAG 激光器

YAG 激光器作为一种固体激光器，发射单模光并具有高的频率稳定性和光谱稳定性，线宽一般低于 50kHz，光束发散角一般为 0.1°，在国外卫星光通信系统中应用也比较普遍，德国 SOLACOS（Solid State Laser Communication in Space）系统其中一个终端采用了 1064nm 的 YAG 激光器，意大利用二极管泵浦 Nd:YAG 激光器进行了相关探测技术的研究，奥地利开展了半导体激光器泵浦 Nd:YAG 激光器外差传输研究。Oerlikon Contravers AG 公司开发了一种短距离光学星际间互连终端（SROIL），基于 Nd:YAG 激光器，工作在 1.6μm 波长时达到 1.5Gbps 传输率，SROIL 可用于低轨道卫星或高轨道同步卫星之间的互连。近年来，随着半导体激光技术的发展，用半导体激光器做泵浦源的 Nd:YAG 激光器在输出功率、稳定性和可靠性等方面取得了很大进展。Nd:YAG 激光器也是卫星光通信可选择的光源之一。

卫星光通信自身的特点决定了其对光源的高要求。半导体激光器由于体积小、质量轻、电光转换效率高、寿命长、易于调制等优点，在卫星光通信中成为光源的首选；通过 MOPA 技术或直接利用 EDFA 可有效克服半导体激光器发散角大和发射功率小的缺点。高功率双包层光纤激光器作为一种新型光源，有许多优异的性能，随着其实用化，在许多领域正逐渐取代传统固体激光器，相信在卫星光通信中也会有很大的应用前景。

4.2 光辐射调制原理

激光是一种光频电磁波，与无线电波相似。用激光作为传递信息的载体，首先需要解决的问题是如何将信息加载到激光辐射。这种将欲传递的信息加载到激光辐射的过程称为调制，完成这一过程的装置称为调制器。其中，激光只起载携低频信号的作用，称为载波；起控制作用的低频信号，称为调制信号；被调制的激光，称为调制光。

光波的电场强度为

$$E(t) = A_c \cos(\omega_c t + \varphi_c) \tag{4-61}$$

式中，A_c 为振幅；ω_c 为角频率；φ_c 为相位。

光波具有振幅、频率、相位、强度和偏振等参量，如果能够应用某种物理方法改变光波的某一参量，使其按照调制信号的规律变化，那么激光就受到信号的调制，达到"运载"信息的目的。

按调制器与激光器的关系，激光调制可以分为内调制和外调制两类。内调制指加载调制信号是在激光振荡的过程中进行的，即以调制信号的规律去改变激光器的振荡参数，从而改变激光器的输出特性来进行调制，于是输出的激光束就包含欲传递的信息。一种内调制方式是用调制信号直接改变激光器泵浦电源的驱动电流，使输出的激光强度受到调制（这种方式称为直接调制或电源调制），注入式半导体激光器就属于这种调制。另一种内调制方式是在激光器谐振腔内放置调制元件，用调制信号控制调制元件物理特性的变化，改变谐振腔的参数，从而改变激光器的输出特性以实现调制，调 Q 技术就属于这种调制。内调制具有小型化、集成度高的优点，目前主要用在卫星光通信的注入式半导体激光器中。外调制指加载调制信号是在激光形成以后进行的，即在激光器谐振腔以外的光路上放置调制器，用调制信号改变调制器的物理特性。当激光束通过调制器时，光波的某个参量受到调制，从而带有欲传递的信息。所以，外调制并不改变激光器的参数，仅改变已经输出的激光参数（强度、频率、相位等）。这种调制方式不涉及激光器的内部结构，可以采用现成的、性能优良的激光器，已成为目前广泛应用的调制方式。

按调制器的工作机理，调制方式主要有电光调制、声光调制、磁光调制和直接调制。按调制的性质，激光调制可采用振幅调制、频率调制、相位调制、强度调制及脉冲调制等方式。

下面介绍这几种调制的概念。

4.2.1 振幅调制

振幅调制使光波的振幅随调制信号的变化而变化，简称调幅。设激光载波的电场强度如式（4-61）所示，若调制信号是一个时间的余弦函数

$$a(t) = A_m \cos \omega_m t \tag{4-62}$$

式中，A_m 为调制信号的振幅；ω_m 为调制信号的角频率。在进行激光振幅调制之后，式（4-61）中的振幅 A_c 不再是常量，而与调制信号成正比。调幅波的表达式为

$$E(t) = A_c(1 + m_a \cos \omega_m t)\cos(\omega_c t + \varphi_c) \qquad (4\text{-}63)$$

式中，$m_a = A_m / A_c$ 为调幅系数。利用三角函数公式将式（4-63）展开，得到调幅波的频谱公式，即

$$E(t) = A_c \cos(\omega_c t + \varphi_c) + \frac{m_a}{2} A_c \cos[(\omega_c + \omega_m)t + \varphi_c] + \frac{m_a}{2} A_c \cos[(\omega_c - \omega_m)t + \varphi_c] \quad (4\text{-}64)$$

由式（4-64）可知，调幅波频谱是由三项频率分量组成的，第一项是载频分量，第二及第三项是因调制而产生的新分量，称为边频分量，如图 4-26 所示。上述分析是单余弦信号调制的情况。如果调制信号是一个复杂的周期信号，则调幅波频谱将由载频分量和两个边频带组成。

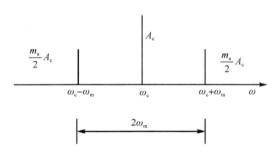

图 4-26　调幅波频谱

4.2.2　频率调制和相位调制

频率调制或相位调制使光载波的频率或相位随调制信号的变化而改变。由于这两种调制波都表现为总相角 $\psi(t)$ 的变化，因此统称为角度调制。对频率调制来说，就是使式（4-61）中的角频率 ω_c 不再是常数，而随调制信号的变化而变化，即

$$\omega(t) = \omega_c + \Delta\omega(t) = \omega_c + k_f a(t) \qquad (4\text{-}65)$$

若调制信号仍为单频余弦波 $a(t) = A_m \cos \omega_m t$，则调频波的总相角为

$$\psi(t) = \int \omega(t)\mathrm{d}t + \varphi_c = \int [\omega_c + k_f a(t)]\mathrm{d}t + \varphi_c = \omega_c t + \int k_f a(t)\mathrm{d}t + \varphi_c \qquad (4\text{-}66)$$

调制波的表达式为

$$E(t) = A_c \cos(\omega_c t + m_f \sin \omega_m t + \varphi_c) \qquad (4\text{-}67)$$

式中，k_f 为频率比例系数；$m_f = \Delta\omega / \omega_m$ 为调频系数。

同样，相位调制就是使式（4-61）中的相位角 φ_c 随调制信号的变化而变化，调相波的总相角为

$$\psi(t) = \omega_c t + k_\varphi a(t) + \varphi_c = \omega_c t + k_\varphi \sin \omega_m t + \varphi_c \qquad (4\text{-}68)$$

调相波的表达式为

$$E(t) = A_c \cos(\omega_c t + m_\varphi \sin \omega_m t + \varphi_c) \qquad (4\text{-}69)$$

式中，$m_\varphi = k_\varphi A_m$ 为调相系数，k_φ 为相位比例系数。

比较式（4-67）和式（4-69）可见，调频和调相在改变载波相角上的效果是等效的，即很

难根据已调制波的形式来判断是调频还是调相。但它们在调制方法和调制器结构上是不同的，同时，因为 $m_f = \Delta\omega / \omega_m$，而 m_f 与 ω_m 无关，所以 m_f 和 ω_m 在性质上是不同的。

由于调频和调相最终都是调制总相角，因此可写成统一的形式

$$E(t) = A_c \cos(\omega_c t + m\sin\omega_m t + \varphi_c) \qquad (4\text{-}70)$$

式中，m 为调制系数。将式（4-70）按三角函数公式展开，并应用

$$\cos(m\sin\omega_m t) = J_0(m) + 2\sum_{n=1}^{\infty} J_{2n}(m)\cos(2n\omega_m t)$$

$$\sin(m\sin\omega_m t) = 2\sum_{n=1}^{\infty} J_{2n-1}(m)\sin[(2n-1)\omega_m t]$$

得到

$$\begin{aligned} E(t) = {} & A_c J_0(m)\cos(\omega_c t + \varphi_c) \\ & + A_c \sum_{n=1}^{\infty} J_n(m)[\cos(\omega_c + n\omega_m)t + \varphi_c + (-1)^n \cos(\omega_c - n\omega_m)t + \varphi_c] \end{aligned} \qquad (4\text{-}71)$$

由此可见，在单频余弦波调制时，其角度调制波频谱是由光载频与在它两边对称分布的无穷多对边频组成的。显然，若调制信号不是单频余弦波，则其频谱更复杂。

4.2.3 强度调制

强度调制使光载波的强度（光强）随调制信号的变化而变化，如图 4-27 所示。由于光接收器（探测器）一般都直接响应其所接收到的光信息的强度变化，所以激光调制多采用强度调制。

激光的光强定义为光波电场强度的平方，其表达式为

图 4-27 强度调制

$$I(t) = E^2(t) = A_c^2 \cos^2(\omega_c t + \varphi_c) \qquad (4\text{-}72)$$

于是，已调制光强的表达式可写为

$$I(t) = \frac{A_c^2}{2}[1 + k_p a(t)]\cos^2(\omega_c t + \varphi_c) \qquad (4\text{-}73)$$

式中，k_p 为光强比例系数。若调制信号仍为单频余弦波 $a(t) = A_m\cos\omega_m t$，将其代入式（4-73），则

$$I(t) = \frac{A_c^2}{2}(1 + m_p\cos\omega_m t)\cos^2(\omega_c t + \varphi_c) \qquad (4\text{-}74)$$

式中，$m_p = k_p A_m$ 为强度调制系数，一般要求 $m_p \ll 1$。

强度调制波的频谱可用前面所述的类似方法求得，其结果与调幅波略有不同，其频谱分布除载频及对称分布的两边频之外，还有低频 ω_m 和直流分量。在实际应用中，为了提高抗干扰能力，往往利用二次调制方式——用副载波进行强度调制，即先用欲传递的低频信号对高频副载波进行频率调制，然后再用调制后的副载波对光进行强度调制，使光强按照副载波信号发生变化。因为调频信号是对频率变化产生的响应，对幅度变化不敏感，所以在传输过程中，尽管大气抖动等干扰波会直接叠加到光波上，产生幅度的起伏，但经解调后，传递的信息包含在调频的副载波中，不会受到干扰，可以无失真地再现出来。

4.2.4　脉冲调制

以上几种调制方式得到的调制波都是一种连续振荡波，统称为模拟调制。另外，目前广泛采用一种在不连续状态下进行调制的脉冲调制和数字调制（脉冲编码调制）。它们一般先进行电调制，再对光载波进行强度调制。

脉冲调制是用间歇的周期性脉冲序列作为载波，并使载波的某一参量按调制信号规律变化的调制方法，即先用模拟调制信号对一电脉冲序列的某参量（幅度、宽度、频率、位置等）进行电调制，使之按调制信号的规律变化，成为已调脉冲序列，如图 4-28 所示，然后再用已调脉冲序列对光载波进行强度调制，就可以得到相应变化的光脉冲序列。

脉冲调制有脉冲幅度调制、脉冲宽度调制、脉冲频率调制和脉冲位置调制等。例如，用调制信号改变电脉冲序列中每个脉冲产生的时间，则其每个脉冲的位置与未调制时的位置有一个与调制信号呈比例的位移，这种调制称为脉冲位置调制，如图 4-28（e）所示，进而再对光载波进行调制，便可以得到相应的光脉位调制波，其表达式为

$$E(t) = A_c \cos(\omega_c t + \varphi_c) \quad (t_n + \tau_d \leqslant t \leqslant t_n + \tau_d + \tau)$$

$$\tau_d = \frac{\tau_p}{2}[1 + M(t_n)] \tag{4-75}$$

式中，$M(t_n)$ 为调制信号的振幅；τ_d 为载波脉冲前沿相对取样时间 t_n 的延迟时间。为了防止脉冲重叠到相邻的样品周期上，脉冲的最大延迟时间必须小于样品周期 τ_p。

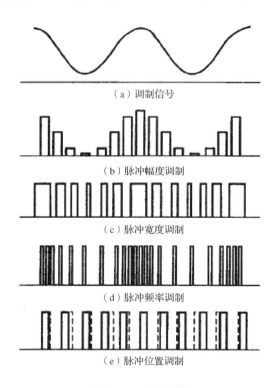

（a）调制信号

（b）脉冲幅度调制

（c）脉冲宽度调制

（d）脉冲频率调制

（e）脉冲位置调制

图 4-28　脉冲调制

4.2.5 脉冲编码调制

脉冲编码调制把模拟信号先变成电脉冲序列，进而变成代表信号信息的二进制编码，再对光载波进行强度调制。要实现脉冲编码调制，必须进行三个过程：抽样、量化和编码。

（1）抽样。抽样就是把连续的信号波分割成不连续的脉冲波，用一定周期的脉冲序列来表示，且脉冲序列的幅度与信号波的幅度相对应。也就是说，通过抽样，原来的模拟信号变成脉冲幅度调制信号。按照抽样定理，只要抽样频率比所传递信号的最高频率大两倍以上，就能恢复原信号。

（2）量化。量化就是把抽样后的脉冲幅度调制波进行分级取"整"处理，用有限个数的代表值取代抽样值的大小。抽样出来的幅度通过量化就变成了数字信号。

（3）编码。编码是把量化后的数字信号变换成相应的二进制码的过程。用一组等幅度、等宽度的脉冲作为"码元"，用"有"脉冲和"无"脉冲分别表示二进制码的"1"和"0"。再将这一系列反映数字信号规律的电脉冲加到一个调制器上，以控制激光的输出。用激光载波的极大值代表二进制码的"1"，而用激光载波的零值代表"0"。这种调制方式具有很强的抗干扰能力，在数字激光通信中得到了广泛的应用。

尽管激光调制有各种不同的方式，但其调制的工作原理都基于电光、声光、磁光等各种物理效应。因此，下面分别讨论电光调制、声光调制、磁光调制和直接调制的基本原理和调制方法。

4.3 电光调制

电光调制的物理基础是电光效应，即某些晶体在外加电场的作用下，其折射率将发生变化，当光波通过此介质时，其传播特性会受到影响而改变，这种现象称为电光效应。电光效应已被广泛用来实现对光波（相位、频率、偏振态和强度等）的控制，并做成各种光调制器件、光偏转器件和电光滤波器件等。本节旨在分析外加电场如何引起晶体的光学性质变化，以及如何利用这一性质进行光调制。

4.3.1 电光效应

光波在介质中的传播规律受到介质折射率分布情况的制约，而折射率的分布又与其介电常量密切相关。理论和实验均证明：晶体介质的介电常量与晶体中的电荷分布有关，当在晶体上施加电场之后，将引起束缚电荷的重新分布，可能导致离子晶格的微小形变，其结果将引起介电常量的变化，最终导致晶体折射率的变化，所以折射率成为外加电场 E 的函数，这时，晶体折射率的变化可用 E 的幂级数表示，即

$$\Delta n = n - n_0 = c_1 E + c_2 E^2 + \cdots \tag{4-76}$$

式中，c_1 和 c_2 为常数；n_0 为未加电场时的折射率。第一项称为一次电光效应或泡克耳斯（Pockels）效应；第二项是电场的二次项，称为二次电光效应或克尔（Kerr）效应。对于大多数电光晶体材料，一次电光效应要比二次电光效应显著，可略去二次电光效应（在具有对称中心的晶体中，不存在一次电光效应，二次电光效应比较明显），故在此只讨论一次电光效应。

1. 电致折射率变化

对电光效应的分析和描述有两种方法：一种是电磁理论方法，但数学推导相当烦琐；另一种是几何图形——折射率椭球体方法，这种方法直观、方便，故通常都采用这种方法。

晶体未外加电场时，在主轴坐标系中，折射率椭球由以下方程描述

$$\frac{x^2}{n_x^2} + \frac{y^2}{n_y^2} + \frac{z^2}{n_z^2} = 1 \qquad （4-77）$$

式中，x、y、z 为介质的主轴方向，也就是说，在晶体内沿着这些方向上的电位移 D 和电场强度 E 是互相平行的；n_x、n_y、n_z 分别为折射率椭球体的 x、y、z 轴方向的折射率，称为主折射率。利用该方程可以描述光波在晶体中的传播特性。由此可以推论，晶体外加电场之后对光波传播规律的影响，也可以借助折射率椭球体方程参量的改变进行分析。

当晶体外加电场后，n_x、n_y、n_z 将发生改变，导致折射率椭球体发生"变形"，成为以下形式

$$\left(\frac{1}{n^2}\right)_1 x^2 + \left(\frac{1}{n^2}\right)_2 y^2 + \left(\frac{1}{n^2}\right)_3 z^2 + 2\left(\frac{1}{n^2}\right)_4 yz + 2\left(\frac{1}{n^2}\right)_5 xz + 2\left(\frac{1}{n^2}\right)_6 xy = 1 \qquad （4-78）$$

比较式（4-77）和式（4-78）可知，由于外电场的作用，折射率椭球体各系数（$1/n^2$）随之发生线性变化，其变化量可定义为

$$\Delta\left(\frac{1}{n^2}\right)_i = \sum_{j=1}^{3} \gamma_{i,j} E_j \qquad (i = 1, 2, \cdots, 6) \qquad （4-79）$$

式中，$\gamma_{i,j}$ 为线性电光系数。式（4-79）可以用张量的矩阵形式表示

$$\begin{bmatrix} \Delta\left(\frac{1}{n^2}\right)_1 \\ \Delta\left(\frac{1}{n^2}\right)_2 \\ \Delta\left(\frac{1}{n^2}\right)_3 \\ \Delta\left(\frac{1}{n^2}\right)_4 \\ \Delta\left(\frac{1}{n^2}\right)_5 \\ \Delta\left(\frac{1}{n^2}\right)_6 \end{bmatrix} = \begin{bmatrix} \gamma_{11} & \gamma_{12} & \gamma_{13} \\ \gamma_{21} & \gamma_{22} & \gamma_{23} \\ \gamma_{31} & \gamma_{32} & \gamma_{33} \\ \gamma_{41} & \gamma_{42} & \gamma_{43} \\ \gamma_{51} & \gamma_{52} & \gamma_{53} \\ \gamma_{61} & \gamma_{62} & \gamma_{63} \end{bmatrix} \begin{bmatrix} E_x \\ E_y \\ E_z \end{bmatrix} \qquad （4-80）$$

式中，E_x、E_y、E_z 是电场沿 x、y、z 轴方向的分量。具有 $\gamma_{i,j}$ 元素的 6×3 矩阵称为电光张量，每个元素的值由具体的晶体决定，是表征感应极化强弱的量。

下面以常用的 KDP（KH2PO4）电光晶体为例进行分析。KDP 电光晶体属于四方晶系，$\overline{4}2\,m$ 点群，是负单轴晶体，因此有 $n_x = n_y = n_o$，$n_e = n_z$，$n_o > n_e$（n_o 为光子的折射率，n_e 为电子的折射率），这类晶体的电光张量元素只有 γ_{41}，γ_{52}，$\gamma_{63} \neq 0$，而且 $\gamma_{41} = \gamma_{52}$。因此，式（4-80）可改写为

$$\Delta\left(\frac{1}{n^2}\right)_1 = 0, \quad \Delta\left(\frac{1}{n^2}\right)_4 = \gamma_{41}E_x$$
$$\Delta\left(\frac{1}{n^2}\right)_2 = 0, \quad \Delta\left(\frac{1}{n^2}\right)_5 = \gamma_{41}E_y \tag{4-81}$$
$$\Delta\left(\frac{1}{n^2}\right)_3 = 0, \quad \Delta\left(\frac{1}{n^2}\right)_6 = \gamma_{63}E_x$$

将式（4-81）代入式（4-78），得晶体外加电场 E 后新的折射率椭球体方程为

$$\frac{x^2}{n_o^2} + \frac{y^2}{n_o^2} + \frac{z^2}{n_e^2} + 2\gamma_{41}yzE_x + 2\gamma_{41}xzE_y + 2\gamma_{63}xyE_z = 1 \tag{4-82}$$

由式（4-82）可以看出，外加电场导致折射率椭球体方程中"交叉"项的出现，这说明外加电场后，椭球体的主轴不再与 x、y、z 轴平行，因此，必须找出一个新的坐标系，使式（4-82）在该坐标系中主轴化，这样才可以确定电场对光传播的影响。为了简单起见，令外加电场的方向平行于 z 轴，即 $E_z = E$，$E_x = E_y = 0$，于是式（4-82）变成

$$\frac{x^2}{n_o^2} + \frac{y^2}{n_o^2} + \frac{z^2}{n_e^2} + 2\gamma_{63}xyE_z = 1 \tag{4-83}$$

为了寻求一个新的感应主轴坐标系（x'、y'、z'），使折射率椭球体方程不含交叉项，可将 x 坐标和 y 坐标绕 z 轴旋转 α 角，于是从旧坐标系到新坐标系的变换关系为

$$x = x'\cos\alpha - y'\sin\alpha$$
$$y = x'\sin\alpha + y'\cos\alpha \tag{4-84}$$

将式（4-84）代入式（4-83），可得

$$\left(\frac{1}{n_o^2} + \gamma_{63}E_z\sin 2\alpha\right)x'^2 + \left(\frac{1}{n_o^2} - \gamma_{63}E_z\sin 2\alpha\right)y'^2 + \frac{1}{n_e^2}z'^2 + 2\gamma_{63}E_z\cos 2\alpha x'y' = 1 \tag{4-85}$$

令交叉项为零，即 $\cos 2\alpha = 0$，得 $\alpha = 45°$，则方程式（4-85）变为

$$\left(\frac{1}{n_o^2} + \gamma_{63}E_z\right)x'^2 + \left(\frac{1}{n_o^2} - \gamma_{63}E_z\right)y'^2 + \frac{1}{n_e^2}z'^2 = 1 \tag{4-86}$$

这就是 KDP 电光晶体沿 z 轴外加电场之后的新折射率椭球体方程，如图 4-29 所示。

新折射率椭球体主轴的半长度分别为 $\frac{1}{n_{x'}^2} = \frac{1}{n_o^2} + \gamma_{63}E_z$，$\frac{1}{n_{y'}^2} = \frac{1}{n_o^2} - \gamma_{63}E_z$ 和 $\frac{1}{n_{z'}^2} = \frac{1}{n_e^2}$ 由于 γ_{63}

很小（约为 10^{-10}m/V），一般 $\gamma_{63}E_z \ll \frac{1}{n_o^2}$，因此利用微分式 $d\left(\frac{1}{n^2}\right) = -\frac{2}{n^3}dn$ 可得

$$n_{x'} = n_o - \frac{1}{2}n_o^3\gamma_{63}E_z$$
$$n_{y'} = n_o + \frac{1}{2}n_o^3\gamma_{63}E_z \tag{4-87}$$
$$n_{z'} = n_e$$

由此可见，沿 z 轴外加电场时，折射率发生变化，这一变化称为电致折射率变化。KDP 电光晶体由单轴晶体变成双轴晶体，折射率椭球体的主轴绕 z 轴旋转 45°，此转角与外加电场的大小无关，

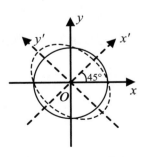

图 4-29　外加电场后的新折射率椭球体的变化

其折射率变化与电场成正比，这是利用电光效应实现光调制、调 Q、锁模等技术的物理基础。

2. 电光相位延迟

下面分析电光效应如何引起晶体中传播光束的相位延迟。在实际应用中，KDP 电光晶体总是沿着相对光轴的某些特殊方向切割而成的，而且外电场也是沿着某一主轴方向加到晶体上的，常用的有两种方式：一种是电场方向与光束在晶体中的传播方向平行，称为纵向电光效应；另一种是电场方向与光束在晶体中的传播方向垂直，称为横向电光效应。

1）纵向电光效应

仍以 KDP 电光晶体为例进行分析，沿晶体 z 轴外加电场后，其折射率椭球体截面如图 4-30 所示。如果光波沿 z 轴方向传播，则其双折射特性取决于椭球体与垂直于 z 轴的平面相交所形成的椭圆。

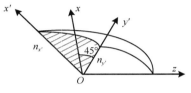

图 4-30　折射率椭球体截面

在式（4-86）中，令 $z'=0$，得到该椭圆的方程为

$$\left(\frac{1}{n_o^2} + \gamma_{63}E_z\right)x'^2 + \left(\frac{1}{n_o^2} - \gamma_{63}E_z\right)y'^2 = 1 \qquad (4\text{-}88)$$

这个椭圆的一个象限如图 4-30 中的阴影部分所示。它的长、短半轴分别与 x' 和 y' 重合，x' 和 y' 是两个分量的偏振方向，相应的折射率为 $n_{x'}$ 和 $n_{y'}$，由式（4-87）决定。

若一束线偏振光沿着 z 轴方向入射晶体，且 E 矢量沿 x 轴方向，则进入晶体（z=0）后即可分解为沿 x' 和 y' 轴方向的两个垂直偏振分量 $E_{x'}$ 和 $E_{y'}$。由于两偏振分量的折射率不同，因此沿 x' 轴方向振动的光传播速度快，而沿 y' 轴方向振动的光传播速度慢，它们经过长度 L 的空间距离后所走的光程分别为 $n_{x'}L$ 和 $n_{y'}L$，这样，两偏振分量的相位延迟分别为

$$\left.\begin{array}{l}\varphi_{x'} = \dfrac{2\pi}{\lambda}n_{x'}L = \dfrac{2\pi L}{\lambda}\left(n_o - \dfrac{1}{2}n_o^3\gamma_{63}E_z\right) \\[3mm] \varphi_{y'} = \dfrac{2\pi}{\lambda}n_{y'}L = \dfrac{2\pi L}{\lambda}\left(n_o + \dfrac{1}{2}n_o^3\gamma_{63}E_z\right)\end{array}\right\} \qquad (4\text{-}89)$$

因此，当这两个光波穿过晶体后将产生一个相位差

$$\Delta\Phi = \Phi_{y'} - \Phi_{x'} = \frac{2\pi}{\lambda}n_o^3\gamma_{63}V \qquad (4\text{-}90)$$

由以上分析可见，这个相位延迟完全是由电光效应造成的双折射引起的，称为电光相位延迟。

式（4-90）中的 $V = E_z L$ 是沿 z 轴外加的电压，当电光晶体和传播的光波长确定后，相位差的变化只取决于外加电压，即只要改变电压，就能使相位成比例地变化。

在式（4-90）中，当光波的两个垂直分量 $E_{x'}$ 和 $E_{y'}$ 的光程差为半个波长（相应的相位差为 π）时，所需要加的电压称为"半波电压"，通常以 V_π 或 $V_{\lambda/2}$ 表示。由式（4-90）得到

$$V_\pi = V_{\lambda/2} = \frac{\lambda}{2n_o^3\gamma_{63}} = \frac{\pi c}{\omega n_o^3\gamma_{63}} \qquad (4\text{-}91)$$

式中，c 是真空中的光速。于是

$$\Delta\varphi = \pi\frac{V}{V_\pi} \qquad (4\text{-}92)$$

晶体的半波电压与通光波长有关，是表征电光晶体性能的一个重要参数，这个电压越小

越好，特别是在宽频带高频率情况下，半波电压越小，需要的调制功率就越小。半波电压通常可用静态法（加直流电压）测出，另外，利用式（4-91）可以计算出电光系数 γ_{63} 的值。

综上所述，由于两个偏振分量间相速度的差异，一个分量相对另一个分量有一个相位差，因此这个相位差会改变出射光束的偏振态。从物理光学中已经知道，"波片"可作为光波偏振态的变换器，对入射光偏振态的改变是由波片的厚度决定的。在一般情况下，出射的合成振动是一个椭圆偏振光，用数学式表示为

$$\frac{E_{x'}^2}{A_1^2} + \frac{E_{y'}^2}{A_2^2} - \frac{2E_{x'}E_{y'}}{A_1 A_2}\cos\Delta\varphi = \sin^2\Delta\varphi \tag{4-93}$$

当晶体上未外加电场时，$\Delta\varphi=2n\pi$（n=0, 1, 2, …），则上面的方程可简化为

$$E_{y'} = \left(\frac{A_2}{A_1}\right)E_{x'} \tag{4-94}$$

这是一个直线方程，说明通过晶体后的合成光仍然是线偏振光，且与入射光的偏振方向一致，在这种情况下，晶体相当于一个"全波片"。

当晶体上外加电场 $V=V\pi/2$，使 $\Delta\varphi=\left(n+\dfrac{1}{2}\right)\pi$ 时，式（4-93）可简化为

$$\frac{E_{x'}^2}{A_1^2} + \frac{E_{y'}^2}{A_2^2} = 1 \tag{4-95}$$

这是一个正椭圆方程，说明通过晶体的合成光为椭圆偏振光。当 $A_1=A_2$ 时，其合成光就变成一个圆偏振光，相当于一个"1/4 波片"。

当外加电场 $V=V_\pi$，使 $\Delta\varphi=(2n+1)\pi$ 时，式（4-93）可简化为

$$E_{y'} = -\left(\frac{A_2}{A_1}\right)E_{x'} = E_x'\tan(-\theta) \tag{4-96}$$

式（4-96）说明合成光又变成线偏振光，但偏振方向相对入射光旋转了一个 2θ（若 θ=45°，则沿着 y 轴方向旋转 90°），晶体起到一个"半波片"的作用。

综上所述，设一束线偏振光垂直于 $x'y'$ 面入射，且沿 x 轴方向振动，它刚进入晶体（z=0）时可分解为相互垂直的 x'、y' 两个偏振分量，在传播距离 L 后

x' 分量为

$$E_{x'} = A\exp\left\{j\left[\omega t - \left(\frac{\omega}{c}\right)\left(n_o - \frac{1}{2}n_o^3\gamma_{63}E_z\right)L\right]\right\} \tag{4-97}$$

y' 分量为

$$E_{y'} = A\exp\left\{j\left[\omega t - \left(\frac{\omega}{c}\right)\left(n_o + \frac{1}{2}n_o^3\gamma_{63}E_z\right)L\right]\right\} \tag{4-98}$$

式中，ω 为通过晶体光束的角频率；c 为真空中的光速。在晶体的出射面（$z=L$）处，两个分量间的相位差可由式（4-97）和式（4-98）中指数的差得到

$$\Delta\varphi = \frac{\omega n_o^3\gamma_{63}E_z L}{c} = \frac{\omega n_o^3\gamma_{63}V}{c} = \pi\frac{V}{V_\pi} \tag{4-99}$$

图 4-31 所示为某瞬间 $E_{x'}(z)$ 和 $E_{y'}(z)$ 两个分量（为便于观察，将两垂直分量分开画出）展示的沿传播路径上不同点处光场矢量的顶端扫描的轨迹。在 z=0（a 点）处，相位差 $\Delta\varphi$=0，光场矢量是沿 x 轴方向的线偏振光；在 e 点处，$\Delta\varphi=\pi/2$，合成光场矢量变为一顺时针旋转的

圆偏振光；在 i 点处，$\Delta\varphi=\pi$，合成光矢量变为沿着 y 轴方向的线偏振光，相对入射偏振光旋转了 90°。如果在晶体的输出端放置一个与入射光偏振方向相垂直的偏振器，当晶体上所加的电压在 $0\sim V_\pi$ 间变化时，从偏振器输出的光只是椭圆偏振光的 y 轴方向分量，因此可以把偏振态的变化（偏振调制）变换成光强度的变化（强度调制）。表 4-2 给出了一些常用的电光晶体材料及其物理性能。

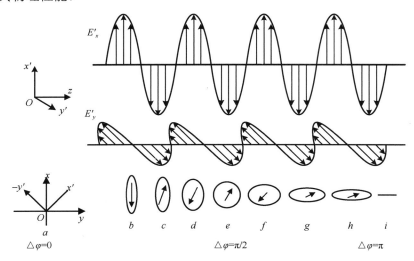

图 4-31　纵向电光效应 KDP 电光晶体中光波的偏振态的变化

表 4-2　常用的电光晶体材料及其物理性能

材　料　名　称	点群对称性	电光系数 γ_{ij}（10^{-12}m/V）	折射率 n_e　n_o	相对介电常数 $\varepsilon/\varepsilon_0$
KDP（633nm）	42m	γ_{41}=8.6，γ_{63}=10.6	1.47，1.51	$\varepsilon//c$=20 $\varepsilon\perp c$=45
KD*P（633nm）	42m	γ_{63}=23.6	1.47，1.51	$\varepsilon//c$=−50（24°）
ADP（633nm）	42m	γ_{41}=28，γ_{63}=8.5	1.48，1.52	$\varepsilon//c$=12
石英（633nm）	32m	γ_{41}=0.2，γ_{63}=0.47	1.55，1.54	$\varepsilon//c$=−4.3 $\varepsilon\perp c$=−4.3
CuCl	43m	γ_{41}=6.1	1.97	7.5
ZnS	43m	γ_{41}=2.0	2.37	−10
GaAs（10.6um）	43m	γ_{41}=1.6	3.34	11.5
CdTe（10.6um）	43m	γ_{41}=6.8	2.6	7.3
LiNbO₃（633nm）	3m	γ_{33}=30.8，γ_{51}=28 γ_{13}=8.6，γ_{22}=3.4	2.16，2.26	$\varepsilon//c$=50
LiTaO₃（30°）	3m	γ_{33}=30.3，γ_{13}=5.7	2.18，2.175	$\varepsilon//c$=43
BaTiO₃（30°）	3m	γ_{33}=23，γ_{13}=8.0，γ_{51}=820	2.365，2.437	$\varepsilon//c$=−4300 $\varepsilon\perp c$=106

2）横向电光效应

仍以 KDP 电光晶体为例，如果沿 z 轴方向外加电场，光束传播方向垂直于 z 轴并与 y（或 x）轴成 45°，则这种方式一般采用 y（或 x）轴绕 z 轴旋转 45° 切割晶体，如图 4-32 所示。

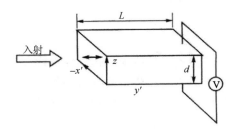

图 4-32　z 轴方向外加电场作用下 KDP 电光晶体的横向电光效应

设光波垂直于 $x'z$ 面入射，E 矢量与 z 轴成 $45°$，进入晶体（$y'=0$）后即可分解为沿 x' 和 z 轴方向的两个垂直偏振分量。相应的折射率分别为 $n_{x'} = n_{\mathrm{o}}$ 和 $n_z = n_{\mathrm{e}}$。在传播距离 L 后得 x' 分量为

$$E_{x'} = A\exp\left\{\mathrm{j}\left[\omega t - \left(\frac{\omega}{c}\right)\left(n_{\mathrm{o}} - \frac{1}{2}n_{\mathrm{o}}^3\gamma_{63}E_z\right)L\right]\right\} \tag{4-100}$$

z 分量为

$$E_z = A\exp\left\{\mathrm{j}\left[\omega t - \left(\frac{\omega}{c}\right)n_{\mathrm{e}}L\right]\right\} \tag{4-101}$$

两偏振分量的相位延迟分别为

$$\varphi_{x'} = \frac{2\pi}{\lambda}n_{x'}L = \frac{2\pi L}{\lambda}\left(n_{\mathrm{o}} - \frac{1}{2}n_{\mathrm{o}}^3\gamma_{63}E_z\right)$$

$$\varphi_z = \frac{2\pi}{\lambda}n_zL = \frac{2\pi L}{\lambda}n_{\mathrm{e}}$$

因此，当这两个光波穿过晶体后将产生一个相位差

$$\Delta\varphi = \varphi_z - \varphi_{x'} = \frac{2\pi}{\lambda}(n_{\mathrm{e}} - n_{\mathrm{o}})L + \frac{\pi}{\lambda}Ln_{\mathrm{o}}^3\gamma_{63}E_z = \Delta\varphi_{\mathrm{o}} + \frac{\pi}{\lambda}n_{\mathrm{o}}^3\gamma_{63}\left(\frac{L}{d}\right)V \tag{4-102}$$

式中，L 为光波传播方向晶体的长度；d 为外加电压方向（z 轴方向）的晶体宽度。由式（4-102）可知，在横向电光效应下，光波通过晶体后的相位差包括两项：第一项与外加电场无关，是由晶体本身自然双折射引起的；第二项为电光效应相位延迟。

KDP 电光晶体的横向运用也可以沿 x 或 y 轴方向外加电场，光束在与之垂直的方向上传播。这里不再一一介绍，感兴趣的读者可以自行讨论。

比较 KDP 电光晶体的纵向电光效应和横向电光效应两种情况，可以得到如下两点结论。

① 纵向电光效应时，存在自然双折射产生的固有相位延迟，它们和外加电场无关。表明在没有外加电场时，入射光的两个偏振分量通过晶体后其偏振面已转过了一个角度，这对光调制器等应用不利，应设法消除。

② 横向电光效应时，无论采用哪种方式，总的相位延迟不仅与所加电压成正比，而且与晶体的长宽比（L/d）有关。而纵向电光效应时相位差只和 $V = E_zL$ 有关。因此，增大 L 或减小 d 就可以大大降低半波电压。例如，在 z 轴方向外加电场的横向电光效应中，由式（4-102）略去自然双折射的影响，求得半波电压为

$$V_\pi = \frac{\lambda}{n_{\mathrm{o}}^3\gamma_{63}}\left(\frac{d}{L}\right) \tag{4-103}$$

可见（L/d）越小，V_π 就越小，这是横向电光效应的优点。

4.3.2　电光强度调制

电光强度调制就是根据光波在电光晶体中的传播特性实现光束调制的。从电光相位延迟的讨论中看到，外加电压的改变，会引起两个偏振方向的相位差的改变，从而使电矢量在空间的振动方向随之变化。这种特性可以被用来控制光波的某些参数，实现电光调制。利用电光效应可实现强度调制和相位调制。下面以 KDP 电光晶体为例，讨论电光调制的基本原理和电光调制器的结构。

如前所述，当电场外加在晶体上时，其折射率变化可产生泡克耳斯效应或克尔效应。外加电场的方向通常有两种方式：一种是电场沿晶体主轴 z 轴（光轴方向），使电场方向与光束传播方向平行，产生纵向电光效应；另一种是电场沿晶体的任一主轴 x、y 或 z 轴，使电场方向与光束传播方向垂直，产生横向电光效应。利用纵向电光效应和横向电光效应均可实现电光强度调制。

1. 纵向电光调制

纵向电光强度调制器结构如图 4-33 所示。KDP 电光晶体置于两个正交的偏振器之间，其中，起偏器 P_1 的偏振方向平行于 KDP 电光晶体的 x 轴，检偏器 P_2 的偏振方向平行于 KDP 电光晶体的 y 轴。当沿晶体 z 轴方向外加电场后，KDP 电光晶体的感应主轴 x' 和 y' 将分别旋转到与原主轴 x 和 y 成 45° 的夹角方向。为改善调制器的性能，在 KDP 电光晶体和检偏器之间插入一块 $\lambda/4$ 波片。

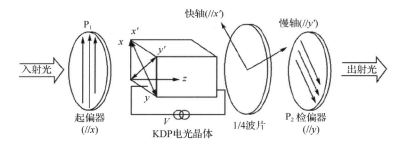

图 4-33　纵向电光强度调制器结构

沿 z 轴方向入射的光束经起偏器后变为振动方向，平行于 x 轴的线偏振光，进入 KDP 电光晶体后（$z=0$）可分解为沿 x' 和 y' 轴方向的两个分量，其振幅和相位都相同，分别为

$$E_{x'}(0) = A\cos\omega t, \quad E_{y'}(0) = A\sin\omega t$$

采用复数表示为

$$E_{x'}(0) = Ae^{j\omega t}, \quad E_{y'}(0) = Ae^{j\omega t}$$

由于光强正比于电场的二次方，因此入射光强度为

$$I_i \propto E \cdot E^* = \left|E_{x'}(0)\right|^2 + \left|E_{y'}(0)\right|^2 = 2A^2 \tag{4-104}$$

当光通过长度为 L 的 KDP 电光晶体后，由于电光效应，$E_{x'}$ 和 $E_{y'}$ 两个分量之间产生了一个相位差 $\Delta\varphi$，即若 $E_{x'}(L) = Ae^{j\omega t}$，则有 $E_{y'}(L) = Ae^{j(\omega t - \Delta\varphi)}$。那么，通过检偏器后的总电场强度是 $E_{x'}(L)$ 和 $E_{y'}(L)$ 在 y 轴方向上的投影之和，即

$$(E_y)_o = (Ae^{-j\Delta\varphi} - A)e^{j\omega t}\cos45° = \frac{A}{\sqrt{2}}(e^{-j\Delta\varphi} - 1)e^{j\omega t} \tag{4-105}$$

与之相应的出射光强 I_o 为

$$I_o \propto [(E_y)_o \times (E_y^*)_o] = \frac{A^2}{2}(e^{j\Delta\varphi} - 1)(e^{-j\Delta\varphi} - 1) = 2A^2\sin^2\left(\frac{\Delta\varphi}{2}\right) \tag{4-106}$$

将出射光强与入射光强相比，得到

$$T = \frac{I_o}{I_i} = \sin^2\left(\frac{\Delta\varphi}{2}\right) = \sin^2\left(\frac{\pi}{2} \times \frac{V}{V_\pi}\right) \tag{4-107}$$

式中，T 为调制器的光强透过率。根据上述关系可以画出光强调制特性曲线，如图 4-34 所示。

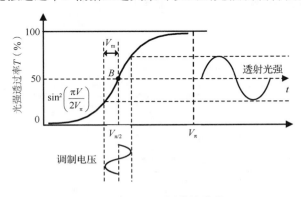

图 4-34　光强调制特性曲线

由图 4-34 可见，在一般情况下，调制器的光强透过率 I_o / I_i 与外加电压 V 的关系是非线性的。若调制器工作在非线性区，则调制光强将发生畸变。为了获得线性调制，可以引入一个固定的 $\pi/2$ 相位延迟，使调制器的电压偏置在 $T=50\%$ 的工作点（B 点）上。常用的办法有两种：其一，在调制晶体上除了施加信号电压，再附加一个恒定的、使相位延迟 $\pi/2$ 的直流偏压 $V_{\pi/2}$，但此方法增加了电路的复杂性，而且工作点的稳定性也差。其二，在调制器的光路上插入一块 $\lambda/4$ 波片（如图 4-34 所示），其快慢轴与晶体的主轴 x 成 $45°$，从而使 $E_{x'}$ 和 $E_{y'}$ 两个分量之间产生 $\pi/2$ 的固定相位差。

KDP 电光晶体上所加的电压应是所需传递信息的交变信号，这样电光延迟就将随信号电压的变化而变化。设调制电压为正弦信号 $V = V_m\sin\omega_m t$，则 $E_{x'}$ 与 $E_{y'}$ 两个偏振分量通过 $\lambda/4$ 波片后的总相位差为

$$\Delta\varphi = \frac{\pi}{2} + \pi\frac{V_m}{V_\pi}\sin\omega_m t = \frac{\pi}{2} + \Delta\varphi_m\sin\omega_m t \tag{4-108}$$

式中，$\Delta\varphi_m = \pi\dfrac{V_m}{V_\pi}$ 是对应外加调制信号电压幅度最大值 V_m 的相位差。因此，调制的光强透过率可表示为

$$T = \frac{I_o}{I_i} = \sin^2\left(\frac{\pi}{4} + \frac{\Delta\varphi_m}{2}\sin\omega_m t\right) = \frac{1}{2}[1 + \sin(\Delta\varphi_m\sin\omega_m t)] \tag{4-109}$$

当 $V_m \ll V_\pi$（小信号调制）时，有 $\sin\theta \approx \theta$，故式（4-109）可近似为 $T = \dfrac{I_o}{I_i} \approx \dfrac{1}{2}[1 + \Delta\varphi_m\sin\omega_m t]$。

可见，为了获得线性调制，调制信号不宜过大（小信号调制），输出光强调制波就是调

制信号 $V = V_{\mathrm{m}} \sin \omega_{\mathrm{m}} t$ 的线性复现。当 $V_{\mathrm{m}} \ll V_{\pi}$ 的条件不能满足（大信号调制）时，按傅里叶分析方法可推知，输出的调制光中将含有高次谐波分量，使光强调制波发生畸变。图 4-35 是一个用唱机信号 $f(t)$ 调制的激光束振幅，以实现信号重现的过程。这是纵向电光效应的一个典型应用。

纵向电光调制器具有结构简单、工作稳定、不存在自然双折射的影响等优点。其缺点是半波电压太高，特别是在调制频率较高时，功率损耗比较大。

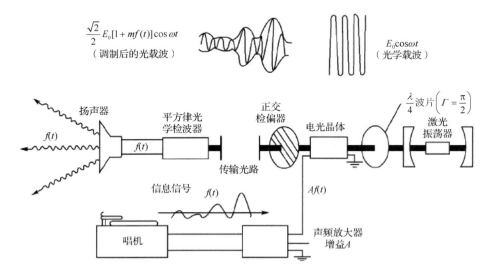

图 4-35   使用电光调制的光通信线路

2. 横向电光调制

横向电光效应的运用可以分为以下 3 种形式。

（1）沿 z 轴方向外加电场，通光方向垂直于 z 轴，并与 x 轴或 y 轴成 45° 夹角（晶体为 45° z 切割）。

（2）沿 x 轴方向外加电场（电场方向垂直于 z 轴），通光方向垂直于 x 轴，并与 z 轴成 45° 夹角（晶体为 45° x 切割）。

（3）沿 y 轴方向外加电场（电场方向垂直于 z 轴），通光方向垂直于 y 轴，并与 z 轴成 45° 夹角（晶体为 45° y 切割）。

在此仅以 KDP 电光晶体的第一种运用方式为例进行分析。

横向电光调制如图 4-36 所示。因为外加电场沿 z 轴方向，因此和纵向电光调制时一样，$E_x = E_y = 0$，$E_z = E$，晶体的主轴 x、y 旋转 45° 至 x'、y'。但此时的通光方向与 z 轴垂直，并沿 y' 轴方向入射（入射光偏振方向与 z 轴成 45°），进入晶体后将分解为沿 x' 和 z 轴方向振动的两个分量，其折射率分别为 $n_{x'}$ 和 n_z。若通光方向的晶体长度为 L，厚度（两电极间的距离）为 d，外加电压 $V = E_z d$，则从晶体出射两光波的相位差为

$$\Delta\varphi = \frac{2\pi}{\lambda}(n_{x'} - n_z)L = \frac{2\pi}{\lambda}\left[(n_{\mathrm{o}} - n_{\mathrm{e}})L - \frac{1}{2}n_{\mathrm{o}}^3 \gamma_{63}\left(\frac{L}{d}\right)V\right] \tag{4-110}$$

由此可知，KDP 电光晶体的 γ_{63} 横向电光效应使光波通过晶体后的相位延迟包括两项：第一项是晶体的自然双折射引起的相位延迟，与外加电场无关。这一项对调制器的工作没有什

么贡献，只与晶体的光学参数 n_o、n_e、晶体长度及入射光波长有关，且受温度的影响较大，对调制效果产生较大影响，因此应设法消除（补偿）。第二项是外加电场作用后引起的相位延迟，它与外加电压 V 和晶体的长宽比 L/d 有关，若适当地选择晶体的尺寸，则可以降低半波电压。

KDP 电光晶体横向电光调制的主要缺点是存在自然双折射引起的相位延迟，这意味着在没有外加电场时，通过晶体的线偏振光的两个偏振分量之间存在相位差，当晶体因温度变化而引起折射率 n_o 和 n_e 的变化时，两光波的相位差发生漂移。实验表明：KDP 电光晶体两折射率之差随温度的变化率为 $\Delta(n_e - n_o)/\Delta T \approx 1.1 \times 10^{-5}/{}^\circ\text{C}$。若 L=30mm，则通过波长 λ=632.8nm 的光，若 ΔT=1℃，则引起的附加相位差为 $\Delta\varphi = 2\pi\lambda\Delta nL \approx \pi$。

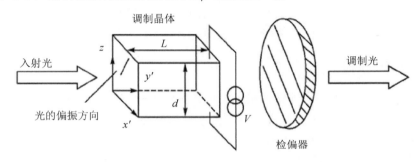

图 4-36　横向电光调制

因此，在 KDP 电光晶体横向调制器中，自然双折射的影响会导致调制光发生畸变，甚至使调制器无法工作。所以在实际应用中，除了尽量采取一些措施（如散热、恒温等）以减小晶体的温度漂移，主要采用一种"组合调制器"的结构予以补偿。常用的补偿方法有两种。

一种是将两块尺寸与性能完全相同的晶体的光轴互成 90° 串联排列，即一块晶体的 y' 轴和 z 轴分别与另一块晶体的 z 轴和 y' 轴平行。

另一种是将两块晶体的 z 轴和 y' 轴互相反向平行排列，中间放置一块 $\lambda/2$ 波片。这两种方法的补偿原理是相同的。外加电场沿 z 轴（光轴）方向，但在两块晶体中电场相对光轴反向，当线偏振光沿 y' 轴方向入射到第一块晶体时，电矢量分解为沿 z 轴方向的 e1 光和沿 x' 轴方向的 o1 光两个分量，当它们经过第一块晶体之后，两束光的相位差为

$$\Delta\varphi_1 = \varphi_{x'} - \varphi_z = \frac{2\pi}{\lambda}\left(n_o - n_e + \frac{1}{2}n_o^3\gamma_{63}E_z\right)L$$

经过 $\lambda/2$ 波片后，两束光的偏振方向各旋转 90°，经过第二块晶体后，原来的 e1 光变成 o2 光、o1 光变成 e2 光，则它们经过第二块晶体后，其相位差为

$$\Delta\varphi_2 = \varphi_z - \varphi_{x'} = \frac{2\pi}{\lambda}\left(n_e - n_o + \frac{1}{2}n_o^3\gamma_{63}E_z\right)L$$

于是，通过两块晶体之后的总相位差为

$$\Delta\varphi = \Delta\varphi_1 + \Delta\varphi_2 = \frac{2\pi}{\lambda}n_o^3\gamma_{63}V\frac{L}{d} \tag{4-111}$$

因此，若两块晶体的尺寸与性能及受外界影响完全相同，则自然双折射的影响即可得到补偿。

根据式（4-111），当 $\Delta\varphi=\pi$ 时，半波电压为 $V_{\pi}=\left(\dfrac{\lambda}{2n_{\mathrm{o}}^3\gamma_{63}}\right)\dfrac{d}{L}$，括号内的就是纵向电光效应的半波电压 (V_{π}) 纵，所以 (V_{π}) 横 $=(V_{\pi})$ 纵 d/L。可见，横向半波电压是纵向半波电压的 d/L 倍。减小 d，增加长度 L 均可降低半波电压。但是这种方法必须使用两块晶体，所以结构复杂，而且其尺寸加工要求极高；对 KDP 电光晶体而言，若长度差 0.1mm，则当温度变化 1℃ 时，相位变化 0.6℃（对于 632.8nm 波长），故对 KDP 电光晶体一般不采用横向电光调制。在实际应用中，由于 43m 族 CaAs 晶体（$n_{\mathrm{o}}=n_{\mathrm{e}}$）和 3m 族 LiNbO3 晶体（$x$ 轴方向外加电场，z 轴方向通光）均无自然双折射的影响，故多采用横向电光调制。

对于 KDP 电光晶体的第二种和第三种使用方式，可以按上述过程得到相应的电光效应，即外加电场在通光方向上产生的折射率变化。计算和实验结果表明，这两种使用方式，横向电光效应为 0，纵向电光效应十分微弱，因此通常不采用。

4.3.3 电光相位调制

图 4-37 是电光相位调制原理图，电光相位调制器由起偏器和 KDP γ_{63} 纵向运用的电光晶体组成。电光相位调制器与电光强度调制器的主要区别在于，电光相位调制器中起偏器的偏振方向平行于晶体的感应主轴 x'（或 y'），这样入射到晶体的线偏振光不再分解成沿 x' 轴和 y' 轴的两个分量，而沿着 x'（或 y'）轴一个方向偏振，故外加电场将不改变出射光的偏振状态，仅改变出射光的相位，经过电光强度调制器后，被调制光波的相位的变化为

$$\Delta\varphi_{x'}=-\frac{\omega}{c}\Delta n_{x'}L \qquad (4\text{-}112)$$

因为光波只沿 x' 轴方向偏振，所以相应的折射率为 $n_{x'}=n_{\mathrm{o}}-\dfrac{1}{2}n_{\mathrm{o}}^3\gamma_{63}E_z$。

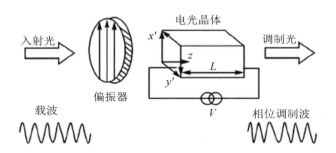

图 4-37 电光相位调制原理图

设沿 z 轴方向加在晶体上的调制电压为 $V=V_{\mathrm{m}}\sin\omega_{\mathrm{m}}t$，外加电场为 $E_z=E_{\mathrm{m}}\sin\omega_{\mathrm{m}}t$，在晶体入射面（$z=0$）处的输入光场为 $E_{\mathrm{i}}=A\cos\omega t$，则输出光场（$z=L$ 处）就变为

$$E_{\mathrm{o}}=A\cos[\omega t+\Delta\varphi_{x'}]=A\cos\left[\omega t-\frac{\omega_{\mathrm{c}}}{c}\left(n_{\mathrm{o}}-\frac{1}{2}n_{\mathrm{o}}^3\gamma_{63}E_{\mathrm{m}}\sin\omega_{\mathrm{m}}t\right)L\right] \qquad (4\text{-}113)$$

略去式（4-113）中相角的常数项（对调制效果没有影响），则上式可写成

$$E_{\mathrm{o}}=A\cos(\omega t+m_{\varphi}\sin\omega_{\mathrm{m}}t) \qquad (4\text{-}114)$$

式中，$m_{\varphi}=\dfrac{\omega n_{\mathrm{o}}^3\gamma_{63}E_{\mathrm{m}}L}{2c}=\dfrac{\pi n_{\mathrm{o}}^3\gamma_{63}V_{\mathrm{m}}}{\lambda}$ 为相位调制系数。式（4-114）表明，出射光场的相位按外

加调制电压的变化而变化，实现了相位调制。利用贝塞尔函数关系式

$$\cos(m_\varphi \sin \omega_m t) = J_0(m_\varphi) + 2\sum_{r=1}^{\infty} J_{2r}(m_\varphi)\cos(2n\omega_m t) \tag{4-115}$$

$$\sin(m_\varphi \sin \omega_m t) = 2\sum_{r=0}^{\infty} J_{2r+1}(m_\varphi)\sin[(2r+1)\omega_m t]$$

相位调制器的输出光场可进一步写成

$$E_o = AJ_0(m_\varphi)\cos \omega t + AJ_1(m_\varphi)[\cos(\omega + \omega_m)t - \cos(\omega - \omega_m)t] + \tag{4-116}$$
$$AJ_2(m_\varphi)[\cos(\omega + 2\omega_m)t - \cos(\omega - 2\omega_m)t] + \cdots$$

式（4-116）表明，经相位调制的输出光场中，除了原入射光的频率 ω 成分，还有由于光与晶体的相互作用出现的 ω 与 ω_m 之间的和频与差频成分，各频率分量的振幅与各阶贝塞尔函数（宗量为 m_φ）呈比例。

采用非对称的 F-P 腔，使光在腔内来回反射，相当于增大晶体的厚度，能够以较小的调制电压得到较高的相位调制系数。

4.3.4　电光调制器的电学性能

对电光调制器来说，总希望获得高的调制效率及满足要求的调制带宽。下面分析电光调制器在不同调制频率下的工作特性。

前面对电光调制的分析，均认为调制频率远低于光波频率（也就是调制信号波长 $\lambda_m \gg \lambda$），并且 λ_m 远大于晶体的长度 L，因而在光波通过晶体的渡越时间（$\tau_d = nL/c$）内，调制信号电场在晶体各处的分布是均匀的，光波在各部位获得的相位延迟也都相同，即光波在任一时刻都不会受到不同强度或反向调制电场的作用。在这种情况下，装有电极的调制晶体可以等效为一个电容，即可以看作电路中的一个集总元件，通常称为集总参量调制器。集总参量调制器的频率特性主要受外电路参数的影响。

1. 外电路对调制带宽的限制

调制带宽是电光调制器的一个重要参量，晶体的电光效应本身不会限制电光调制器的频率特性，因为晶体的谐振频率可以达到 1THz（1012Hz），因此，电光调制器的调制带宽主要受其外电路参数的限制。

电光调制器的等效电路如图 4-38 所示，V_s 为信号源电压，R_s 为信号源内阻。KDP 电光晶体在相互平行的一对界面上加上平板电极后，构成一个平板电容器，其电容量是 C_0。考虑到晶体的导电率 $\sigma \neq 0$，晶体还可以等效成一个电阻 R_0。

由图 4-38 可知，作用到晶体上的实际电压为

$$V = \frac{\dfrac{V_s}{1/R_0 + j\omega C_0}}{R_s + \dfrac{1}{1/R_0 + j\omega C_0}} = \frac{V_s R_0}{R_s + R_0 + j\omega C_0 R_s R_0} \tag{4-117}$$

在低频信号调制时，调制晶体的交流阻抗 $1/j\omega C_0$ 较大，一般 $R_0 \gg R_s$，因此信号电压可以有效地加到晶体上，即 $V \approx V_s$。在高频信号调制时，C_0 的影响不可忽略。传输系数 K 可以写成

$$K = \frac{|V|}{V_s} = \frac{R_0}{\sqrt{(R_0 + R_s)^2 + (\omega C_0 R_s R_0)^2}} \tag{4-118}$$

因 $R_0 \gg R_s$，故式（4-118）可简化为

$$K = \frac{|V|}{V_s} \approx \frac{1}{\sqrt{1 + (\omega C_0 R_s)^2}} \qquad (4\text{-}119)$$

其频率特性如图 4-39 所示。可见，随着 ω 的增加，K 呈下降趋势。这种结构只适用于低频信号调制，调制频率不超过几兆赫兹。

为了满足高频信号调制的要求，可在电极两端并联一个电感 L，构成一个并联谐振回路，其等效电路如图 4-40（a）所示，R 为 R_0 及 L 中电阻的等效值，可解得

$$K' = \frac{|V|}{V_s} = \frac{1}{\sqrt{1 + R_s^2 \left(\omega C_0 - \dfrac{1}{\omega L} \right)^2}} \qquad (4\text{-}120)$$

其频率特性如图 4-40（b）所示。

由此可见，当调制频率 $\omega = \omega_0 = \dfrac{1}{\sqrt{LC_0}}$ 时，回路发生谐振，$K'=1$。合理选择电感 L，可使调制频率达到较高的数值。但是，并联谐振回路的带宽为

$$2\Delta\omega = \frac{1}{RC_0} \qquad (4\text{-}121)$$

若 R 为几十兆欧到几百兆欧，而 C_0 为几皮法，则 Δf 只有几十千赫兹，这只能是窄带调制。因此，高调制频率和宽调制带宽的要求往往是不能同时满足的，这是集总型调制器的主要缺点，采用行波调制可缓和这一矛盾。

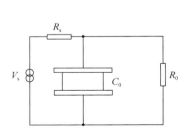

图 4-38　电光调制器的等效电路

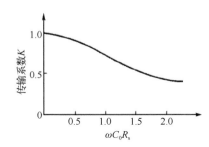

图 4-39　电光调制器的频率特性

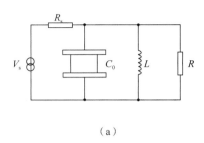

（a）

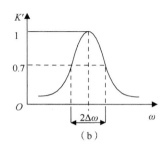

（b）

图 4-40　高频电光调制器的等效电路和频率特性

2. 渡越时间对调制频率的影响

当调制频率极高时，在光波通过晶体的渡越时间内，电场可能发生较大的变化，即晶体

中不同部位的调制电压不同，特别是当调制周期 $T_m = 2A/E_m$ 可与渡越时间 $\tau_d = nL/c$ 相比拟时，光波在晶体各部位受到的调制电场是不同的，相位延迟的积累受到破坏，这时，总的相位延迟应为

$$\Delta\varphi(L) = \int_0^L \frac{2\pi}{\lambda} n_o^3 \gamma_{63} E(t)\mathrm{d}z \tag{4-122}$$

设外加电场是单频正弦信号，即 $E(t) = E_m \mathrm{e}^{-j\omega_m t}$，由于光波通过晶体的渡越时间为 $\tau_d = \dfrac{nL}{c}$，$\mathrm{d}z = \dfrac{c}{n}\mathrm{d}t$，于是，式（4-122）可改写为

$$\Delta\varphi(t) = \frac{2\pi}{\lambda n} n_o^3 \gamma_{63} c \int_{t-\tau_d}^t E(t')\mathrm{d}t' = \Delta\varphi_0\left(\frac{1 - \mathrm{e}^{-j\omega_m\tau_d}}{j\omega_m\tau_d}\right)\mathrm{e}^{j\omega_m t} = \Delta\varphi_0\gamma\mathrm{e}^{j\omega_m t} \tag{4-123}$$

其中

$$\Delta\varphi_0 = \frac{2\pi}{\lambda n} n_o^3 \gamma_{63} c E_m \tau_d \tag{4-124}$$

$$\gamma = \frac{1 - \mathrm{e}^{-j\omega_m\tau_d}}{j\omega_m\tau_d} \tag{4-125}$$

式中，$\Delta\varphi_0$ 是当 $\omega_m\tau_d \ll 1$ 时的峰值相位延迟；γ 为高频相位延迟缩减因子，表征因渡越时间引起的峰值相位延迟的减小程度。只有当 $\omega_m\tau_d \ll 1$，即 $\tau_d \ll T_m 2\pi$ 时，$\gamma=1$，即无缩减作用。说明光波在晶体内的渡越时间必须远小于调制信号周期，才能使调制效果不受影响。这意味着对于电光调制器，存在一个最高调制频率的限制。若取 $|\gamma|=0.9$ 处为调制限度（对应 $\omega_m\tau_d = \pi/2$），则调制频率的上限为

$$f_m = \frac{\omega_m}{2\pi} = \frac{1}{4\tau_d} = \frac{c}{4nL} \tag{4-126}$$

对于 KDP 电光晶体，若取 $n=1.5$，$L=1\mathrm{cm}$，则 $f_m=5\times10^9\mathrm{Hz}$。$\gamma$ 可写成另一种表达式

$$\gamma = |\gamma|\mathrm{e}^{j\theta} = \frac{\sin\frac{1}{2}\omega_m\tau_d}{\frac{1}{2}\omega_m\tau_d}\mathrm{e}^{-j\frac{\omega_m\tau_d}{2}} \tag{4-127}$$

以 $\omega_m\tau_d$ 为横坐标，$|\gamma|$ 为纵坐标，得到缩减因子与渡越时间的关系曲线如图 4-41 所示。显然，$\omega_m\tau_d$ 越小，$|\gamma|$ 越大，电光调制器也能更适应在高调制频率下工作。

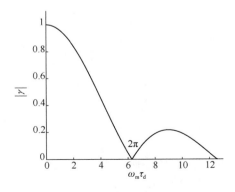

图 4-41　缩减因子与渡越时间的关系曲线

4.3.5 电光器件

以电光效应为物理基础的电光器件在光电技术中得到了广泛应用。从基本原理出发，根据光波在晶体中的传播特点，可以制成不同类型的电光器件。

1. F-P 电光调制器

为了用较小的调制电压获得较大的调制频率，可以将晶体置于 F-P 腔内。在晶体两端镀上具有高反射率的介质膜，就构成了一个 F-P 反射腔，成为 F-P 电光调制器，如图 4-42 所示。根据 F-P 干涉仪的多光束干涉原理，光束在腔内多次反射，相当于增加晶体的长度。如果外加电压的方向垂直于光入射方向，则光束经多次反射后，两偏振方向的相位差（以 KDP 电光晶体为例）为

$$\varphi = \frac{2\pi}{\lambda}(n_o - n_e)L' + \frac{\pi}{\lambda}n_o^3\gamma_{63}\left(\frac{L'}{d}\right)V \tag{4-128}$$

式中，L' 是光束在腔内多次来回的距离，远大于晶体的实际长度 L。当光强反射率 $R<1$ 时，光在腔内界面上总部分反射，部分折射，振幅与强度一次次被分割。可以求出 F-P 腔的透射率为

$$T = \left[1 + \frac{4R\sin^2\varphi}{(1-R)}\right]^{-1} \tag{4-129}$$

由于 φ 与外加电压 V 有关，所以 T 与 V 有关，它们之间的变化规律如图 4-43 所示。由图 4-43 可见，一个较小的电压变化，可以引起相位差和透射率的较大变化，求得透射曲线上透射率为 50%的点的斜率为

$$\left(\frac{dT}{d\varphi}\right)_{T=0.5} \approx \frac{\sqrt{R}}{1-R} \tag{4-130}$$

由于 R 一般比较大，所以透射率随相位差的变化是很灵敏的，表现在图 4-43 中曲线有较大的斜率。

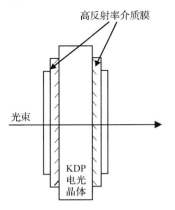

图 4-42   F-P 电光调制器

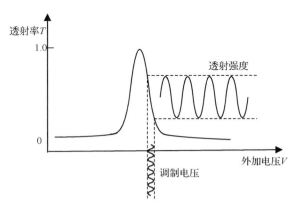

图 4-43   F-P 电光调制器调制曲线

利用非对称的 F-P 腔也可做成电光调制器，可以用较小的调制电压得到较高的相位调制系数，非对称的 F-P 腔结构如图 4-44 所示。入射面介质反射镜的反射率为 γ，而背面介质反射镜的反射率 $\gamma=100\%$。将非对称的 F-P 腔置于电光调制器中，光束以接近垂直于镜面的方向入射，在腔内多次反射后逐次从非全反射面射出，这相当于增加晶体的厚度，因而可以提高相

位调制系数。不难推得反射光与入射光之比，即整个非对称 F-P 腔的反射系数是

$$R = \mathrm{e}^{\mathrm{j}\psi} = \frac{-\sqrt{r}\mathrm{e}^{-\mathrm{j}2\varphi}}{1 - \sqrt{r}\mathrm{e}^{-\mathrm{j}2\varphi}} \qquad (4\text{-}131)$$

式中，r 为腔内镜面的反射率；φ 为光在腔内经过单程后的相位改变，可表示成

$$\varphi = \frac{\omega L}{c} n_{x'} = \frac{\omega L}{c} n_\mathrm{o} - \frac{\omega}{2c} n_\mathrm{o}^3 \gamma_{63} V_\mathrm{m} \qquad (4\text{-}132)$$

式中，$V_\mathrm{m} = E_\mathrm{m} L$。反射波与入射波的相移为

$$\psi = -2\arctan\left(\frac{1+\sqrt{r}}{1-\sqrt{r}}\tan\varphi\right) \qquad (4\text{-}133)$$

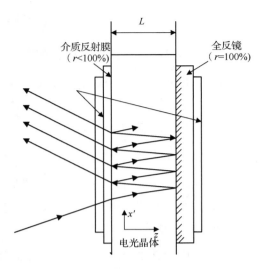

图 4-44　非对称的 F-P 腔结构

可以看到，当入射面的 $r \to 0$ 时，$\psi \to 2\varphi$，这正是光束在腔中来回一次产生的相位移动。如果适当对电光晶体进行偏置，使没有调制电压 V_m 时的 $\varphi = m_\pi$，则相位 ψ 就是相位调制系数，即

$$m_\varphi = \psi = 2\arctan\left[\frac{1+\sqrt{r}}{1-\sqrt{r}}\tan\left(\frac{\omega}{2c}n_\mathrm{o}^3\gamma_{63}V_\mathrm{m}\right)\right] \qquad (4\text{-}134)$$

在 V_m 很小时，式（4-134）可化简为

$$m_\varphi = 2\frac{\omega}{2c}n_\mathrm{o}^3\gamma_{63}V_\mathrm{m}\frac{1+\sqrt{r}}{1-\sqrt{r}} \qquad (4\text{-}135)$$

与式（4-134）的 m_φ 相比，式（4-135）的 m_φ 提高了 $2\dfrac{1+\sqrt{r}}{1-\sqrt{r}}$ 倍。

2. 行波调制器

为了消除光波在晶体中渡越时间长对调制频率的限制，可采用行波调制器，如图 4-45 所示。其原理是调制电场通过传输线以行波形式加到晶体上，光波在晶体中传播的相速度与电场前进速度一致，光波波前在通过整个晶体过程中将感受到与它在输入端面相同的瞬态电场，从而达到消除渡越时间影响的目的。由于在大多数传输线中高频电场主要是横向分布的，所以行波调制通常采用横向调制。

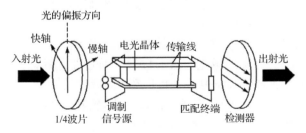

图 4-45　行波调制器

设光波波前在 t 时刻进入晶体入射面（$z=0$）处，而在 t' 时刻传播到 z 处，则有 $z(t') = c / n(t' - t)$。该光波由于调制光场的作用而产生的相位延迟为

$$\Delta\varphi(t) = \frac{ac}{n} \int_t^{t+\tau_d} E[t', z(t')]\mathrm{d}t' \tag{4-136}$$

式中，$a = \frac{2\pi}{\lambda} n_o^3 \gamma_{63}$；$E[t', z(t')]$ 是瞬时调制场，若使之为高频行波调制场，则只要晶体中光波场的相速度与高频调制场的相速度 c_m 相等，无论晶体的长度如何，都可以获得最大的相位延迟。

调制频率上限为

$$f_{max} = \frac{c}{4nL[1 - c/(nc_m)]} \tag{4-137}$$

与式（4-136）相比可知，行波调制可使调制频率上限提高 $[1 - c/(nc_m)]^{-1}$ 倍。目前，这种类型的调制器的调制带宽已达到数十吉赫兹。

3. 电光开关

利用电光强度调制的原理，可以制作各种类型的电光开关。电光开关是一种利用脉冲电信号控制光路接通或断开的元件，其开关频率可达 $10^9 \sim 10^{12}\mathrm{Hz}$。这种速度是任何机械式快门都无法比拟的，因此在激光技术中获得了广泛应用。

电光开关的基本结构与电光调制器类似，如图 4-46 所示。在晶体前后放置两块通光方向互相垂直的偏振片，根据晶体的性质，在两端加上相应的半波电压，使进入晶体的偏振光在经过晶体后的偏振方向改变 $\pi/2$，正好与检偏器的通光方向一致，光波能完全通过，相当于开关接通；如果在两端不加电压，使从晶体中出射光的偏振方向与检偏器的通光方向垂直，光波完全被阻挡，相当于开关断开。

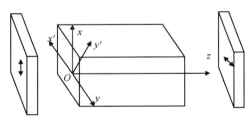

图 4-46　电光开关的基本结构

根据两个偏振片通光方向的相互位置，电光开关可分为两种类型：一种是加压式，即加上半波电压后，开关接通，上面讨论的情况属于这一种；另一种是退压式，这时两个偏振片的通光方向是互相平行的，不加压时，开关接通，加压后，开关断开。

电光开关的开关速度与所加半波电压的波形和脉宽有关，除了开关速度，衡量电光开关性能的另一项技术指标是消光比，即开关接通与断开时的输出光强之比。从原理上讲，当开关处于断开状态时，输出光强应等于零，但在实际应用中做不到，总有一定的输出。显然，消光比应尽量大。

电光开关在激光技术中主要用作激光器的 Q 开关，与激光器组合成电光调 Q 激光器，可用来产生脉宽为纳秒量级的巨脉冲激光。图 4-47 是一种由带起偏器的电光开关构成的电光调 Q 激光器。将该开关放入激光谐振腔中，可用于控制谐振腔的 Q 值，当开关处于断开状态时，腔内损耗很大（Q 值很低），激光无法形成振荡，泵浦光能量只能通过亚稳态粒子数反转储存在工作物质中；当反转数达到最大时，Q 开关打开，Q 值升高，储能以高功率的激光巨脉冲释放出来。

4. 电光偏转器

从原理上讲，若使一束单色平面光波通过一块光程随高度呈线性变化的介质，则光波由该介质出射时将偏离原传播方向而产生偏转，利用这一原理工作的器件就是电光偏转器。

这种光程的变化可以由介质几何形状产生，也可以由折射率随高度呈线性变化产生。

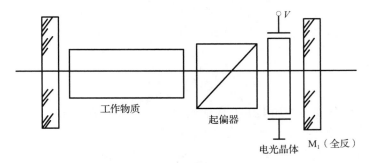

图 4-47 由带起偏器的电光开关构成的电光调 Q 激光器

如图 4-48 所示的光楔就可以由几何形状产生这种光程变化。已知光楔的折射率为 n，底边厚为 l，高为 d。设有一束平面波正入射于 AB 面上，其入射光波前为 EF，且 $EF /\!/ AB$。可以证明入射光通过光楔后其波前应如图 4-48 中的 CD 所示，CD 传播方向与原传播方向的夹角 θ 应满足下述关系

$$\theta \approx \sin\theta = \frac{(n-1)l}{d} = \frac{\Delta n l}{d} \tag{4-138}$$

不难想象，利用线性电光效应亦可使折射率随高度呈线性变化，从而构成一种电光偏转器。图 4-49 是一种连续电光偏转器的示意图。

将 KDP 电光晶体研磨成两块直角棱镜，然后把它们沿斜面胶合在一起，棱镜的三个直角边与晶体外加电场后的主轴坐标系的三个主轴 x'、y' 和 z' 平行，但两块晶体的 z 轴反向平行。外加电场沿 z 轴方向，光沿 y' 轴方向传播，在 x' 轴方向偏振。光在上棱镜中传播时的折射率为

$$n_{x'} = n_{\mathrm{o}} - \frac{1}{2} n_{\mathrm{o}}^3 \gamma_{63} E_z \tag{4-139}$$

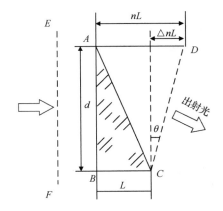
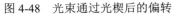

图 4-48 光束通过光楔后的偏转

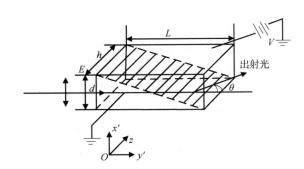

图 4-49 双 KDP 楔形棱镜电光偏转器

而光在下棱镜中传播时的折射率为

$$n_{y'} = n_{\mathrm{o}} + \frac{1}{2} n_{\mathrm{o}}^3 \gamma_{63} E_z \tag{4-140}$$

式（4-140）中的加号是由于电场与 z 轴正方向相反而推导出的结果。因此，光到达两个

KDP 电光晶体的界面上时，由于两边的折射率不同而改变传播方向。由于 $n_{y'} > n_{x'}$，光波通过两块棱镜的光程是从下到上线性增加的，所以光束方向应当向上偏转。

偏转角的大小可根据式（4-138）计算，由于在这种结构中，$\Delta n = n_{y'} - n_{x'} = n_o^3 \gamma_{63} E_z$，而 $E_z = V/h$，所以有

$$\theta = \frac{l}{d} n_o^3 \gamma_{63} E_z = \frac{l}{dh} n_o^3 \gamma_{63} V \tag{4-141}$$

这表明光束偏转角 θ 与外加电压 V 成线性关系，通过调节 V 光束可发生连续偏转。

在一般情况下，即使外加电压高达数百伏或上千伏，θ 角仍是非常小的值，为了增加偏转角控制范围而且外加电压又不会太高，常将 m 对 KDP 电光晶体棱镜在光路上串联起来，构成长 L，宽 h 和高 d 的多级棱镜偏转器，如图 4-50 所示，于是，总偏转角应为原来一对时的 m 倍，即

$$\theta_{\text{总}} = m\theta = m \frac{l}{dh} n_o^3 \gamma_{63} V \tag{4-142}$$

可见，随着 m 的增加，偏转角随之增大，实现了有效的电光偏转。

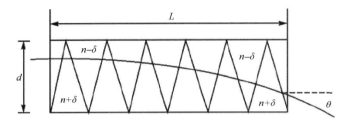

图 4-50　多级棱镜偏转器

以上所讨论的电光偏转属于连续偏转类型。还有一种偏转类型为数字型偏转，这种偏转类型是在空间的特定位置上使光束出现或消失。图 4-51 所示为一级一维数字型电光偏转器，左边是起偏器，中间是电光晶体，右边是双折射晶体。当电光晶体上未外加电压时，起偏器的偏振方向与电光晶体的一个主轴是平行的，使得从起偏器出来的偏振光不改变偏振状态就可通过电光晶体，从电光晶体出来的光进入双折射晶体后变成 e 光，从而偏离原传播方向，折射光的传播路径如实线所示。若电光晶体加上半波电压，则同样的入射线偏光通过电光晶体后其偏振面旋转 90°，进入双折射晶体后变成 o 光，将无偏转地直射出去，如虚线所示。这样，e 光与 o 光在空间中隔开了一段距离，通过电光晶体上外加电压的有无，实现空间特定位置上光的有无。

显然，通过适当的组合可以控制出射光占据更多的位置。例如，将两个一级一维数字型电光偏转器按如图 4-51 所示的方法组合成一个二级一维数字型电光偏转器，如图 4-52 所示。在此组合中，电光晶体 A_1 和 A_2 的尺寸和取向一致，双折射晶体 B_1 和 B_2 的取向也一致，但 B_2 在通光方向的厚度是 B_1 的 2 倍，这样才能保证 B_1 中的 o 光、B_2 中的 e 光的光斑与 B_1 中的 e 光、B_2 中的 o 光的光斑位置等距离分开。在二级一维数字型电光偏转器上，通过在 A_1、A_2 上加或不加半波电压，可以得到如图 4-52 所示的四个光斑位置。同理，对于 n 级电光偏转器，可以得到 $2n$ 个光斑位置。

更进一步，若用彼此正交的两组同级一维电光偏转器组合在一起，则可以获得同级二维电光偏转器，从而能够在二维空间控制光斑位置。

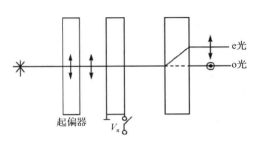

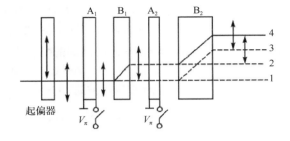

图 4-51　一级一维数字型电光偏转器　　　图 4-52 二级一维数字型电光偏转器

4.4　声光调制与磁光调制

4.4.1　声光效应

　　介质光学性质的变化，不仅可以通过外加电场的作用实现，外力的作用也能够造成折射率的改变。这种由于外力作用引起的介质光学性质变化的现象称为弹光效应。声波是一种弹性波（纵向应力波），在介质中传播时，它使介质产生相应的弹性形变，从而激起介质中各质点沿声波的传播方向振动，引起介质的密度呈疏密相间的交替分布，使得折射率也随之发生变化。由于声波的作用引起的介质光学性质变化的现象称为声光效应，声光效应是弹光效应的一种类型。对声光效应进一步研究表明，超声场所引起的介质折射率在声波矢量方向上的周期性变化，实际上等效于一个光学的"相位光栅"，该光栅间距（光栅常数）等于超声波波长 λ_s。当光波通过这种光栅时，就会产生光的衍射。对入射光而言，衍射光的传播方向、偏振方向、频率和强度都随着超声场的变化而变化。

　　声波在介质中传播分为行波和驻波两种形式。图 4-53 所示为某一瞬间超声行波在介质中的传播，其中深色部分表示介质受到压缩，密度增大，相应的折射率也增大，而浅色部分表示介质密度减小。

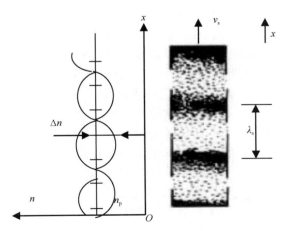

图 4-53　超声行波在介质中的传播

　　设声波的角频率为 ω_s，声波矢量为 $k_s = 2\pi/\lambda_s$，则沿 x 轴方向传播的超声行波方程为

$$a(x,t) = A\cos(\omega_s t - k_s x) \tag{4-143}$$

式中，$a(x,t)$ 为介质质点的瞬时位移；A 为质点位移的振幅。可近似地认为，介质折射率的变化正比于介质质点沿 x 轴方向位移的变化率，即

$$\Delta n(x,t) = \Delta n\sin(\omega_s t - k_s x) \tag{4-144}$$

式中，$\Delta n = -k_s A$，则声波为行波时的介质折射率为

$$n(x,t) = n_0 + \Delta n\sin(\omega_s t - k_s x) = n_0 - \frac{1}{2}n_0{}^3 PS\sin(\omega_s t - k_s x) \tag{4-145}$$

式中，n_0 为无声波时的介质折射率；S 为超声波引起介质产生的应变；P 为材料的弹光系数。式（4-145）说明，在行波声场作用下，介质折射率的增大或减小交替进行，并以声速 v_s（一般为 10^3m/s 量级）向前推进。由于声速仅为光速的数十万分之一，所以对光波来说，运动的"声光栅"可以看作静止的。

超声驻波是由波长、振幅和相位相同，传播方向相反的两束声波叠加而成的，如图 4-54 所示。设在声光介质中，相向传播的两束声波的方程为

$$a_1(x,t) = A\sin(\omega_s t - k_s x) \tag{4-146}$$

$$a_2(x,t) = A\sin(\omega_s t + k_s x) \tag{4-147}$$

则超声驻波方程为

$$a(x,t) = 2A\cos\left(2\pi\frac{x}{\lambda_s}\right)\sin\left(2\pi\frac{t}{T_s}\right) \tag{4-148}$$

式（4-148）说明，超声驻波的振幅为 $2A\cos\left(2\pi\dfrac{x}{\lambda_s}\right)$，它在 x 轴上各点处是周期性变化的，而相位为 $\dfrac{2\pi t}{T_s}$，它在 x 轴上各点处均相同，即不随空间位置变化而变化，故称为超声驻波。在 $x = 2n\lambda_s/4$（$n = 0,1,2,\cdots$）各点上，声驻波的振幅极大（等于 $2A$），这些点称为波腹，波腹间距为 $\lambda_s/2$。在 $x = (2n+1)\lambda_s/4$ 的各点上，声驻波的振幅为 0，这些点称为波节，波节间距也是 $\lambda_s/2$。由于声驻波波腹和波节在介质中的位置是固定的，因此形成的光栅在空间上也是固定的。声驻波形成的折射率变化为

$$\Delta n(x,t) = 2\Delta n\sin\omega_s t\sin k_s x \tag{4-149}$$

声驻波在一个周期内，介质两次出现疏密层，且在波节处密度保持不变，因而折射率每隔半个周期（$T_s/2$）就在波腹处变化一次，由极大（或极小）变为极小（或极大）。在两次变化的某一瞬间，介质各部分的折射率相同，相当于一个没有声场作用的均匀介质。若超声频率为 f_s，那么光栅出现和消失的次数为 $2f_s$，因而光波通过该介质后得到的调制光的频率将为超声波频率的两倍。

无论是声行波还是声驻波，介质折射率分布的特点都是疏密相间的。但声行波所形成的最大周期值等于声波波长 λ_s，且在不断向前移动。声驻波所形成的波腹（或波节）间距为 $\lambda_s/2$，且位置是固定不动的。这种疏密相间的结构造成了折射率的起伏。如果光以与声波传播方向有一定角度入射到介质上，那么在通过介质时，就会与声波相互作用，如同光通过光栅一样。但是，实际上发生的声光相互作用比这种简单的类比要更复杂。

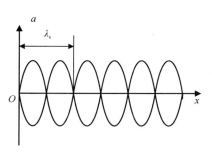

图 4-54　超声驻波

4.4.2　声光相互作用的两种类型

光穿越声波传播的介质时，产生衍射。按照声波频率的高低及声波和光波作用长度的不同，声光相互作用（声光衍射）可以分为拉曼-奈斯（Raman-Nath）衍射和布拉格（Bragg）衍射两种类型。

1. 拉曼-奈斯（Raman-Nath）衍射

当超声波频率较低，光波平行于声波面入射（垂直于声场传播方向），声光相互作用长度 L 较短时，由于声速比光速小得多，故声光介质可视为一个静止的平面相位光栅。而且声波波长 λ_s 比光波波长 λ 大得多，当光波平行通过介质时，几乎不通过声波面，因此只受到相位调制，即通过光密（折射率大）部分的光波波阵面将推迟，而通过光疏（折射率小）部分的光波波阵面将超前，于是通过声光介质的平面波波阵面出现凹凸现象，变成一个褶皱曲面，如图 4-55 所示。由出射波波阵面上各子波源发出的次波将发生相干作用，形成与入射方向对称分布的多级衍射光，这种类似平面光栅的作用产生的声光衍射称为拉曼-奈斯衍射。

下面对光波的衍射方向及光强的分布进行简要分析。设声光介质中的声波是一个宽度为 L、沿 x 轴方向传播的平面纵波（声柱），其波长为 λ_s（角频率 ω_s），声波矢量 k_s 指向 x 轴；入射光波是一个宽度为 q、沿 y 轴方向传播的平面波，其波长为 λ（角频率 ω），光波矢量 k_i 指向 y 轴，如图 4-56 所示。

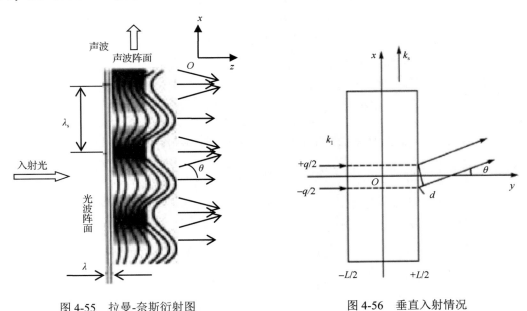

图 4-55　拉曼-奈斯衍射图　　　　　　　　　图 4-56　垂直入射情况

声波在介质中引起的弹性应变场为 $S_1 = S_0 \sin(\omega_s t - k_s x)$，声光介质中的折射率分布为

$$n(x,t) = n_0 + \Delta n \sin(\omega_s t - k_s x) \tag{4-150}$$

当把声行波近似地视为不随时间变化的超声场时，可略去对时间的依赖关系，这样沿 x 轴方向的折射率分布可简化为

$$n(x) = n_0 + \Delta n \sin k_s x \tag{4-151}$$

式中，n_0 为无声波时的介质折射率；Δn 为声波导致的折射率变化。由于介质折射率发生了周

期性的变化，所以会对入射光波的相位进行调制。设平面光波在声光介质的入射面 $y=-L/2$ 处的光波方程为

$$E_{in} = A\exp(j\omega t) \tag{4-152}$$

经声光介质的传输到达出射面 $y=+L/2$ 处时，不同的 x 坐标上的各点引入了不同的附加相位，其光波方程变为

$$E_{out} = A\exp\{j[\omega(t-n(x)L/c)]\} \tag{4-153}$$

显然，出射光波已不再是单色平面波，而是一个相位被调制了的光波，其等相面是由函数 $n(x)$ 决定的褶皱曲面。该出射波波阵面可分为若干个子波源，则与 y 轴夹角为 θ 角方向上的声场外无限远处 P 点，总的衍射光强是所有子波源贡献的和，由下列积分决定

$$E_P = \int_{-q/2}^{q/2} \exp\{jk_i[lx + L\Delta n\sin(k_s x)]\}dx \tag{4-154}$$

式中，$l=\sin\theta$ 表示衍射方向的正弦。对 E_P 进行积分的结果，得 E_P 的虚部为零，实部为

$$E_P = q\sum_{r=0}^{\infty} J_{2r}(v)\left[\frac{\sin(lk_i+2rk_s)q/2}{(lk_i+2rk_s)q/2} + \frac{\sin(lk_i-2rk_s)q/2}{(lk_i-2rk_s)q/2}\right] +$$
$$q\sum_{r=0}^{\infty} J_{2r+1}(v)\left\{\frac{\sin[lk_i+(2r+1)k_s]q/2}{[lk_i+(2r+1)k_s]q/2} - \frac{\sin[lk_i-(2r+1)k_s]q/2}{[lk_i-(2r+1)k_s]q/2}\right\} \tag{4-155}$$

式中，$J_r(v)$ 是 r 阶贝塞尔函数，$v=(\Delta n)k_i L$；分数部分属于 $\sin A/A$ 类型函数，在 $A=0$ 处，$\sin A/A$ 取极大值。由式（4-155）可以看出，衍射光场 E_P 取极大值的条件为

$$k_i\sin\theta \pm mk_s = 0 \quad (m=整数且 m>0) \tag{4-156}$$

式中，m 表示衍射级次。当 θ 角和声波矢量的大小 k_s 确定后，其中某一项取极大值时，其他项的贡献几乎等于零。因而，当 m 取不同值时，不同 θ 角方向的衍射光取极大值。由式（4-156）得各级衍射的极值方位角为

$$\sin\theta_m = \pm m\frac{k_s}{k_i} = \pm m\frac{\lambda}{\lambda_s} \quad (m=0,\pm1,\pm2,\cdots) \tag{4-157}$$

对于一定的 λ、λ_s，只有某些 θ 角满足上述条件。例如，$m=0$，对应 $\theta=0$ 为零级极值方向；$m=1$，对应 $\theta=\arcsin\pm\dfrac{\lambda}{\lambda_s}\pm1$ 级极值方向，依次类推。由此可见，在拉曼-奈斯衍射中其零级亮纹两边对称分布着各高级亮纹。

各级衍射光的强度为

$$I_m \propto J_m^2(v), \quad v=(\Delta n)k_i L = \frac{2\pi}{\lambda}\Delta nL \tag{4-158}$$

式中，v 表示光波穿过宽度为 L 的声场时所产生的附加相位延迟。当 v 确定后，各级光强数值可分别从贝塞尔函数表查得。

综上所述，拉曼-奈斯衍射的结果，使光波在声场外分成一组衍射光，分别对应确定的衍射角 θ_m（传播方向）和衍射强度，其中，衍射角由式（4-157）决定，衍射光强由式（4-158）决定，因此这一组衍射光是离散型的。由于 $J_m^2(v)=J_{-m}^2(v)$，故各级衍射光对称分布在零级衍射光两侧，且同级次衍射光强相等，这是拉曼-奈斯衍射的主要特征之一。另外，在声光衍射过程中，光功率分布在零级亮纹上最大，随着 $|m|$ 的增大，各衍射条纹的光强递减。由于 $J_0^2(v)+2\sum_1^{\infty} J_m^2=1$，表明无吸收时衍射光各级极值光强之和应等于入射光强，即光功率是守恒

的。以上分析略去了时间因素，采用比较简单的处理方法得到拉曼-奈斯声光作用的结果。但是，由于光波与声波场的作用，各级衍射光波将产生多普勒频移，根据能量守恒原理，应有

$$\omega = \omega_i \pm m\omega_s \qquad (4\text{-}159)$$

而且各级衍射光强将受到角频率为 $2\omega_s$ 的调制。但由于超声波频率为 10^9Hz，而光波频率高达 10^{14}Hz，故多普勒频移的影响可忽略不计。

2. 布拉格（Bragg）衍射

当声波频率较高，声光作用长度 L 较大，而且光束与声波面间以一定的角度斜入射时，光波在声光介质中要连续穿过多个声波面，入射光在声柱中已不再沿直线传播，这时入射光既要受到相位调制，又要受到振幅调制，这样声光介质便完全具有体光栅的性质。当入射光与声波面间夹角满足一定条件时，介质内各级衍射光会相互干涉，各高级次衍射光将互相抵消，只出现 0 级和 +1 级（或 -1 级）（视入射光的方向而定）衍射光，即产生布拉格衍射，如图 4-57 所示。若能合理选择参数，并使超声场足够强，则可使入射光能量几乎全部转移到 +1 级（或 -1 级）衍射极值上，光束能量可以得到充分利用，所以，利用布拉格衍射制成的声光器件可以获得较高的效率。判别拉曼-奈斯衍射与布拉格衍射的经验公式为：声波束的宽度以 $L_0 \approx n\lambda_s^2 / 4\lambda$ 为界，$L < L_0$ 为拉曼-奈斯衍射，$L > L_0$ 为布拉格衍射。

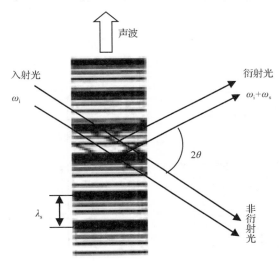

图 4-57　布拉格衍射

由于体光栅中的多光束干涉，布拉格衍射的严格分析必须用麦克斯韦方程求解。这里仅借助简单的"镜面"反射模型做直观的物理描述。既然折射率的变化会引起光的部分反射，那么可将折射率周期性变化的介质用一系列相距为声波波长 λ_s，并以声速 v_s 运动的部分反射镜来模拟。为简单起见，暂且不考虑这些反射镜的移动。光线入射到镜面时，既有在同一层上反射的光线，也有不同层反射的光线。如图 4-58 所示，当平面波光线 1 和 2 以 θ_i 角入射至声波场时，在 B、C 和 E 点处部分反射，产生衍射光 1' 和 2'。各衍射光相干增强的条件是它们之间的光程差应为波长的整数倍，或者说它们必须同相位。图 4-58（a）表示在同一镜面上的衍射情况，由 B、C 点反射的 1'、2' 光束具有同相位（B、C 两点在 θ_d 角方向产生衍射）的条件，必须使光程差 $AC\text{-}BD$ 等于光波波长 λ/n 的整数倍，即

$$x(\cos\theta_i - \cos\theta_d) = m\frac{\lambda}{n} \quad (m=0,\pm1,\pm2,\cdots) \tag{4-160}$$

显然，只有当 $m=0$ 时，同一镜面上的所有点才能同时满足这一条件，由此得

$$\theta_i = \theta_d \tag{4-161}$$

即要求入射角等于衍射角。图 4-58（b）表示相距 λ_s 的两个不同镜面上的衍射情况，由 C、E 点反射的 2′、3′光束具有同相位（C、E 两点在 θ_d 角方向产生衍射）的条件，其光程差 $FE+EG$ 也必须等于光波波长 λ/n 的整数倍，即

$$\lambda_s(\sin\theta_i + \sin\theta_d) = m\frac{\lambda}{n} \quad (m=0,\pm1,\pm2,\cdots) \tag{4-162}$$

考虑到 $\theta_i = \theta_d$，所以（取 $m=1$）

$$\sin\theta_B = \frac{\lambda}{2n\lambda_s} = \frac{\lambda}{2nv_s}f_s \tag{4-163}$$

式中，$\theta_i = \theta_d = \theta_B$，$\theta_B$ 为布拉格角。可见，只有当入射角 θ_i 等于布拉格角 θ_B 时，在声波面上衍射的光波才同相位，满足相干加强的条件，得到衍射极值，式（4-163）称为布拉格方程。在上述推导过程中，忽略了声光栅的移动。在声波以波速 v_s 在介质中运动时，声光栅也以 v_s 运动，光与声之间具有相对运动，产生了多普勒效应。这时，入射光频率与衍射光频率不同，其差值为

$$\Delta\omega = 2\omega\frac{v_s\sin\theta_B}{c}n \tag{4-164}$$

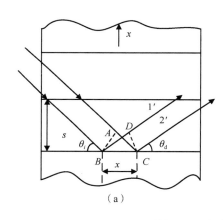
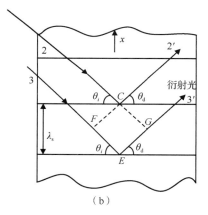

（a）   （b）

图 4-58   产生布拉格衍射条件的模型

利用式（4-163），得到

$$\Delta\omega = \frac{2\pi v_s}{\lambda_s}n = \omega_s \tag{4-165}$$

因此，当光波（ω_i）与声波（ω_s）相向运动时，衍射光频率为 $\omega_d = \omega_i + \omega_s$；当光波与声波相背运动时，衍射光频率为 $\omega_d = \omega_i - \omega_s$。

布拉格衍射光强与声光材料特性和声场强度有关。当入射光强为 I_i 时，布拉格声光衍射的 0 级和 1 级衍射光强的表达式可分别写成

$$I_0 = I_i \cos^2\left(\frac{v}{2}\right) \Bigg\rbrace$$
$$I_1 = I_i \sin^2\left(\frac{v}{2}\right) \Bigg\rbrace \tag{4-166}$$

式中，v 是光波穿过长度为 L 的超声场所产生的附加相位延迟。v 可以用声致折射率的变化来表示，即 $v = \frac{2\pi}{\lambda}\Delta n L$ 。因此有

$$\frac{I_1}{I_i} = \sin^2\left[\frac{1}{2}\left(\frac{2\pi}{\lambda}\Delta n\right)L\right] \tag{4-167}$$

设介质是各向同性的，由晶体光学可知，当光波和声波沿某些对称方向传播时，Δn 由介质的弹光系数 P 和介质在声场作用下的弹性应变幅值 S 决定，即

$$\Delta n = -\frac{1}{2}n^3 PS \tag{4-168}$$

式中，S 与超声驱动功率 P_s 有关，而超声驱动功率 P_s 与换能器的面积 HL（H 为换能器的宽度，L 为换能器的长度）、声速 v_s 与能量密度 $\frac{1}{2}\rho v_s^2 S^2$（$\rho$ 是介质密度）有关，即

$$P_s = (HL)v_s\left(\frac{1}{2}\rho v_s^2 S^2\right) = \frac{1}{2}\rho v_s^3 S^2 HL \tag{4-169}$$

因此

$$S = \sqrt{2P_s / HL\rho v_s^3} \tag{4-170}$$

于是

$$\Delta n = -\frac{1}{2}n^3 P\sqrt{\frac{2P_s}{HL\rho v_s^3}} = -\frac{1}{2}n^3 P\sqrt{\frac{2I_s}{\rho v_s^3}} \tag{4-171}$$

式中，$I_s = P_s / HL$ 为超声强度。将式（4-171）代入式（4-169），可求得衍射效率

$$\eta_s = \frac{I_1}{I_i} = \sin^2\left[\frac{\pi L}{\sqrt{2}\lambda}\sqrt{\left(\frac{n^6 P^2}{\rho c^3}\right)I_s}\right] = \sin^2\left[\frac{\pi L}{\sqrt{2}\lambda}\sqrt{M_2 I_s}\right] \tag{4-172}$$

或

$$\eta_s = \frac{I_1}{I_i} = \sin^2\left[\frac{\pi}{\sqrt{2}\lambda}\sqrt{\frac{L}{H}M_2 P_s}\right] \tag{4-173}$$

式中，$M_2 = n^6 P^2 / \rho v_s^3$ 是声光介质的物理参数组合，是由介质本身性质决定的量，称为声光材料的品质因数（或声光优质指标），是选择声光介质的主要指标之一。从式（4-173）可知。

（1）若在超声驱动功率 P_s 一定的情况下，欲使衍射光强尽量大，则应选择 M_2 大的材料，并把换能器做成长而窄（L 大 H 小）的形式。

（2）当超声驱动功率 P_s 足够大，使 $\frac{\pi}{\sqrt{2}\lambda}\sqrt{\frac{L}{H}M_2 P_s}$ 达到 $\pi/2$ 时，$I_1 / I_i = 100\%$，$I_0 = 0$ 和 $I_1 = I_i$，即满足布拉格衍射条件时，入射光的能量全部转移到 1 级衍射光。

（3）当改变超声驱动功率 P_s 时，I_1 / I_i 也随之改变，因而通过控制超声驱动功率 P_s（控制加在电声换能器上的电功率）可以达到控制衍射光强的目的，实现声光调制。

4.4.3　声光器件

和电光效应一样，利用声光效应也可对光波参数进行有效控制，从而制成声光调制器、偏转器、可调谐声光滤波器及信号处理器等。本节重点讨论采用布拉格衍射的各种典型声光器件的原理。

1. 声光调制器

从原理上讲，声光效应既可用于强度调制，也可用于频率调制。但由于声波频率远低于光波频率，因此衍射光的频移量很小，大体上是声频 f_s 量级。对于普通激光束，其本身线宽已远大于 f_s，所以一般不用声光效应制作频率调制器。

声光调制器是由声光介质、电声换能器、吸声（或反射）装置及驱动电源等组成的，如图 4-59 所示。

声光介质是声和光相互作用的场所。当一束光通过变化的声场时，由于光和超声场的相互作用，其出射光具有随时间变化而变化的各级衍射光，利用衍射光强随超声波强度变化而变化的性质，可以制成光强调制器。

电声换能器（又称超声发生器）利用某些压电晶体（石英、$LiNbO_3$ 等）或压电半导体（CdS、ZnO 等）的反压电效应，在外加电场作用下产生机械振动，形成超声波辐射，所以它起着将调制的电功率转换成超声驱动功率的作用。

吸声（或反射）装置放置在超声源的对面，用以吸收已通过介质的声波（工作于行波状态），以免返回介质产生干扰，但要使超声场工作于驻波状态，需要将吸声装置换成反射装置。

驱动电源用以产生调制电信号，施加于电声换能器两端的电极上，驱动声光调制器（换能器）工作。声光调制是利用声光效应将信息加载于光频载波上的一种物理过程。调制信号以电信号（调幅）形式作用于电声换能器上形式变化的超声场，当光波通过声光介质时，由于声光作用，光载波受到调制而成为"携带"信息的强度调制波。由前面分析可知，无论是拉曼-奈斯衍射还是布拉格衍射，其衍射效率均与附加相位延迟因子 $v = \dfrac{2\pi}{\lambda}\Delta n L$ 有关，其中，声致折射率差 Δn 正比于弹性应变幅值 S，而 S 正比于超声驱动功率 P_s，故当声波场受到信号的调制使声波振幅随之变化时，衍射光强也随之做相应的变化。布拉格声光调制特性曲线与电光强度调制相似，如图 4-60 所示。可以看出，衍射效率 η_s 与超声功率 P_s 是非线性调制曲线形式，为了使调制波不发生畸变，需要加超声偏置，使其工作在线性较好的区域。

从声光相互作用类型上讲，调制器既可做成拉曼-奈斯型，也可做成布拉格型。拉曼-奈斯型声光调制器工作原理如图 4-61（a）所示，其各级衍射光强比例于 $J_n^2(v)$。若取某一级衍射光作为输出，利用光阑将其他各级衍射光遮挡，则从光阑孔出射的光束就是一个随 v 变化而变化的调制光。由于拉曼-奈斯型声光调制器衍射效率很低，光能利用率也低，因此当工作的声波频率较高时，其最大允许声光相互作用长度 L 太小，将导致要求有很高的超声驱动功率注入，但是换能器的功率是有限的，因此，拉曼-奈斯型声光调制器仅限于低频工作（一般 <10MHz），具有有限的带宽。

布拉格型声光调制器工作原理如图 4-36（b）所示。其声光衍射的效率为

$$\eta_s = \sin^2\left(\frac{v}{2}\right) = \sin^2\left[\frac{\pi}{\sqrt{2}\lambda\cos\theta_B}\sqrt{M_2 P_s}\right] \tag{4-174}$$

式中，$\cos\theta_B$ 因子考虑了布拉格角对声光作用的影响。对于 $\frac{v}{2}\ll 1$ 的情况，有 $\sin\frac{v}{2}\approx\frac{v}{2}$，因此

$$\eta_s \approx \frac{\pi^2 L^2}{2\lambda^2\cos^2\theta_B}M_2 I_s \tag{4-175}$$

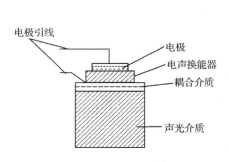

图 4-59　声光调制器结构

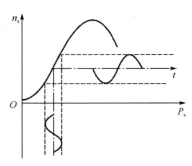

图 4-60　声光调制特性曲线

式（4-175）表明，在超声驱动功率 P_s（或声强 I_s）较小的情况下，衍射效率 η_s 与声强度 I_s 呈线性关系。也就是说，当声强度受到所需传递的信息信号的线性调制时，衍射光波的强度也受到调制，从而实现声光强度调制。布拉格衍射必须使光束以布拉格角 θ_B 入射，同时在相对声波阵面对称方向接收衍射光束时，才能得到满意的结果。布拉格衍射由于效率高、调制带宽较宽，故多被采用。

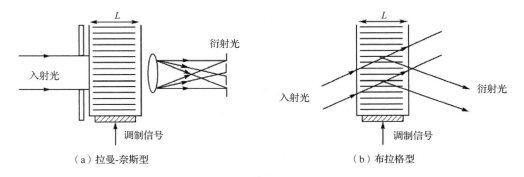

（a）拉曼-奈斯型　　　　　　　　　　（b）布拉格型

图 4-61　声光调制器工作原理

调制带宽是声光调制器的一个重要技术参量，它是衡量调制器能否无失真地传输信息的一个指标。影响调制带宽的因素有光波的频带宽度、声波携带的信号频带宽度、光束及声束的发散程度。根据布拉格衍射条件 $\lambda = 2n\lambda_s\sin\theta_B$，对于一给定频率和入射角的光波，只能有某一个确定的频率和波矢量的声波能满足布拉格衍射条件。当采用有限的发散光束和声束时，有可能在一个有限的声频范围内产生布拉格衍射。布拉格衍射角表达式为

$$\theta_B = \arcsin\frac{\lambda}{2n\lambda_s} = \arcsin\frac{\lambda f_s}{2nv_s} \tag{4-176}$$

对上式微分，可得带宽

$$\Delta f_s = \frac{2nv_s\cos\theta_B}{\lambda}\Delta\theta_B \tag{4-177}$$

式中，$\Delta\theta_B$ 是声波频率改变 Δf_s 时为满足布拉格衍射条件所需的布拉格角的改变量。设入射光束的发散角 $\delta\theta_i$ 和声波衍射极限形成的发散角 $\delta\theta_s$ 可分别表示为

$$\delta\theta_i \approx \frac{2\lambda}{\pi n\omega_0} \qquad\qquad (4\text{-}178)$$

$$\delta\theta_s \approx \frac{\lambda_s}{L} \qquad\qquad (4\text{-}179)$$

式中，ω_0 为入射光束束腰半径；n 为声光介质的折射率；L 为声束宽度。显然，光束入射角的变化范围应为

$$\Delta\theta_B = \delta\theta_i + \delta\theta_s \qquad\qquad (4\text{-}180)$$

　　下面讨论实际声光调制过程中的布拉格衍射。假设入射光波是理想单色光波，但有一定的发散角度。入射发散光束可视为由一系列平面波叠加而成，这些平面波的波矢量都位于发散角范围内，而声波束因受到被传输信号的调制而成为以载波频率为中心的许多傅里叶频谱分量。对于每个特定方向的入射平面波，在发散角 $\delta\theta_s$ 范围内都有许多适当频率和波矢量的平面声波可以满足布拉格条件；同样，对于每个确定的声频，都可以通过许多波矢量方向不同的平面声波引起光波的衍射。综合考虑光波的发散角与声波发散角的作用，对于每个确定的入射光方向，都有一束发散角为 $2\delta\theta_s$ 的衍射光，而每个衍射方向都对应不同的频移，如图 4-62 所示。

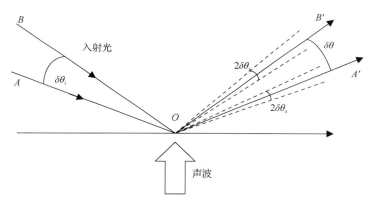

图 4-62　布拉格声光调制器的波束匹配原理图

　　为了恢复衍射光束的强度调制，需要把衍射光的不同分量在探测器中混合，为此要求两束最边界的衍射光（图 4-62 中 OA' 和 OB'）有一定的重叠，即 $\delta\theta_s \approx \delta\theta_i$，并令 $\delta\theta_s \approx \delta\theta_i = \lambda/\pi n\omega_0$，由此可给出调制带宽为

$$(\Delta f)_m = \frac{1}{2}\Delta f_s = \frac{2v_s}{\pi\omega_0}\cos\theta_B \qquad\qquad (4\text{-}181)$$

　　式（4-181）表明，声光调制器的调制带宽与声波穿过光束的渡越时间（ω_0/v_s）成反比，因此被调制光束的发散度越大（束腰越小），声速越大，调制带宽也越大，即与光束直径成反比，用宽度小的光束可得到大的调制带宽。同时应限制，不要使零级衍射光束与一级衍射光束重叠，不然会降低调幅制度，此条件要求

$$\delta\theta_i \leqslant \theta_B = \frac{\lambda}{2nv_s}f_{s0} \qquad\qquad (4\text{-}182)$$

式（4-182）限制了声波中心频率 f_{s0} 的最小取值。若将式（4-178）代入式（4-182），则可得最小声波中心频率为

$$(\Delta f_{s0})_{\min} = \frac{4v_s}{\pi\omega_0} \tag{4-183}$$

将式（4-183）与式（4-181）相比，进一步可得

$$(\Delta f)_{\mathrm{m}} \approx \frac{(\Delta f_{s0})_{\min}}{2} \tag{4-184}$$

即最大的调制带宽 $(\Delta f)_{\mathrm{m}}$ 近似等于最小声波中心频率的一半。因此，大的调制带宽要采用高频布拉格衍射才能得到。

声光调制器的另一个重要参量是衍射效率。根据式（4-184），得到 100% 调制所需的声强度为

$$I_s \approx \frac{\lambda^2 \cos^2\theta_B}{2M_2 L^2} \tag{4-185}$$

若表示为所需的超声驱动功率，则

$$P_s = HLI_s = \frac{\lambda^2 \cos^2\theta_B}{2M_2}\left(\frac{H}{L}\right) \tag{4-186}$$

由此可见，声光材料的品质因数 M_2 越大，要获得 100% 的衍射效率所需的超声驱动功率越小，电声换能器的截面应做得长（L 大）而窄（H 小）。然而，作用长度 L 的增大虽然对提高衍射效率有利，但会导致调制带宽的减小（因为声束发散角 $\delta\theta_s$ 与 L 成反比，小的 $\delta\theta_s$ 意味着小的调制带宽）。令 $\delta\theta_s = \dfrac{\lambda_s}{2L}$，带宽可写成

$$\Delta f_s = \frac{2nv_s\lambda_s}{\lambda L}\cos\theta_B \tag{4-187}$$

由式（4-187）解出 L，可得

$$2\eta_s f_{s0}\Delta f_s = \left(\frac{n^7 P^2}{\rho v_s}\right)\frac{2\pi^2}{\lambda^3 \cos\theta_B}\left(\frac{P_s}{H}\right) \tag{4-188}$$

式中，f_{s0} 为声波中心频率（$f_{s0} = v_s/\lambda_s$）。引入因子 $M_1 = n^7 P^2/\rho v_s = (nv_s^2)M_2$，$M_1$ 为表征声光材料的调制带宽特性的品质因数。M_1 越大，声光材料制成的调制器所允许的调制带宽越大。

除 M_1、M_2 之外，还引入了表征声光材料作为声光偏转器的另一个优质指标 M_3，定义为

$$M_3 = \frac{M_1}{v_s} = \frac{n^7 P^2}{\rho v_s^2} \tag{4-189}$$

M_3 大的声光材料不仅要求 M_1 大，而且要求声速 v_s 小。声速小表示声波穿过被偏转光束截面的渡越时间 τ（$\propto 1/v_s$）长，因而在一定调制带宽 Δf_s 下可获得更高的可分辨点数 N。M_3 越大，$\eta_s f_{s0}$ 越大，调制器所允许的调制带宽也越大。

2. 声光偏转器

从声光衍射理论的分析中可以看到，当声波频率发生变化时，满足布拉格衍射条件的衍射角也会发生变化，即光束发生偏转，如图 4-63（a）所示。图 4-63（b）表示动量改变情况。

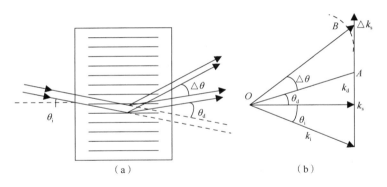

图 4-63　布拉格声光偏转

设当声频是 f_s 时，声光衍射满足布拉格条件，入射光、声波、衍射光之间满足动量守恒，三者的波矢量将构成一封闭的三角形，衍射光沿 OA 方向传播。当声频从 f_s 变到 $f_s + \Delta f_s$ 时，声波的波矢量 $k_s = 2\pi f_s / v_s$ 改变 $\Delta k_s = 2\pi\Delta f_s / v_s$，新的波矢量为 $k_s + \Delta k_s$。由于光的入射角 θ_i 未变，衍射光波矢量 k_d 的大小基本不变，因此动量波矢图将不再闭合，即动量守恒不再满足，此时衍射光将沿动量失配最小的方向偏转，即沿 OB 方向传播，其相对原衍射方向偏转了一个角度 $\Delta\theta$。

在满足布拉格条件下，入射光与衍射光夹角 θ 为

$$\theta = \theta_i + \theta_d = 2\theta_B = 2\arcsin\frac{\lambda f_s}{2nv_s} \approx \frac{\lambda f_s}{nv_s} \tag{4-190}$$

则

$$\Delta\theta \approx \frac{\lambda}{nv_s}\Delta f_s \tag{4-191}$$

可见光束偏转角 $\Delta\theta$ 与声频的变化 Δf_s 成正比，因此改变声波频率就可以控制光的衍射方向，使光束产生相应大小的偏转。

对声光偏转器来说，$\Delta\theta$ 的绝对值大小不是最主要的指标，人们更看中的是在光束偏转过程中所包含的互不重叠的光斑个数（$\Delta\theta$ 超过光束发散角的倍数）。如果衍射角可看作 $-\lambda / nD$，D 为光束直径，则可分辨的光斑个数为

$$N = \frac{\Delta\theta}{\delta\theta} \tag{4-192}$$

式中，$\delta\theta$ 表示被偏转光束的发散角，其全角表达式为 $\delta\theta \approx \dfrac{2\lambda}{\pi n\omega_0}$，所以

$$N \approx \frac{\pi\omega_0}{2v_0} \approx \tau\Delta f_s \tag{4-193}$$

式中，$\tau = \pi\omega_0 / 2v_s$ 为声波穿越整个被偏转光束截面的时间，称为渡越时间。一般来说，N 越大，τ 越小，声光偏转器的性能越好。

3. 声光 Q 开关

声光 Q 开关利用介质中的超声场对光的衍射效应，控制光束在激光谐振腔中的方向，使光束偏离出腔外，造成腔内损耗增大，Q 值降低，激光振荡不能形成，起到"Q 开关"的作用。在光泵激励下，其上能级反转粒子数将不断积累并达到饱和，若此时突然撤除超声场，

则衍射效应立即消失，光束在声光介质中重新沿着轴线方向传输，使得腔内损耗突降，而 Q 值猛增，激光振荡迅速恢复，形成巨脉冲输出。图 4-64 是声光调 Q 激光器的原理示意图，声光调 Q 器件置于激光谐振腔中，高频振荡电源产生射频超声场。由于声光 Q 开关所需的调制电压很低（小于 200V），故容易实现对连续激光器调 Q 以获得高重复率的巨脉冲。一般重复频率可达 1～20kHz。通常声光 Q 开关需要开断较高的连续激光功率，故多采用衍射效率较高的布拉格衍射。

4. 声光频谱分析器

通过布拉格衍射可实现对射频信号的频谱分析，这是布拉格声光偏转器的一种变相应用，其原理图如图 4-65 所示。

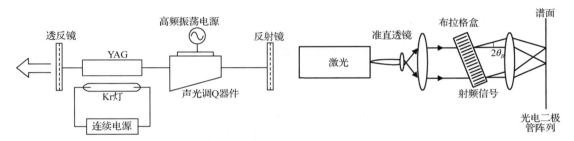

图 4-64　声光调 Q 激光器的原理示意图　　　　图 4-65　声光频谱分析器原理图

对于一定的光波入射，如果作用在声光介质上的声波频率 f_s 不同，那么衍射光的偏转角 $2\theta_B$ 也不同，$2\theta_B = \lambda f_s / n v_s$。将被分析的射频信号加在电声换能器上，声波包含许多频谱分量的频率，由于光波与声波相互作用，会出现不同方向的衍射光，经准直透镜聚焦后，在谱面上会有不同位置的亮斑出现，每个斑点对应一种声波频率，由于光强正比于每个声波频率的功率，因此谱面上的光强分布表示声波的功率谱，从而实现对声波频谱的分析。为了实时给出分析结果，可在谱面上安装一个光电二极管阵列（或光电 CCD 探测器），由该阵列直接给出 θ_B 值及光强，即给出射频信号的频谱。

声光频谱分析器区别于传统的扫描式外差检测频谱分析器，能够并行一次给出信号频率和功率分布，更适用于实时工作，对复杂电信号，如雷达信号的分析是十分有用的。光集成技术已经能够使这种器件集成化。

5. 声光可调谐滤波器

声光衍射效应可用于制作波长可调谐的光谱滤波器。因为布拉格衍射条件是光波长 λ 及声波长 λ_s 的函数关系，当改变声频（声波长）时，对应衍射效率最大的光波长将随之改变，从而实现可调谐滤波。由于采用电子学方法改变声频在技术上简单易行，因此用声光原理制作的声光可调谐滤波器较纯光学滤波器更易于在较大光谱范围内连续调谐。

与一般情况下光波与声波的传播角度的关系不同，在这种滤波器装置中，光波与声波是在同一方向传播的，即布拉格衍射角 $\theta_B = \pi / 2$，如图 4-66 所示。这种根据共轴声光衍射原理得到的光谱透射率 T 为衍射光强与入射光强之比

$$T = \frac{\sin^2[k_{12}L\sqrt{1+(\Delta\beta/2k_{12})^2}]}{1+(\Delta\beta/2k_{12})^2} \tag{4-194}$$

式中，L 为声光相互作用长度；k_{12} 为耦合系数；$\Delta\beta$ 为动量失配量。

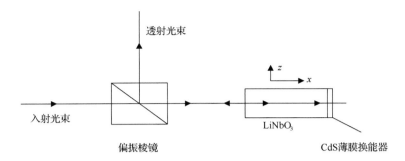

图 4-66　声光可调谐滤波器装置图

$$\Delta\beta = \beta_1 - \beta_2 \pm k_s \qquad (4\text{-}195)$$

式中

$$\left.\begin{array}{l}\beta_1 = \dfrac{2\pi}{\lambda} n_1 \sin\theta_1 \\[2mm] \beta_2 = \dfrac{2\pi}{\lambda} n_2 \sin\theta_2\end{array}\right\} \qquad (4\text{-}196)$$

式（4-196）中，n_1、n_2 分别为入射光与衍射光对应的折射率（由于偏振态的不同）；θ_1、θ_2 分别为对应的入射角与衍射角。在满足布拉格衍射条件时，$\Delta\beta = 0$，有

$$\frac{2\pi}{\lambda}(n_2 \sin\theta_2 - n_1 \sin\theta_1) = \pm\frac{2\pi}{v_s} f_s \qquad (4\text{-}197)$$

式（4-197）就是通过改变声频实现滤波器调谐所需要满足的条件。当 $\Delta\beta \neq 0$ 时，透射率会随 $\Delta\beta L/\pi$ 而出现周期性起伏，但其他极大值远小于 $\Delta\beta=0$ 所得到的透射率，光波峰值透射率所对应的波长基本上是随声波频率升高而下降的，如图 4-67 所示。

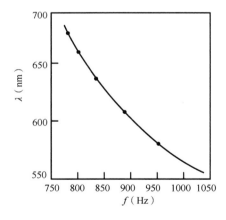

图 4-67　光波峰值透射率所对应的波长与声波频率的关系

4.4.4　旋光现象

当线偏振光沿光轴方向通过某些天然介质时，它的偏振面会发生旋转，这一现象称为天然旋光现象，如图 4-68 所示。旋光现象起因于某些介质对左旋、右旋圆偏振光的折射率 n_L、n_R 大小不同。该现象在 1811 年首先由阿拉果在石英晶体中观察到。后来，比奥在一些各向

同性的气体和液体中也观察到同样的现象。

对旋光现象的物理解释，由菲涅耳做出了简洁而直观的说明。根据菲涅耳的观点，当一束线偏振光通过某一介质时，将分解为两个频率相同、初相位相同的圆偏振光。其中，一个圆偏振光的电矢量是逆时针方向旋转的，称为左旋圆偏振光；而另一个圆偏振光的电矢量是顺时针方向旋转的，称为右旋圆偏振光。这两个圆偏振光在垂直于传播方向的平面内做匀速圆周运动。由于这两个圆偏振光在介质中可能具有不同的传播速度，这表示电矢量在向左及向右方向上旋转的速度不相同，因此当两个圆偏振光通过介质重新合成一线偏振光时，其偏振方向将发生改变。例如，在非旋光物质中，由于两个圆偏振光具有相同的传播速度，左旋和右旋圆偏振光的偏振面始终与入射光的偏振面 AA 对称，所以合矢量始终保持与 AA 方向相同，而不产生偏振面的旋转，如图 4-69（a）所示。但在旋光物质中，由于两个圆偏振光具有不同的传播速度，合矢量与 φ_L 和 φ_R 夹角的分角线 BB 方向相同，所以合成偏振面 BB 相对入射光的偏振面 AA 旋转了一个角度 θ，如图 4-69（b）所示。

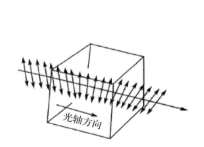

图 4-68　天然旋光现象

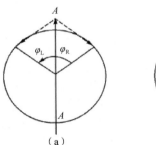
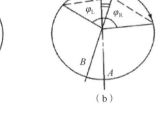

图 4-69　非旋光物质和旋光物质的合成偏振面

假设一束波长为 λ 的偏振光射入旋光物质，旋光物质对左旋和右旋圆偏振光的折射率是不同的，对应的折射率分别为 n_L 和 n_R，左旋和右旋圆偏振光通过厚度为 L 的介质之后产生的相位延迟分别为

$$\varphi_L = \frac{2\pi}{\lambda} n_L L \qquad (4\text{-}198)$$

$$\varphi_R = \frac{2\pi}{\lambda} n_R L \qquad (4\text{-}199)$$

左旋和右旋圆偏振光的相位差为

$$\Delta\varphi = \varphi_L - \varphi_R = \frac{2\pi}{\lambda}(n_L - n_R)L \qquad (4\text{-}200)$$

当它们通过介质之后，又合成为一线偏振光，其偏振方向相对入射光偏振方向旋转了一个角度 θ，即

$$\theta = \frac{\Delta\varphi}{2} = \frac{\pi}{\lambda}(n_L - n_R)L \qquad (4\text{-}201)$$

4.4.5　法拉第旋转效应

磁场也能影响某些物质的光学性能。有些晶体本来不具有旋光性质，但在磁场作用下却可表现出旋光性质，这种人为的旋光现象称为磁光效应。磁光效应包括法拉第旋转效应、克

尔效应和磁双折射效应等。其中最主要的是法拉第旋转效应，它与置于磁场中介质折射率的变化有关。

法拉第在 1845 年发现：当一束平面偏振光穿过一置于磁场中的介质时，光束偏振面将发生旋转，且旋转的角度正比于与光束传播方向平行的磁场分量。这种现象称为法拉第旋转效应。法拉第旋转效应中光矢量偏振面的旋转角度 θ 表达式为

$$\theta = VBL \tag{4-202}$$

式中，B 为平行于传播方向的磁感应强度分量；L 为光在介质中的传播长度；V 为维尔德常数，是表征材料磁光性能的一个常数，与波长有关。几种材料在 $\lambda=589.3\text{nm}$ 时的维尔德常数如表 4.2 所示。

表 4.2　$\lambda=589.3\text{nm}$ 时几种材料的维尔德常数

材　料　名　称	V（rad/m·T）
SiO_2	4.0
ZnS	82.0
NaCl	9.6
冕玻璃	6.4
火石玻璃	23.0

磁致旋光效应的旋转方向仅与磁场方向有关，与光束传播方向的正逆无关，这是磁致旋光效应与天然旋光效应的不同之处，即当光束往返通过天然旋光介质时，其旋转角因大小相等、方向相反而相互抵消，但当光束往返通过磁光介质时，只要磁场方向不变，其旋转角就朝一个方向增加。此现象表明磁致旋光效应是一个不可逆的光学过程，因此可用来制成光学隔离器或单通光闸等器件，利用这一特性可以使光束在两反射镜之间多次穿越磁光介质，以增强磁光效应。

4.4.6　磁光器件

磁光效应的应用不如电光、声光效应那样广泛，但在某些光电子技术中，利用磁光效应原理制成的器件依然起着重要的作用。

1.　磁光调制器

磁光调制器是利用法拉第旋转效应设计的线性调制器。磁光调制与电光调制、声光调制一样，也是把欲传递的信息转换成光载波的强度（振幅）等随时间变化而变化的参量。不同的是，磁光调制将电信号先转换成与之对应的交变磁场，由磁光效应改变在介质中传输的光波偏振态，从而达到改变光强等参量的目的。磁光调制器的组成如图 4-70 所示，工作物质（YIG 棒或掺 Ga 的 YIG 棒）置于激光的传输光路上，它的两端放置有起偏器和检偏器，在环绕在YIG 棒上的高频螺旋线圈中通以与调制信号电压成正比的电流 I。为了获得线性调制，在垂直于光传播的方向上加一恒定磁场 H_{dc}，其强度足以使晶体饱和磁化。当高频信号电流 I 通过线圈时，就会感生出平行于光传播方向的磁场，入射光通过 YIG 棒时，由于法拉第旋转效应，其偏振面发生旋转，旋转角与磁场强度 H 成正比。因此，只要用调制信号控制磁场强度的变化，就会使光的偏振面发生相应的变化。但这里因加有恒定磁场 H_{dc}，且与通光方向垂直，所以旋转角 θ 与 H_{dc} 成反比，于是

$$\theta = \theta_s \frac{H_0 \sin \omega_H t}{H_{dc}} L_0 \tag{4-203}$$

式中，θ_s 是单位长度饱和的法拉第旋转角；$\sin \omega_H t$ 是调制磁场。如果再通过检偏器，则可以获得一定强度变化的调制光。

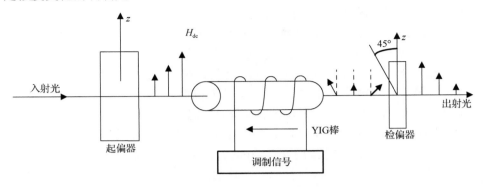

图 4-70 磁光调制器的组成

2. 磁光信息处理

磁光效应的另一个重要用途是用于计算机的大容量外存，目前已有不同类型的光盘问世，且已有商品出售，其工作原理简述如下。

1）信息的写入

如图 4-71 所示，用一束大功率激光照射到存储单元上，使其加热到高于居里温度，此时该单元原有的磁场消失，再让其在由欲写入信号产生的磁场中进行冷却，这样，该单元的磁场方向将与外加电场一致且保存下来，直到下次重写时受激光加热到居里温度以上才能被抹掉。

2）信息的读出

如图 4-72 所示，读出时采用小功率激光器（以确保存储介质温升低于居里温度），激光束经准直、起偏后照射到存储介质，经介质透射（或反射）回来的光束由于法拉第旋转效应，其偏振面将发生旋转，转动的方向取决于该单元的磁场方向，即写入时的外加电场方向。通过检测偏振面的旋转方向可得到该存储单元的磁场方向，即存储的是"0"还是"1"。目前，光盘的存取速度已超过 1Mbps。

图 4-71 信息的写入   图 4-72 信息的读出

3. 磁光隔离器

磁光隔离器也是利用法拉第旋转效应制成的光学非互易器件，它使光束只能沿单方向前进，不能反向传播，如图 4-73 所示的激光放大器之间的级间耦合就加入了磁光隔离器。

　　磁光隔离器的核心器件是一个磁光 45°旋转器（也称为法拉第盒），P_1、P_2 为偏振器，两个偏振器夹角为 45°，而且 P_1 转到 P_2 是顺时针方向。再调节磁场强度的大小及晶体长度，使磁致旋光角也为顺时针旋转 45°。对于从 P_1 传到 P_2 的光，光矢量通过法拉第盒后偏振面旋转 45°，恰与 P_2 偏振方向一致，能够通过。若光在前进方向受到某一平面反射，而重新沿相反方向通过 P_2 进入晶体时，由于旋光方向只与磁场方向有关，与光的传播方向无关，因此在磁场方向不变的情况下，对于从 P_2 传到 P_1 的光，光矢量在已有的顺时针旋转 45°的基础上，再通过法拉第盒一次，又沿顺时针方向旋转 45°，从而偏振面恰与 P_1 偏振方向垂直，不能通过，这样就达到了光学隔离的目的。磁光调制有所需功率低、调制电压低和受外界温度影响小等优点。但是目前这种调制方式主要局限于红外波段的应用。目前最常用的磁光材料主要是钇铁石榴石（YIG）晶体，它在波长为 $1.2\sim4.5\mu m$ 时的吸收系数很低（$\alpha<0.03cm^{-1}$），而且有较大的法拉第旋转角，这个波长范围包括光纤传输的最佳范围（$1.1\sim1.5\mu m$）和某些固体激光器的频率范围，因此有可能制成调制器、隔离器、开关和环形器等磁光器件。但是当工作波长超出上述范围时，吸收系数急剧增大，使器件不能工作。因此欲将磁光调制应用在小于 $1\mu m$ 的波段，必须探寻新的低损耗、高效能材料。

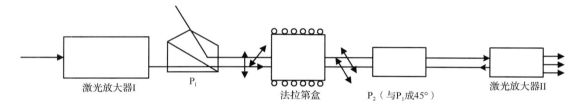

　　　　激光放大器I　　　　　P_1　　　　　　法拉第盒　　　P_2（与P_1成45°）　　　激光放大器II

图 4-73　磁光隔离器在激光光路中的应用

4.5　直接调制

　　直接调制把要传递的信息转变为电流信号来调制激光器驱动电源，从而使输出激光带有信息。这种方式目前主要应用于半导体光源（如激光二极管半导体激光器或半导体发光二极管 LED）的调制，由于它是在光源内部进行的，因此又称为内调制，是光纤通信系统普遍使用的实用化调制方法。根据调制信号的类型，直接调制可分为模拟调制和数字调制两种，前者用连续的模拟信号（如电视、电话等）直接对光源进行强度调制，后者用脉冲编码调制（PCM）的数字信号对光源进行强度调制。

4.5.1　半导体激光器直接调制的原理

　　半导体激光器是电子与光波相互作用并进行能量直接转换的器件。图 4-74 给出了砷镓铝双异质结注入式半导体激光器输出光功率与驱动电流的关系曲线。半导体激光器有一个阈值电流 I_t，当驱动电流密度小于 I_t 时，激光器基本上不发光或只发很弱、谱线宽度很宽、方向性较差的荧光；当驱动电流密度大于 I_t 时，激光器开始发射激光，此时谱线宽度、辐射方向显著变窄，强度大幅度增加，而且随电流的增加呈线性增长，如图 4-75 所示。由图 4-74 可以看出，发射激光的强弱与驱动电流的大小有直接关系。若把调制信号加到激光器驱动电源上，则可直接改变（调制）激光器输出光信号的强度，由于这种调制方式简单，能工作在高频上，并保证有良好的线性工作区和带宽，因此在光通信、光盘存储等方面得到了广泛应用。

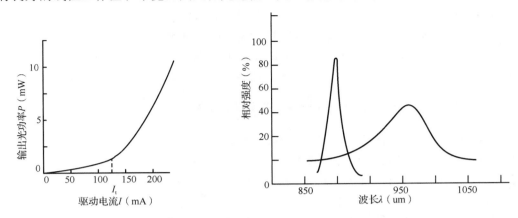

图 4-74　半导体激光器输出光功率与驱动电流的关系曲线　　图 4-75　半导体激光器的光谱特性

　　如图 4-76 所示的是半导体激光器调制原理及输出光功率与调制信号的关系曲线。为了获得线性调制，使工作点处于调制特性曲线的直线部分，必须在加调制信号电流的同时加上一个适当的偏置电流 I_b，这样就可以使输出的光信号不失真。但是，应把直流偏置源与调制信号源隔离，避免直流偏置源对调制信号源产生影响。当频率较低时，可用电容和电感线圈串联来实现；当频率较高（>50MHz）时，则必须采用高通滤波电路。另外，偏置电源直接影响半导体激光器的调制性能，通常应选择 I_b 在阈值电流附近且略低于 I_t，这样半导体激光器可获得较高的调制速率。因为在这种情况下，半导体激光器连续发射光信号不需要准备时间（延迟时间很小），其调制速率不受激光器中载流子平均寿命的限制，同时会抑制弛豫振荡。但 I_b 选得太大，又会使激光器的消光比变差。

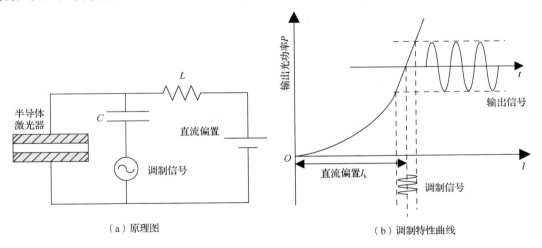

图 4-76　半导体激光器调制

　　因此，在选择偏置电流时，要综合考虑其影响。当半导体激光器处于连续调制工作状态时，无论有无调制信号，都由于存在偏置电流 I_b，所以功耗较大，甚至引起温升，会影响或破坏器件的正常工作。双异质结激光器的出现，使激光器的阈值电流密度比同质结激光器大大降低，可在室温下以连续调制方式工作。欲使在高频调制下工作的半导体激光器不产生调制畸变，最基本的要求为：输出功率应与阈值以上的电流呈良好的线性关系；为了尽量不出现弛豫振荡，应采用带宽较窄的激光器。另外，直接调制会使激光器主模的强度降低，次模的强度相对增高，从而使激光器谱线宽度加宽；而调制所产生的脉冲宽度 Δt 与谱线宽度 Δv 之间相互制约，构成傅里叶变换的带宽限制。因此直接调制的半导体激光器的能力受到 $\Delta t \cdot \Delta v$ 的限制，故在高频调制下宜采用量子阱激光器或其他调制器。

4.5.2　半导体发光二极管（LED）的调制特性

　　由于 LED 不是阈值器件，其输出光功率不像半导体激光器那样会随注入电流的变化而发生突变，因此 LED 的 P_{out}-I 特性曲线的线性比较好。图 4-77 给出了 LED 与半导体激光器的 P_{out}-I 特性曲线对比，其中，LED_1 和 LED_2 是正面发光型 LED 的 P_{out}-I 特性曲线，LED_3 和 LED_4 是端面发光型 LED 的 P_{out}-I 特性曲线。由图 4-77 可见，LED 的 P_{out}-I 特性曲线明显优于半导体激光器，所以它在模拟光纤通信系统中得到了广泛应用。但在数字光纤通信系统中，由于它不能获得很高的调制速率（最高只能达到 100Mbps）而受到限制。

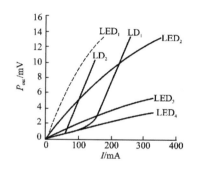

图 4-77　LED 与半导体激光器的 P_{out}-I 特性曲线对比

4.5.3　半导体光源的模拟调制

　　无论是使用半导体激光器还是 LED 作为光源，都要施加偏置电流 I_b，使其工作点处于半导体激光器或 LED 的 P_{out}-I 特性曲线的直线段，如图 4-78 所示。调制线性好坏与调制深度 m 有关，即

$$半导体激光器：m = \frac{调制电流幅度}{偏置电流 - 阈值电流}$$

$$LED：m = \frac{调制电流幅度}{偏置电流}$$

　　由图 4-78 可见，当 m 大时，调制信号幅度也大，但线性较差；当 m 小时，虽然线性好，但调制信号幅度小。因此，应选择合适的 m 值。另外，在模拟调制中，光源器件本身的线性特性是决定模拟调制好坏的主要因素。所以在线性要求较高的应用中，需要进行非线性补偿，即用电子技术校正光源引起的非线性失真。

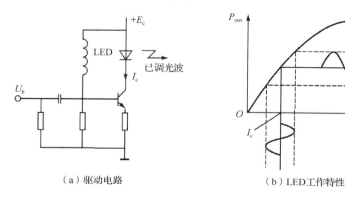

（a）驱动电路　　　　　　　　　（b）LED工作特性

图 4-78　模拟信号驱动电路激光强度调制

4.5.4　半导体光源的脉冲编码数字调制

如前所述，数字调制用二进制数字信号"1"和"0"对光源发出的光载波进行调制。而数字信号大都采用脉冲编码调制，即先将模拟信号通过"抽样"变成一组调幅的脉冲序列，再经过"量化"和"编码"，形成一组等幅度、等宽度的矩形脉冲作为"码元"，将连续的模拟信号变成脉冲编码数字信号。然后，再用脉冲编码数字信号对光源进行强度调制，其调制特性曲线如图 4-79 所示。

这种调制方法的抗干扰能力强，对系统的线性要求不高，可以充分利用光源的发光功率。另外，这种调制方法与现有的数字化设备能够很好地匹配。由于数字光通信的突出优点，所以会有很好的应用前景。

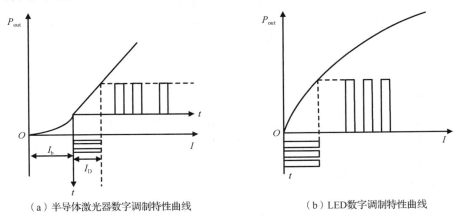

（a）半导体激光器数字调制特性曲线　　　　　　　（b）LED数字调制特性曲线

图 4-79　数字调制特性曲线

参考文献

[1] ANDREW P RIHA, CLAYTON OKINO. An advanced orbiting systems approach to quality of service in space-based intelligent communication networks[C]. In: Proceedings of IEEE Aerospace 2006, Montana, USA, 2006, 1-11.

[2] 强世锦，李方健，黄艳华. 光纤通信技术[M]. 清华大学出版社，2011.

[3] 延凤平，裴丽. 光纤通信系统（中国科学院电子信息与通信系列规划教材）[M]. 科学出版社，2006.

[4] 张新社. 光纤通信技术（本科）[M]. 人民邮电出版社，2014.

[5] 李洵，陈四海，黄黎蓉，等. 光电子器件设计、建模与仿真[M]. 科学出版社，2014.

[6] 钱显毅，张立臣. 光纤通信[M]. 东南大学出版社，2008.

[7] 朱京平. 光电子技术基础（第二版）[M]. 科学出版社，2009.

[8] 王永波. 室内可见光无线通信系统研究[D]. 浙江大学，2008.

[9] 魏丽英. 空间激光通信系统 PPM 调制技术的研究[D]. 长春理工大学，2007.

[10] HIRANO T, HASUMI Y, OHTSUKA K, et al. Spectroscopic Studies of the Light-Color Modulation Mechanism of Firefly (Beetle) Bioluminescence[J]. Journal of the American

Chemical Society, 2009, 131(6): 2385-96.

[11] CHATTERJEE A, BHUVA B, SCHRIMPF R. High-Speed Light Modulation in Avalanche Breakdown Mode for Si Diodes[J]. IEEE Electron Device Letters, 2004, 25(9): 628-630.

[12] HU M H, NGUYEN H K, SONG K, et al. High-power high-Modulation-speed 1060-nm DBR lasers for Green-light emission[J]. IEEE Photonics Technology Letters, 2006, 18(4): 616-618.

[13] TONGAY S, ZHOU J, ATACA C, et al. Broad-Range Modulation of Light Emission in Two-Dimensional Semiconductors by Molecular Physisorption Gating[J]. Nano Letters, 2013, 13(6): 2831-2836.

[14] COURTOIS E, GUY J B, AXISA F, et al. Photobiomodulation by a new optical fiber device: analysis of the in vitro impact on proliferation/migration of keratinocytes and squamous cell carcinomas cells stressed by X-rays[J]. Lasers in Medical Science, 2020: 1-10.

[15] 王红星，朱银兵，张铁英，等. 无线光通信调制方式性能分析[J]. 激光与光电子学进展，2006，43（6）：38-41.

[16] 王红星，张铁英，朱银兵，等. 自由空间光通信调制方式研究[J]. 无线电通信技术，2006（6）：13-15.

[17] 陈君洪，杨小丽. 无线光通信调制方式研究[J]. 通信技术，2009，42（1）：33-35.

[18] 冷蛟锋，郝士琦，王勇，等. 一种新型的自由空间光通信调制方式[J]. 光电工程，2011（4）：134-138.

[19] 邓磊. 自由空间光通信系统结构的研究[D]. 南京工业大学，2005.

思考与练习题

1．对光进行外调制有哪些典型方式？

2．什么是电光晶体的半波电压？半波电压由晶体的哪些参数决定？

3．简述电光衍射与声光衍射发生的物理机制。

4．在电光调制器中，为了得到线性调制，在调制器中插入一个 $\lambda/4$ 波片，波片的轴向如何设置最好？若旋转 $\lambda/4$ 波片，那么它所提供的直流偏置有何变化？

5．如果一个纵向电光调制器没有起偏器，那么入射的自然光能否得到光强度调制？为什么？

6．简述磁光偏转与天然双折射之间的区别。

7．什么现象称为物质的旋光现象？磁光效应和电光效应的内容是什么？

8．什么是声光调制？分为哪几种类型？其判断依据是什么？

第五章　空间激光信道传输模型

空间激光信道包括卫星激光信道、大气激光信道、卫星与地面间激光信道等，本章建立了卫星和航空两种典型的空间激光信道传输模型，分析了两种典型激光信道的误码率等信道性能参数指标。针对卫星激光信道，首先提出了普遍模型，并且针对模型的各种参数进行了详细分析，最后推导出在不同调制方式下的误码率表达式。航空激光信道较为复杂，首先分析了激光在航空激光信道下的传输特性和信道模型框架，并给出了不同参数对信道影响的仿真分析图，然后针对 Gamma-Gamma 衰落下航空平台激光通信链路性能进行详细分析。

5.1　卫星激光信道传输模型

卫星光链路有三种调制方式，分别为 OOK、BPSK、PPM，对这三种调制方式下的链路误码率分析如下。

终端接收光功率 P_r 为

$$P_r = P_t \times h_p \times h_l \times h_a \tag{5-1}$$

式中，P_t 为发射光功率；h_p 为几何扩散与指向误差引起的链路损耗；h_l 为大气吸收效应引起的链路损耗；h_a 为大气湍流引起的链路损耗。式（5-1）中，h_p（随机变量）的概率密度函数为

$$f_h(h) = \frac{\xi^2}{A_0^{\xi^2}} h^{\xi^2 - 1} \tag{5-2}$$

式中，$A_0 = [\mathrm{erf}(v)]^2$；$\xi = w_{z_{eq}} / 2\sigma_s$，$w_{z_{eq}} = \sqrt{\dfrac{w_z^2 \sqrt{\pi}\,\mathrm{erf}(v)}{2ve^{-v^2}}}$，$v = \dfrac{\sqrt{\pi}r}{\sqrt{2}w_z}$，$w_z = \theta \times z$，$r$ 为接收机透镜半径（0.125m），θ 为半束散角（LEO：5×10^{-6} rad，GEO：8×10^{-6} rad），σ_s 为指向误差位移标准差（$3 \times 10^{-6} \times z$，m），erf( ) 为误差函数，$z$ 为通信距离（m）。式（5-2）中，h_l 值与传播距离有关

$$h_l = \mathrm{e}^{-\sigma L} \tag{5-3}$$

式中，L 为传输距离；σ 为链路可见度的衰落系数。1550nm 波长激光在不同大气条件下的衰落系数如表 5-1 所示

表 5-1　1550nm 波长激光在不同大气条件下的衰落系数

大 气 条 件	可见度（km）	衰落系数（dB/km）
非常晴朗	50.0	0.0647
晴朗/细雨	20.0	0.2208
薄雾	6.0	0.7360
轻度雾霾	2.0	1.2850
中度雾霾	0.6	25.5160

h_a 的概率密度函数与湍流强度有关，包括以下两种情况。

弱湍流条件下，服从 Lognormal 分布

$$f_{h_a}(h_a) = \frac{1}{h_a} \frac{1}{\sqrt{2\pi\sigma_I^2}} \exp\left[-\frac{\left(\ln h_a + \sigma_I^2/2\right)^2}{2\sigma_I^2}\right] \tag{5-4}$$

式中，σ_I^2 为闪烁指数。中强湍流条件下，服从 Gamma-Gamma 分布

$$f_{h_a}(h_a) = \frac{2(\alpha\beta)^{(\alpha+\beta)/2}}{\Gamma(\alpha)\Gamma(\beta)} h_a^{[(\alpha+\beta)/2]-1} K_{\alpha-\beta}\left(2\sqrt{\alpha\beta h_a}\right) \tag{5-5}$$

式中，$K_v(\cdot)$ 为第二类修正贝塞尔函数；$\Gamma(\cdot)$ 为 Gamma 函数。在平面波情况下，内尺度为零时，α 和 β 分别表示为

$$\alpha = \left[\exp\left(\frac{0.49\sigma_R^2}{\left(1+1.11\sigma_R^{12/5}\right)^{7/6}}\right)-1\right]^{-1} \tag{5-6}$$

$$\beta = \left[\exp\left(\frac{0.51\sigma_R^2}{\left(1+0.69\sigma_R^{12/5}\right)^{5/6}}\right)-1\right]^{-1} \tag{5-7}$$

式中，σ_R^2 为 Rytov 方差，即 $\sigma_R^2 = 1.23 C_n^2 k^{7/6} L^{11/6}$，$k = \frac{2\pi}{\lambda}$ 为传播常数，L 为传输距离，C_n^2（强湍流 2×10^{-15}，弱湍流 2×10^{-18}）为大气折射率结构常数。

假设链路中卫星轨道的海拔高度为 H，地面站的海拔高度为 h_0，链路的天顶角为 ζ。下行链路的 Rytov 方差为

$$\sigma_R^2 = 8.70\mu_d k^{7/6}(H-h_0)^{5/6}\sec^{11/6}(\zeta) \tag{5-8}$$

其中

$$\mu_d = 0.26\int_{h_0}^{H} C_n^2(h-h_0)\left(\frac{h-h_0}{H-h_0}\right)^{5/6}\mathrm{d}h \tag{5-9}$$

当 $\sigma_R^2 < 1$ 时，可认为湍流是弱湍流，此时的闪烁指数为

$$\sigma_I^2 = \sigma_R^2, \quad \sigma_R^2 < 1 \tag{5-10}$$

当 $\sigma_R^2 > 1$ 时，可认为湍流是中强湍流，此时的闪烁指数为

$$\sigma_I^2 = \exp\left[\frac{0.49\sigma_R^2}{\left(1+1.11\sigma_R^{12/5}\right)^{7/6}}+\frac{0.51\sigma_R^2}{\left(1+0.69\sigma_R^{12/5}\right)^{5/6}}\right]-1 \tag{5-11}$$

空间光网络信道链路主要包括星间链路和星地链路，星间链路包括 LEO-LEO、LEO-GEO、GEO-GEO，星间链路的各项参数如下

$$h = h_p, \quad \text{即 } h_l = h_a = 1 \tag{5-12}$$

星地链路的各项参数如下

$$h = h_p h_l h_a \tag{5-13}$$

综合以上分析可知，不同调制方式下的误码率如下。

（1）OOK。

q 是电子电荷，B 是带宽（比特率 R_b），P_{ASE} 是 ASE 噪声功率（$P_{ASE} = n_{sp}(G_r-1)hfB$，$h$ 为普朗克常数，f 为载波频率，$n_{sp} = 5$），I_D 是暗电流（1nA），k 是玻尔兹曼常数，T 是绝对温度（300K），R_L 是负载电阻（50Ω），R 为探测器响应度（0.8），G_r（30dB）为前置放大器增益。系统 Q 因子及 BER 表示为

$$Q_{\mathrm{OOK}} = RG_{\mathrm{r}}P_{\mathrm{r}} \Big/ \Big(\sqrt{2qBR(G_{\mathrm{r}}P_{\mathrm{r}} + P_{\mathrm{ASE}}) + 2qBI_{\mathrm{D}} + 4R^2BG_{\mathrm{r}}P_{\mathrm{r}}P_{\mathrm{ASE}} + 4kTB/R_{\mathrm{L}}}$$

$$+ \sqrt{2qB(RP_{\mathrm{ASE}} + I_{\mathrm{D}}) + 4kTB/R_{\mathrm{L}}} \Big) \tag{5-14}$$

$$\mathrm{BER}_{\mathrm{OOK}} = \frac{1}{2}\mathrm{erfc}\left(\frac{Q_{\mathrm{OOK}}}{\sqrt{2}}\right) \tag{5-15}$$

（2）BPSK。

P_{LO} 是本振光功率（10mW），系统 Q 因子及 BER 为

$$Q_{\mathrm{BPSK}} = \frac{2R\sqrt{P_{\mathrm{r}}P_{\mathrm{LO}}}}{\sqrt{2qB(R(P_{\mathrm{r}} + P_{\mathrm{LO}}) + I_{\mathrm{D}}) + 4kTB/R_{\mathrm{L}}}} \tag{5-16}$$

$$\mathrm{BER}_{\mathrm{BPSK}} = \frac{1}{2}\mathrm{erfc}\left(\frac{R\sqrt{P_{\mathrm{r}}P_{\mathrm{LO}}}}{\sqrt{qB(R(P_{\mathrm{r}} + P_{\mathrm{LO}}) + I_{\mathrm{D}}) + 2kTB/R_{\mathrm{L}}}}\right) \tag{5-17}$$

（3）PPM。

PPM 系统 Q 因子及 BER 表达式为

$$Q_{\mathrm{PPM}} = \frac{RG_{\mathrm{r}}P_{\mathrm{r}}}{\left(\sqrt{2qB(RG_{\mathrm{r}}P_{\mathrm{r}} + RP_{\mathrm{ASE}} + I_{\mathrm{D}}) + 4R^2BG_{\mathrm{r}}P_{\mathrm{r}}P_{\mathrm{ASE}} + 4kTB/R_{\mathrm{L}}}\right)} \tag{5-18}$$

$$\mathrm{BER}_{\mathrm{PPM}} = \frac{1}{2}\mathrm{erfc}\left(\frac{Q_{\mathrm{PPM}}}{\sqrt{2}}\right)$$

$$= \frac{1}{2}\mathrm{erfc}\left(\frac{RG_{\mathrm{r}}P_{\mathrm{t}}L_{\mathrm{link}}}{\left(\sqrt{4qB(RG_{\mathrm{r}}P_{\mathrm{r}} + RP_{\mathrm{ASE}} + I_{\mathrm{D}}) + 8R^2BG_{\mathrm{r}}P_{\mathrm{r}}P_{\mathrm{ASE}} + 8kTB/R_{\mathrm{L}}}\right)}\right) \tag{5-19}$$

5.2　航空激光信道传输模型

　　根据航空激光通信定义可知，通信链路至少有一个终端在大气环境中移动，而终端孔径周围的气流影响会给激光传输带来极大挑战。由于接收终端在飞机上的安装位置、飞行高度、安装类型及接收孔径大小不同，气流对激光传输影响也随之发生变化，目前针对飞机平台周围气流变化及扰动造成的折射率变化的研究已引起极大关注。终端孔径周围流场被称为附面层，研究附面层对激光信号传输影响的理论为气动光学理论。与大气湍流影响相比，气动光学理论在影响方式、接收孔径尺寸、描述模型上均不同。特别地，气动光学理论作用于接收孔径附近，而大气湍流作用于千米量级的传播路径。

　　高速飞行的航空节点周围的附面层一般为靠近机身几厘米处，可以通过薄相位屏进行建模，利用折射率结构函数的 Kolmogorov 谱模型，以及折射率结构常量 $C^2_{n,\mathrm{aero}}$ 可对相位屏进行准确描述。

　　忽略大气湍流影响，长距离传输光斑半径 W_{LT} 为

$$W_{\mathrm{LT}} = W\sqrt{1 + T_{\mathrm{aero}}} \tag{5-20}$$

式中，W 为无扰动条件下仅考虑衍射效应的光束半径；T_{aero} 为气动光学影响下的光束半径增项。

5.2.1　光束传输特性

对于基模 TEM$_{00}$ 高斯光束，发射端平面处的衍射光束参数 Θ_0 和 Λ_0，接收端的衍射光束参数 Θ 和 Λ，可分别表示为

$$\Theta_0 = 1 - \frac{L}{F_0} , \quad \Lambda_0 = \frac{2L}{kW_0^2} \tag{5-21}$$

$$\Theta = \frac{\Theta_0}{\Theta_0^2 + \Lambda_0^2} = 1 + \frac{L}{F} , \quad \Lambda = \frac{\Lambda_0}{\Theta_0^2 + \Lambda_0^2} = \frac{2L}{kW^2} \tag{5-22}$$

式中，W_0 为发射端波束半径；F_0 为发射端相前曲率半径；L 为沿 z 轴方向的光束传输距离；W 和 F 分别表示接收端波束半径及相前曲率半径；λ 为激光波长；$k=2\pi/\lambda$ 为激光波数。

在无大气湍流影响下，仅考虑衍射效应，接收端平面处的自由空间光束半径可定义为

$$W = \sqrt{\frac{k\Lambda}{2L}} = W_0 \sqrt{\Theta_0^2 + \Lambda_0^2} \tag{5-23}$$

考虑大气湍流引起的光强起伏效应，分别得到大气闪烁弱起伏条件下和中强起伏条件下的长距离传输光束半径表达式

$$W_{\mathrm{LT}} = \begin{cases} W\sqrt{1 + 1.33\sigma_\mathrm{R}^2 \Lambda^{5/6}} & （弱起伏） \\ W\sqrt{1 + 1.63\left(\sigma_\mathrm{R}^2\right)^{6/5} \Lambda} & （强起伏） \end{cases} \tag{5-24}$$

式中，σ_R^2 为 Rytov 方差，$\sigma_\mathrm{R}^2 = 1.23 C_n^2 k^{7/6} L^{11/6}$，$C_n^2$ 是大气湍流折射率结构参数，k 为激光波数，L 为光束传输距离。

进一步考虑气动光学效应影响，根据式（5-24）中光束半径表达式并结合式（5-20），可得在弱湍流条件下，考虑气动光学和大气湍流影响的长距离传输光束半径

$$\begin{aligned} W_{\mathrm{LT}} &= W\sqrt{1 + 1.33\sigma_\mathrm{R}^2 \Lambda^{5/6} + T_{\mathrm{aero}}} \\ &= W\sqrt{1 + 1.33\sigma_\mathrm{R}^2 \Lambda^{5/6} + 1.93\sigma_{\mathrm{R,aero}}^2 \Lambda^{5/6}} \end{aligned} \tag{5-25}$$

式中，W 为接收端波束半径，如式（5-23）所示；T_{aero} 为气动光学影响下的光束半径增项，$T_{\mathrm{aero}} = 1.93\sigma_{\mathrm{R,aero}}^2 \Lambda^{5/6}$；$\Lambda$ 为接收端衍射光束参数；$\sigma_{\mathrm{R,aero}}^2$ 为仅考虑气动光学影响的修正 Rytov 指数，$\sigma_{\mathrm{R,aero}}^2 = 1.23 C_{n,\mathrm{aero}}^2 k^{7/6} L^{11/6}$，$C_{n,\mathrm{aero}}^2$ 为气动光学影响下的折射率结构常量，取 $C_{n,\mathrm{aero}}^2 = 2 \times 10^{-16} \mathrm{m}^{-2/3}$。

根据 Rytov 理论及 Kolmogorov 激光湍流功率谱模型，可得沿光轴方向上的接收端高斯光束的闪烁指数为

$$\sigma_\mathrm{B}^2 = 3.86\sigma_\mathrm{R}^2 \operatorname{Re}\left[i^{5/6} {}_2F_1\left(-\frac{5}{6}, \frac{11}{6}; \frac{17}{6}; 1 - \Theta + i\Lambda\right) \right] - 2.64\sigma_\mathrm{R}^2 \Lambda^{5/6} \tag{5-26}$$

式中，Re 为函数的实部；$i = \sqrt{-1}$；${}_2F_1(a, b; c; x)$ 为广义超几何函数。

在气动光学效应影响下，式（5-26）可表示为

$$\sigma_\mathrm{B}^2 = \sigma_{\mathrm{aero}}^2(L) + 3.86\sigma_\mathrm{R}^2 \operatorname{Re}\left[i^{5/6} {}_2F_1\left(-\frac{5}{6}, \frac{11}{6}; \frac{17}{6}; 1 - \Theta + i\Lambda\right) \right] - 2.64\sigma_\mathrm{R}^2 \Lambda^{5/6} \tag{5-27}$$

式中，σ_{aero}^2 为受气动光学效应影响的闪烁指数增项，具体表达式为

$$\sigma_{\mathrm{aero}}^2(L) = 3.87\sigma_{\mathrm{R,aero}}^2 \left\{ \left(\Theta^2 + \Lambda^2\right)^{5/12} \cos\left[\frac{5}{6}\tan^{-1}\left(\frac{\Theta}{\Lambda}\right)\right] - \Lambda^{5/6} \right\} \tag{5-28}$$

若在中强湍流情况下，光强起伏符合 Gamma-Gamma 模型，则在强湍流情况下沿光轴方

向的闪烁指数可表示为

$$\sigma_I^2(0,L) = \exp\left[\frac{0.49\sigma_B^2}{\left[1+0.56(1+\Theta)\sigma_B^{12/5}\right]^{7/6}} + \frac{0.51\sigma_B^2}{\left[1+0.69\sigma_B^{12/5}\right]^{5/6}} \right] - 1 \tag{5-29}$$

式中，σ_{aero}^2 为光轴方向上接收端的光束闪烁指数，如式（5-26）所示。式（5-29）仅适用于小孔径接收，即接收孔径小于菲涅耳尺度或空间相干长度；当接收端孔径为一固定长度 D 时，闪烁指数表示为

$$\sigma_I^2(0,L;D) = \exp\left[\sigma_{\ln X}^2(D) + \sigma_{\ln Y}^2(D) \right] - 1, \quad \Omega > \Lambda \tag{5-30}$$

式中，$\sigma_{\ln X}^2(D)$、$\sigma_{\ln Y}^2(D)$ 分别为大尺度及小尺度对数方差，可表示为

$$\sigma_{\ln X}^2(D) = \frac{0.49\left(\dfrac{\Omega-\Lambda}{\Omega+\Lambda}\right)^2 \sigma_B^2}{\left[1 + \dfrac{0.4(2-\overline{\Theta})(\sigma_B/\sigma_R)^{12/7}}{(\Omega+\Lambda)\left(\dfrac{1}{3}-\dfrac{1}{2}\overline{\Theta}+\dfrac{1}{5}\overline{\Theta}^2\right)^{6/7}} + 0.56(1+\Theta)\sigma_B^{12/5}\right]^{7/6}} \tag{5-31}$$

$$\sigma_{\ln Y}^2(D) = \frac{\dfrac{0.51\sigma_B^2}{\left(1+0.69\sigma_B^{12/5}\right)^{5/6}}}{1 + \dfrac{1.20(\sigma_R/\sigma_B)^{12/5} + 0.83\sigma_B^{12/5}}{\Omega+\Lambda}} \tag{5-32}$$

式中，Ω 为描述接收端孔径的无量纲参数，$\Omega = \dfrac{16L}{kD^2}$。

5.2.2 数值仿真分析

为了分析航空链路中的激光传输特性，根据上述表达式进行仿真分析。图 5-1 所示为激光波长（Wavelength）为 1550nm，在不同飞行高度（Altitude）下，分别考虑和不考虑气动光学效应影响，光斑尺寸（Beam Diameter）随传输距离（Propagation Distance）的变化关系。由图 5-1 可知，增大传输距离会导致光斑尺寸增大，但随着飞行高度提高，光斑尺寸逐渐减小。例如，当传输距离为 200km 时，飞行高度为 7km 处较 10km 处的光斑尺寸增大近 3 倍，同时光斑尺寸受气动光学效应影响而增大。图 5-2 所示为飞行高度为 7km 时，分别考虑和不考虑气动光学效应影响，在不同波长、不同传输距离时，光斑尺寸的变化情况。图 5-2 中显示随着波长增加，光斑尺寸随之增大；在相同传输距离下，波长为 800nm 的光斑尺寸受气动光学效应影响最大。因此在工程实践中，依据以上分析及激光器技术成熟度，可采用 800nm波长的信标光束和 1550nm 波长的数据光束。

图 5-3 所示为当波长为 1550nm 时，在不同传输距离下，分别考虑和不考虑气动光学效应影响，光斑尺寸随飞行高度的变化关系。图 5-3 中显示随飞行高度增加，光斑尺寸随之减小，气动光学效应对光斑尺寸的影响随传输距离的增加而增大。图 5-4 显示在不同接收孔径，不同飞行高度下，闪烁指数随传输距离的变化关系。增大传输距离导致闪烁指数逐渐增加，在 7km飞行高度下，闪烁指数随传输距离增大而超过 1，在 200km 处达到 1.4；由图 5-2 可知，光斑尺寸受气动光学效应影响而增大，而闪烁指数在假设条件一致的情况下，仅与接收孔径大小有关（注：with aero-optic 为有气动光学效应；no aero-optic 为无气动光学效应；Air-Air 为空-空）。

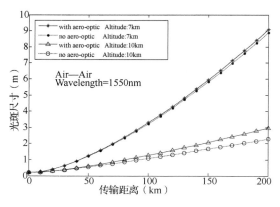

图 5-1　不同飞行高度下光斑尺寸随传输距离变化

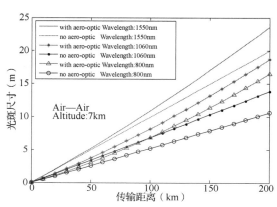

图 5-2　不同波长下光斑尺寸随传输距离变化

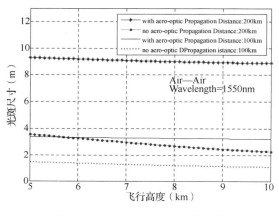

图 5-3　光斑尺寸随飞行高度变化

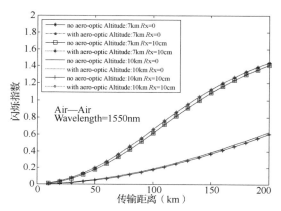

图 5-4　闪烁指数随传输距离变化

图 5-5 所示为当飞行高度为 7km 时，在不同接收孔径 Rx、不同波长下，闪烁指数随传输距离的变化关系。由图 5-5 可知，随着传输距离的增加，由于强湍流中存在不均匀性，闪烁指数逐渐增加，当闪烁指数超过 1 时，其增加幅度降低并逐渐达到最大值。图 5-6 所示为当波长为 1550nm 时，在不同接收孔径、不同传输距离下，闪烁指数随飞行高度的变化关系。由图 5-6 可知，提高飞行高度，闪烁指数随之降低，当传输距离为 200km 时，闪烁指数在飞行高度为 5～7km 处达到最大值，7km 之后逐渐降低。

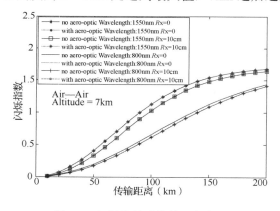

图 5-5　闪烁指数随传输距离变化

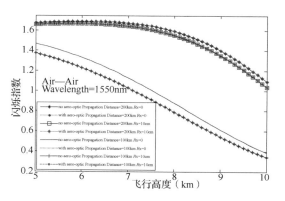

图 5-6　闪烁指数随飞行高度变化

5.2.3　Gamma-Gamma 衰落下航空平台激光通信链路性能分析

在大气环境中，由于云、雨、雾等气象条件影响，大气吸收和散射会导致激光功率衰减，同时，激光光束在大气湍流中传输时，由于折射率起伏变化会导致接收光强发生起伏，因此高空大气湍流及气动光学效应影响下的空-空链路的中断性能及误码率是航空激光通信中亟待解决的问题。本节主要针对一般化的 Gamma-Gamma 大气湍流衰落信道，分析航空平台间激光通信链路中断性能及误码率。

航空通信系统中最典型的调制方式为二进制开关键控（On-Off Keying，OOK）调制，而基于相干探测方式的零差 BPSK 也是航空通信系统中常用的调制解调模式，本节基于上述调制方式，建立 FSO 链路模型。

激光光束在大气湍流中传输时，由于折射率起伏变化会导致接收光强发生起伏，通常采用对数正态和 Gamma-Gamma 概率密度分布模型对光强起伏进行描述，在弱湍流情况下，光强随机起伏符合 LogNormal 分布，在中强湍流情况下，光强随机起伏符合 Gamma-Gamma 概率密度分布，其概率密度函数为

$$f(I) = \frac{2}{\Gamma(\alpha)\Gamma(\beta)I}(\alpha\beta I)^{(\alpha+\beta)/2} K_{\alpha-\beta}\left(2\sqrt{\alpha\beta I}\right) \tag{5-33}$$

式中，I 为归一化光强；$K_v(\cdot)$ 为第二类修正贝塞尔函数；α 和 β 分别为

$$\alpha = \frac{1}{\exp\left[\sigma_{\ln X}^2(D)\right]-1}, \quad \beta = \frac{1}{\exp\left[\sigma_{\ln Y}^2(D)\right]-1} \tag{5-34}$$

式中，$\sigma_I^2(0,L;D) = \exp\left[\sigma_{\ln X}^2(D)+\sigma_{\ln Y}^2(D)\right]-1$；$\sigma_{\ln X}^2(D)$ 和 $\sigma_{\ln Y}^2(D)$ 分别为接收端孔径为一固定长度 D 时的闪烁指数分量。

中断概率是可靠性传输通信系统性能的一种度量参数，定义为系统误码率大于某一目标误码率的概率，根据式（5-34）接收光强起伏概率密度分布函数，定义 I_T 为光强门限值，可将中断概率表示为

$$Pr_{\text{fade}} = \int_0^{I_T} f(I)\,\mathrm{d}I \tag{5-35}$$

每秒期望衰落数可定义为

$$\langle n(I_T)\rangle = \frac{2\sqrt{2\pi\alpha\beta\sigma_I^2(0,L;D)}v_0}{\Gamma(\alpha)\Gamma(\beta)}(\alpha\beta I_T)^{(\alpha+\beta-1)/2} K_{\alpha-\beta}\left(2\sqrt{\alpha\beta I_T}\right) \tag{5-36}$$

根据中断概率及每秒期望衰落数的比值，平均衰落时间可定义为

$$\langle t(I_T)\rangle = \frac{Pr_{\text{fade}}}{\langle n(I_T)\rangle} \tag{5-37}$$

不考虑大气湍流及气动光学效应影响，激光链路信噪比可表示为

$$\text{SNR}_0 = \frac{i_s}{\sigma_N} \tag{5-38}$$

式中，i_s 为探测器信号电流；σ_N 为噪声功率均方差。

平均信号电流可表示为

$$\langle i_s\rangle = \frac{\eta e\langle P_s\rangle}{h v} \tag{5-39}$$

式中，$\langle P_s\rangle$ 为平均信号功率；η 为光电转换效率；e 为电荷；h 为普朗克常数（$h=6.626\times10^{-34}$Js）；

ν 为光频率。

探测器输出端电流方差为

$$\sigma_{sN}^2 = \left\langle i_s^2 \right\rangle - \left\langle i_s \right\rangle^2 + \left\langle i_N^2 \right\rangle = \left(\frac{\eta e}{h\nu}\right)^2 \left\langle \Delta P_s^2 \right\rangle + \frac{2\eta e^2 B \left\langle P_s \right\rangle}{h\nu} \tag{5-40}$$

式中，$\left\langle \Delta P_s^2 \right\rangle = \left\langle P_s^2 \right\rangle - \left\langle P_s \right\rangle^2$ 为信号功率起伏引起的探测器散粒噪声。考虑大气湍流和气动光学效应影响，根据平均信噪比的定义，航空激光通信链路平均信噪比可表示为

$$\left\langle \mathrm{SNR} \right\rangle = \frac{\mathrm{SNR}_0}{\sqrt{\left(\dfrac{P_{s0}}{\left\langle P_s \right\rangle}\right) + \sigma_I^2 \left(0, L; D\right) \mathrm{SNR}_0^2}} \tag{5-41}$$

式中，P_{s0} 为不考虑大气湍流效应影响的信号功率；P_s 为探测器的瞬时输入信号功率。平均信噪比可表示为

$$\left\langle \mathrm{SNR} \right\rangle = \frac{\mathrm{SNR}_0}{\sqrt{\dfrac{1}{1 + 1.33\sigma_R^2 \Lambda^{5/6} + 1.93\sigma_{R,\mathrm{aero}}^2 \Lambda^{5/6}} + \sigma_I^2 \left(0, L; D\right) \mathrm{SNR}_0^2}} \tag{5-42}$$

OOK 调制方式下考虑大气湍流及气动光学效应影响，链路误码率可表示为

$$Pr\left(E\right) = \left\langle \mathrm{BER} \right\rangle_{\mathrm{OOK}} = \frac{1}{2} \int_0^\infty f\left(I\right) \mathrm{erfc}\left(\frac{\left\langle \mathrm{SNR} \right\rangle I}{2}\right) \mathrm{d}I \tag{5-43}$$

零差 BPSK 调制方式下，随机噪声的概率密度分布函数服从非零均值高斯分布，滤波器输出总电流包括信号和噪声两部分，其均值为 i_s，总电流服从非零均值高斯分布，则输出端光功率为

$$\begin{aligned} P_n\left(i\right) &= \frac{1}{\sqrt{2\pi}\sigma_N} \exp\left[-\frac{\left(i - i_s\right)^2}{2\sigma_N^2}\right] \\ P_{s+n}\left(i\right) &= \frac{1}{\sqrt{2\pi}\sigma_N} \exp\left[-\frac{\left(i + i_s\right)^2}{2\sigma_N^2}\right] \end{aligned} \tag{5-44}$$

链路中断概率为

$$\begin{aligned} Pr_{\mathrm{fade}} &= \int_0^\infty \int_{I_T}^\infty f\left(s\right) P_{s+n}\left(i \mid s\right) \mathrm{d}i \mathrm{d}s \\ &= \frac{1}{2} \int_0^\infty f\left(s\right) \mathrm{erfc}\left(\frac{I_T + s}{\sqrt{2}\sigma_N}\right) \mathrm{d}s \\ &= \frac{1}{2} \int_0^\infty f\left(I\right) \mathrm{erfc}\left(\frac{\mathrm{TNR} + \left\langle \mathrm{SNR} \right\rangle I}{\sqrt{2}}\right) \mathrm{d}I \end{aligned} \tag{5-45}$$

式中，$\mathrm{TNR} = I_T / \sigma_N$ 为信噪比临界门限值；$I = \dfrac{s}{\left\langle i_s \right\rangle}$ 为具有平均单位的标准信号；$\mathrm{erfc}(x)$ 为误差补函数；$\left\langle \mathrm{SNR} \right\rangle$ 为系统平均信噪比。

零差 BPSK 调制方式下链路误码率可表示为

$$Pr(E) = \langle \mathrm{BER} \rangle_{\mathrm{BPSK}} = P(0)P(0|1) + P(1)P(1|0)$$

$$= \frac{1}{2} \times \left[\frac{1}{2} \int_0^\infty f(s)\,\mathrm{erfc}\left(\frac{I_\mathrm{T} + s}{\sqrt{2}\sigma_\mathrm{N}} \right) \mathrm{d}s + 1 - \frac{1}{2} \int_0^\infty P_\mathrm{I}(s)\,\mathrm{erfc}\left(\frac{I_\mathrm{T} - s}{\sqrt{2}\sigma_\mathrm{N}} \right) \mathrm{d}s \right] \quad (5\text{-}46)$$

$$= \frac{1}{2} \int_0^\infty f(I)\,\mathrm{erfc}\left(\frac{\langle \mathrm{SNR} \rangle I}{\sqrt{2}} \right) \mathrm{d}I$$

式中，$P(0)$ 和 $P(1)$ 为发送 0 和 1 的概率；$P(1|0)$ 和 $P(0|1)$ 为发送 0 和 1 时的误码概率。

为了分析航空激光通信系统中断性能及误码率，根据上述公式进行了仿真分析，给出了中断概率及每秒期望衰落数随光强门限参数 F_T 的变化规律。利用光强门限值与接收端光轴上的平均光强可定义光强门限参数为

$$F_\mathrm{T} = 10 \log_{10} \left(\frac{\langle I(0) \rangle}{I_\mathrm{T}} \right) \quad (5\text{-}47)$$

仿真中设接收孔径 $D=10\mathrm{cm}$，激光波长 $\lambda=1550\mathrm{nm}$，大气湍流参数 $l_0=0$，$L_0=\infty$，波束半径 $W_0=1\mathrm{cm}$，选取不同传播距离 L 和飞行高度 h 进行仿真。考虑高空大气湍流、气动光学效应影响及接收端探测器噪声，基于条件概率定义，可由式（5-46）和式（5-47）得到平均衰落时间，设基准频率 v_0 为 550Hz。

图 5-7 所示为在不同飞行高度、不同传输距离下，中断概率随光强门限参数的变化关系。由图 5-7 可知，随着光强门限参数提高，中断概率随之减小；在光强门限参数 $F_\mathrm{T}=10\mathrm{dB}$ 处，当飞行高度为 10km 时，大气湍流结构常数 $C_n^2 = 1.94 \times 10^{-17}\mathrm{m}^{-2/3}$，传输距离 100km 和 200km 的中断概率分别为 10^{-6} 和 10^{-2}；在光强门限参数 $F_\mathrm{T}=25\mathrm{dB}$ 处，当飞行高度为 7km 时，大气湍流结构常数 $C_n^2 = 5.07 \times 10^{-18}\mathrm{m}^{-2/3}$，传输距离 100km 和 200km 的中断概率分别为 10^{-6} 和 10^{-3}。图 5-8 仿真了在不同飞行高度、不同传输距离下，平均衰落时间随光强门限参数的变化关系，在光强门限参数 $F_\mathrm{T}=30\mathrm{dB}$ 处，当飞行高度为 10km 时，传输距离 100km 和 200km 的平均衰落时间分别为 0.001ms 和 0.01ms。当传输距离为 200km，飞行高度为 7km 时，图 5-9 中对比了在 Gamma-Gamma 概率密度分布下，采用 OOK 调制方式和零差 BPSK 调制方式的系统误码率，并与自由空间 OOK 调制方式进行对比。在 $\langle \mathrm{SNR} \rangle$ 为 25dB 处，BPSK 调制方式的系统误码率约为 10^{-5}，而 OOK 调制方式的系统误码率为 10^{-4}。

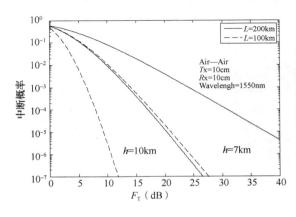

图 5-7　中断概率随光强门限参数变化

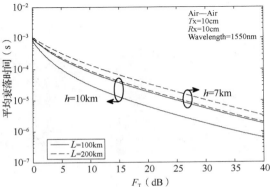

图 5-8　平均衰落时间随光强门限参数变化

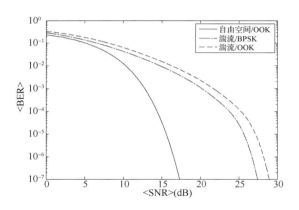

图 5-9   不同调制方式下平均误码率随平均信噪比变化规律

基于 OOK 调制方式及零差 BPSK 调制方式，分别考虑有无大气湍流及气动光学效应影响，利用 OptiSystem 软件搭建航空通信系统，将计算得到的链路数据代入系统，得到 OOK 调制方式及零差 BPSK 调制方式下通信链路误码率的变化规律。仿真中假设发射端发射功率为 20dBm（100mW），激光波长为 1550nm，线宽 1kHz，传输距离为 200km，接收机灵敏度为 -50.10dBm；发射端及接收端天线孔径为 10cm，光电探测器响应度为 0.5A/W，低通滤波器截止频率为 0.7×Bit rate Hz。

图 5-10 给出了 OOK 调制方式和零差 BPSK 调制方式下航空激光通信链路眼图随传输距离的变化关系。其中，飞行高度为 10km。如图 5-10（a）、（b）所示，自由空间中 OOK 调制方式和零差 BPSK 调制方式系统误码率分别为 $1.328×10^{-10}$ 和 $2.833×10^{-26}$；考虑大气湍流及气动光学效应影响，当传输距离为 160km 时，系统性能衰减较大，其中 OOK 调制方式系统性能与零差 BPSK 调制方式系统性能相比较差；此时，上述两个系统误码率分别上升至 $2.67×10^{-4}$ 和 $1.319×10^{-15}$，OOK 调制方式系统误码率远高于系统可靠传输可容许的最大值。当传输距离为 200km 时，零差 BPSK 调制方式系统误码率退化至 $5.94×10^{-10}$，此时 OOK 调制方式系统误码率退化严重，无法保证航空通信的可靠性，如图 5-10（e）、（f）所示。纵向比较大气湍流及气动光学效应影响下的中断性能，随着传输距离增大，OOK 调制方式的航空激光通信链路性能迅速退化，而零差 BPSK 调制方式能够拥有相对较好的误码性能，保证航空通信的可靠性。

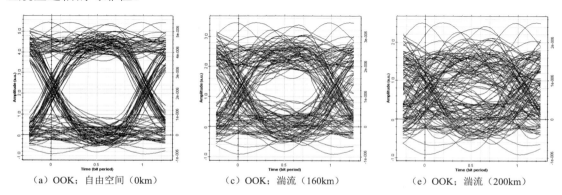

（a）OOK；自由空间（0km）   （c）OOK；湍流（160km）   （e）OOK；湍流（200km）

图 5-10   航空激光通信链路眼图

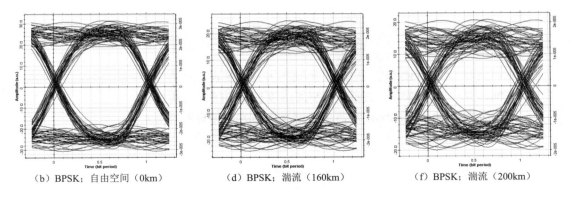

（b）BPSK；自由空间（0km）　　（d）BPSK；湍流（160km）　　（f）BPSK；湍流（200km）

图 5-10　航空激光通信链路眼图（续）

参考文献

[1] 韩立强，王祁，信太克归. Gamma-Gamma 大气湍流下自由空间光通信的性能[J]. 红外与激光工程，2011，40（7）：1318-1322.

[2] L C R, R BELAND. Propagation through Atmospheric Optical Turbulence[M]. MI and SPIE Optical Engineering Press, Bellingham WA, 1993.

[3] R L PHILIPS, L C ANDREWS. Measured statistics of laser-light scattering in atmospheric turbulence[J]. Journal of the optical society of America, 1981, 71: 1440-1445.

[4] PHILLIPS R L, ANDREWS L C. FSO communications: atmospheric effects for an airborne backbone[C]. Proceedings of SPIE - The International Society for Optical Engineering, 2008, 6951: 695102-695102-11.

[5] L C ANDREWS, 1 R L PHILLIPS, R CRABBS. Creating a Cn2 Profile as a Function of Altitude using Scintillation Measurements along a Slant Path[J]. Proc of SPIE Vol. 8238, 82380F (2012).

[6] BARRIOS R, DIOS F. Probability of fade and BER performance of FSO links over the exponentiated Weibull fading channel under aperture averaging[C]. Proc of SPIE, 2012, 8540: 85400D.

[7] BARRIOS R, DIOS F. Exponentiated Weibull model for the irradiance probability density function of a laser beam propagating through atmospheric turbulence[J]. Optics & Laser Technology, 2013, 45: 13-20.

[8] LYKE S D, VOELZ D G, ROGGEMANN M C. Probability density of aperture-averaged irradiance fluctuations for long range free space optical communication links[J]. Applied optics, 2009, 48(33): 6511-6527.

[9] KOLBIG K S, PRUDNIKOV A P, BRYCKOV Y A, et al. Integrals and Series: More Special Functions[J]. Mathematics of Computation, 1985, 44(170): 573.

思考与练习题

1. 光链路在 OOK、BPSK、PPM 三种调制方式下的误码率为多少？
2. 空间激光信道有哪些？主要影响空间信道参数的指标有哪些？
3. 简述分析 Gamma-Gamma 衰落下航空平台激光通信链路性能。

第六章　空间激光接收检测方法

使用光载波来携带信息是因为光波具有容量大、速度快、保密性好和抗干扰能力强等优点，空间激光的探测和信号的解调是必不可少的环节，光电探测技术和接收解调技术是光电子技术中一个非常重要的技术。本章将介绍光电探测的物理效应、光探测器性能参数和噪声、光电探测器类型及典型的光电探测器、光电探测方式等。

6.1　光电探测的物理效应

当光入射到某些半导体上时，光波（电磁波）与物质中的微粒相互作用，引起物质的光电效应和光热效应。在这种效应里实现能量的转换，将光辐射能量变成其他形式的能量，光辐射带有的信息也变成其他形式能量（电、热等）的信息。通过对这些信息（如电信息、热信息等）进行检测，可以实现对光辐射的探测。

凡是能把光辐射能量转换成一种便于测量的物理量的器件，都叫作光探测器。从近代测量技术来看，电量不仅最方便，而且最精确，所以，大多数光探测器都直接或间接地把光辐射能量转换成电量来实现对光辐射的探测。这种把光辐射能量转换为电量（电流或电压）来测量的探测器称为光电探测器。因此，了解光辐射对光电探测器产生的物理效应是了解光探测器工作原理的基础。

光电探测的物理效应可以分为三大类：光电效应、光热效应和光波相互作用效应，并以光电效应应用最为广泛。

光电效应是入射光的光波与物质中的电子相互作用并产生载流子的效应。事实上，此处指的光电效应是一种光波效应，也就是单个光波的性质对产生的光电子直接作用的一类光电效应。根据效应发生的部位和性质，习惯上又将其分为外光电效应和内光电效应。外光电效应指发生在物质表面的光电转换现象，主要包括光阴极直接向外部放出电子的现象，典型的例子是物质表面的光电发射；内光电效应指发生在物质内部的光电转换现象，特别是半导体内部载流子产生效应，主要包括光电导效应与光伏效应。光电探测器吸收光波后，直接引起原子或分子的内部电子状态改变，即光波能量的大小直接影响内部电子状态改变的大小，因而这类探测器受波长限制，存在"红限"——截止波长 λ_c，截止波长表达式为

$$\lambda_c = \frac{hc}{E} \tag{6-1}$$

式中，c 为真空中光速；E 在外光电效应中为表面逸出功，在内光电效应中为半导体禁带宽度。

光热效应是物体吸收光，引起温度升高的一种效应。探测元件吸收光辐射能量后，并不是直接引起内部电子状态的改变，而是把吸收的光能变为晶格的热运动能量，引起探测元件温度升高，并进一步使探测元件的电学性质或其他物理性质发生变化。探测元件常用 Pt、Ni 和 Au 等金属，还可用热敏电阻、热释电器件、超导体等。光热效应与单光波能量 hv 的大小没有直接关系。原则上，光热效应对光波波长没有选择性，但由于材料在红外波段的热效应更强，因而光热效应广泛用于对红外辐射，特别是长波长的红外线测量，许多激光功率计常

用这种类型的探测器。由于温升是热积累的作用，所以光热效应的速度一般比较慢，而且易受环境温度变化的影响。

光波相互作用效应是指激光与某些敏感材料在相互作用过程中产生的一些参量效应，包括非线性光学效应和超导量子效应等。

6.1.1 外光电效应——光电发射效应

金属或半导体受光照时，若入射光波能量 hv 足够大，则和物质当中的电子相互作用，使电子从材料表面逸出，这种现象称为光电发射效应，也称为外光电效应。能产生光电发射效应的物体称为光电发射体，在光电管中又称为光阴极。

光电发射效应的能量关系由著名的爱因斯坦方程描述，即

$$E_k = hv - E_c \tag{6-2}$$

式中，$E_k = \frac{1}{2}mv^2$ 表示光电子离开光电发射体表面时的动能，m 为电子质量，v 为电子离开时的速度；hv 为光波能量；E_c 为光电发射体的功函数。式（6-2）的物理意义是：如果发射体内的电子所吸收的光波能量 hv 大于光电发射体的功函数 E_c，那么电子就能从光电发射体表面逸出，并且具有相应的动能。由此可见，光电发射效应产生的条件是

$$v \geqslant \frac{E_c}{h} = v_c \tag{6-3}$$

用波长 λ 表示时有

$$\lambda \leqslant \frac{hc}{E_c} = \lambda_c \tag{6-4}$$

式中，v、v_c 和 λ_c 分别为产生光电发射效应的入射光波的频率、截止频率和截止波长。$h = 6.6 \times 10^{-34}\,\text{Js} = 4.13 \times 10^{-15}\,\text{eVs}$，$c = 3 \times 10^{14}\,\mu\text{m/s}$

则有

$$\lambda_c = \frac{1.24}{E_c(\text{eV})} \tag{6-5}$$

式中，λ_c 的单位为 μm。由式（6-3）可见，当 $v = v_c$ 时，光电子刚好能逸出光电发射体表面但动能为零，即静止在光电发射体表面上。当 $v < v_c$ 时，无论光强有多大，照射时间有多长，都不会有光电子发射。因此，要使频率较小的光辐射产生光电发射效应，光电发射体的功函数 E_c 必须较小。

6.1.2 内光电效应

内光电效应主要包括光电导效应和光伏效应两种。

1. 光电导效应

光电导效应是光照变化引起半导体材料电导变化的现象。当光照射到半导体材料时，材料吸收光波的能量，使非传导态电子变为传导态电子，引起载流子浓度增大，从而导致材料电导率增大。

光电导效应是使用最广泛的一种效应，材料的导电特性会因光照变化而变化。光电导效应的测量电路如图 6-1 所示。当光照在半导体材料上时，流过负载电阻的电流将发生变化，

这种变化可以通过测量负载电阻两端的电压来观察。

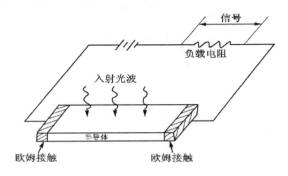

图 6-1　光电导效应的测量电路

在外电场作用下，载流子产生漂移运动，漂移速度 v 和电场 E 之比定义为载流子迁移率 μ ，即

$$\left.\begin{aligned}\mu_{\mathrm{N}} &= \frac{v_{\mathrm{N}}}{E} = \frac{v_{\mathrm{N}}L}{V} \\ \mu_{\mathrm{P}} &= \frac{v_{\mathrm{P}}}{E} = \frac{v_{\mathrm{P}}L}{V}\end{aligned}\right\} \tag{6-6}$$

式中，V 为外电压；L 为电压方向半导体的长度；μ_{N} 和 μ_{P} 分别表示电子和空穴载流子的迁移率，其单位符号是 $\mathrm{cm^2/V \cdot s}$ 。载流子的漂移运动效果用半导体的电导率 σ 来描述。定义为

$$\sigma = en\mu_{\mathrm{N}} + ep\mu_{\mathrm{P}} \tag{6-7}$$

式中，e 为电子电荷量；n 和 p 分别表示热平衡电子浓度和空穴浓度，单位为 $(\Omega \cdot \mathrm{cm})^{-1}$ 。如果半导体的截面积为 A ，则其电导（也称为热平衡暗电导）G 为

$$G = \sigma \frac{A}{L} \tag{6-8}$$

式中，G 的单位为 S（西门子）。

光电导效应可分为本征型和杂质型两类，如图 6-2 所示。本征型光电导效应指能量足够大的光波使电子离开价带，跃入导带，价带中由于电子离开而产生空穴，在外电场作用下，电子和空穴参与导电，使电导增加。此时，长波限条件由禁带能量 E_{g} 决定，即 $\lambda_{\mathrm{c}} = hc / E_{\mathrm{g}}$ 。杂质型光电导效应则指能量足够大的光波使施主能级中的电子或受主能级中的空穴跃迁到导带或价带，从而使电导增加。此时，长波限条件由杂质的电离能 E_i 决定，即 $\lambda_i = hc / E_i$ 。因为 $E_i \ll E_{\mathrm{g}}$ ，所以杂质型光电导效应的长波限比本征型光电导效应的要长得多。

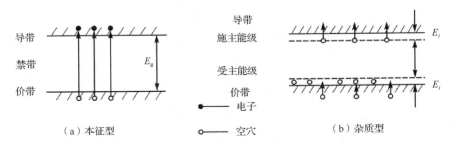

图 6-2　光电导效应

对于本征型光电导效应，当半导体材料受光照射时，其载流子浓度发生变化，价带中的电子吸收能量 $E > E_g$（禁带能量）的光波后跃迁进入导带，同时在价带中留下一个空穴，从而产生附加导电电子和导电空穴，它们统称为光生载流子。由于载流子浓度增大导致电导率的改变就是光电导。

由于光照引起的电导率增量为

$$\Delta\sigma = e(\Delta n\mu_N - \Delta p\mu_P) \tag{6-9}$$

式中，Δn 和 Δp 分别为电子和空穴浓度的增量，即光生载流子浓度。由此可知，光生电子和光生空穴对光电导都有贡献。

2. 光伏效应

如果光导现象是半导体材料的体效应，那么光伏现象则是半导体材料的"结"效应。也就是说，实现光伏效应需要有内部电势垒，当照射光激发出电子-空穴对时，电势垒的内建电场将把电子-空穴对分开，从而在势垒两侧形成电荷堆积，形成光伏效应。

当无光照时，由于半导体 PN 结两边载流子浓度不一致，将引发载流子扩散，扩散的结果在 PN 结处形成一个内建电场。内建电场将阻止电子继续向 P 区扩散，阻止空穴继续向 N 区扩散，最后使载流子的扩散运动和漂移运动相互抵消，从而达到平衡状态。

当光照射 PN 结时，只要光波能量大于材料的禁带能量 E_g，则无论是 P 区、N 区还是 PN 结，都会产生少数载流子（电子-空穴对）。那些在 N 区中产生的少数载流子由于存在浓度梯度而发生扩散，只要少数载流子离 PN 结的距离小于它的扩散长度，就总有一定概率扩散到 PN 结处。它们一旦到达 PN 结处，就会在结电场作用下被拉向 P 区。同样，如果在 P 区中产生的少数载流子扩散到 PN 结处，也会被结电场迅速拉向 N 区。PN 结内产生的电子-空穴对在结电场的作用下分别被拉向 N 区和 P 区。如果外电路处于开路状态，那么这些光生电子和空穴积累在 PN 结附近，使 P 区获得附加正电荷，N 区获得附加负电荷，PN 结获得一个光生电动势。这种现象称为光生伏特效应，简称光伏效应，如图 6-3 所示。这种光生电动势是以光照为基础的，一旦光照消失，光生电动势也不复存在。如果光照时 PN 结是开路的，则在 PN 结两端可测出开路电压；如果 PN 结外接负载形成回路，则有电流流经 PN 结，方向从 N 区到 P 区。若负载为 0，则测出的电流就是短路电流。

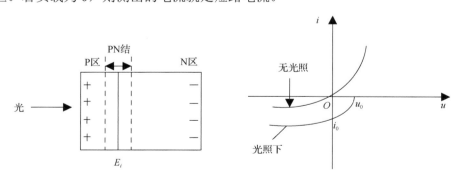

图 6-3　光伏效应

根据选用材料的不同，可分为半导体 PN 结、PIN 结、肖特基结及异质结势垒等多种结构的光伏效应。依据光伏效应制成的光探测器称为光伏探测器。根据光伏探测器外加偏置与否，可分为光电二极管、三极管和光电池等。

6.1.3　光电转换定律

光探测器在实际应用时，入射光辐射能量，输出光电流。这种把光辐射能量转换为光电流的过程称为光电转换。如果入射光辐射的单色光功率为 $P(t)$，频率为 v，即单光子的能量为 hv，光电流是光生电荷 Q 的变量，则有

$$P(t) = \frac{\mathrm{d}E}{\mathrm{d}t} = hv \times \frac{\mathrm{d}n_{光}}{\mathrm{d}t} \tag{6-10}$$

$$i(t) = \frac{\mathrm{d}Q}{\mathrm{d}t} = e\frac{\mathrm{d}n_{电}}{\mathrm{d}t} \tag{6-11}$$

式中，$n_{光}$ 和 $n_{电}$ 分别表示光波数和电子数；E 表示入射光辐射能量，式中所有变量都应理解为统计平均值。基本关系有

$$i(t) = DP(t) \tag{6-12}$$

式中，D 是一个比例因子，称为光探测器的光电转换因子。把式（6-10）和式（6-11）代入式（6-12）可得

$$D = \frac{e}{hv}\eta \tag{6-13}$$

式中

$$\eta = \frac{\mathrm{d}n_{电}}{\mathrm{d}t} \Big/ \frac{\mathrm{d}n_{光}}{\mathrm{d}t} \tag{6-14}$$

为光探测器的量子效率，它表示探测器吸收的光波数和激发的电子数之比，它是探测器物理性质的函数。由式（6-13）和式（6-14）可以得到

$$i(t) = \frac{e\eta}{hv}P(t) \tag{6-15}$$

这就是基本的光电转换定律。它告诉我们：

（1）光电探测器对入射光辐射功率有响应，响应量是光电流。因此，一个光电探测器可视为一个电流源。

（2）因为光功率 P 正比于光电场的平方，所以常常把光电探测器称为平方律探测器。因此，光电探测器是一个非线性器件。

6.2　光探测器性能参数和噪声

6.2.1　光探测器的性能参数

光探测器和其他器件一样，有一套根据实际需要制定的性能参数。依据这一套参数，人们可以评价光探测器性能的优劣，比较不同光探测器之间的差异，从而达到根据需要合理选择和正确使用光探测器的目的。因此，正确理解光探测器各种性能参数的物理意义是十分重要的。

1）灵敏度

灵敏度也称为响应度，是表示光探测器光电转换特性、光电转换的光谱特性及频率特性

的量度。定义电压灵敏度 R_u 为光探测器输出信号电压（均方根值）V_s 与输入光功率（均方根值）P 之比，即

$$R_u = \frac{V_s}{P} \tag{6-16}$$

式中，R_u 的单位为 V/W。

定义电流灵敏度 R_i 为光探测器输出信号电流（均方根值）I_s 与输入光功率（均方根值）P 之比，即

$$R_i = \frac{I_s}{P} \tag{6-17}$$

式中，R_i 的单位为 A/W。

由于输入光功率 P 一般指分布在某一光谱范围内的总功率，所以，这里的 R_u 和 R_i 又分别称为积分电压灵敏度和积分电流灵敏度。

2）光谱灵敏度

由于入射辐射的波长不同，光探测器的灵敏度也不同。灵敏度随波长变化而变化，这一特性称为光探测器的光谱灵敏度。通常用灵敏度随波长变化的规律曲线来表示。有时只取灵敏度的相对比值，且把最大灵敏度取为 1，这种曲线称为归一化光谱灵敏度曲线。

3）频率响应和响应时间

频率响应是描述光探测器的灵敏度在入射光波长不变时随入射光调制频率变化的特性。光探测器的频率响应定义为

$$R_f = \frac{R_0}{\sqrt{1 + (2\pi f \tau)^2}} \tag{6-18}$$

式中，R_f 表示频率为 f 时的灵敏度；R_0 为频率为零时的灵敏度；τ 为光探测器的响应时间，由材料、结构和外电路决定。一般规定，R_f 下降到 $R_0 / \sqrt{2}$ 时的频率 f_c 为探测器的截止响应频率或响应频率。由式（6-18）有

$$f_c = \frac{1}{2\pi \tau} \tag{6-19}$$

响应时间表示光辐射照到光探测器上所引起的响应快慢。在测量工作中，如果被测光辐射是一个稳定的量或变化很缓慢的量，那么光探测器的响应时间并不影响测量结果的正确性，可不考虑响应速度。但如果被测光辐射是一个变化很快的量，那么为了真实反映被测光辐射的大小及其变化规律，光探测器的响应时间必须短于光辐射变化的时间。

4）量子效率

光探测器的量子效率定义为每个入射光波所释放的平均电子数。如果 P 是入射到光探测器上的光功率，I_c 是入射光产生的光电流，则 $P / h\nu$ 表示单位时间入射光波平均数，I_c / e 表示单位时间产生的光电子平均数，e 为电子电荷，利用式（6-14）可得量子效率

$$\eta = \frac{I_c / e}{P / h\nu} = \frac{h\nu}{e} R_i \tag{6-20}$$

对于理想的光探测器，$\eta = 1$，即一个光波产生一个光电子，但实际光探测器的量子效率小于 1。显然，光探测器的量子效率越高越好。对于光电倍增管、雪崩光电二极管等有内部增益机制的光探测器，η 可大于 1。

5）噪声等效功率（NEP）

在实际应用中，当光探测器上的输入为零时，输出端仍有一个极小的输出信号。这个输出信号来源于光探测器本身，这就是光探测器的噪声，它随光探测器本身的材料、结构、周围环境温度等因素变化而变化。

由于噪声的存在，光探测器的最小可探测功率受到限制。为此可引入等效噪声功率 NEP 来表征光探测器的最小可探测功率。NEP 定义为信噪比为 1，即当输出信号电压 V_s（或输出信号电流 I_s）等于光探测器输出噪声电压 V_n（或输出噪声电流 I_n）时的入射光功率。当信噪比为 1 时，很难探测到信号，所以一般在信号电平下测量信噪比，再计算 NEP

$$NEP = \frac{P}{V_s / V_n} \tag{6-21}$$

或

$$NEP = \frac{P}{I_s / I_n} \tag{6-22}$$

式中各量均取有效值，NEP 单位为瓦（W）。NEP 越小，光探测器的探测能力越强。

由于噪声频谱很宽，因此为减小噪声的影响，一般将光探测器后面的放大器做成窄带通的，其中心频率选为调制频率。这样，信号不受损失，噪声也可以滤去，从而使 NEP 减小，在这种情况下，通常定义 NEP 为

$$NEP = \left(\frac{V_n}{V_s}\right) \times \frac{P}{\sqrt{\Delta f}} \tag{6-23}$$

或

$$NEP = \left(\frac{I_n}{I_s}\right) \times \frac{P}{\sqrt{\Delta f}} \tag{6-24}$$

式中，Δf 为放大器带宽，因噪声功率与带宽成正比，则噪声电压（或电流）与带宽的平方根成正比，所以引进因子 $\sqrt{\Delta f}$，NEP 单位为 W/Hz^2。

6）归一化探测度

光探测器的探测能力由 NEP 决定，NEP 越小越好。但这不符合人们希望参量的数值越大越好的习惯，于是定义 NEP 的倒数为光探测器的探测度 D，即单位入射功率产生的信噪比

$$D = \frac{1}{NEP} \times (1/W) \tag{6-25}$$

理论分析和实验结果表明，NEP 还与光探测器接收光面积的平方根 $\sqrt{A}$ 成正比。为了便于各种不同光探测器性能之间相互比较，把式（6-23）或式（6-24）所定义的 NEP 除以 $\sqrt{A}$，得到一个与面积无关的参量 D^*，称为归一化探测度，利用式（6-23）或式（6-24）有

$$D^* = \frac{1}{NEP / A} = \frac{\sqrt{A\Delta f}}{P}\left(\frac{V_s}{V_n}\right) \tag{6-26}$$

或

$$D^* = \frac{1}{NEP / A} = \frac{\sqrt{A\Delta f}}{P}\left(\frac{I_s}{I_n}\right) \tag{6-27}$$

D^* 和 NEP 一样是波长的函数，由于噪声通常和信号调制频率有关，因此它也是调制频率及测量带宽的函数。

6.2.2 光探测器的噪声

任何一个光探测器，都有一定的噪声。也就是说，携带信息的信号在传输的各个环节都不可避免地受到各种干扰而使信号发生某种程度的畸变，在它的输出端总存在一些毫无规律、事先无法预知的电压起伏。通常把这些非有用信号的各种干扰统称为噪声，噪声是限制检测系统性能的决定性因素。实现微弱光信号的探测，就是从噪声中如何提取信号的问题。

依据噪声产生的物理原因，光探测器的噪声大致可以分为散粒噪声、产生-复合噪声、光波噪声、热噪声和低频噪声等。

1）散粒噪声

光电发射材料表面光电子的随机发射或半导体内光生载流子的随机产生和流动，引起光探测器输出电流的起伏，这种由光生载流子的本征扰动产生的电流起伏称为散粒噪声，又称为量子噪声。这是许多光探测器，特别是光电倍增管和光电二极管中的主要噪声源。散粒噪声的表达式为

$$I_n = \sqrt{2ei\Delta f} \qquad (6-28)$$

式中，I_n 为噪声电流；e 为造成电流流动的粒子带的电荷；i 为光探测器的暗电流；Δf 为测量带宽。

2）产生-复合噪声

在没有光照的情况下，在半导体体内的平衡过程实际上是一种动态平衡过程。由于光生载流子产生和复合过程的随机性，自由载流子浓度总围绕其平均值涨落，引起电导率的起伏，因而导致外回路电流或电压的起伏。这种由体内的光生载流子随机产生和复合过程引起的噪声称为产生-复合噪声。产生-复合噪声电流 I_{gr} 的表达式为

$$I_{gr} = \sqrt{4eiM^2\Delta f} \qquad (6-29)$$

式中，M 为光探测器的内增益。

3）光波噪声

当用光功率恒定的光照射光探测器时，由于它实际上是光波数的统计平均值，每瞬时到达光探测器的光波数都是随机的，因此光激发的载流子一定也是随机起伏的，也会产生起伏噪声，即散粒噪声。因为这里强调光波起伏，故称为光波噪声。无论是信号光还是背景光，都伴随着光波噪声。

对于光电发射效应和光伏效应，光波噪声电流的表达式为

$$I_{ab} = \sqrt{2ei_b\Delta f} \qquad (6-30)$$

$$I_{as} = \sqrt{2ei_s\Delta f} \qquad (6-31)$$

式中，I_{ab} 和 I_{as} 分别表示背景光和信号光产生的光波噪声电流；i_b 和 i_s 分别表示背景光和信号光引起的光电流。

对于光电导效应，光波噪声电流的表达式为

$$I_{ab,gr} = \sqrt{4ei_bM^2\Delta f} \qquad (6-32)$$

$$I_{as,gr} = \sqrt{4ei_sM^2\Delta f} \qquad (6-33)$$

式中，$I_{ab,gr}$ 和 $I_{as,gr}$ 分别表示背景光和信号光产生的光波噪声电流；M 表示光探测器的内增益。

4）热噪声

由于光探测器有一个等效电阻 R，电阻中自由电子的随机运动引起电压起伏，这就是所谓的热噪声。理论上给出有效热噪声电压 V_n 和电流 I_n 分别为

$$V_n = \sqrt{4kT\Delta fR} \tag{6-34}$$

$$I_n = \sqrt{4kT\Delta f / R} \tag{6-35}$$

式中，k 为玻耳兹曼常数；T 为热力学温度。

5）低频噪声

几乎所有光探测器中都存在这种噪声。它主要出现在约 1kHz 以下的低频频域，而且与光辐射的调制频率 f 成反比，故称为低频噪声或 $1/f$ 噪声。这种噪声产生的原因目前还不十分清楚，但实验发现，光探测器表面的工艺状态（如缺陷或不均匀等）对这种噪声的影响很大。低频噪声的经验规律为

$$I_n = \sqrt{Ai^\alpha \Delta f / f^\beta} \tag{6-36}$$

式中，A 为与光探测器有关的系数；i 为流过光探测器的总直流电流；$\alpha \approx 2$；$\beta \approx 1$。于是

$$I_n = \sqrt{Ai^2 \Delta f / f} \tag{6-37}$$

一般来说，只要限制低频调制频率不低于 1kHz，这种噪声就可防止。

6.3　光电探测器类型及典型的光电探测器

6.3.1　光电探测器类型

光电探测器是把光辐射能量转变为电信号的器件。光电探测器的种类很多，分类的方法也各不相同。

按结构形式不同，可分为单元探测器和多元探测器，其中多元探测器已由线阵发展为面阵，且目前已能将探测器阵列与信号处理电路集成为半导体集成块，大大方便了应用。

按探测方式不同，可分为直接探测器和外差探测器。

按用途不同，可分为成像探测器和非成像探测器。

按工作转换机理不同，可分为光电子发射探测器、光电导探测器、光伏探测器和热电探测器。

光电子发射探测器包括光电管和光电倍增管，属外光电效应；光电导探测器包括单晶型、多晶型、合金型光敏电阻等，属内光电效应；光伏探测器包括雪崩光电二极管、硅光电池、光电二极管和光电三极管等，属内光电效应；热电探测器包括热敏电阻、热电偶和热电堆、气动管（高莱管）和热释电探测器等。

6.3.2　典型的光电探测器

1．光敏电阻

利用光电导效应工作的光电探测器称为光电导探测器，这类探测器在光照下会改变自身的电阻率，且光照越强，电阻率越小，常称为光导管或光敏电阻。光敏电阻的结构简单，只需要在一块半导体材料上焊上两个电极，其阻抗呈阻性，没有极性，且灵敏度较高，工作电

流大，具有内电流增益 G，光谱响应宽，所测的光强范围宽，但响应速度较慢。主要用于电子电路、仪器仪表、光电控制、计量分析、光电制导和激光外差探测等方面。

光敏电阻元件主要是 II-VI 族的化合物半导体，如 CdS（硫化镉）、CdTe（碲化镉）、PbS（硫化铅）之类的烧结体和 InSb（锑化铟）、GaS 等 III-V 族化合物半导体，及 Ge:Cu，Ge:Au 等 IV 族半导体晶体。图 6-4 所示为 CAS 光敏电阻的结构和偏置电路。

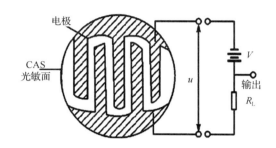

图 6-4　CAS 光敏电阻的结构和偏置电路

CdS、CdTe 具有高可靠性、长寿命、低造价、可见光响应等特点。光电导增益较高，一般为 $10^3 \sim 10^4$，但响应时间较长，约为 50ms，在工业中应用最广。

PbS 是一种性能优良的近红外光敏电阻，其响应范围为 $1 \sim 3.4\mu m$，峰值响应波长为 $2\mu m$，响应时间为 $200\mu s$，室温下有较大电压输出，广泛用于遥感技术和红外制导技术。

2. 硅光电池

硅光电池是目前使用最广泛的光电探测器之一。它的特点是工作时不需要外加偏压，接收面积小、使用方便；缺点是响应时间长。

按照基本材料不同，硅光电池可分为 2DR 型和 2CR 型两种。2DR 型硅光电池以 P 型硅为基片，基片上扩散磷形成 N 型薄膜，构成 PN 结，受光面是 N 型层。2CR 型硅光电池在 N 型硅片上扩散硼，形成 P 型薄膜，构成 PN 结，受光面为 P 型层。2DR 型光电池结构如图 6-5 所示。

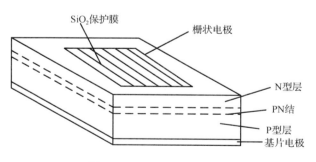

图 6-5　2DR 型光电池结构

上电极为栅状电极，下电极为基片电极。做栅状电极是为了透光性好，减少电极与光敏面的接触电阻。SiO_2 保护膜起增透（减少反射损失）和保护作用。

硅光电池与光敏电阻相比，其掺杂浓度高、电阻率低（约为 $0.1 \sim 0.01\Omega \cdot cm^{-1}$），易于输出光电流。短路光电流与入射光功率呈线性关系，开路光电压与入射光功率呈对数关系，如图 6-6 所示。当硅光电池外接负载电阻 R_L 后，负载电阻 R_L 上所得的电压和电流如图 6-7 所示。

R_L 应选在特性曲线转弯点，这时，电流和电压乘积最大，硅光电池输出功率最大。

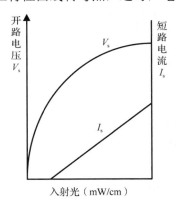

图 6-6　硅光电池光照特性

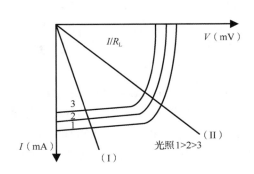

图 6-7　硅光电池伏安特性

为了输出信号电压有较好的线性，由图 6-7 所示的伏安特性可以看出：负载（Ⅰ）比负载（Ⅱ）有更好的线性。也就是说，负载电阻越小，硅光电池工作越接近短路状态，线性越较好。硅光电池实用电路如图 6-8 所示，其等效电路如图 6-9 所示。图 6-9 中，硅光电池对负载输出可等效于信号电压源 $V_s = I_s R_s$ 和电源内阻 R_s，则运算放大器的输出电压 V_o 可表示为

$$\frac{V_o}{V_z} = \frac{V_o}{I_z R_z} = -\frac{R_F}{R_z} \tag{6-38}$$

于是有

$$V_o = -I_s R_F \tag{6-39}$$

从式（6-39）中可以看出：输出电压与硅光电流呈线性关系。也就是与入射光功率呈线性关系。硅光电池的长波限由硅的禁带宽度决定，为 $1.15\mu m$，峰值波长约为 $0.8\mu m$。如果 P 型硅片上的 N 型层做得很薄（小于 $0.5\mu m$），那么峰值波长可向着短波方向微移，对蓝紫光谱仍有响应。硅光电池响应时间较长，它由结电容和外接负载电阻的乘积决定。硅光电池广泛用于光度和色度测试方面。

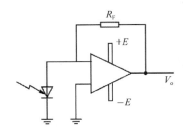

图 6-8　硅光电池实用电路

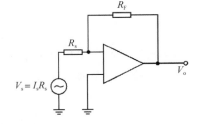

图 6-9　硅光电池实用电路的等效电路

3. 雪崩光电二极管（APD）

雪崩光电二极管是一种具有内增益的半导体光敏器件。处于反向偏置的 PN 结，其势垒区内有很强的电场。当光照射到 PN 结上时，便产生光生载流子，光生载流子在这个强电场作用下，将加速运动，在运动过程中，可能碰撞其他原子而产生大量新的二次电子-空穴对。它们在运动过程中也将获得足够大的动能，从而碰撞出大量新的二次电子-空穴对。这样下去

像雪崩一样迅速地碰撞出大量电子-空穴对，产生强大的电流，形成倍增效应。

雪崩光电二极管需要外加近百伏的反向偏压，这就要求材料掺杂均匀，并在 N⁺ 与 P（或 P⁺ 与 N）区间扩散经掺杂 N（在 P⁺ 与 N 之间扩散 P 层）层作为保护环，使 N 区变宽，呈现高阻区，以减少表面漏电流，防止 N 结的边缘局部过早击穿，如图 6-10（a）、（b）所示，或者在 P 型衬底和重掺杂 N⁺ 之间生成几百微米厚的本征层，可使雪崩光电二极管忍耐高的反向偏压，如图 6-10（c）所示。

图 6-11 是雪崩光电二极管的倍增电流、噪声与外加偏压的关系曲线。从图 6-11 上可以看出：在偏压较低时的 A 点以左，不发生雪崩；随着外加偏压的逐渐升高，倍增电流逐渐增加，从 B 点到 C 点增加很快，属于雪崩倍增区；外加偏压再继续增大，将发生雪崩击穿；同时噪声显著增加，如 C 点以右的区域所示。因此，最佳的外加偏压工作区在 C 点以左，否则将发生雪崩击穿，会烧毁二极管。

雪崩光电二极管具有电流增益大，灵敏度高，频率响应快，不需要后续庞大的放大电路等特点，因此它在微弱辐射信号的探测方面被广泛应用。其缺点是工艺要求高，稳定性差，受温度影响大。

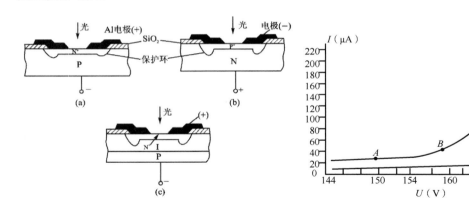

图 6-10　几种类型的雪崩光电二极管　　　　图 6-11　雪崩光电二极管的伏安特性

5. 热释电探测器

热释电探测器由两个电极夹上一层薄膜热释电材料制成，其中至少有 1 个电极是透明的，辐射通过透明电极入射至薄膜热释电材料膜层上。膜层厚度小于 $10\mu m$，可减少热容，加快响应速度，阻值可达 1010Ω 以上。

热释电探测器的传感元件是铁电晶体，其分子做永久的电偶极子运动。当温度低于居里温度时，电偶极子不完全沿特定的晶体轴线排列，材料做网格电偶极子运动，表面存储电荷。当铁电晶体被加热时，引起电偶极子的不规则排列，使电偶极子运动减弱，即表面存储电荷减少，在外电路中探测的电流也相应减小。

大多数热释电探测器采用陶瓷热释电材料，它的居里温度为几百摄氏度，如锆钛酸铅。把铁电材料做成一个膜片，在与电偶极子运动垂直的面上做两个透明电极。由于陶瓷材料电阻系数很高，因此用高负载电阻（$1010\sim1011\Omega$）将两极板相连。热释电探测器是一种交流响应或瞬时响应器件，对稳定辐射不响应。在 1Hz 带宽内，可测得功率为 10nW，其上升时间短至 1ns，工作波长长至 100μm。

6.4　光电探测方式

光辐射探测是将光波中的信息提取出来的过程。这里光是信息的载体，把信号加载到光波上的方法有多种，如强度调制、幅度调制、频率调制、相位调制和偏振调制。从原理上来说，强度调制、幅度调制和偏振调制（可以很容易地转化为强度调制）可以直接由光探测器解调，因而称为直接探测方式。然而，频率调制和相位调制必须采用光外差探测方式。

在直接探测方式中，光波直接辐射到光探测器的光敏面上，光探测器响应光辐射强度而输出相应的电流或电压，然后送入信号处理系统，就可以再现原信息。直接探测方式是一种简单又实用的方式，然而它只能探测光辐射强度及其变化，会丢失光辐射频率和相位信息。

光外差探测方式的原理和无线电波外差接收原理完全一样，其中必须有两束满足相干条件的光束。在光外差探测方式中，光电探测器起光学混频器的作用，它响应信号光与本振光的差频分量，输出一个中频光电流。由于中频光电流利用信号光和本振光在光探测器的光敏面上干涉得出，因而光外差探测又称为相干探测。光外差探测利用光场的相干性实现对光辐射的振幅、强度、位相和频率的测量。

6.4.1　直接探测方式

光电探测器的基本功能就是把入射到光电探测器上的光功率转换为相应的光电流，即

$$i(t) = \frac{e\eta}{h\nu} P(t) \tag{6-40}$$

因此，只要待传递的信息表现为光功率的变化，利用光电探测器的直接光电转换功能就能实现信息的解调。这种探测方式通常称为直接探测方式，直接探测系统如图 6-12 所示。光辐射信号通过光学透镜天线、带通滤波器入射到光电探测器表面，光电探测器将入射光波流变换成电子流，其大小正比于光波流的瞬时强度，然后经过前置放大器对信号进行处理。由于光电探测器只响应光波功率的包络变化，不响应光波的频率和相位，所以直接探测方式也称为光包络探测或非相干探测。

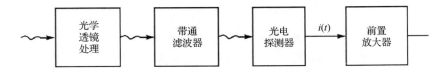

图 6-12　直接探测系统

1. 光电探测器平方律特性

假定入射信号光场为 $E_c(t) = A_c \cos \omega_c t$，$A_c$ 是信号光场振幅，ω_c 是信号光频率，则平均光功率为

$$P = \overline{E_c^2(t)} = \frac{A_c^2}{2} \tag{6-41}$$

光电探测器输出光电流为

$$i_{\mathrm{p}} = \alpha \times P = \frac{e\eta}{hv}\overline{E_{\mathrm{c}}^2(t)} = \frac{e\eta A_{\mathrm{c}}^2}{2hv} \tag{6-42}$$

式中，$\overline{E_{\mathrm{c}}^2(t)}$ 表示时间平均；α 为光电变换系数，即

$$\alpha = \frac{e\eta}{hv} \tag{6-43}$$

式中，η 为量子效率。

若光电探测器负载电阻为 R_{L}，则光电探测器输出电功率为

$$S_{\mathrm{p}} = i_{\mathrm{p}}^2 R_{\mathrm{L}} = \left(\frac{e\eta}{hv}\right)^2 P^2 R_{\mathrm{L}} \tag{6-44}$$

式（6-44）表明，光电探测器的平方律特性包含两个方面：一是光电流正比于光场振幅的平方；二是光电探测器输出电功率正比于入射光功率的平方。如果入射光是调幅波，即

$$E_{\mathrm{c}}(t) = A_{\mathrm{c}}[1+d(t)]\cos\omega_{\mathrm{c}}t \tag{6-45}$$

式中，$d(t)$ 为调制信号，则光电探测器输出光电流为

$$i_{\mathrm{p}} = \frac{1}{2}\alpha A_{\mathrm{c}}^2 + \frac{1}{2}\alpha A_{\mathrm{c}}^2 d(t) = \frac{e\eta}{hv}P[1+d(t)] \tag{6-46}$$

式（6-46）表明，光电流表达式中第一项代表直流项，第二项为信号的包络波形。

2. 直接探测系统的信噪比

一个直接探测系统的探测性能好坏要根据信噪比来判断。

设输入光电探测器的信号光功率为 s_{i}，噪声功率为 n_{i}；输出光电探测器的电功率为 s_{o}，噪声功率为 n_{o}，则总输入功率为 $(s_{\mathrm{i}}+n_{\mathrm{i}})$，总输出电功率为 $(s_{\mathrm{o}}+n_{\mathrm{o}})$。根据光电探测器的平方律特性，有如下关系

$$s_{\mathrm{o}} + n_{\mathrm{o}} = k\left(s_{\mathrm{i}}+n_{\mathrm{i}}\right)^2 = k\left(s_{\mathrm{i}}^2 + 2s_{\mathrm{i}}n_{\mathrm{i}} + n_{\mathrm{i}}^2\right) \tag{6-47}$$

式中，$k = \left(\dfrac{e\eta}{hv}\right)^2 R_{\mathrm{L}}$ 为常数。考虑信号和噪声的独立性，应有

$$s_{\mathrm{o}} = ks_{\mathrm{i}}^2 \tag{6-48}$$

$$n_{\mathrm{o}} = k\left(2s_{\mathrm{i}}n_{\mathrm{i}} + n_{\mathrm{i}}^2\right) \tag{6-49}$$

根据信噪比的定义，光电探测器输出信噪比为

$$\frac{s_{\mathrm{o}}}{n_{\mathrm{o}}} = \frac{s_{\mathrm{i}}^2}{2s_{\mathrm{i}}n_{\mathrm{i}} + n_{\mathrm{i}}^2} = \frac{\left(s_{\mathrm{i}}/n_{\mathrm{i}}\right)^2}{1 + 2\left(s_{\mathrm{i}}/n_{\mathrm{i}}\right)} \tag{6-50}$$

由此可见，输出噪声包括两项：n_{i}^2 是噪声分量之间的差拍结果，$2n_{\mathrm{i}}s_{\mathrm{i}}$ 是信号和噪声之间的差拍结果。

若输入信噪比 $\dfrac{s_{\mathrm{i}}}{n_{\mathrm{i}}} \ll 1$，则有 $\dfrac{s_{\mathrm{o}}}{n_{\mathrm{o}}} \approx \left(\dfrac{s_{\mathrm{i}}}{n_{\mathrm{i}}}\right)^2$。此式说明，当输入信噪比小于 1 时，输出信噪比更小，而且明显下降。因此，直接探测方式不适用输入信噪比小于 1 或微弱光信号的探测。在实际应用中，在光频区只有背景辐射进入光电探测器，并且只有在背景辐射功率大于信号功率时，才能使输入信噪比小于1，故欲提高光电探测器的输出信噪比，主要在于排除背景光的进入。但光电探测器的光谱响应很宽，不能鉴别出信号光和背景光，只能截获到达其灵敏

面上的光波，但对光波的相位、偏振没有特殊要求。因此，为了减小背景噪声，在光电探测器之前必须增添一带通滤光器，只允许与信号光频率相当的背景光进入，滤除其他频率的背景光。从空间方向上减小背景噪声的办法是减小光学天线的接收视场和采用空间滤波技术。

若输入信噪比 $\dfrac{s_i}{n_i} \gg 1$，则有 $\dfrac{s_o}{n_o} \approx \left(\dfrac{s_i}{n_i}\right)^2$。此式说明，当输入信噪比大于 1 时，输出信噪比等于输入信噪比的一半，光电转换后信噪比损失不大，在实际应用中完全可以接收。因此，直接探测方式最适合进行强光信号探测。这种方法比较简单，易于实现，可靠性高，成本低，在实际中得到广泛应用。在直接探测方式中，当光信号功率较小时，光电探测器的电信号输出也相应较小。为了信号处理、显示的需要，必须添加前置放大器。但是，放大器的引入对探测系统的灵敏度或输出信噪比有一定影响。因为放大器不仅放大有用信号，还放大输入噪声，而且放大器本身还要引入新的噪声。因此，为使探测系统保持一定的输出信噪比，合理设计前置放大器非常重要。在光电探测技术中，为了充分利用光电探测器的灵敏度，在设计放大器时，总是先满足噪声指标要求，然后再考虑增益、带宽等技术要求。

6.4.2　光外差探测方式

激光的高度相干性、单色性和方向性使光频段的光外差探测成为现实。光外差探测方式与无线电波外差接收方式的原理相同，因而同样具有无线电波外差接收方式的选择性好、灵敏度高等一系列优点。就探测而言，只要波长能匹配，光外差探测和直接探测方式所用探测器原则上就可通用。光外差探测的主要问题是系统复杂，而且波长越短，实现光外差探测就越困难。

1. 光外差探测的基本原理

光外差探测系统如图 6-13 所示。与直接探测系统相比，多了一个本振激光器。其工作过程如下：待探测的频率为 ω_c 的光信号和由本振激光器输出的频率为 ω_d 的参考光，都经有选择性的分束器入射到光电探测器表面而相干叠加（混频），因为光电探测器仅对其差频（$\omega_{IF} = \omega_d - \omega_c$）分量响应，故只有频率为 ω_{IF} 的射频电信号（包括直流分量）输出，再经过放大器放大，由射频检波器进行解调，最后得到有用的信号信息。

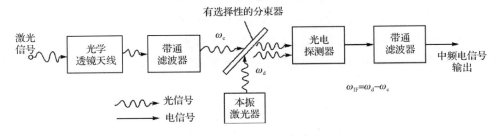

图 6-13　光外差探测系统

假定相同方向、相同偏振的信号光束和本振激光垂直照射到光电探测器表面，它们的电场分量可分别表示为

$$E_c(t) = A_c \cos(\omega_c t + \varphi_c) \tag{6-51}$$

$$E_d(t) = A_d \cos(\omega_d t + \varphi_d) \tag{6-52}$$

根据光电探测器的平方律特性，其输出光电流为

$$i_P = \alpha \overline{\left[E_c(t) + E_d(t)\right]^2} \tag{6-53}$$

式中，α 为一常数，方括号上的横线表示在几个光频周期内的时间平均。这是因为光电探测器的响应时间有限，光电转换过程实际上是一个时间平均过程。将式（6-51）和式（6-52）代入式（6-53），展开后得到

$$i_P = \alpha \{ A_c^2 \overline{\cos^2\left(\omega_c t + \varphi_c\right)} + A_d^2 \overline{\cos^2\left(\omega_d t + \varphi_d\right)}$$
$$+ A_c A_d \overline{\cos\left[\left(\omega_c - \omega_d\right)t + \left(\varphi_c - \varphi_d\right)\right]}$$
$$+ A_c A_d \overline{\cos\left[\left(\omega_c + \omega_d\right)t + \left(\varphi_c + \varphi_d\right)\right]} \} \tag{6-54}$$

前两项表示直流分量，最后一项是和频项，由于其频率 $\omega_c + \omega_d$ 太高，光电探测器根本不响应。也就是说，这部分光波成分与光电探测器不发生相互作用。而差频项 $\omega_{IF} = \omega_c - \omega_d$ 相对光场变化要缓慢得多，只要 $\omega_{IF} = 2\pi f_{IF}$ 小于光电探测器的截止响应频率 f_c，光电探测器就有相应的光电流输出。故式（6-54）可变为

$$i_P = \alpha \left\{ A_c^2/2 + A_d^2/2 + A_c A_d \cos\left[\omega_{IF}t + \left(\varphi_c - \varphi_d\right)\right] \right\} \tag{6-55}$$

光电流经过有限带宽的中频（$\omega_{IF} = \omega_c - \omega_d$）放大器，滤去直流分量，最后只剩下中频交流分量

$$i_P = \alpha A_c A_d \cos\left[\omega_{IF}t + \left(\varphi_c - \varphi_d\right)\right] \tag{6-56}$$

这个结果表明，光外差探测是一种全息探测技术。在直接探测中，只响应光功率的时变信息。而在光外差探测中，光频电场的振幅 A_c、频率 $\omega_c = \omega_d + \omega_{IF}$（$\omega_d$ 是已知的，ω_{IF} 是可以测量的）、相位 φ_c 所携带的信息均可探测出来。也就是说，一个振幅调制、频率调制及相位调制的光波所携带的信息，通过光外差探测均可实现解调。这无疑是直接探测所不能比拟的，但它比直接探测的实现要困难和复杂得多。

若 $\omega_c = \omega_d$，即待测光频率与本振光频率相等，则式（6-56）变为

$$i_P = \alpha A_c A_d \cos\left(\varphi_c - \varphi_d\right) \tag{6-57}$$

这是光外差探测的一种特殊形式，称为零拍探测。光电探测器此时的输出电流与待测光振幅和相位呈比例变化。若待测光是振幅调制（信息包含在 A_c 中），则要求本振光波与待测光波相位锁定，即当 $\varphi_c = \varphi_d$ 时，输出信号电流最大。若待测光波是相位调制（信息包含在 φ_c 中），则要求本振光波=常数。实际上，无论是光外差探测还是零拍探测，要实现某一信息解调，保证本振光束的频率和相位的高度稳定是十分重要的。激光信号已经能比较好地保证这一条件，所以，光外差探测得到了快速发展。

2. 光外差探测的基本特性

从光外差探测的基本公式（6-56）还可看出，光外差探测具有一些优良特性。

1）高转换增益

光电探测器的电输出功率为

$$P_{IF} = i_{IF}^2 R_L = 2\alpha^2 P_c P_d R_L \tag{6-58}$$

式中，$P_c = A_c^2/2$，$P_d = A_d^2/2$ 分别为信号光和本振光的平均功率。如果以直接探测的电输出功率为基准，那么光外差探测所能提供的功率转换增益为 $G = 2P_d/P_c$。通常 $P_d > P_c$，因此，

光外差探测能提供足够高的增益。有效的光外差探测要求有足够高的本振光功率。这也说明光外差探测对弱信号探测特别有效。

2）良好的滤波性能

在光外差探测中，只有那些在中频频带内的杂散光才可能进入系统，而其他杂散光所形成的噪声均被中频放大器滤除。因此，在光外差探测中，不加滤光片比加滤光片的直接探测系统有更窄的接收带宽。这说明光外差探测对背景光具有良好的滤波性能。

3）良好的空间和偏振鉴别能力

由光外差探测的基本公式（6-56）可以看出，为使从光电探测器输出中的频电流达到最大，要求信号光束与本振光束的波前在整个光电探测器的灵敏面上必须保持相同的相位关系。因为光波波长比光电探测器光混频面积小得多，所以光电探测器输出的中频光电流等于光混频面上的每微分面元产生的中频微分电流之和。显然，只有当这些中频微分电流保持相同的相位关系时，总中频电流才能达到最大。因此，信号光波和本振光波的波前在整个光混频面上必须保持相同的相位关系。这说明光外差探测具有良好的空间和偏振鉴别能力。

4）光外差探测的信噪比

假定入射到光电探测器的灵敏面上的信号光束中的信号和噪声分别为 s_i 和 s_o，本振光束中的本振信号和噪声分别为 s_L 和 n_L，光电探测器输出为 $s_i + s_o$，s_o 为信号，n_o 为噪声，根据光电探测器的平方律特性有

$$s_o + n_o = k\left(s_i + n_i + s_L + n_L\right)^2 \tag{6-59}$$

式中，$k = \left(\dfrac{e\eta}{hv}\right)^2 R_L$ 为常数。

展开式（6-59）并略去 n_L^2，$n_L n_i$，n_i，n_i^2，$s_i n_L$ 及 $s_i n_i$ 各项，中频放大器又滤掉 s_L^2 和 s_i^2 直流项，最后有

$$s_o + n_o = 2k\left(s_i s_L + s_L n_L + s_L n_i\right) \tag{6-60}$$

由此可得到信噪比为

$$\frac{s_o}{n_o} = \frac{s_i}{n_i + n_L} \tag{6-61}$$

如果本振光束不含噪声，即 $n_L = 0$，则

$$\frac{s_o}{n_o} = \frac{s_i}{n_i} \tag{6-62}$$

式（6-62）说明在此光外差探测中输入信号和噪声被同时放大，输出信噪比等于输入信噪比，没有信噪比损失。在 $\dfrac{s_i}{n_i} \ll 1$ 时，光外差探测较直接探测有高得多的输出信噪比，即在弱信号条件下，光外差探测比直接探测有高得多的灵敏度。在 $\dfrac{s_i}{n_i} \gg 1$ 时，即在强信号条件下，光外差探测比直接探测的信噪比仅提高一倍。考虑系统的复杂性，在这种情况下采用直接探测更为有利。

如果本振光含有噪声，即 $n_L \neq 0$，则输出信噪比会降低。因此，利用较低噪声的本振激光才能体现光外差探测的优越性。

6.5 空间激光接收技术

空间光通信的接收检测方法主要包括强度调制直接检测和相位调制光外差检测，本章主要对这两种方法进行系统阐述。

6.5.1 光波计数与量子极限

光波是一种电磁波，可由其电场或磁场分量来表述。由玻印亭定理可得，光功率正比于光场振幅的平方，单色光波可以表示为

$$S = \sqrt{P_s}\, \mathrm{e}^{\mathrm{j}\omega_0 t} \tag{6-63}$$

式中，$|S|^2 = P_s$ 为平均功率；$\omega_0 = 2\pi\nu$ 为角频率；光频 μ 为 $4 \times 10^{12} \sim 7 \times 10^{12}\,\mathrm{Hz}$。半经典量子理论将光波视为光波流，每个光波能量都为 $h\nu$，h 为普朗克常数。

每秒内的平均光波数为

$$\lambda_p \triangleq \frac{P_s}{h\nu} \quad (\text{photons/s}) \tag{6-64}$$

单个光波从激光光源受激辐射产生出来的准确时间是无法预测的，大量光波的辐射时间是一个泊松随机过程。

在理想（无损耗、无噪声、无色散）信道中，理想的 OOK 通信接收机（量子效率为 1）框图如图 6-14 所示，图中表示一个比特周期 T 内的数字脉冲，α 为编码的数据 "1" 或 "0"。N 为该比特周期内的光波计数，在光电二极管中为电子-空穴对（e-o 对），经零阈值判决后得到相应的 "1" 码或 "0" 码，$\hat{\alpha}$ 为接收机对 α 的估计值。

图 6-14 理想的 OOK 通信接收机框图

传送 "0" 码时，接收到非零光波数的概率为 0，故 $N = 0$。传送 "1" 码时，T 时间内接收机的光波计数 N 服从均值为 λ_p 的泊松分布。

$$Pr[N\ \text{photons}\,|_{\text{ONE}}] = \frac{(\lambda_p T)^N\, \mathrm{e}^{-\lambda_p T}}{N!} \tag{6-65}$$

因此，传送 "1" 码时，仍然存在接收机光波计数为 0（产生 0 个 e-o 对）的非零概率，从而引起误码。在 "0" "1" 等概率的码流中，有

$$\mathrm{BER} = \frac{1}{2} Pr[0\ \text{photons}\,|_{\text{ONE}}] = \frac{1}{2}\mathrm{e}^{-\lambda_p T} \tag{6-66}$$

为简化起见，令 $\bar{N}$ 为传送 "1" 码时接收机光波计数（e-o 对），N 的期望值为

$$\bar{N} \triangleq E[N\,|_{\text{ONE}}] = \lambda_p T = P_s T / h\nu \tag{6-67}$$

为可达到的 BER 底限，量子效率为 1 的理想接收机的误码率量子极限为

$$\mathrm{BER} = \frac{1}{2}\mathrm{e}^{-\bar{N}} \tag{6-68}$$

在误码率给定的情况下，可由式（6-68）计算 OOK 接收机所需的最小信号光功率。例如，BER = 1.0⁻⁹，理想的光子计数要求每个"1"比特内有 20 个光子，或者平均值为 10photons/b。前者为峰值光子数，后者为平均光子数。对卫星光通信而言，应以峰值光子数为主要考虑因素，在进行给定误码率情况下的功率链路计算时，有利于保有足够的余量。

式（6-68）为在卫星光通信 IM/DD 体制下，理想 OOK 接收机性能的理论极限。在考察相干光通信体制中各类接收机的性能时，可以以此做基本的对比和参照。

6.5.2　光电二极管电流与散粒噪声

当然，理想光子计数并不现实。光电探测器会不可避免地引入附加噪声。空间光通信中，光电二极管是最常用的通信探测器，其通信接收性能（光谱响应、内部噪声、体积质量功耗等）远优于其他类型的光电探测器，如光电倍增管、光电导探测器等。

卫星光通信常用的光电二极管为 PIN 二极管和 APD（Avalanche Photodiode，雪崩光电二极管），二者工作原理类似。光电二极管反偏，入射光子由耗尽层吸收，产生电子-空穴对。量子效率 η，定义为由入射光子产生的电子-空穴对数与入射光子数之比。PIN 二极管的量子效率接近 1，APD 的量子效率接近 0.5。在反偏电场的作用下，电子-空穴对向相反方向漂移，产生电子电荷 q 相当的位移电流。APD 的偏压比 PIN 二极管的偏压高得多，电子-空穴对由反偏电场加速得到足够高的动能，轰击产生新的载流子，这就是雪崩倍增过程，其倍增因子 G 的典型值约为 30～100。因此，APD 的输出电流比 PIN 二极管大。但是，增益载流子的随机起伏会导致 G^2 倍的附加噪声电平。综合以上因素考虑，在接收光功率极其微弱的卫星光通信 IM/DD 体制中，APD 探测器的优势明显，其后续信号处理电路中的信号电平高于噪声电平；而在卫星相干光通信体制中，光的相干技术已经使通信探测器前端的接收光功率得到了有效放大，无须再付出 APD 的倍增噪声代价去获得通信信号增益。信号光场与本振光场叠加后的相干，入射在探测器光敏面上的光功率已经足够大，因此相干光接收机一般采用量子效率高、噪声低的 PIN 二极管探测器。

如图 6-15 所示，入射在 PIN 二极管探测器光敏面上的光场为 $S = \sqrt{P_s}\,e^{j\omega_0 t}$，PIN 二极管的泊松计数过程为 $n_e(t)$，即在给定时刻 t，$n_e(t)$ 为 $[0, t]$ 内 PIN 二极管产生的电子-空穴对数。产生的空穴电子对的平均速率定义为 $\lambda \triangleq \eta\lambda_p$。设 $\{t_k\}$ 为产生载流子的时间序列，每个时刻产生一个小的位移电流脉冲 $h(t - t_k)$。因为 $h(t)$ 是一个电子的电流脉冲，所以它对总时间的积分为电子电荷 q

$$\int_{-\infty}^{+\infty} h(t) = q \tag{6-69}$$

PIN 二极管的电流为时间序列 $\{t_k\}$ 内的离散电流脉冲之和，该过程用冲击响应滤波器的输出 $z(t)$ 来表示

$$z(t) = \sum_k \delta(t - t_k) \tag{6-70}$$

离散电流脉冲序列可以表示为泊松计数过程 $n_e(t)$ 对时间的微分，如图 6-15（b）所示。载流子产生过程 $n_e(t)$ 的均值为

$$E[n_e(t)] = \lambda t \tag{6-71}$$

其自相关函数为

$$R_e(t_1, t_2) = \lambda^2 t_1 t_2 + \lambda \min(t_1, t_2) \tag{6-72}$$

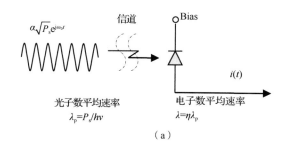

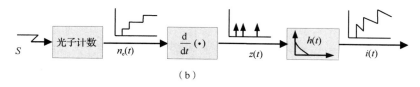

图 6-15　量子效率为 η 的 PIN 二极管及其数学模型

由 $n_{\mathrm{e}}(t)$ 的上述统计量，可推出 $z(t)$ 的均值为

$$E[z(t)] = E\left[\frac{\partial}{\partial t} n_{\mathrm{e}}(t)\right] = \frac{\partial}{\partial t} E[n_{\mathrm{e}}(t)] = \lambda \tag{6-73}$$

$z(t)$ 的自相关函数为

$$\begin{aligned}
R_z(t_1, t_2) &= \frac{\partial^2}{\partial t_1 \partial t_2} R_{\mathrm{e}}(t_1, t_2) \\
&= \frac{\partial^2}{\partial t_1 \partial t_2} [\lambda^2 t_1 t_2 + \lambda \min(t_1, t_2)] \\
&= \frac{\partial}{\partial t_1} [\lambda^2 t_1 + u(t_1 - t_2)]
\end{aligned} \tag{6-74}$$

式中，$u(t)$ 为单位阶跃响应。由式（6-74）可知，$z(t)$ 为广义平稳过程（WSS），将 $\tau = t_1 - t_2$ 代入得

$$R_z(\tau) = \lambda^2 + \lambda \delta(\tau) \tag{6-75}$$

对 $z(t)$ 的自相关函数进行傅里叶变换，得到 $z(t)$ 的功率谱密度（Power Spectral Density，PSD）

$$S_z(\omega) = 2\pi\lambda^2 \delta(\omega) + \lambda \tag{6-76}$$

下面推导输出光电流 $i(t)$ 的二阶统计量。$i(t)$ 为 $h(t)$ 与 $z(t)$ 的卷积，它仍是一个广义平稳过程，其 PSD 为

$$\begin{aligned}
S_i(\omega) &= |H(\omega)|^2 S_z(\omega) \\
&= |H(\omega)|^2 [2\pi\lambda^2 \delta(\omega) + \lambda] \\
&= 2\pi\lambda^2 |H(0)|^2 \delta(\omega) + \lambda |H(\omega)|^2
\end{aligned} \tag{6-77}$$

式中，$H(\omega)$ 为 $h(t)$ 的傅里叶变换，式（6-77）中的第一项对应 $i(t)$ 的均值，即 $i(t)$ 的直流分量

$$E[i(t)] = \lambda |H(0)| = \lambda q \tag{6-78}$$

式（6-77）的第二项对应 PIN 二极管输出电流的噪声项，即散粒噪声。按照均值和围绕均值的随机起伏相叠加的形式，将 PIN 二极管输出电流表示为

$$i(t) = q\lambda + n(t) \tag{6-79}$$

由式（6-77）可知，零均值散粒噪声过程 $n(t)$ 的 PSD 为

$$S_n(\omega) = \lambda \, | \, H(\omega) \, |^2 \tag{6-80}$$

设 PIN 二极管的响应时间为 T_d，则 $h(t)$ 的频谱在大于 $1/T_d$ 处滚降。可以把 T_d 等效地理解为载流子漂移跨过耗尽层的有限穿越时间，它实际上就是 $h(t)$ 的时间常数。当 T_d 足够小时，接收机光电探测前端的模拟带宽小于 $1/T_d$，$H(\omega)$ 可近似为 $H(0)$。因此，结合式（6-80）可将散粒噪声视为白噪声，其 PSD 为

$$S_n(\omega) \approx \lambda \, | \, H(0) \, |^2 = \lambda q^2 \tag{6-81}$$

综上，频率为 ν、功率为 P_s 的光波入射在 PIN 二极管上产生的电流为

$$i(t) = q\lambda + n(t) = \left(\frac{\eta q}{h\nu} \right) P_s + n(t) = RP_s + n(t) \tag{6-82}$$

式中，$R \triangleq \eta q / h\nu$ 定义为 PIN 二极管的响应度，单位为 A/W。散粒噪声为零均值白高斯过程，其 PSD 也与响应度有关

$$S_n(\omega) = q^2 \lambda = qRP_s \tag{6-83}$$

一般采用式（6-79）的复数形式，光波 S 入射 PIN 二极管可产生的电流均值为 $R \, | \, S \, |^2$，散粒噪声为具有 $qR \, | \, S \, |^2$ 功率谱密度的加性噪声。

下面讨论散粒噪声的概率分布，即在给定时刻 t_0，随机变量 $n(t_0)$ 的概率密度函数。在空间光通信接收机的实际应用中，存在着其他大量与泊松计数过程无关的噪声源，如暗电流噪声、热噪声等，为抑制这些噪声，需要将接收光功率 P_s 提高，当 P_s 足够高时，单个载流子产生的平均时间 $\lambda^{-1} = h\nu / \eta P_s$ 将远小于 $h(t)$ 的时间常数 T_d，t_0 时刻的电流为一个长序列 $h(t)$ 之和

$$i(t_0) = \sum_k h(t_0 - t_k) \tag{6-84}$$

$\{t_k\}$ 相互独立，$i(t_0)$ 为大量独立随机变量之和，由中心极限定理可知，$i(t_0)$ 的概率分布为高斯型。

综上所述，当空间光通信接收机的 PIN 二极管光电探测前端的信号模拟带宽满足如下条件时，通信探测器的散粒噪声为高斯白噪声。

$$\mathrm{BW} \ll \frac{1}{T_d} \ll \frac{\eta P_s}{h\nu} \tag{6-85}$$

因此，进行卫星光通信接收光电探测电路设计时，首先选择光电探测器的响应带宽应远大于信号带宽，随着光电探测器的发展，这一必要条件已经易于满足。其次，为满足高斯噪声条件，可选择响应时间 $T_d \leqslant 50\mathrm{ps}$ 的光电探测器，当信号光波长为 1.5μm、入射光功率大于 −56dBm 时，其散粒噪声为高斯型。当然，卫星光通信的 IM/DD 体制并不要求严格满足该条件，因为即使入射光功率小于−56dBm，散粒噪声为非高斯型，IM/DD 体制仍可以较低速率工作。对空间光通信接收机而言，本振光相干后，入射在光敏面上的光功率很大（典型值约为 0），易于满足高斯噪声条件。

6.5.3　电流均衡器（Current Averager）

本节讨论在采用理想 PIN 二极管的直接探测 OOK 接收机中，PIN 二极管电流的高斯模型及其误码率。

　　理想的 IM/DD 接收机一般采用 PIN 二极管和电流均衡器组成光子计数器，如图 6-16 所示，PIN 二极管探测器的输出电流为

$$i(t) = \alpha R P_s + n(t) \tag{6-86}$$

式中，$\alpha \in \{0,1\}$ 表示传送的数据位；$n(t)$ 为零均值高斯白噪声，功率谱密度为

$$S_n(\omega) = \alpha q R P_s \tag{6-87}$$

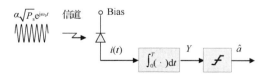

图 6-16　理想的 IM/DD 接收机

　　为方便起见，定义 M 为"1"码比特时间内实际光子数（e-o 对）的平均值，有

$$M \triangleq \eta \overline{N} = \eta P_s T / (hv) = R P_s T / q \tag{6-88}$$

阈值判决器的输入为

$$Y = \frac{1}{q} \int_0^T i(t)\mathrm{d}t = \alpha M + n \tag{6-89}$$

式中，噪声项为

$$n = \frac{1}{q} \int_0^T n(t)\mathrm{d}t \tag{6-90}$$

噪声为零均值高斯随机变量，其方差与数据信号相关

$$E[n^2] = \alpha M \tag{6-91}$$

　　因此，对"1"码而言，阈值判决器的输入 Y 具有相等的均值和方差，这也是泊松分布的最大特点。传输"1"码和"0"码时，Y 的条件概率密度函数如图 6-17 所示。传输"0"码时，$P_Y(y|_{\mathrm{ZERO}})$ 为冲击函数；传输"1"码时，$P_Y(y|_{\mathrm{ZERO}})$ 为高斯函数，标准差为 $\sqrt{M}$ 。因为仅考虑散粒噪声项，所以传输"0"码时 Y 的概率密度为 0。当 $Y > 0$ 时，判决为"1"，否则为"0"，因此误码率为

$$\begin{aligned}
\mathrm{BER} &= \frac{1}{2} P_r\left[Y > 0 \big|_{\mathrm{ZERO}}\right] + \frac{1}{2} P_r\left[Y \leqslant 0 \big|_{\mathrm{ONE}}\right] \\
&= \frac{1}{2}(0) + \frac{1}{2} Q\left(\frac{M}{\sqrt{M}}\right) \\
&= \frac{1}{2} Q(M)
\end{aligned} \tag{6-92}$$

　　函数 Q 定义为均值为 0、方差为 1 的高斯随机变量在 $[\rho, \infty]$ 区间上的积分

$$Q(\rho) \triangleq \int_\rho^\infty \frac{1}{\sqrt{2\pi}} \mathrm{e}^{-x^2/2}\mathrm{d}x \tag{6-93}$$

　　为了将电流均衡器的误码率与卫星光通信 OOK 接收机的量子极限对比，将式（6-92）改写为

$$M = [Q^{-1}(2\mathrm{BER})]^2 \tag{6-94}$$

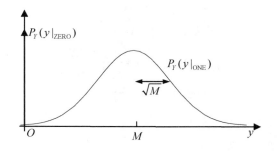

图 6-17　Y 的条件概率密度函数

因此，M 的物理意义为：为了达到给定的误码率，"1" 码中必须保证被探测到的光子数。例如，对于仅考虑散粒噪声项的理想 IM/DD 接收机，BER = 1.0E-9 要求 "1" 码中包含 35 个光子，与 OOK 接收机所要求的 20photons/b @ 1.0E-9BER 相比，灵敏度下降了 2.4dB。这就是散粒噪声高斯过程造成的影响。将散粒噪声表述为高斯过程只是一种近似，更严格的数学推导可以证明，在图 6-16 所示的实例中，Y 不可能取负值，式（6-92）成为 BER = $P_r(Y = 0|_{ONE})$，回归式（6-68）误码率量子极限的表达式。

当然，将阈值选取为 0 的做法，会带来严重的判决稳定性问题，如果实际电路中的阈值出现负电平方向的抖动，则误码率立刻上升到 1/2。因此，实际的接收机电路将阈值选取为一个较低的正电平。由于实际接收机中 "1" 码和 "0" 码都将受到背景光噪声的影响，因此本节不展开论述卫星光通信 IM/DD 接收机的阈值选取问题。

6.5.4　实际的 IM/DD 接收机

上述分析仅考虑散粒噪声，实际的卫星光通信 IM/DD 接收机中还有大量的其他噪声源。由于存在电子-空穴对的自发形成过程，因此光电二极管会产生暗电流噪声，并引发新的散粒噪声。由于光电二极管的输出电流较小，一般在其后接入场效应管（Field Effect Transistor，FET）放大器，热噪声也因此得到了放大，放大器带宽大时热噪声尤其明显。

图 6-18 给出了考虑这两项噪声时的实际 IM/DD 接收机前端的框图。将放大器等效建模为噪声源，则 FET 放大器输出的电流为

$$i_a(t) = \alpha R P_s + n_{sh}(t) + n_o(t) \tag{6-95}$$

式中，$n_{sh}(t)$ 为散粒噪声；$n_o(t)$ 为其他噪声，包括暗电流噪声和热噪声。$n_{sh}(t)$ 和 $n_o(t)$ 都可视为在整个 IM/DD 接收机信号模拟带宽内的高斯白噪声过程，双边功率谱密度为

$$S_{sh}(\omega) = \alpha q R P_s \tag{6-96}$$
$$S_o(\omega) = q I_{dk} + N_{th}$$

式中，I_{dk} 为光电二极管的暗电流；N_{th} 为前端电路和放大器热噪声的等效输入噪声电流的 PSD。注意，"1" 码传输时的噪声比 "0" 码传输时大。

阈值判决电路的输入为

$$Y = \frac{1}{q} \int_0^T i_a(t) dt \tag{6-97}$$

"0" 码和 "1" 码传输时，Y 的均值和方差为

$$m_0 \triangleq E[Y|_{\text{ZERO}}] = 0$$

$$m_1 \triangleq E[Y|_{\text{ONE}}] = M$$

$$\sigma_0^2 \triangleq \text{var}[Y|_{\text{ZERO}}] = \frac{I_{\text{dk}}}{q/T} + \frac{N_{\text{th}}}{q^2/T} \qquad (6\text{-}98)$$

$$\sigma_1^2 \triangleq \text{var}[Y|_{\text{ONE}}] = \sigma_0^2 + M$$

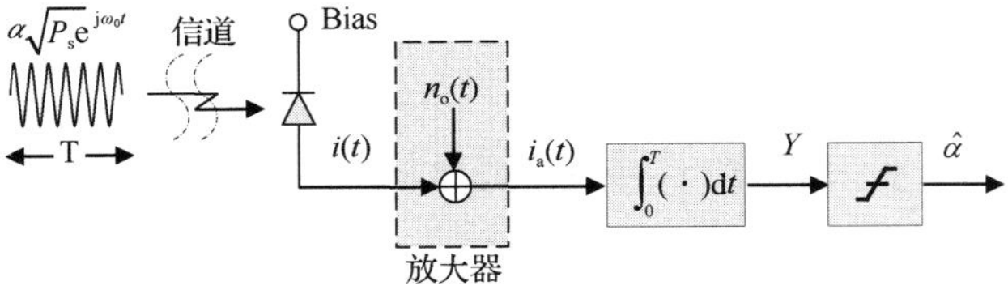

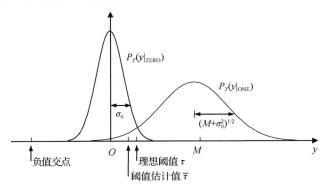

图 6-18　受暗电流和热噪声限制的 IM/DD 接收机

"0" 码和 "1" 码传输时，Y 的条件概率密度曲线如图 6-19 所示。因为信号码流中的 "0" "1" 等概率，判决时使条件概率密度函数最大化的接收机具有最优的误码率（最大 IM/DD 接收机或 ML 接收机），$\sigma_0 \neq \sigma_1$，故图中的两个最大条件概率密度函数具有两个交点，理论上，ML 接收机应当在由这两个交点分割的三个判决域上。但是，位于负值交点左边的区域面积非常小，实际的接收机可将其忽略不计，将正值交点定义为唯一的阈值 τ。因为两个函数的方差不相等，所以这个阈值很难直接得到。

图 6-19　Y 的条件概率密度曲线

通常的方法是选择阈值 τ 的估计值 $\overline{\tau}$，使得误码率（"0" 判为 "1"）和漏码率（"1" 判为 "0"）相等。

$$P_{\text{r}}[Y > \overline{\tau}|_{\text{ZERO}}] = P_r[Y < \overline{\tau}|_{\text{ONE}}]$$

$$Q\left(\frac{\overline{\tau} - m_0}{\sigma_0}\right) = Q\left(\frac{m_1 - \overline{\tau}}{\sigma_1}\right) \qquad (6\text{-}99)$$

$$\frac{\overline{\tau} - m_0}{\sigma_0} = \frac{m_1 - \overline{\tau}}{\sigma_1}$$

故

$$\overline{\tau} = \frac{m_0\sigma_1 + m_1\sigma_0}{\sigma_0 + \sigma_1} \qquad (6\text{-}100)$$

另一方面，τ 的理论值满足

$$\frac{1}{\sqrt{2\pi\sigma_0^2}}\exp\left[-\frac{(\tau-m_0)^2}{2\sigma_0^2}\right] = \frac{1}{\sqrt{2\pi\sigma_1^2}}\exp\left[-\frac{(\tau-m_1)^2}{2\sigma_1^2}\right] \qquad (6\text{-}101)$$

在 OOK 调制方式的直接探测接收机中，$m_0 = 0$，故

$$\tau = m_1\left(\frac{\sigma_0^2}{\sigma_0^2-\sigma_1^2}\right)\left[1\pm\frac{\sigma_1}{\sigma_0}\sqrt{1+\frac{\ln(\sigma_1^2/\sigma_0^2)}{M}}\right] \qquad (6\text{-}102)$$

式中，$M = m_1^2/(\sigma_0^2-\sigma_1^2)$；$\sigma_0^2-\sigma_1^2$ 的物理意义为"1"码中热噪声与其他噪声之和。在实际工作情况下，有 $\sigma_0^2-\sigma_1^2 \gg \mathrm{e}^{-M}$，则式（6-118）变成

$$\tau \approx m_1\left(\frac{\sigma_0^2}{\sigma_0^2-\sigma_1^2}\right)\left[1\pm\frac{\sigma_1}{\sigma_0}\right] \qquad (6\text{-}103)$$

或

$$\tau \approx \frac{m_1\sigma_0}{\sigma_0\pm\sigma_1} \qquad (6\text{-}104)$$

式（6-120）可以很好地近似为图 6-19 中曲线的两个交点。在式（6-100）中，$m_0 = 0$ 时为正阈值的取值。在阈值估计值 $\overline{\tau}$ 下，BER 为

$$\mathrm{BER} = P_r[Y>\overline{\tau}\,|_{\mathrm{ZERO}}] = P_r[Y<\overline{\tau}\,|_{\mathrm{ONE}}] \qquad (6\text{-}105)$$

代入式（6-104）可得

$$\mathrm{BER} = Q\left(\frac{m_1-m_0}{\sigma_0+\sigma_1}\right) \qquad (6\text{-}106)$$

再代入式（6-98），即可得到实际的 IM/DD 接收机的误码率为

$$\mathrm{BER} = Q\left(\frac{M/\sigma_0}{1+\sqrt{1+M/\sigma_0^2}}\right) \qquad (6\text{-}107)$$

式中，M 为每"1"比特中探测到的光子的平均值。图 6-20 给出了 BER 与峰值功率 P_s 的关系曲线，图中采用了 IM/DD 接收机的典型参数：码速率 $1/T = 100\mathrm{Mbps}$，工作波长 $\lambda = 1500\mathrm{nm}$，量子效率 $\eta = 1$，暗电流 $I_{\mathrm{dk}} = 10\mathrm{nA}$，热噪声 PSD 为 $N_{\mathrm{th}} = 1\mathrm{pA}^2/\mathrm{Hz}$。

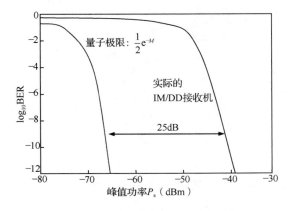

图 6-20　BER 与峰值功率 P_s 的关系曲线

图 6-20 中，左侧曲线为理想光子计数 IM/DD 接收机的 BER 曲线。显然，实际的 IM/DD

接收机的误码率较量子极限相差甚远，其接收灵敏度下降了 25dB，约为 8000photons/b @ 1.0E-9BER。可以采取一些有效的手段（如使用 APD 探测器等）来提高 IM/DD 接收机的接收灵敏度，但是实际的 IM/DD 接收机仍远远不能达到量子极限的通信性能，相差约 15dB。

6.6 相干激光接收技术

实际的 IM/DD 接收机，由于受到散粒噪声、暗电流噪声和热噪声的影响，PIN 二极管探测器的灵敏度较量子极限下降了约 25dB。为了抑制热噪声，卫星光通信可采用 APD 探测器，光电二极管具有内部的雪崩增益，对其后前置放大电路的放大倍数要求不高，从而降低热噪声。但是 APD 探测器需要付出量子效率低下和雪崩倍增噪声的代价。总的来看，IM/DD 接收机采用 APD 探测器后，相对 PIN 二极管探测器可提高约 15dB 的接收灵敏度，但与量子极限仍然有 10～15dB 的差距。

由于卫星光通信自身的典型特点，可以利用新的技术手段，在信号光到达光电二极管之前，在光域上进行光的功率放大，这样，就可以充分利用 PIN 二极管探测器量子效率高、输出电流大、后级放大电路热噪声小的优点，提高阈值判决电路的输入信号的信噪比。这些光域技术手段有两种：①使用以掺铒光纤放大器（Er Doped Fiber Amplifier，EDFA）为代表的前置光放大技术。它可以实现约 40dB 的光域增益，但是会导致额外的自发辐射同拍和差拍损失，恶化光电转换环节的信噪比。另外，接收机前端插入前置光放大器件会增加系统的复杂度。②使用光相干探测技术。接收机在光电转换前端利用本振激光器，将本振光场与接收到的信号光场叠加，其功率之和的时变（交流）分量与信号光本振光功率之积的平方根成正比。当 P_{LO} 较大时，通信信号的功率会得到有效放大，实现光电探测器之前的光域信号放大，即无须使用前置光放大仍可获得更高的接收灵敏度，所以在激光接收机中大部分采用相干接收机。

下面用 PSK 光调制信号的接收来说明相干接收机原理。在 $t \in [0, T]$ 区间内，PSK 调制的光波为 $S = \alpha \sqrt{P_{\mathrm{s}}} \mathrm{e}^{\mathrm{j} \omega_0 t}$，其中，$\alpha \in \{-1, 1\}$ 表示被调制的数据。将信号光场与频率为 w_{LO}、功率为 P_{LO} 的本振光场相叠加，得到入射在探测器光敏面上的合成场 $I(t)$，如图 6-21 所示。

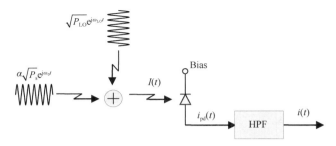

图 6-21   理想的空间光相干接收机的工作原理

假设两个光波的相位与偏振完全相同，则在 $t \in [0, T]$ 区间内，合成光波的功率为

$$
\begin{aligned}
|I(t)|^2 &= \left| \alpha \sqrt{P_{\mathrm{s}}} \mathrm{e}^{\mathrm{j} \omega_0 t} + \sqrt{P_{\mathrm{LO}}} \mathrm{e}^{\mathrm{j} \omega_{\mathrm{LO}} t} \right|^2 \\
&= \alpha^2 P_{\mathrm{s}} + P_{\mathrm{LO}} + 2 \alpha R \sqrt{P_{\mathrm{s}} P_{\mathrm{LO}}} \cos[(\omega_0 - \omega_{\mathrm{LO}}) t]
\end{aligned}
\tag{6-108}
$$

光电二极管的输出电流为

$$i_{pd}(t) = R|I(t)|^2 + n_{sh}(t) + n_{other}(t) \tag{6-109}$$
$$= \alpha^2 R P_s + R P_{LO} + 2\alpha R\sqrt{P_s P_{LO}}\cos[(\omega_0 - \omega_{LO})t] + n_{sh}(t) + n_{other}(t)$$

式中，R 为光电二极管的响应度；$n_{sh}(t)$ 为散粒噪声，因为本振光功率很大，所以可以将散粒噪声很好地近似为零均值高斯过程，其 PSD 为 $S_n(\omega) = qR|I(t)^2|$。同样地，当 $P_{LO} \gg P_s$ 时，式（6-109）中的 $|I(t)^2|$ 近似等于 P_{LO}，与传输的比特数据无关，故

$$S_n(\omega) = qR P_{LO} \tag{6-110}$$

注意，式（6-109）中的 $n_{other}(t)$ 表示除散粒噪声之外的其他噪声（暗电流噪声、热噪声、相对强度噪声等），其中相对强度噪声是具有零均值的非平稳随机过程，具有非高斯、非白噪声的特点。

在 $t \in [0,T]$ 区间内，光电二极管的输出电流 $i_{pd}(t)$ 经过高通滤波器滤除直流分量后，输出

$$i(t) = 2\alpha R\sqrt{P_s P_{LO}}\cos(\omega_{IF}t) + n_{sh}(t) + n_{other}(t) \tag{6-111}$$

式中，$\omega_{IF} = |\omega_0 - \omega_{LO}|$ 为相干光通信接收机中的电中频信号。零差接收机 $\omega_{LO} = \omega_0$，$\omega_{IF} = 0$；外差接收机 $\omega_{LO} \neq \omega_0$ 且 $\omega_{IF} \gg 0$，电中频信号的典型频率为 GHz 量级。

式（6-111）具有重要的物理意义，它说明了相干光通信接收机的信噪比特点及其优异的通信性能。通信信号（总的接收电信号减去电噪声）的信号功率正比于 P_{LO}，同时，散粒噪声的噪声功率正比于 P_{LO}。但是，这并不意味着信号功率与噪声功率的等幅增加，原因是，除了散粒噪声，其他噪声项 n_{other} 总体上与 P_{LO} 无关（虽然本振激光的相对强度噪声与 P_{LO} 相关，但在一定条件下可忽略，见 3.4 节）。因此，利用较大的本振光功率 P_{LO}，大大增加了通信信号功率，虽然噪声功率也有所增加，但信噪比仍然得到了很大提升。理论上，P_{LO} 可以尽量大，除了散粒噪声的其他噪声可忽略不计，则在 $t \in [0,T]$ 区间内，式（6-111）成为

$$i(t) = 2\alpha R\sqrt{P_s P_{LO}}\cos(\omega_{IF}t) + n_{sh}(t) \tag{6-112}$$

这就是卫星相干光通信的散粒噪声极限。卫星相干光通信，从相干光接收机的角度看，就是一个给定的加性高斯白噪声（Additive White Gaussian Noise，AWGN）信道的经典探测问题。众所周知，对于 AWGN 信道，最佳接收机由相关器（匹配滤波器）与阈值判决电路组成，如图 6-22 所示。对于 ASK 和 BPSK 的矩形脉冲信号，光零差接收机中的乘法信号为 $\psi(t) = 1/\sqrt{T}$，外差接收机中为 $\psi(t) = 1/\sqrt{2T}\cos\omega_{IF}t$。

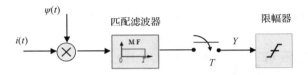

图 6-22 卫星相干光通信的最佳接收机基本原理

以零差 BPSK 为例，$\omega_{LO} = \omega_0$，$\omega_{IF} = 0$，则 ML 接收机有

$$Y = 1/\sqrt{T}\int_0^T i(t)\mathrm{d}t \tag{6-113}$$

Y 是均值为 $2\alpha R\sqrt{P_s P_{LO} T}$、方差为 $qR P_{LO}$ 的高斯随机变量。BPSK 的信号星座图及 Y 的条件概率密度曲线如图 6-23 所示。

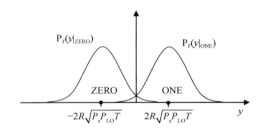

图 6-23　BPSK 的信号星座图及 Y 的条件概率密度曲线

可得到零差 BPSK 相干光接收机的散粒噪声极限误码率为

$$BER = P_r[Y > 0|_{ZERO}] = P_r[Y < 0|_{ONE}]$$

$$= Q\left(\frac{2R\sqrt{P_M P_{LO} T}}{\sqrt{qRP_{LO}}}\right) = (\sqrt{4M}) \tag{6-114}$$

与 IM/DD 体制光通信的量子极限相比，可以看出，散粒噪声极限下的零差 BPSK 的误码率比 IM/DD 的误码率量子极限降低了约 3.5dB。其中，由于 BPSK 调制的"1"码和"0"码都由峰值光功率传输，因此，误码率量子极限降低了 3dB。采用相干光探测技术，零差 BPSK 的接收灵敏度可以达到 9photons/b @ 1.0E-9BER。上述分析，虽然忽略了一些重要的影响因素（如激光器的相位噪声），但可以有多种方法克服相位噪声的影响，从而使相干光接收机的性能尽量接近该散粒噪声。

6.7　光锁相环（OPLL）架构及原理组成

相干光通信采用光频段的差频探测原理，在信号光中加入一强本振光，探测二者混频光。光束在相干探测的混频过程中获得增益，等效为一个无噪声的光放大器。相干接收机的灵敏度和波长选择性相对直接探测有很大提高，特别适用于卫星光通信的超远距离、弱光信号的探测，是实现卫星光通信终端高精度、高码率、轻量化、工业化的有效途径。相干空间激光通信接收机原理如图 6-24 所示。经远场传输的信号光与本振激光进行 3dB 混频，进行光电变换和耦合电路。一路信号作为通信信号，一路信号作为光锁相环的控制信号，控制本振激光器频率和相位与接收信号光一致。这里，光锁相环是最重要的一类器件，它包括鉴相器（混频器）、环路滤波器及压控振荡器三部分。环路滤波器滤除高次谐波，压控振动器输出信号频率随输入信号电压变化而变化，控制本振激光器频率、相位和接收信号一致，从而保持相位锁定。

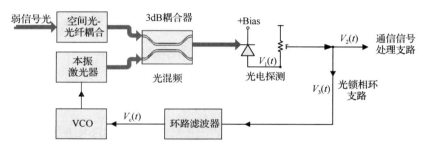

图 6-24　相干空间激光通信接收机原理

　　根据信号光和本振光频率是否相同，相干光探测可分为零差探测和外差探测。在光学系统中，零差探测的灵敏度高出外差探测 3dB，但是在零差探测中，要求本地载波相位严格同步于载波，接收信号可以直接混合到基带中，光学锁相环对信号功率要求比较低，已经成为最常用的相位同步技术。本节将主要介绍近年来发展较快的平衡光锁相环、科斯塔斯光锁相环、决策驱动光锁相环、同步位光锁相环和振荡光锁相环等。

6.7.1　平衡光锁相环的原理组成

　　图 6-25 所示为平衡光锁相环零差相干光接收机原理框图，该接收机使用平衡光锁相环，若不计入耦合器件的插入损耗，则这种平衡光锁相环方案利用全部的信号光和本振光功率，功率利用率为 100%。

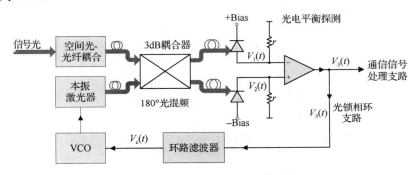

图 6-25　平衡光锁相环零差相干光接收机原理框图

6.7.2　科斯塔斯光锁相环的原理组成

　　图 6-26 所示科斯塔斯光锁相环零差相干光接收机原理框图，科斯塔斯光锁相环具有 2 个信号通道：同相通道和正交相位通道。在同相通道中，输入信号和本振光信号直接叠加，在正交相位通道中，输入信号相位 90° 相移后再和本振光信号叠加，叠加后的信号分别经由各自的平衡探测器和前置光路来实现相位探测。

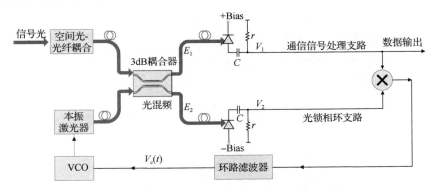

图 6-26　科斯塔斯光锁相环零差相干光接收机原理框图

6.7.3 决策驱动光锁相环的原理组成

图 6-27 所示为决策驱动光锁相环零差相干光接收机原理框图。决策驱动光锁相环是非线性类光锁相环的典型代表。决策驱动光锁相环的结构和科斯塔斯光锁相环相似，不同之处在于同相通道的输出经判断电路处理后，在与正交相位通道相乘时，在正交相位通道中有 1 比特的延时器，来实现两通道信号时间上的同步。

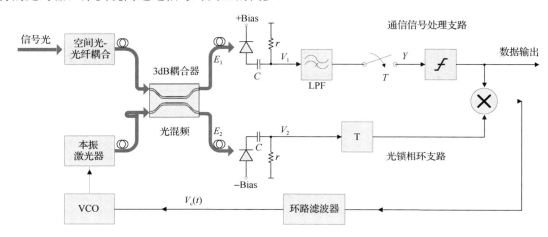

图 6-27　决策驱动光锁相环零差相干光接收机原理框图

6.7.4 同步位光锁相环的原理组成

图 6-28 所示为同步位光锁相环零差相干光接收机原理框图。利用科斯塔斯光锁相环同相通道和正交相位通道并不是同时工作的特点，进一步发展出同步位光锁相环：利用反馈环路开关的闭合，分时段地实现同相通道和正交相位通道。

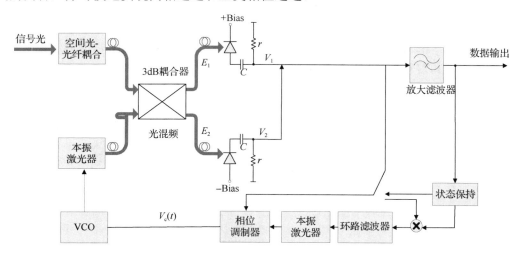

图 6-28　同步位光锁相环零差相干光接收机原理框图

6.7.5 振荡光锁相环的原理组成

图 6-29 所示为振荡光锁相环零差相干光接收机原理框图。在同步振荡器之后又有调制残余载波和交换残余载波两个概念被应用于光锁相环技术，进而又有学者提出振荡光锁相环的概念，它使用最基本的平衡光锁相环接收机结构，但不再需要交换残余载波，取而代之的是在本振光中加入一个小的相位扰动，称为振荡信号，振荡信号传输到系统中，如果存在相位差，则输出部分包含振荡信号频率部分，所以在解调时可通过振荡信号得到相位差信号。

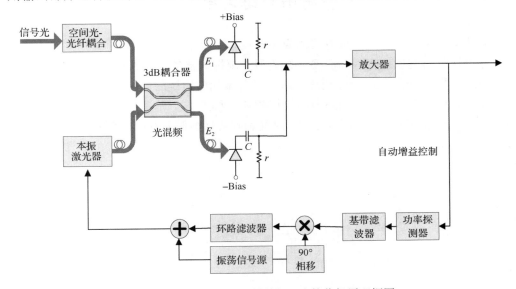

图 6-29 振荡光锁相环零差相干光接收机原理框图

参考文献

[1] 刘淑平. 光电材料及光波导探测器的设计与研制[M]. 兵器工业出版社，2003.

[2] 尤斯塔斯 L·德里尼克，戴维 G·克罗. 光辐射探测器[M]. 陕西人民教育出版社，1990.

[3] 张松祥. 光辐射探测技术[M]. 上海交通大学出版社，1996.

[4] 比·尤·迪. 光辐射实用探测器[M]. 机械工业出版社，1988.

[5] 于弋川. 高速半导体电吸收光调制器与 MSM 光探测器研究[D]. 浙江大学，2007.

[6] 颜强. 高性能光探测器设计与性能测量研究[D]. 北京邮电大学，2012.

[7] 何启岱. 大气激光探测光电子接收关键技术[D]. 中国海洋大学，2007.

[8] 姚辰. 高速光探测器的关键技术[D]. 北京邮电大学，2013.

[9] WAGNER J W. Optical detection of ultrasound[J]. IEEE Transactions on Ultrasonics Ferroelectrics & Frequency Control, 1986, 33(5): 485-99.

[10] MOERNER W E, KADOR L. Optical detection and spectroscopy of single molecules in a solid[J]. Physical Review Letters, 1989, 62(21): 2535-2538.

[11] ZHU X, KAHN J M. Free-space optical communication through atmospheric turbulence channels[J]. Communications IEEE Transactions on, 2002, 50(8): 1293-1300.

[12] KNIGHT M W, SOBHANI H, NORDLANDER P, et al. Photodetection with Active Optical Antennas[J]. Science, 2011, 332(6030): 702-704.

[13] NIE S, ZARE R N. Optical-Detection Of Single Molecules[J]. Annual Review of Biophysics and Biomolecular Structure, 1997, 26(1): 567-596.

[14] 雷玉堂. 光电检测技术[M]. 中国计量出版社，1997.

思考与练习题

1．简述 2 种主要的光电探测方式的原理？

2．光电探测器类型有哪些？简要分析典型光电探测器的工作原理。

3．简述分析 Gamma-Gamma 衰落下航空平台激光通信链路性能。

4．光锁相环的工作原理？简述典型光锁相环的特点。

5．在空间光通信的接收检测方法中，强度调制直接检测和相位调制相干检测的区别及应用场景。

第七章　星间激光通信数据封装方法

7.1　引言

空间信息的特点，一是业务种类较多。从服务角度来看，业务种类包括中继业务、通信业务和测控业务；从应用角度来看，业务种类包括话音业务、数据业务、图像业务及视频业务。二是链路种类较多。各频段微波链路、激光链路等多种链路承载的信息之间难以通过单一处理技术完成相互交互。三是信息颗粒度不均衡。大粒度骨干信息/接入信息、中粒度汇聚信息、小粒度灵活接入信息，多粒度信息同时传输与分发难度大。四是大时空尺度下信息分布不均匀。在时间、区域两个维度上，信息呈稀疏分布，难以充分利用空间信息资源。因此需要对不同频段、不同格式、不同制式及不同速率的数据进行统一管理，采用高效的数据封装方法，整合多种类型数据，保证数据在空间光网络具有相同的格式与速率，从而有效减少链路开销，提高管理效率。目前已有空间传输协议无法实现对复杂业务数据格式的统一封装，并且由于未来空间数据的指数性增长，其帧结构无法满足数据的传输处理需求。因此，为实现空间光网络的高效数据转发与路由选择，星上数据封装方法与帧结构设计成为空间光网络亟待解决的问题。

7.2　CCSDS 数据帧封装方法

空间数据系统咨询委员会（CCSDS）致力于建立开放的空间信息传输数据系统标准。至今，已经发布了百余项建议，涵盖空间数据系统的体系结构、信息传输、信息管理等诸多方面，CCSDS 的大部分建议已被各国航天机构采用并规定为国际标准。CCSDS 的空间数据通信协议模型如图 7-1 所示。CCSDS 空间数据通信协议包括应用层、传输层、网络层、数据链路层与物理层。前三层主要采用 SCPS（Space Communication Protocol Specification）与 TCP/IP 等一些技术十分成熟的协议，若为提升业务传输效率对这三层进行改进，则难度较大。物理层的改进主要针对硬件设计与链路优化。因此，目前空间光网络的研究工作主要集中于数据链路层。CCSDS 关于遥测（TM）、遥控（TC）和高级在轨系统（AOS）等数据链路协议为星上数据处理提供了统一高效的机制，是航天器领域数据系统发展的主流方向。因此，TC、TM 与 AOS 的帧结构设计对于空间光网络的数据帧封装方法研究有着重要的借鉴作用。

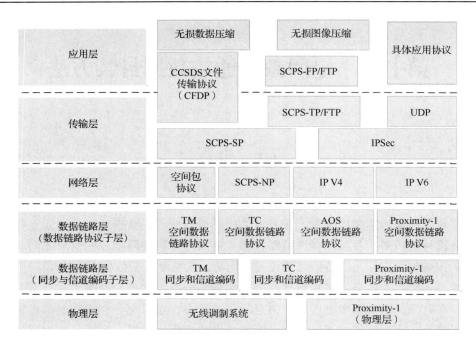

图 7-1 CCSDS 的空间数据通信协议模型

7.2.1 TC 帧结构

TC 的任务是从地面站向飞行器发送控制命令。TC 帧的封装过程为：将上层协议的数据装入数据域，并在数据域前后添加 5 字节的帧头与 2 字节的差错控制域，帧头中包含传输帧版本号、航天器标识、虚拟信道识别和帧长等信息字段，差错控制域用于提高数据传输的可靠性。TC 帧的长度可变，最大不超过 1024 字节，采用低速率上行链路，支持帧的自动重发请求。帧的路由选择基于 64 个虚拟信道，可传输 CCSDS 空间包、SCPS-NP 包、插入封装包。其结构如图 7-2 所示。

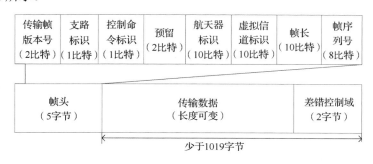

图 7-2 TC 帧结构

7.2.2 TM 帧结构

TM 的任务是将测控的数据从星上回传至地面站。TM 帧长 2048 字节，采用低速率下行链路，不支持帧的自动重发请求。帧的路由选择基于 8 个虚拟信道，可传输 CCSDS 空间包、

SCPS-NP 包、插入封装包。TM 帧结构与 TC 帧结构类似，但是帧头设计存在差异，其帧头包括主信道标识、虚拟信道标识、操作控制域标识、主信道帧计数、虚拟信道帧计数、传输帧数据域统计，如图 7-3 所示。

主信道标识		虚拟信道标识	操作控制域标识	主信道帧计数（2字节）	虚拟信道帧计数（2字节）	传输帧数据域统计（2字节）
传输帧译码数（2比特）	空间器标识（10比特）	（3比特）	（1比特）			

图 7-3　TM 帧头结构

TM 的核心思想是采用虚拟信道（Virtual Channel，VC）。每种类型的业务数据通过时分复用方式虚拟独占通信链路，TM 数据实现虚拟信道复用，这样可使多个低速数据流在同一物理信道上高速传输，提高信道利用率。

7.2.3　AOS 帧结构

随着人类对空间探测研究的逐步深入，所需传输业务数据的速率、类型、格式及探测设备日益复杂化，对于突发信息的传输处理需求也逐渐增大，同时由于空间探测发展趋向国际合作与资源共享，传统 TC、TM 方式不能满足这些条件。AOS 的提出可有效解决上述问题。

为提高空间数据信道的利用率，AOS 通过采用包信道复用和虚拟信道复用两层复用机制实现同一物理信道多用户动态共享。包信道复用模块在同一虚拟信道中将业务类型相同的数据单元进行复用，并分段装入固定长度的复用协议数据单元（Multiplexing Protocol Data Unit，MPDU）的包区中，经过虚拟信道的调度形成数据域，再分别加入帧头、插入域、数据域与帧尾，从而生成一帧，如图 7-4 所示。

图 7-4　AOS 帧结构

AOS 帧头包括主信道标识、虚拟信道标识、虚拟信道帧计数、信号传输域和帧头差错控制。AOS 帧的长度可变，最大不超过 2048 字节，采用高速上、下行链路，不支持帧的自动重发请求。帧的路由选择基于 64 个虚拟信道，可传输 CCSDS 空间包、SCPS-NP 包、插入封装包。

AOS 帧结构与 CCSDS 协议的帧结构相似，但实现功能差别较大，其主要区别在于业务数据封装处理过程与帧头设计的差异。在空间光网络建立过程中，为满足数据高效传输、星上路由转发与多业务扩展等功能，必须统一链路传输的帧结构，并针对低速数据流到高速光通道的封装方法进行深入研究。

7.2.4　空间光通信帧结构设计

　　SDH 的数据封装方法对空间光网络有较强的参考作用，但是由于卫星动态拓扑导致链路频繁切换，对空间路由选择影响较大，且拥塞控制能力差，故适应性不强。OTN 帧结构中包含较大开销，降低了数据传输效率，对高速星间链路性能产生了一定影响，且由于硬件水平要求高，故实现难度大。CCSDS 的各类协议仅针对单一业务，不支持多种信号级别的复用和映射，其数据处理开销的设计无法满足未来卫星光网络的传输协议。因此，有必要设计新的空间光网络数据封装方法与帧结构，以兼容未来星上不断出现的各种速率级别的业务需要，并且能够保证高效的链路传输与路由转发。

　　综合分析上述多种网络协议帧结构类型，可知为实现空间数据高效地封装与传输，须采用虚拟信道承载不同级别、不同速率的支路单元，且为进一步提高数据流速率，有必要采用两层复用技术，即虚拟信道复用与主信道复用。空间高速数据通信封装过程如图 7-5 所示。虚拟信道的处理过程较为复杂，将到达的数据包结合虚拟信道访问服务与虚拟信道数据单元服务，选择基本传输单元，添加虚拟信道头与虚拟信道计数单元，并经过安全处理与 CRC 校验，得到虚拟数据帧。完成虚拟信道处理后，采用虚拟信道复用技术，在此过程中插入服务数据单元与操作控制单元。在主信道处理中需要进行主信道复用、编码与同步，最后生成传输帧并通过物理信道进行透明传输。

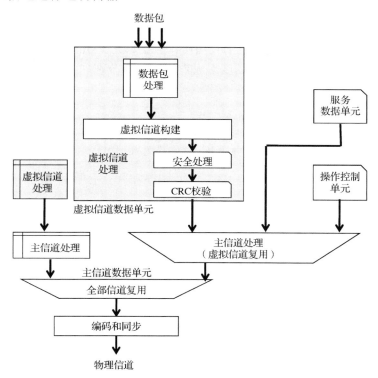

图 7-5　空间高速数据通信封装过程

　　结合卫星光通信业务传输特点与现有空间传输帧结构，针对空间光网络建立目标与未来应用需求，设计一种适用于空间光网络链路传输的可行帧结构，如图 7-6 所示。

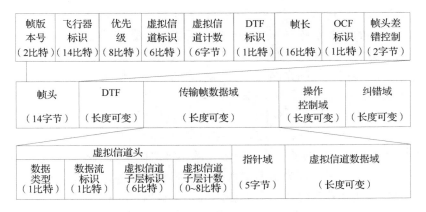

图 7-6 空间光网络帧结构

空间光网络帧长固定，帧结构主要包括帧头、DTF（延迟容忍域）、传输帧数据域、操作控制域和纠错域。帧头长度为 14 字节，包括帧版本号、飞行器标识、优先级、虚拟信道标识、虚拟信道计数、DTF 标识、帧长、OCF（操作控制域）标识与帧头差错控制。帧头设计可以实现如下功能。

（1）区分帧在传输的数据类型，通过帧版本号判断帧所属协议。

（2）依据飞行器标识传输给对应的目标飞行器，长度为 14 比特，可支持对 16384 个飞行器的目标传输。

（3）通过优先级判断帧的重要程度，以便接收方确定帧的处理顺序。

（4）虚拟信道标识与虚拟信道计数的主要目的是存储数据包在处理与复用过程中对应的虚拟信道信息，以便在接收到帧后迅速恢复为原始数据包。

（5）DTF 标识用来判断帧中是否存在 DTF。

（6）帧长为 16 比特，其作用是储存可变帧的长度，最长可达 65536。

（7）OCF 标识用来判断帧中是否存在 OCF。

（8）帧头差错控制域保证帧头数据的可靠传输。

DTF 的作用为提升长传输时延下帧传输的性能。传输帧数据域由数据类型、数据流标识、虚拟信道子层标识、虚拟信道子层计数、指针域与虚拟信道数据域构成。其中，虚拟信道头存储虚拟信道数据的主要特征，便于后续的数据处理；指针域的主要功能为实现帧的自适应定时同步与调整；虚拟信道数据域存储需要传输的业务。操作控制域用于减少卫星高速率传输链路中操作的次数，提高服务质量。纠错域用于降低在空间光网络帧传输过程中的误码率，控制数据传输差错。

7.2.5 传输帧再封装单元

在星间通信中，各链路依据自身特性及所传输数据的业务类型选择合适的链路协议。随着空间技术的发展，链路特性趋于复杂化，导致在空间光网络运行过程中，不同业务需要共享同一条激光链路。由于业务类型的差异，待传输数据帧的结构与速率存在差异，增加接收方数据处理难度，降低激光链路传输与卫星节点的处理效率，严重时甚至会发生丢帧并导致整个系统性能恶化。

为克服上述问题，必须统一空间光网络中各星间激光链路的传输制式，将数据以相同的格式与速率在激光链路中传输。其实现方法有以下两种：①建立空间光网络数据链路传输协议，可支持不同特性的激光链路与不断出现的业务类型。②基于已有的星间激光链路，在数据传输前对不同业务的数据帧进一步封装处理，生成结构一致、速率统一的帧处理单元。显然，这两种方法都能够实现空间光网络中传输制式的统一，但是第一种方法依赖网络结构设计，其实现成本高、跨度周期大，无法兼容已有卫星及星间链路，短期内难以实现；而第二种方法能够基于已有的星上拓扑，仅添加一个帧处理单元即可实现，有较强的可行性。

依据第二种方法的设计思路，主要针对多类型业务数据帧传输效率低与随机突发错误对通信质量影响大两个问题，提出了一种星间激光链路接口模型（Inter-satellite laser link interface model，ILIM），用以实现星间激光链路中数据传输制式的标准化，进而应用于空间光网络的每条链路中。ILIM 结构如图 7-7 所示，数据链路协议传输帧（Data Link Protocol Transfer Frame，DLPTF）进行切片/组帧、外编码和交织、复用或级联、扰码、内编码、调制，调制后的信号送入光学发送终端进行发送。

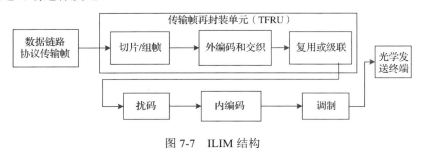

图 7-7　ILIM 结构

7.2.6　TFRU 的设计

在空间光网络中，大量数据需要通过节点卫星转发，较强数据处理能力是多种业务类型数据可靠传输的保证。为提升空间光网络的数据传输处理能力，在进入物理层传输前，需要对不同用户星的数据帧进行切片、组帧等一系列处理，统一传输单元的帧格式，并通过虚拟信道复用，数据单元匹配激光通信终端的传输速率，这一过程称为传输帧再封装单元（Transfer Frame Reframing Unit，TFRU）。相当于在原有的数据帧上再次进行数据封装，使新生成的 TFRU 帧更适用于星间激光链路的数据传输与网络化管理。综上所述，TFRU 的作用为实现空间光网络中帧格式与传输速率的统一，是提高数据转发处理能力的关键技术。TFRU 的设计是 ILIM 的核心内容，通过对数据帧的二次封装，将帧格式与传输速率统一。此过程采用虚拟信道技术，各虚拟信道充当不同业务数据的载体，将初步处理后的不同业务单元映射进相应的虚拟信道，在虚拟信道中，数据被封装成长度与速率一致的 TFRU 帧，经过复用后，实现光链路中数据传输制式的统一。数据帧调整单元原理如图 7-8 所示，n 个传输帧首先复用为一路，按照长度为 L_{DF} 字节进行重新分块，添加相应的帧头和前向纠错域（FEC），交织编码，再添加附加同步标识（ASM），送入缓存，组成一个虚拟信道。M 个虚拟信道和空闲帧组成的虚拟信道 VC0 一起复用为一路信号，最后送入光学传输终端设备进行发送。

从各业务传输帧流中分离出长度一定的数据域，映射进不同的虚拟信道，并经过新的数据封装过程，实现帧的重组，生成与通信终端相匹配的虚拟信道帧，从而提高数据传输效率。最后，将所有的虚拟信道帧复用并输出。为保证虚拟信道帧传输可靠，在封装过程中采用交织编码，其实现流程如图 7-9 所示。

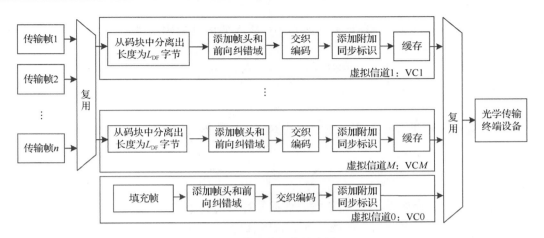

图 7-8　数据帧调整单元原理

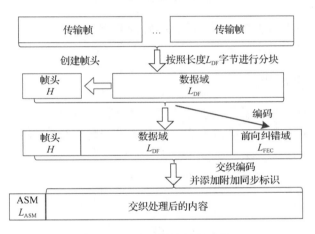

图 7-9　TFRU 帧的封装过程

（1）提取数据域并生成帧头。从不同业务数据帧的数据流中分离出长度为 L_{DF} 的字节作为 TFRU 帧的数据域，并生成帧头。帧头中包含用户标识、虚拟信道标识、虚拟信道计数等区域，使原数据帧在接收端能够高效恢复为原始数据单元。

（2）前向纠错编码。对帧头与数据域合并后进行前向纠错编码，需要针对信道类型选择合适的编码方式，编码码长为 L_{FEC}。

（3）交织。将帧头、数据域与前向纠错域合成并进行交织，生成 TFRU 帧。交织用于解决深度衰落引起的连续性突发错误，通过改变信息结构，降低信息内容相关性。相当于将产生的突发性错误分散化，使相邻的码字均被干扰的可能性大大降低，从而增强应对突发性错误的性能。

（4）添加附加同步标识（ASM）。依靠序列相关性实现收发端的帧同步，保证通信质量。

（5）虚拟信道复用。将多个虚拟信道中生成的 TFRU 帧，按一定速率进行调度，每个帧占用一个时隙。

为实现多种类型的帧在系统中高效传输与处理，在完成虚拟信道帧封装的情况下，还要保证数据传输速率与物理层的调制速率一致。因此，必须对每个虚拟信道帧的传输速率进行调整。

假设第 i 个虚拟信道的数据传输速率为 v_i，激光通信终端调制速率为 v_m，虚拟信道帧长为 L_TF。由图 7-9 可知

$$L_\mathrm{TF} = L_\mathrm{ASM} + H + L_\mathrm{DF} + L_\mathrm{FEC} \tag{7-1}$$

因此，在保证每个帧时隙为 L_TF/v_m 的条件下，第 i 个虚拟信道经过封装后速率增长为

$$v_i' = v_i \times L_\mathrm{TF} / L_\mathrm{DF} \tag{7-2}$$

将 M 个虚拟信道进行复用并添加空闲数据帧，使数据传输速率与调制速率一致，可知调制速率满足

$$v_\mathrm{m} = v_\mathrm{TX} = \sum_{i=1}^{M} v_i' + v_\mathrm{idle} = \frac{L_\mathrm{TF}}{L_\mathrm{DF}} \sum_{i=1}^{M} v_i + v_\mathrm{idle} \tag{7-3}$$

式中，M 表示虚拟信道个数；v_idle 表示空闲数据帧补偿的传输速率，用于保证接口数据单元以固定速率传输。若数据来自同一信源，则 v_i 相等且均为 v，可得调制速率为

$$v_\mathrm{m} = v_\mathrm{TX} = \frac{L_\mathrm{TF}}{L_\mathrm{DF}} v + v_\mathrm{idle} \tag{7-4}$$

因此，可知经过数据调整单元后，数据传输速率得到了极大提升，其大小与虚拟信道个数、业务数据传输速率成正比。

7.2.7 TFRU 帧生成原理

根据 TFRU 的设计可知，数据映射至虚拟信道后，需要进行帧的重组。由于 TFRU 帧长大于业务数据帧，因此在数据封装过程中部分业务数据帧被分为两部分，这个过程称为切片（slice），其原理如图 7-10 所示。

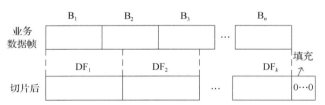

图 7-10 切片原理

业务数据帧的到达过程服从到达率为 λ 的泊松分布，定义 $A(t)$ 为 t 时刻到达的业务数据帧个数，L_B 为业务数据帧长。在切片时采用高效率帧生成算法，即当到达的数据源帧能够填充满一个 TFRU 帧的数据域时，将 TFRU 帧存入缓存区等待调度。t 时刻数据源帧到达个数为 N 的概率为

$$P(A(t) = N) = \frac{(\lambda t)^N}{N!} \mathrm{e}^{-\lambda t} \tag{7-5}$$

这时生成了 $[N \times L_\mathrm{B}/L_\mathrm{DF}]$ 个 TFRU 帧进入缓存区等待调度，其中 $[X]$ 表示小于 X 的最大整数。因此，要生成 J 个 TFRU 帧就需要 $[J \times L_\mathrm{DF}/L_\mathrm{B}]+1$ 个业务数据帧到达。可得在 t 时刻生成 J 个 TFRU 帧的概率为

$$P\left(A(t) = \left[J \frac{L_\mathrm{DF}}{L_\mathrm{B}} \right] + 1 \right) = \frac{(\lambda t)^{\left[\frac{J_{uv}}{L_w} \right] + 1}}{\left(\left[J \frac{L_\mathrm{DF}}{L_\mathrm{B}} \right] + 1 \right)!} \mathrm{e}^{-\lambda t} \tag{7-6}$$

由式（7-5）可知，帧的到达时间服从参数为（N,λ）的 Gamma 分布，即第 N 个业务数据帧到达时间的概率密度函数为

$$f_N(t) = \lambda \mathrm{e}^{-\lambda t} \frac{(\lambda t)^{(N-1)}}{(N-1)!}, \quad N = 0,\ 1,\ 2,\ \cdots \tag{7-7}$$

第 i 个信源，第 j 个 TFRU 帧生成时间 S_{wi}^j 的概率密度函数为

$$f_{S_w^j}(t) = f_{\left[J\frac{L_{DF}}{L_B}\right]+1}(t) = \lambda \mathrm{e}^{-\lambda t} \frac{(\lambda t)^{\left[J\frac{L_{DF}}{L_B}\right]}}{\left[J\frac{L_{DF}}{L_B}\right]!}, \quad J = 0,\ 1,\ 2,\ \cdots \tag{7-8}$$

从而可得 TFRU 帧的生成时间均值为

$$E\left[S_{wi}^j\right] = \int_0^{+\infty} t f_{S_{wi}^j}(t)\mathrm{d}t \tag{7-9}$$

分别对 4 类业务的 TFRU 帧生成时间进行仿真验证，如图 7-11 所示。4 类业务进入 TFRU 前的数据帧长分别为 1024 字节、1024 字节、2048 字节、2048 字节，数据传输速率分别为 300Mbps、600Mbps、600Mbps、1000Mbps。

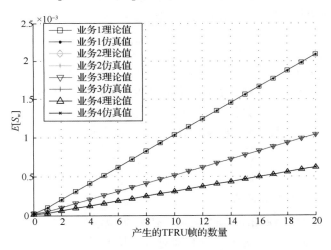

图 7-11　4 类业务的 TFRU 帧生成时间

由图 7-11 可知，业务 2 与业务 3 的 TFRU 帧生成时间完全拟合，说明 TFRU 帧生成时间仅与数据传输速率有关且成反比，传输速率越大，帧的生成速率越快。除此之外，4 类业务的 TFRU 帧生成时间的理论值与仿真值基本一致。因此，可将 $E[S_{wi}^j]$ 作为第 i 个虚拟信道生成 j 个 TFRU 帧时所消耗的时间。

7.2.8　虚拟信道优先级调度算法

不同业务数据帧的帧长与速率不同，且到达传输帧可调整单元时具有一定的随机性，因此在复用过程中有必要对虚拟信道中生成的 TFRU 帧进行调度，以实现高效的虚拟信道分配与传输速率统一。

1. TFRU 帧的调度优先级定义

针对未来空间光网络多类型数据环境，提出基于 TFRU 帧的虚拟信道优先级调度算法，即按照优先级的顺序依次调度各虚拟信道中的 TFRU 帧。如果仅依据虚拟信道静态优先级进行调度，则当前虚拟信道会长时间占用物理信道，而其他 TFRU 帧生成后无法释放，不仅降低了传输效率，还占用了缓存，无法保证每个虚拟信道的公平性。虚拟信道的优先级作为静态优先级，通常由所传输业务数据的重要性决定，若将其设为定值，则无法体现虚拟信道中数据帧到达率随时间变化对虚拟信道优先级的影响，虚拟信道优先级应与生成 TFRU 帧的概率成正比。为克服上述问题，定义 TFRU 帧的调度优先级由所在虚拟信道的优先级与帧的传输紧迫度决定，当第 i 个虚拟信道中业务数据的重要性为 I_i，到达率为 λ_i 时，虚拟信道优先级可定义为

$$p_i^J(t) = I_i P\left(A(t) = \left[J\frac{L_{DF}}{L_{B_i}} \right] + 1 \right) = I_i \frac{\mathrm{e}^{-it}\left(\lambda_i t \right)^{\left[J\frac{L_{DF}}{L_{B_i}} \right]+1}}{\left(\left[J\frac{L_{DF}}{L_{B_i}} \right] + 1 \right)!} \tag{7-10}$$

帧的传输紧迫度随着生成的 TFRU 帧无法传输，占用缓存时间的增加而增加，因此传输紧迫度与帧在缓存中的等待时间 t_w 成正比，可定义为

$$U(t) = \frac{t_w}{t} = \frac{t - t_c}{t} \tag{7-11}$$

式中，t 为调度时间；t_c 表示 TFRU 帧进入缓存的时间，即 TFRU 帧的生成时间 $E[S_w^J]$。由式（7-10）和式（7-11）可得，t 时刻第 i 个虚拟信道生成的第 k 个 TFRU 帧的调度优先级为

$$PF_i^k(t) = p_i^k(t) \times U_i^k(t) = I_i \frac{\mathrm{e}^{-\lambda_i t}\left(\lambda_i t \right)^{\left[\frac{k_{B_i}}{L_{B_i}} \right]+1}}{\left(\left[k\frac{L_{DF}}{L_{B_i}} \right] + 1 \right)!} \frac{t - t_c}{t} \tag{7-12}$$

2. 虚拟信道优先级调度算法

虚拟信道优先级调度算法如图 7-12 所示，依据 TFRU 帧长 L_{TF} 与激光通信终端的传输速率 v_{TX} 可确定调度时隙大小，在每个调度时隙对各虚拟信道中生成的 TFRU 帧进行调度。

（1）判断当前调度时隙所有虚拟信道中是否有生成的数据帧，若均为空，则填充空闲数据帧，并进行下一个调度时隙；若部分虚拟信道中存在生成的数据帧，则进入步骤（2）。

（2）计算并比较各虚拟信道中第一个 TFRU 帧的优先级，若只有一个优先级最大的 TFRU 帧，则调度当前帧，并进入下一个调度时隙；否则，进入步骤（3）。

（3）计算各优先级相同的 TFRU 帧的传输紧迫度；若只有一个传输紧迫度最大的 TFRU 帧，则调度当前帧，并进入下一个调度时隙；否则，调度静态优先级最大的 TFRU 帧。

（4）如果所有时隙均分配完成，则结束虚拟信道调度；否则，进入下一个调度时隙。

3. 仿真与分析

仿真环境定义如下：采用星间激光链路点到点通信方式，在收发端添加传输帧调整单元，定义 TFRU 帧长为 4080 字节。系统传输 4 类业务的数据，定义每个业务数据帧的帧长、传输速率与静态优先级如表 7-1 所示，可根据其帧长与传输速率求出相应业务数据帧的到达率。

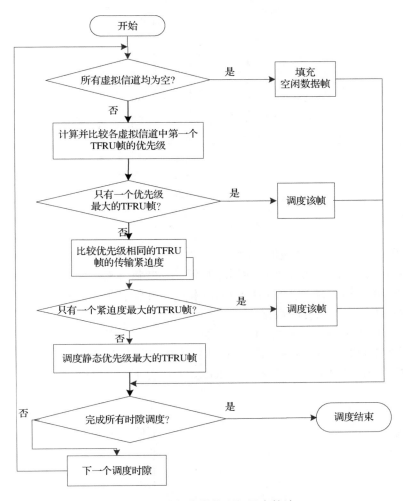

图 7-12　虚拟信道优先级调度算法

表 7-1　4 类业务数据帧参数的定义

	业务 1	业务 2	业务 3	业务 4
帧长（字节）	1024	1024	2048	2048
传输速率（Mbps）	300	600	600	1000
静态优先级	1.8	1.5	1.2	1

1）缓存需求

在调度时隙为 0~0.005s 的条件下，虚拟信道缓存需求与激光终端传输速率 v_{TX} 的变化关系如图 7-13 所示。缓存单位为 TFRU 帧数。

由图 7-13 可知，当 v_{TX} 为 1Gbps 时，4 类业务的缓存需求依次为 21.5939、25.8364、32.4485、37.7515。随着传输速率的增大，缓存需求呈指数下降，直到传输速率大于 2.5Gbps，各虚拟信道缓存需求达到最小，即基本实现了实时调度。因此，只有当激光链路终端速率大于各业务数据传输速率的总和时，其缓存需求才能够达到最低，这是传输速率的一个重要选择标准。同时，基于此仿真在缓存大小与激光通信终端速率已知时，可估计出各虚拟信道传输速率大小，为空间光网络中各卫星节点在选择业务数据传输速率时提供一定的理论指导。

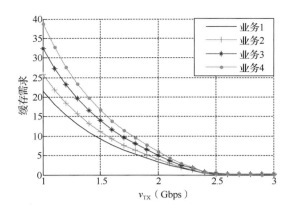

图 7-13　缓存需求与激光终端速率的变化关系

2）用 TFRU 后系统调度性能的分析

虚拟信道调度的性能参数主要包括调度时延、吞吐量与剩余量，TFRU 帧的总调度时延表示每个 TFRU 帧调度时隙与生成时间差的总和；吞吐量表示当前到达并被调度的数据；剩余量表示当前到达但未被调度的数据。

由式（7-9）可求出每类业务的 TFRU 帧的生成时间，依据其调度时隙可求出 TFRU 帧的调度时延，未经过 TFRU 的业务数据帧可将其到达时刻作为 TFRU 帧的生成时间。图 7-14 与图 7-15 分别表示采用 TFRU 前后在 v_{TX} 为 2Gbps 的情况下，调度时延与吞吐量随时间变化的变化曲线。

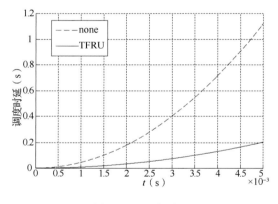

图 7-14　调度时延

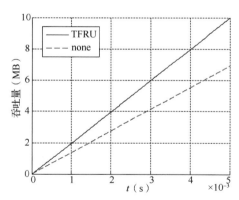

图 7-15　吞吐量

由图 7-14 与图 7-15 可知，在 $5×10^{-3}$s 时采用 TFRU 前后总调度时延分别为 1.1225s 与 0.2042s，吞吐量分别为 9.9609MB 与 6.9063MB。采用 TFRU 后调度时延降低了 0.9183s，吞吐量提升了 3.0546M，且随着时间的增长，系统性能的提升更加明显。TFRU 通过对不同信源数据重新封装，在降低数据调度次数的同时提高复用效率，有效提高系统性能。

3）优先级算法性能仿真

图 7-16 表示在激光终端传输速率为 2Gbps 的条件下，4 个虚拟信道的吞吐量与剩余量在 $0～6×10^{-4}$s 的变化曲线，吞吐量与剩余量以调度 TFRU 帧的个数为衡量调度性能的标准。其中，图 7-16（a）、（d）为本章提出的新优先级算法（NPA）的吞吐量与剩余量，图（b）、（e）为传统优先级算法（TPA）的吞吐量与剩余量，图（c）、（f）表示帧传输紧迫度算法（FCA）

的吞吐量与剩余量。

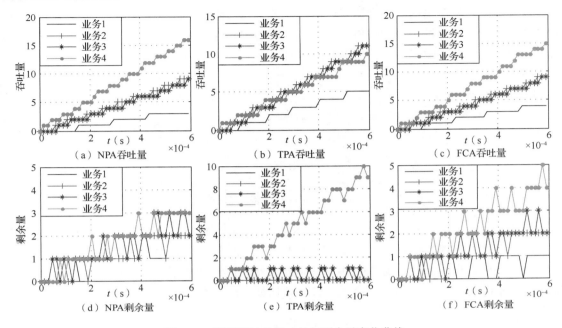

图 7-16 不同算法的吞吐量与剩余量变化曲线

由图 7-16（b）、（e）可知，TPA 以静态虚拟信道优先级为调度的启发因素，按照业务 1 到 4 的顺序对 TFRU 帧进行调度，其中业务 1、2、3 生成的 TFRU 帧基本都被调度，而业务 4 的较大到达率导致其生成的 TFRU 帧无法被及时调度。因此 TPA 的公平性与实时性较差，不会随着帧到达率对调度的顺序进行调整，导致个别业务数据的囤积或丢失。FCA 以进入缓存的时间为调度启发因素，即优先调度等待时间长的帧。由图 7-16（f）可知，剩余帧数与到达率成正比，即到达的帧数越多，剩余的帧数越多，无法体现算法对帧调度性能的公平性。由图 7-16（a）、（d）可知，NPA 会根据业务数据的到达率选择调度顺序，保证各信源数据剩余 TFRU 帧数基本一致。

7.3 星间激光链路接口模型编码技术研究

为保证星间激光链路的数据传输质量，一方面需要设计适用于高速传输链路的数据封装方法与帧结构，另一方面需要采用有效的编码技术。编码技术不仅可以降低传输的误码率，而且由于误码率不同，传输速率增量也不同。

7.3.1 交织型级联编码

我们通常采用的级联编码被称为单级性级联编码，由外码与内码串联构成，其纠错性能与冗余度的大小成正比，即保证较强纠错能力必须采用较长的冗余字节，这无疑限制了数据传输速率，不利于星间激光通信的应用。同时，空间信道存在一些不稳定因素导致随机错误与信号深度衰落，引发连续的突发性错误，采用传统的单级性级联编码无法克服上述问题对数据传输带来的影响。

交织用于解决信号深度衰落引起的连续性突发错误，通过改变信息结构，降低信息内容相关性，相当于将产生的突发性错误分散化，使相邻的码元均被干扰的可能性大大降低，从而增强系统应对突发性错误的性能。在内、外码的编码器与解码器之间添加交织器与解交织器就构成了交织型级联编码，其原理如图 7-17 所示。

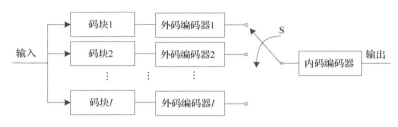

图 7-17　交织型级联编码原理

图 7-17 中，I 为交织深度，即码元经过交织后与原位置的最小距离，通常 $I=1$，2，3，4，5，8，由于星上处理数据量较大，因此取 $I=8$。交织原理为：将长度为 kI 的码元数据从输入端输入，并分离为 I 个长为 k 的码块，分别进入外码编码器进行编码，编码完成后，由输出端输出。从码块 1 开始每输出一个码元，S 就切换一次，直到所有的码元输出。码元交织过程如下：

若原码元数据为

$$s_1^1 \cdots s_1^k s_2^1 \cdots s_2^k \cdots s_8^1 \cdots s_8^k$$

则第 i 个编码器的输出为

$$s_1^1 \cdots s_1^k s_2^1 \cdots s_2^k \cdots s_8^1 \cdots s_8^k$$

经过交织后的输出为

$$s_1^1 s_2^1 \cdots s_k^1 s_1^2 \cdots s_k^2 \cdots s_1^8 \cdots s_k^8 c_1^1 c_2^1 \cdots c_{2E}^1 \cdots c_1^8 \cdots c_{2E}^8$$

因此，采用交织技术可将成片的突发性错误分散到不同码块中，最大限度地降低误码率，提高卫星及光链路的可靠性。

7.3.2　扰码

由于传输的信息不一定是随机的，可能出现连续的"0"码或连续的"1"码，这不仅对系统性能造成不利影响，还导致接收端无法正确获得同步信息。因此需要对数据进行随机化处理，以改善其传输特性，这种处理为扰码。扰码的实现方法如图 7-18 所示。

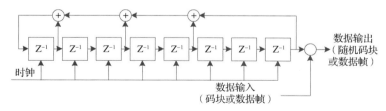

图 7-18　扰码的实现方法

伪随机序列的生成多项式为

$$h(x) = x^8 + x^7 + x^5 + x^3 + 1 \tag{7-13}$$

工作原理为：通过伪随机序列生成器生成一串与输入序列长度相同的伪随机序列，再将伪随机序列与输入序列进行异或运算，完成对输入序列的扰码，避免出现与同步附加标识类似的序列，使信息在接收端能够有效提取定位信息，从而提高系统传输性能。

7.3.3　系统性能仿真

仿真环境定义如下：采用星间激光链路点到点通信方式，传输来自 4 个不同信源数据帧共计 267.61MB 的数据，定义每个信源数据帧的帧长与传输速率。在收发端添加 ILIM，调制方式采用 BPSK，编码方式为级联的 RS-卷积码。

图 7-19 表示采用 ILIM 前后数据传输速率的变化曲线。

由图 7-19 可知，采用 ILIM 前后，完成全部信源数据的传输分别需要 0.0183s 与 0.0369s。采用 ILIM 完成传输时，未采用 ILIM 的数据量仅完成 134MB，占总数据量的 50.07%。曲线的斜率表示数据传输速率，相比之下，采用 ILIM 时数据传输速率更为稳定，便于接收端的解调与处理。因此，ILIM 能够有效提高多业务条件下的数据传输速率。

图 7-20 表示系统传输数据时误码率随信噪比的变化曲线。

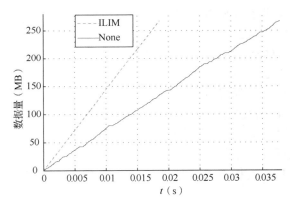
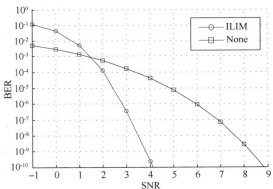

图 7-19　数据传输速率的变化曲线　　　图 7-20　系统传输数据时误码率随信噪比的变化曲线

由图 7-20 可知，采用 ILIM 的系统误码率远小于未采用 ILIM 的情况，当信噪比为 4dB时，采用 ILIM 性能提升 5.3dB，且随着信噪比的增大优势越明显。对信噪比为-1～6dB 的系统误码率求均值，可得系统性能平均提升了 3.01dB。因此，ILIM 能够有效提升系统的可靠性，适用于存在随机错误与信号深度衰落的空间信道。

7.4　激光通信终端（LCT）数据封装实例

2002 年，欧洲正式开始执行"全球环境与安全监视"（GMES）计划。近年来，随着该计划的内容由最初的环境变化监视扩展到安全领域，欧洲空间通信设施向地面传输的数据量正逐年增加，预计将达到每天 6TB 的数据传输量。如此大的数据传输量，将给现有的通信设施带来极大的压力。在欧洲经济萧条的大背景下，欧洲各国无法联合出资建造更多的新卫星。同时，从战略独立性的角度出发，欧洲无法借助除欧洲以外国家的地面数据收集与管理系统。因此，为了解决面临的这些挑战，欧洲航天局在 2009 年 2 月 17 日正式启动了"欧洲数据中继卫星"（EDRS）系统计划，EDRS 系统提供一个快速、可靠、无缝的通信网络，按需实时从卫星处获取信息，这将成为首个商业运营的向对地观测界提供服务的数据中继系统。

在 EDRS 系统中，专用数据中继卫星与星间链路终端"哨兵"卫星均搭载了激光通信终端（LCT）。LCT 激光通信速率为 1.8Gbps，主要完成电光调制和光学瞄准、捕获、跟踪功能。其主要由接口适配单元（LCT Interface Adaptation Unit，LIAU）、相干发射机、相干接收机及指示/跟踪四大部分组成。LIAU 主要对信源数据进行前端处理，完成源数据的编码、组帧，形成适合空间信道传输的、具有较好检纠错能力的高速率数据流，是 LCT 的重要组成部分。相干发射机负责对来自 LIAU 的适合光链路传输的电信号进行调制，形成适合空间环境传输的光信号。LCT 光学器件部分主要负责捕获、瞄准、跟踪目标卫星，并将光信号准确无误地发送出去。

　　LCT 是卫星光通信网络中的一个基本单元，拥有独立的处理器，采用标准的 S／C 接口，主要设计用于空间高速数据载荷的传输。它是 CCSDS 所提标准的一个具体实例。下面以 LCT 为例，介绍数据的实际封装过程。

7.4.1　LCT 数据处理

1．LCT 数据处理过程

　　从分层网络协议角度来看，LCT 数据处理过程介于数据链路层和物理层之间，主要通过 LIAU 来完成。首先，来自数据链路层的传输帧，通过切片/组帧被分成固定长度的数据块。为了提高数据在空间传输过程中的检纠错能力，对分块后的数据进行 RS 编码。为了给接收端提供同步信息，在数据块前端加入同步标识。为了区分该帧的来源，加入帧头。在传输过程中为了提高传输容量和速率，需要进行多路复用，以形成适合更高速率传输的帧结构。出于防止数据在传输过程中出现突发错误考虑，LIAU 对复用后的数据以 RS 编码和线性编码相结合的方式进行二次编码，我们称为线性乘积编码。由于所传数据中长连 0 和长连 1 对接收端同步有较大影响，故需要对数据进行加扰。数据在多路复用后的处理是并行处理，故在进行电光转换前需要对数据进行串行化。LCT 数据处理过程如图 7-21 所示。

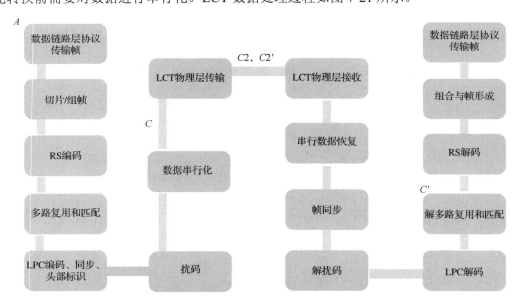

图 7-21　LCT 数据处理过程

注：左半部分是发送部分，右半部分是接收部分，A-C 是 LIAU，C-C2 是通用的 LCT。LIAU 到光链路之间的数据处理，即 A-C

2. 数据并行处理

为了达到 Gbps 量级的数据处理速度，需要对数据进行并行处理。在多路复用前，数据源形成的帧结构被分为 8 块，这种分块可以在数据缓存时实现，该方式被称为分块存储并行输出。LIAU 中采用 2 路复用，故有 16 块数据要被送入数字复用单元，并行处理时每次都要处理 16 位。为了使数据速率达到 600Mbps，在多路复用时，可通过插入空闲帧的方式调整数据传输速率。这样在后续处理数据时每次需要处理的数据位变成了 24 位，由于同步的需要，在进行线形乘积编码时，加入 1 位同步位，形成 25 位数据，经加扰和串行化后，送入 LCT 进行电光转化后实现透明传输。整个过程如图 7-22 所示。

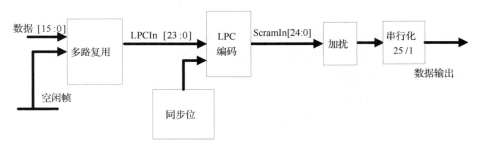

图 7-22　数据并行处理过程

7.4.2　LIAU

1）LIAU 结构

LIAU 主要对源数据进行编码、封装，形成相应的帧结构，使传输的数据帧具有数据源识别、同步及有效的检错纠错能力，以提高 ICT 之间通信的有效性和可靠性，为数据的电光转换和激光传输做准备。输入/输出参照节点分别为 A 和 C（见图 7-21）。该单元有两个 280Mbps 的数据源 CH₁ 和 CH₂。通常每个大存储器与 LIAU 都有两个接口，一个是正常的，一个是冗余部分的。LIAU 结构如图 7-23 所示。

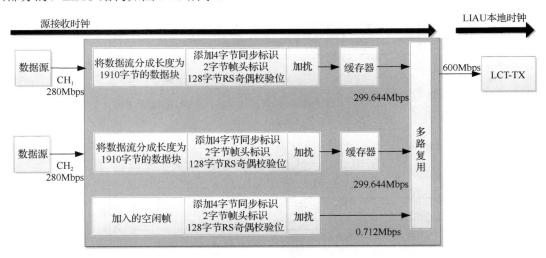

图 7-23　LIAU 结构

LIAU 具体的数据处理过程如下。

（1）两个数据流被独立地封装进 LIAU 帧序列。

（2）LIAU 帧被标记为源地址，帧头部分有个区域用于区分两个数据源和空闲帧，便于源数据的重建。

（3）两个 LIAU 帧序列进行多路复用，并将空闲帧插入其中，以将数据速率提高至600Mbps，作为激光通信终端的输入。

（4）即使在两个数据源都不产生数据的情况下，LIAU 也能通过产生更多的空闲帧，连续不断地产生 600Mbps 的数据流。

2）LIAU 帧创建

LIAU 帧创建的具体过程如图 7-24 所示，包括以下 6 个步骤。

（1）输入的比特流可能会有各自的帧结构，在此忽略不计。输入的比特流被分成长度为1910 字节的数据块。两个数据源可以是异步的，因此两个模块是异步运行的分支。

（2）2 字节的帧头被添加到长度为 1910 字节的数据块上，用于标识该数据块的来源。

（3）总长为 1912 字节的帧头和数据块被分成 8 个长度为 239 字节的块。RS 编码器为每个数据块添加 16 字节的奇偶校验位。共有 8×16=128 字节的奇偶校验位被添加到数据块中，形成 1912+128=2040 字节的帧。

（4）为了防止奇偶校验位出现差错，对 128 位的 RS 奇偶校验字节进行差错控制。而信息字节的差错控制由 RS 奇偶校验位控制，故交织编码只限于 RS 奇偶校验字节，在交织的过程中帧长度保持不变。

（5）2040 字节交织后进行加扰，即 2040×8=16320 比特序列逐位模 2 加，帧长保持不变。

（6）添加 4 字节的附加同步标识（ASM），最终产生 2044 字节的 LIAU 帧。

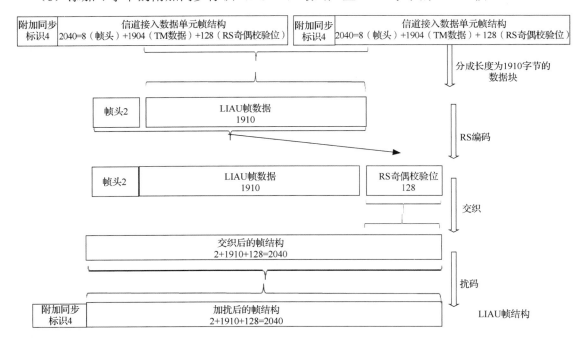

图 7-24　LIAU 帧创建的具体过程

3）附加同步标识（ASM）和数据源的细节

（1）附加的同步标识 ASM。

ASM 是十六进制表示的 1A CF FC 1D。

（2）帧头。

所有 LIAU 帧头都以二进制的格式定义如下。

① 第一个字节前 3 位是源标识。

000 表示没有输入数据流，插入空闲帧；

001 表示双数据流输入，插入空闲帧；

010 表示 LIAU 帧携带的数据来自第一个数据源；

011 表示 LIAU 帧携带的数据来自第二个数据源。

② 第一个字节第 4 位标识存储器的冗余状态。

0 表示正常；

1 表示冗余。

③ 第一个字节的后 4 位用作 LIAU 帧的循环计数。

每增加一个数据源计数值加 1，数据传输开始时，计数器的初值为 0。

④ 第二个字节 8 位用作航天器的标识。

注：空闲帧的源标识有两种可能性，这就要求 280 Mbps 的信号需要区分丢失信号。对于输入源的速率检查是不需要的。

4）数据速率

每个数据源的速率都从 280Mbps 速率增加到约 299.664Mbps

$$280 \times 2044 / 1910 \approx 299.644 \text{Mbps} \tag{7-14}$$

由于 LIAU 的成帧和编码操作，如果两个数据源都有比特流输入，则添加的 LIAU 空闲帧的速率为

$$600 - 2 \times 299.644 \approx 0.712 \text{Mbps} \tag{7-15}$$

大约每 600/0.712=843 个中有一个 LIAU 空闲帧。空闲帧的数量是很少的，这也会出现以下两种情况。

（1）空闲帧浪费的带宽很少。6 字节的帧头和同步标识所用的开销也仅有 $6 / 2044 \approx 0.3\%$。

（2）由于时钟漂移，源数据的速率不能剧烈增加。一个 100 ppm 的漂移将使每个通道的数据速率增加

$$280 \times 2044 / 1910 \times 1.000100 \approx 299.674 \text{Mbps} \tag{7-16}$$

同时，LIAU 空闲帧的数据速率降低到 0.652 Mbps。

一个 LIAU 帧的持续时间为

$$2044 / 600 \text{ Mbps} \approx 27.253 \text{ns}$$

7.5 星间激光链路接口模型（ILIM）的应用

7.5.1 ILIM 在中继卫星系统中的应用

中继卫星系统包括中继卫星、用户卫星与地面站三个部分，采用微波与激光混合链路进

行通信，即星间采用激光链路，星地采用微波链路。当用户卫星与地面站不可见时，需要用中继卫星进行转发，这就导致中继卫星接收到大量不同类型的用户卫星与地面站数据。如果不将各类业务数据帧进行整合，使之以相同的格式、速率发送至中继卫星，则中继卫星上将承载非常复杂的数据处理单元，不仅增加了制造难度，而且提高了运行能耗。为解决这一问题，采用 ILIM 统一各激光链路传输制式是非常有必要的。ILIM 在中继卫星中的实现方法如图 7-25 所示。

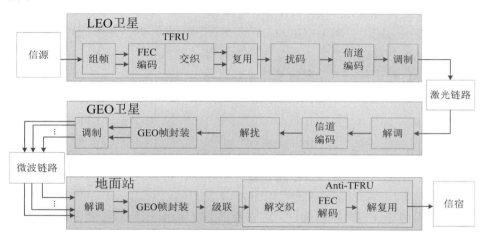

图 7-25　ILIM 在中继卫星中的实现方法

　　用户卫星与中继卫星之间进行通信时，通过再封装单元实现不同业务数据帧格式与速率的统一，并采用交织型级联编码与扰码等关键技术，保证数据传输的可靠性。中继卫星上承载了 ILIM，通过解调、解码等处理可将数据恢复为传输前的 TFRU 帧。中继卫星与地面相对静止，信道特性较为稳定，因此该链路的传输制式固定。当中继卫星恢复数据后，经过处理单元的再次封装，变为适用于中继卫星-地面站之间通信的制式。由此可见，ILIM 对于中继卫星系统有较强的适用性，且在提升系统性能的同时，并未增大系统的复杂程度。

7.5.2　ILIM 在编队卫星系统中的应用

　　在空间光网络中，编队卫星系统对于多业务数据的传输最具代表性。编队卫星系统由一颗主星与多颗业务卫星组成，主星整合来自不同业务卫星的各类数据，并通过激光链路直接与地面站进行通信。在处理过程中其业务类型较多，数据格式与速率存在差异，造成主星对数据的处理负担较重。因此，采用 ILIM 是非常有必要的，其实现方法如图 7-26 所示。

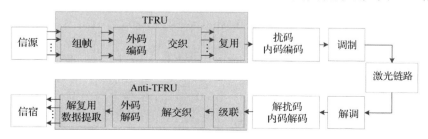

图 7-26　ILIM 在编队卫星系统中的实现方法

　　在编队卫星系统的收发端添加 ILIM，其中传输帧再封装单元用于将不同信源的数据帧重装为适用于激光链路传输的 TFRU 帧，并在接收端将数据恢复为封装前的状态。采用 ILIM 后，主星在处理数据时可忽略其业务类型，仅需要将其统一封装为适合星地激光链路的传输制式，将大量数据处理过程放在地面站进行，有效提高编队卫星系统的数据传输和处理效率。

参考文献

[1] ANDREW P.RIHA, CLAYTON OKINO. An advanced orbiting systems approach to quality of service in space-based intelligent communication networks[J]. In: Proceedings of IEEE Aerospace 2006, Montana, USA, 2006: 1-11.

[2] 袁建国，叶文伟，毛幼菊. 光通信系统中一种新颖的级联码型[J]. 光电工程，2007，34（4）：89-93.

[3] 袁建国，汤晓斌，叶文伟. 光通信系统中前向纠错码的一种改进方案[J]. 光通信技术，2006，30（10）：52-54.

[4] 何俊，易先清. 基于 GEO/LEO 两层星座的卫星组网结构分析[J]. 火力与指挥控制，2009，34（3）：47-50.

[5] KIMURA K, INAGAKI K, KARASAWA Y. Double layered inclined orbit constellation for advanced satellite communication network[J]. IEICE Trans Commun, 1997, 1(1): 93-102.

[6] 赵静，赵尚弘，李勇军，等. 星间激光链路数据中继技术研究进展[J]. 红外与激光工程，2013，42（11）：3103-3110.

[7] KANG N, WU X. The Scheduling Model of TT&C Resources of TDRSS and Ground Stations Based on Task Begin Time[J]. Journal of the Academy of Equipment Command & Technology, 2011, 6: 026.

[8] KIRSCHNER M, MONTENBRUCK O, TETTADPUR S. Flght dynamics aspects of the grace formation flying[C]. 2nd International Workshop on Satellite Constellations and Formation Flying, Haifa, Israel, 2001: 1-8.

[9] A BRAUKHANE, M ARZA, M BACHER, et al. FormSat, a scalable formation flying communication satellite system[C]. 2010 IEEE Aerospace Conference, German, 2010: 1-18.

第八章 星座设计方法

借用天文学的概念，"卫星星座"是指遂行相同任务而协同工作的一组卫星，构成星座的卫星可以位于同一高度的轨道，也可以位于不同高度的轨道。卫星星座可以实现单颗卫星无法实现的功能。根据任务的不同，可以将星座分为通信星座（如 Inmarsat Bgan、铱系统、全球星、轨道通信系统等）、导航星座（如美国的 GPS、欧洲的"伽利略"、俄罗斯的"GLONASS"和中国的"北斗"卫星导航系统等）、侦察星座（如美国的"星光"（Starlite）和"天基雷达"（SBR））等。星座设计，主要根据任务性质、任务目标区域的不同，以及对通信仰角、覆盖率等的要求，通过理论推导、数学计算及计算机仿真等手段，对组成星座的卫星轨道高度、轨道倾角、离心率、升交点经度、轨道平面个数、轨道平面夹角、每轨道面卫星个数等参数进行优化与选择，寻求符合设计目标的卫星星座。

星座网络是一个包含空间的星座卫星节点和地面信关站节点的网络，由于卫星的高速运动，卫星与卫星之间，卫星与地面信关站之间的连接关系是不断变化的（同轨星间链路除外）。也就是说，星座网络的拓扑结构是动态变化的。虽然整个网络拓扑变化频繁，是一个全动态网络，但是网络中卫星个数是确定的，地面信关站个数和地理位置也是确定的，网络拓扑的变化具有周期性、规律性和可预见性等特点，使得空间光网络中的路由策略与陆地网络有很大的区别，无法直接移植陆地网络现有的最短路径优先协议（OSPF）、路由信息协议（RIP）等，需要收敛迅速、开销小，以及简单易实现的路由机制。但利用星座网络拓扑的周期性、可预知性和规等性等特点能够简化网络的路由设计。一种有效的路由策略不仅要求在源节点和目的节点之间选择出一条最优的路径，而且要求保证它们之间通信流畅。因此，网络拓扑模型和路由选择策略的好坏直接影响空间光网络性能的优劣。星座卫星通信系统中的网络拓扑生成和路由选择是星座网络中的关键技术，对其进行深入研究是非常有意义的。

本章根据空间信息网络信息传输的任务需要，依据任务区域的不同，分别针对全球覆盖和区域覆盖进行星座设计，并在此基础上给出其拓扑控制方法及路由策略分析。

8.1 星座设计目标及约束条件

如前所述，我国要建立一个军民结合、平战结合、寓军于民的空间信息网络，针对我国近期及未来卫星信息传输的发展需要，研究以地球同步轨道或高、中、低轨卫星组网，为手持终端、车（船、舰、机）载移动终端、武器平台嵌入式终端、寻呼终端、数据采集终端等多种类型终端提供语音、数据、图像、授时等多种业务的技术可行性。

根据任务需求，星座设计的目标覆盖范围分为基本服务区、增强服务区和拓展服务区。

1）基本服务区

基本服务区是指境内、国土周边及二岛链以内，其中，境内、国土周边及一岛链之内是重中之重，具体如下。

经度：东经 70°～东经 150°；

纬度：北纬 0°～北纬 55°；

覆盖率：99%以上。

2）增强服务区

增强服务区是指印度洋北部及二岛链至东太平洋的广大区域，具体如下。

东经 40°～东经 150°、北纬 0°～南纬 15°；

东经 40°～东经 70°、北纬 0°～北纬 55°；

东经 150°～西经 120°、北纬 55°～南纬 15°；

覆盖率：95%以上。

3）拓展服务区

全球覆盖，主要服务区在北半球，重点在欧洲、北美洲和大洋洲。

覆盖率：90%以上。

其中，基本服务区与部分增强服务区为高容量通信服务区，其他为低容量通信服务区，具体如图 8-1 所示。因此，我国未来的卫星移动通信系统应该是一个以区域覆盖为主，兼顾全球的系统。

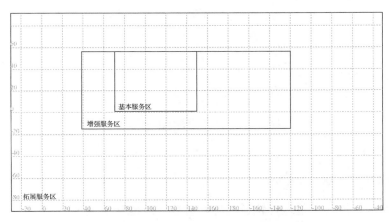

图 8-1　星座通信系统覆盖区域

根据任务需求，在以下几个方面的约束条件下进行星座设计。

（1）按照拓展服务区要求，完成高、中、低轨道的全球覆盖星座方案设计并进行对比分析。设计约束为 LEO 卫星高度可选范围为 800～1500km、MEO 卫星高度可选范围为 10000～20000km、HEO 卫星高度可选范围在 20000km 以上，覆盖率在 90%以上，用户终端最低通信仰角为 10°。

（2）按照基本服务区、增强服务区要求，进行 GEO、IGSO、HEO 等类型的多种轨道星座方案设计并进行对比分析。

（3）GEO 卫星的定点位置为 77°E 或 175°E；IGSO 卫星倾角为 30°～55°，星下点轨迹重合，交叉点经度为 118°E。

8.2　卫星节点特性

8.2.1　卫星轨道参数

卫星在地球的引力场内运动，无论卫星轨道是圆形还是椭圆形，其轨道平面都要通过地球中心，而其半长轴、形状和在空中的方位则可以是多种多样的。椭圆轨道的长轴和短轴决定它的大小和形状，但椭圆轨道在空间的方位却需要三个角度来确定。分析空间光网络节点的位置和相互运动关系，首先需要确定单颗卫星的轨道参数。由开普勒第一定律可知，卫星绕着以地球为一焦点的椭圆运动，椭圆方程 $r = \dfrac{p}{1 + e\cos\theta}$。图 8-2 所示为椭圆轨道示意图及其参数，$F'$ 和 F 为椭圆的两个焦点，O 为中心，a 为半长轴，b 为短半轴，c 为半焦距，p 为半焦弦，离心率 $e = c/a$。卫星运行由六大参数决定，半长轴 a、离心率 e、右升节点经度 Ω、近地点时刻 τ、近地点幅角 ω 和轨道倾角 i。

采用地心赤道坐标系：坐标圆点取在地心；x 轴在赤道平面内，指向春分点；z 轴垂直于赤道平面，与地球自转角速度方向一致；y 轴与 x 轴、z 轴垂直，构成右手系，如图 8-3 所示。升交点是卫星从地球的南半球向北半球飞行的时候经过地球赤道平面时的点。春分点则是太阳从地球的南半球向北半球运动时（实际上太阳不动，地球在运动）经过赤道平面的点。

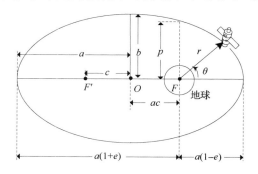

图 8-2　椭圆轨道示意图及其参数

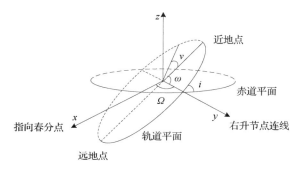

图 8-3　地心赤道坐标系

卫星轨道参数是描述卫星运行轨道的各种参数。对地球卫星来说，知道以下 6 个独立的轨道参数就可以计算和描述卫星在任意时刻的轨道位置和速度。

（1）半长轴 a。半长轴 a 定义为椭圆轨道长轴的一半。

（2）离心率 e。离心率 e 定义为椭圆两焦点之间的距离与长轴的比值，该参数决定了椭圆偏心大小。离心率的任何变化都将影响轨道近地点的距离，进而直接影响卫星的寿命。当 $e=0$ 时，轨道为圆形；当 $0 < e < 1$ 时，轨道呈现椭圆形。半长轴 a 和离心率 e 共同决定卫星轨道的大小和形状。

（3）轨道倾角 i。轨道倾角 i 定义为轨道平面与地球赤道平面的夹角，该参数被用以确定卫星赤道平面在太空的位置，在升交点从赤道平面起逆时针为正，范围为 $0° \sim 180°$。当卫星绕地球转动的方向与地球自转方向（自西向东）一致时，称为"顺行轨道"，$i < 90°$；当 $i = 0°$ 时，卫星轨道平面与赤道平面重合，此时的轨道称为"赤道轨道"。当 $i = 90°$ 时，卫星轨道平面与赤道平面相互垂直，称为"极低轨道"。除上述两种轨道之外，还有"倾斜轨道"。

（4）右升节点经度 Ω。卫星轨道与地球赤道有两个交点：当卫星从南半球向北半球飞行时与赤道平面的交点称为右升交点，当卫星从北半球经赤道飞到南半球时与赤道平面的交点称为降交点。右升节点经度从地球惯性坐标系指向春分点轴度量逆时针方向为正，范围为 $0° \sim 360°$。右升节点经度 Ω 定义为卫星轨道上由南向北自春分点到升交点的弧长对应的夹角。

（5）近地点幅角 ω。近地点幅角 ω 定义为轨道平面内近地点与右升交点之间的夹心角。

由升交点起顺卫星运动方向为正，范围为 0°~360°。近地点幅角 ω 决定轨道平面的指向。

（6）近地点时刻 τ。近地点时刻 τ 定义为轨道平面内近地点的时刻，一般用年、月、日、时、分、秒表示，它是以近地点为基准描述轨道平面内卫星位置的量。该参数决定卫星在轨道上的位置。

卫星在轨道运行阶段，任意时刻其轨道的位置和速度称为卫星星历。卫星星历可以通过上述介绍的轨道参数进行计算，同样，可通过不同时刻卫星星历提供的位置和速度计算卫星在轨道运行的轨道参数。在六个轨道参数中，轨道倾角和右升节点赤经决定了轨道平面在惯性空间的位置；近地点幅角决定了轨道在轨道平面内的指向；半长轴和离心率决定了轨道的大小和形状。如果采用圆轨道，则只需要四个轨道参数，即轨道高度、轨道倾角、右升节点赤经和某一特定时刻卫星在轨道平面内距右升节点的角距。

从理论上来说，地球大气层外的太空都可以作为卫星飞行的轨道，但在选择轨道高度时还应考虑以下几个因素。

（1）地球大气层的影响。

若轨道高度选择较低，则大气层上部的氧原子将对卫星星体材料构成严重的威胁，直接影响卫星的寿命。同时存在大气阻力，特别是当轨道高度低于 700km 时，大气阻力严重影响轨道参数，缩短卫星寿命；当轨道高度大于 1000km 时，才可以忽略大气阻力对卫星寿命的影响。

（2）辐射带的影响。

在距离地球表面高度 1500～5000km 和 13000～20000km 范围内，存在着由带电粒子组成的高能粒子带，即辐射带。辐射带的电磁辐射对卫星星体材料和星上设备构成了严重的威胁，卫星的轨道高度一般要远离这个范围，否则会对卫星进行抗辐射加固，增加卫星的设计复杂度和成本。因此，轨道高度应尽量避免选在辐射带中，使卫星在设计的寿命期间可以正常工作。

基于以上两点，一般选择的卫星轨道高度有三个窗口，1000km 上下、10000km 上下和 20000km 以上。例如，Iridium 系统的高度为 780km。辐射带及典型卫星星座的轨道分布如图 8-4 所示。

（3）周期因素。

为了便于卫星在运行过程中的跟踪定位，以及简化星座对地面覆盖的控制，卫星周期应尽量与恒星日成正比，使卫星每隔一天或数天在同一时刻通过同一地点的上空。因为卫星运行周期是轨道高度的函数，所以在轨道选择高度时必须考虑周期因素。根据开普勒定律可以得出轨道高度和运行周期的关系式如下

$$h = \frac{T_s^{2/3}(GM)^{1/3}}{(2\pi)^{2/3}} - R_E \tag{8-1}$$

式中，G 为万有引力常数，$G = 6.67 \times 10^{-8}\,\mathrm{cm^3 / kg \cdot s^2}$；$M$ 为地球质量，$M = 5.976 \times 10^{27}\,\mathrm{kg}$；$R_E$ 为地球半径，$R_E = 6379.5\mathrm{km}$；h 为轨道高度；T_s 为卫星周期。若要满足上述跟踪定位条件，则 $T_s / T_E = k / n$，而 n、k 为整数，T_E 为恒星日，$T_E = 86164\mathrm{s}$。

（4）空间碎片。

四十多年来，人类进行的空间发射超过 4000 次，目前可被地面观测设备观测并测定其轨道的空间物体超过 9000 多个，其中只有 6%是仍在工作的航天器，其余都是被称为太空垃圾

的空间碎片。空间碎片按尺寸大小可分为：①直径大于 10cm 的大碎片，基本上可由地面光学望远镜和雷达等常规性仪器探测、追踪并予以编目；②直径介于 1 至 10cm 之间的中尺度碎片，一般很难追踪和分类，但这类碎片有可能引起灾难性的事件，一般称为危险碎片；③直径小于 1cm 的碎片，称为微碎片或小碎片，碎片越小，数量越多。随着航天事业的发展，空间碎片与日俱增，滞空时间相当漫长，碎片之间相互碰撞或爆炸又会产生新的、体积更小的空间碎片。据估计，直径大于 1cm 的空间碎片数量超过 11 万个。

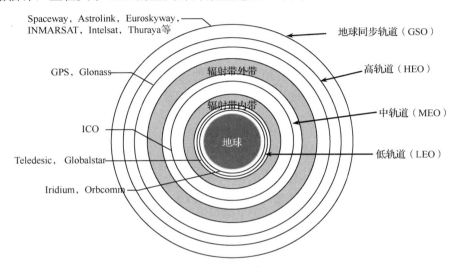

图 8-4　辐射带及典型卫星星座的轨道分布

空间碎片来源主要有以下几个方面。
① 失效的航天器。
② 不再工作的火箭箭体。
③ 卫星在发射或工作时抛弃的物体。
④ 空间物体爆炸或碰撞生成的碎片。
⑤ 从飞行器表面脱落的物质，如涂层等。
⑥ 泄漏的物质，如核能源的冷却剂等。
⑦ 固体火箭工作时喷出的固体颗粒等。

空间碎片的分布并不均匀，高度为 1000km 以下的低轨道上空间碎片数量最多。在太空中，航天器遭遇空间碎片的事件曾经多次发生。俄罗斯的"宇宙 I275"卫星在与空间碎片相撞后发生爆炸。1975 年 7 月，美国被动测地气球卫星就是被空间碎片击中而损坏的。1978 年 1 月，前苏联动力侦察卫星宇宙 954 受空间碎片撞击而导致压力突然下降，并坠落在加拿大北部。1996 年 11 月 24 日，正在执行任务的美国航天飞机"哥伦比亚"号遇到太空垃圾的袭击。1996 年 7 月，法国"樱桃"卫星被 10 年前法国发射的"阿丽亚娜"火箭末级爆炸后的空间碎片击中平衡臂而一度失去控制。2009 年 3 月 4 日，俄罗斯的"宇宙-2251"卫星和美国"铱星 33"发生碰撞，因此，空间碎片的存在严重威胁着在轨运行航天器的安全，在星座设计中必须考虑兼顾设计轨道上的碎片的分布及碰撞概率问题，避免空间碎片可能造成的危害。

8.2.2　卫星轨道方程

人造地球卫星在空间，除了受太阳、月亮、外层大气等因素的作用，最主要受地心引力的吸引。卫星之所以能保持在高空而不坠落，是因为它以适当的速度绕地心不停地飞行。开普勒第三定律揭示了卫星受地心引力吸引而在轨道平面上运动的规律性。假设卫星的质量为 m，它与地心的距离矢量为 $\boldsymbol{r}$，建立坐标系，卫星受到的地心引力 $\boldsymbol{F}$ 为

$$\boldsymbol{F} = -\frac{GM_{\text{E}}m\boldsymbol{r}}{r^3} \tag{8-2}$$

式中，M_{E} 是地球的质量；$G = 6.672 \times 10^{-11} \text{Nm}^2/\text{kg}^2$。由于力=质量×加速度，因而式（8-2）可以写为

$$\boldsymbol{F} = m\frac{\text{d}^2\boldsymbol{r}}{\text{d}t^2} \tag{8-3}$$

根据以上两式，我们可得

$$-\frac{\boldsymbol{r}}{r^3}\mu = \frac{\text{d}^2\boldsymbol{r}}{\text{d}t^2} \tag{8-4}$$

即

$$\frac{\boldsymbol{r}}{r^3}\mu + \frac{\text{d}^2\boldsymbol{r}}{\text{d}t^2} = 0 \tag{8-5}$$

式（8-5）是一个二阶线性微分方程，其解包含 6 个称为轨道参量的未定常数。由这 6 个轨道参量确定的轨道位于一个平面内，具有恒定的角动量。由于矢量 $\boldsymbol{r}$ 的二阶微分包含单位矢量 $\boldsymbol{r}$ 的二阶微分。因此，求解式（8-5）是比较困难的。为了避免求解 $\boldsymbol{r}$ 的微分，我们可以选择另一种坐标系，使三个轴方向的单位矢量均为常量。该坐标系以卫星轨道平面为参考面，如图 8-5 所示。

在新坐标系 $x_0 y_0 z_0$ 下，式（8-5）可表示为

$$\hat{x}\left(\frac{\text{d}^2 x_0}{\text{d}t^2}\right) + \hat{y}\left(\frac{\text{d}^2 y_0}{\text{d}t^2}\right) + \frac{\mu(x_0 \hat{x} + y_0 \hat{y})}{(x_0^2 + y_0^2)^{3/2}} = 0 \tag{8-6}$$

在极坐标系中求解式（8-6）比在笛卡儿坐标系中要容易得多，具体极坐标系如图 8-6 所示。

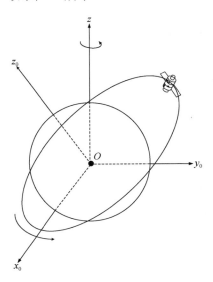

图 8-5　轨道平面坐标系

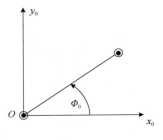

图 8-6　卫星轨道平面内的极坐标系

据图 8-6 所示的极坐标系利用变换

$$x_0 = r_0 \cos \Phi_0$$
$$y_0 = r_0 \sin \Phi_0$$
$$\hat{x}_0 = \hat{r}_0 \cos \Phi_0 - \Phi_0 \sin \Phi_0$$
$$\hat{y}_0 = \Phi_0 \cos \Phi_0 - \hat{r}_0 \sin \Phi_0$$

（8-7）

并利用 r_0 和 Φ_0 表示式（8-6），可得

$$\frac{\mathrm{d}^2 r_0}{\mathrm{d}t^2} - r_0 \left(\frac{\mathrm{d}\Phi_0}{\mathrm{d}t} \right) = -\frac{\mu}{r_0^2}$$

（8-8）

及

$$r_0 \left(\frac{\mathrm{d}^2 \Phi_0}{\mathrm{d}t^2} \right) + 2 \left(\frac{\mathrm{d}r_0}{\mathrm{d}t} \right) \left(\frac{\mathrm{d}\Phi_0}{\mathrm{d}t} \right) = 0$$

（8-9）

利用标准数理推导，可以推导出卫星轨道半径 r_0 的方程，即

$$r_0 = \frac{p}{1 - e \cos(\Phi_0 - \theta_0)}$$

（8-10）

式中，θ_0 是常数；e 是椭圆的离心率；椭圆的半焦弦 p 为

$$p = \frac{h^2}{\mu}$$

（8-11）

式中，h 是卫星环绕角动量的大小。轨道方程是椭圆方程及开普勒第一定律。

式（8-10）中的 θ_0 是以轨道平面中 x_0 轴和 y_0 轴为参照的椭圆参量。既然已知轨道是椭圆形的，选择 x_0 轴和 y_0 轴可以使得 θ_0 等于零。在以下讨论中，我们可以认为已选择 x_0 轴和 y_0 轴使得 θ_0 等于零，则轨道方程可以表示为

$$r_0 = \frac{p}{1 - e \cos \Phi_0}$$

（8-12）

卫星在轨道平面内的运动轨迹如图 8-7 所示。半长轴 a 和半短轴 b 的值为

$$a = \frac{p}{1 - e^2}$$

（8-13）

$$b = a(1 - e^2)^{1/2}$$

（8-14）

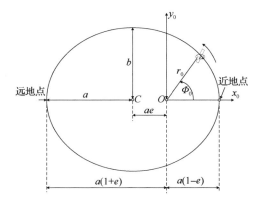

图 8-7　卫星在轨道平面内的运动轨迹

运行轨道中卫星与地球距离最近的点称为近地点，卫星与地球距离最远的点称为远地点。一般而言，近地点和远地点是正好相反的。为了使 $\theta_0 = 0$，我们必须适当地选择 x_0 轴，以使近地点和远地点均位于 x_0 轴上，即选择椭圆的长轴作为 x_0 轴。

矢量 r_0 自卫星运动开始，在 t 时间内扫过的微分面积为

$$dA = 0.5 r_0^2 \left(\frac{d\Phi_0}{dt} \right) dt = 0.5 h dt \qquad (8\text{-}15)$$

式中，h 是卫星环绕角动量的大小。由式（8-15）可见，在相等时间内，半径矢量扫过的面积是相等的，此为开普勒第二定律。卫星扫过轨道一周的面积即该椭圆的面积（πab），因而我们可以推导出轨道周期 T 的表达式，即

$$T^2 = (4\pi^2 a^3) / \mu \qquad (8\text{-}16)$$

该式是开普勒第三定律的数学表达式：环绕周期的平方与半长轴的立方成正比。式（8-16）在卫星通信系统中极为重要。该式可以计算任何卫星的轨道周期，GPS 接收机便是利用该式来计算 GPS 卫星位置的。根据式（8-16）可以计算 GEO 卫星的轨道半径，此时，环绕周期 T 等于地球的自转周期，这样才能保证卫星在赤道平面上的某点与地球保持相对静止。

要特别注意的是，式（8-16）中环绕周期 T 是以惯性空间为参照的，即以银河系为参照。轨道周期指的是环绕物体以银河系为参照回到同一参考点所花费的时间。一般而言，被环绕的中心体也在不停地旋转，因而卫星的环绕周期与站立在中心体上观测到的周期是不同的。这一点在 GEO 卫星上表现得尤为明显。GEO 卫星的环绕周期与地球的自转周期是相等的，为 23 小时 56 分 4 秒，但对地面上的观测者而言，GEO 卫星的周期似乎是无穷大的，它总是位于空中的同一位置。

8.2.3　卫星轨道分类

按照卫星轨道高度、轨道倾角、运转周期的不同，可把卫星分为不同的类型。若按卫星离地面最大高度，通常把卫星分为三类。

（1）低轨道卫星：$h_{max} < 5000\mathrm{km}$，周期 T 小于 4 小时，称为 LEO（Low Earth Orbit）卫星。

（2）中轨道卫星：$5000\mathrm{km} < h_{max} < 20000\mathrm{km}$，周期 T 约为 8.12 小时，称为 MEO（Medial Earth Orbit）卫星。

（3）高轨道卫星：$h_{max} > 20000\mathrm{km}$，周期 T 大于 12 小时。

若按轨道倾角 i 的大小分，卫星可分为三类。

（1）赤道轨道卫星：$i = 0°$，轨道平面与赤道平面重合。

（2）极轨道卫星：$i = 90°$，轨道平面穿过地球的南北两极，即与赤道平面垂直。

（3）倾斜轨道卫星：$0° < i < 90°$，轨道平面倾斜于赤道平面。

若按卫星的运转周期，卫星通常又可分为如下类型。

（1）同步卫星：运转周期 $T = 24N$ 恒星时，轨道的半长轴 $a = 42164.6\mathrm{km}$。

（2）准同步卫星：$T = 24/N$ 或 $24N$ 恒星时（$N = 2, 3, 4, 5, \cdots$）。

（3）非同步卫星：$T \neq 24N$ 或 $24/N$、$24N$ 恒星。

在卫星通信中，通常按卫星同地球之间相对位置的关系，将卫星分成两大类。

（1）对地静止卫星：相对地球表面任一点，卫星位置保持固定不变。其轨道称为对地静止轨道，有自然和人工两种。自然对地静止轨道只有一条，即赤道平面上唯一的一条圆形同

步轨道（以地心为圆心，半径 R =42164.6km，运行方向与地球自转方向一致），它是克拉克在 1945 年提出的，自 1965 年以来被成功地广泛应用。在理想条件下，卫星入轨后，无须再为克服地心引力而消耗能量，故称为"自然"；人工对地静止轨道可以有许多同心圆，因此，卫星进入这一轨道后，存在卫星通信传输时延长的缺点，有人提出低高度的人工对地静止通信卫星的设想，在地面上不断地向卫星发射激光或微波能量，用其克服地心引力的影响，保持卫星正常运转。

（2）对地非静止卫星：相对地球表面任一点，卫星位置不断地变化。

不同类型的卫星有不同的特点和用途。在卫星通信中，到目前为止，对地静止卫星用得最多，对地非静止卫星也有一定的应用。

（1）LEO 空间光网络轨道距地面 1000～2000km。LEO 卫星分布在 500～2000km 的圆或椭圆轨道上，星座一般由几千颗卫星组成。单颗卫星可见时间短，需要波束之间切换和卫星之间切换。LEO 卫星的优点很多，因其轨道高度低，所以星地链路性能优越，传输时延小，同时小卫星技术的应用使得卫星体积小，便于发射。但是，LEO 卫星构成的星座建立周期长，审间控制系统相对复杂，系统投资巨大，如 Iridium 系统投资 34 亿美元。卫星切换平均每 10 分钟一次，波束切换平均每 1～2 分钟一次。数目众多的地面信关站需要快速跟瞄系统，需要考虑多普勒效应。卫星轨道低，通信仰角为 10° 左右，因为仰角快速变化，所以信号传输路径有所差异。现在应用和正在研究的 LEO 星座有很多，如大家熟悉的 Celestri、Globalstar、Skybridge 和 Feledesie，还有 FAISATOrbeonun、GEstarsys 等几十个星座。几十个国家都拥有自己的 LEO 星座计划，包括军用和民用，星座数不等，大多采用星上处理和星间链路等先进技术。

虽然 LEO 卫星轨道高度较低，星地间的传播时延小，链路传播损耗低，但是其覆盖范围十分有限，如果要实现大面积的覆盖则需要建立很大的星座，投资巨大，同时，轨道高度低造成节点绕地球运动的速度大，对光信号的瞄准、捕获，链路的保持提出了很高的要求。

（2）MEO 空间光网络与前者相比星地间传播时延较大，但远距离信息传输时延要低于 LEO 卫星，且只需要较少数量的卫星实现全球和区域的覆盖。MEO 卫星位于两个辐射带之间的轨道上，星座一般由十几颗卫星构成，单颗卫星可视时间达 1～2 小时。作为 GEO 和 LEO 卫星的折中，MEO 卫星双跳传输时延大于 LEO 卫星，作为一个系统，考虑星间链路整个长度、星上处理和上下行链路等因素，MEO 星座传输时延性能优于 LEO 星座，而且满足 400ms 传输时延要求；相对 LEO 卫星，MEO 卫星切换概率降低，多普勒效应减小，空间控制系统和天线跟瞄系统简化，一般能达到 20°～30° 通信仰角。在研究实验中，主要的 MEO 卫星系统有 Odyssey、ICO（Inmarsat-P）、MAGSS-14、Orblink、Leonet 和 Spaeeway 等。

（3）GEO 空间光网络技术成熟，对地覆盖特性好，但是轨道过高，链路容易受损，且传输时延过大。从早期的单颗 GEO 卫星到后来的 GEO 星座，包括军用和民用。Spaceway、Astrolink、Euroskyway、Kastar、Inmarsat、Intelsat、VSAT 等民用 GEO 卫星系统取得了成功，军用的 GEO 卫星系统包括 FLTSATCOM、DSCS、UFO、Milstar、TDRSS 等。其中，Milstar-2 系统有星上处理能力，星间有链路，是美国下一代主要的战术卫星通信平台。

GEO 卫星星地间距离长（高度为 35786km），链路易受损，不支持地面手持机等小功率用户。传输时延大，不能满足 CCITI 建议的 400ms 传输时延要求。GEO 卫星轨道倾角为 0°，不能覆盖极地地区，高纬度地区通信仰角小。

对地静止卫星的主要优点如下。

① 地球站天线易于保持对准卫星，不需要复杂的跟踪系统。

② 通信连续，不必频繁更换卫星。

③ 多普勒频移可忽略。

④ 对地面的视区面积和通信覆盖区面积大，自然对地静止轨道上的一颗卫星可覆盖全球面积的 42.4%，便于实施广播和多址联结。

⑤ 轨道的绝大部分在自由空间中，工作稳定，通信质量高。

主要缺点是：卫星的发射和在轨监控的技术复杂；传输损耗和传输时延都很大（人工低高度对地静止轨道能有效克服）；两极附近有盲区；有中断和星蚀现象；自然对地静止轨道只有一条，能容纳的卫星数量有限；在战时易受敌方干扰和摧毁。

对地非静止卫星的优缺点大体与此相反。各条轨道上的空间光网络具有各自的优点，但其固有的缺陷限制了进一步的应用。因此，综合各类卫星的优势建立多层空间光网络以获得更佳的传输质量、传输速率显得非常必要。

8.2.4　星下点轨迹

星下点定义为卫星与地心连线和地球表面的交点。卫星沿着轨道绕地球运行，地球本身也在自转，星下点轨迹在一般情况下不会再重复前一圈的运行轨迹。假定当 $t=0$ 时，卫星经过右升交点，则星下点的经、纬度坐标分别为

$$\varphi = \varphi_0 + \mathrm{arctg}(\cos(i)\mathrm{tg}(w_0)) + \omega_e t \pm \begin{cases} -180° \ (-180° \leqslant \omega_0 \leqslant -90°) \\ 0° \ (-90° \leqslant \omega_0 \leqslant 90°) \\ 180° \ (90° \leqslant \omega_0 \leqslant 180°) \end{cases} \quad (8\text{-}17)$$

$$\psi = \arcsin(\sin(i)\sin(\omega_0)) \quad (8\text{-}18)$$

式中，φ 和 ψ 是卫星星下点的经、纬度；φ_0 为升节点经度；i 为卫星轨道倾角；w_0 是 t 时刻卫星在轨道平面内与右升节点之间的角距；ω_e 是地球自转角速度；t 是时间；±分别用于顺行轨道和逆行轨道。当卫星运行周期 $T=24/N$（$N=2$，3，…）时，N 为一个恒星日内卫星围绕地球旋转的次数，其星下点在一个恒星日内可重复，称为回归轨道卫星。

- N 为偶数时，星下点轨迹交点一定不在赤道平面上，而在赤道平面两边交替出现，交点数为 $2N$。图 8-8 所示为 MEO 卫星在 $T=6\mathrm{h}$（$N=4$），轨道倾角为 55° 时的星下点示意图，星下点轨迹交点在赤道平面两边交替出现，交点数为 8 个。

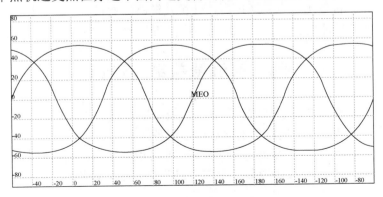

图 8-8　MEO 卫星星下点示意图（$T=6\mathrm{h}$）

- N 为奇数时，星下点轨迹一定有交点在赤道平面上，交点数为 n，如果存在不在赤道平面上的交点，则一定关于赤道平面对称分布。图 8-9 所示为 MEO 卫星在 $T=8\mathrm{h}(N=3)$，轨道倾角为 55° 时的星下点示意图，星下点轨迹交点在赤道平面上，交点数为 3 个。

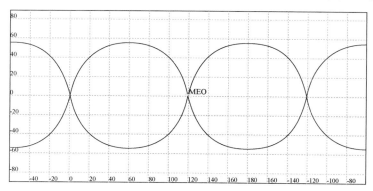

图 8-9　MEO 卫星星下点示意图（$T=8\mathrm{h}$）

8.3　星座参数

卫星星座的设计大体上决定了整个卫星通信系统的复杂程度和费用。星座设计的第一步是确定星座的轨道几何结构，使之能够最佳地完成所要求的任务。星座的选择取决于业务所感兴趣的覆盖区域（包括其大小、形状和纬度范围）和几何链路的可用性。针对圆轨道的卫星星座，星座参数主要有以下 8 个。

① 星座的卫星数量。
② 星座的轨道平面数量。
③ 星座的轨道平面的倾角。
④ 不同轨道平面的相对间隔。
⑤ 每个轨道平面拥有的卫星数。
⑥ 同一轨道平面内卫星的相对相位。
⑦ 相邻轨道平面内卫星的相对相位。
⑧ 每颗卫星的轨道高度。

星座参数选择是否最优，主要通过覆盖分析及链路连通性分析进行比较，选择最优的星座。对上述星座参数性能的分析，可以采用专用的卫星通信工具 STK 仿真软件进行。

8.4　区域覆盖星座设计

目标覆盖区域：我国及周边区域，包括一岛链、二岛链以内及东印度洋区域，即基本服务区，以及印度洋北部、二岛链以外的部分增强服务区。

区域覆盖一般采用 GEO 卫星或 IGSO 星座，或者俄罗斯的高椭圆轨道星座方式，也可采用低倾角的 LEO 星座实现纬度带覆盖，本节重点分析 IGSO 星座。

8.4.1　GEO 卫星

通常，采用 GEO 卫星来提供区域性卫星移动通信业务具有很多优点。①单颗卫星覆盖面积大，能够覆盖地球表面积的 42.2%。②相对地面静止，基本不存在切换。③多普勒频移小。④技术相对成熟简单、投资相对较小、运行维护方便等，因此得到了广泛应用，如 Inmarsat、MSAT、N-STAR、Optus、ACeS、Thuraya 等卫星移动通信系统均采用了 GEO 卫星。

因此，采用 GEO 卫星实现我国的区域性卫星移动通信不失为一种比较可行的方案，具有网络结构单一，运行控制相对简单等优点。如图 8-10 所示，1 颗定点在东经 118° 的 GEO 卫星能够实现对基本服务区的完全覆盖。如图 8-11 所示，将 2 颗 GEO 卫星分别置于我国东西位置（卫星定点在东经 77° 和 175°），其覆盖区域可包含整个基本服务区和部分增强服务区。

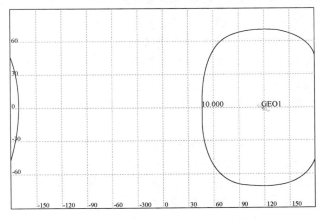

图 8-10　1 颗 GEO 卫星覆盖示意图（118ºE）

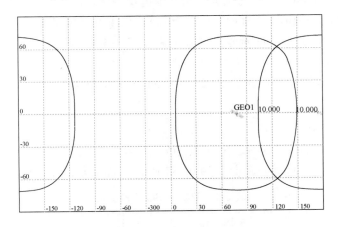

图 8-11　2 颗 GEO 卫星覆盖示意图（77ºE 和 175ºE）

8.4.2　IGSO 星座

但是，单纯采用 GEO 卫星的区域性卫星移动通信系统也存在如下问题。

（1）向高纬度地区用户提供手持机业务较困难，速率不能太高。

（2）向特定地形和存在较多建筑物的城市区域提供卫星移动通信业务很困难。

（3）支持手持机所需的卫星较大，技术复杂，风险较大。

（4）如果只有一颗卫星，则该卫星一旦受干扰或发生故障，整个系统就会瘫痪。

（5）两极附近有盲区。

（6）存在"南山效应"。

（7）发生日凌中断和星蚀现象时系统会中断。

鉴于 GEO 卫星的这些不足，尤其是 GEO 卫星对于中高纬度区域始终是低仰角，导致为保证链路可用度所需的衰落余量很大，这样支持手持机通信所需的卫星天线就很大，造成较大的技术难度和风险。

而采用 IGSO 星座能充分利用 GEO 卫星的优点，同时克服对于中高纬度区域始终是低仰角的问题。IGSO 星座具有与 GEO 卫星相同的轨道高度，因此具有与地球自转周期相同的轨道周期，但由于轨道倾角大于 0°，因此，其星下点轨迹在地面不是一个点，而是以赤道为对称轴的"8"字形，轨道倾角越大，"8"字形的区域也越大，正因为如此，1 颗 IGSO 卫星对特定区域的覆盖性能可能不如 1 颗 GEO，但利用多颗 IGSO 卫星组成的 IGSO 星座却可以达到比单颗 GEO 卫星更好的覆盖性能。一方面平均仰角更高；另一方面可以实现多星覆盖，若能保证各颗卫星的传播路径相互独立，则可以在相同的衰落余量的条件下实现更高的链路可用度和分集增益。

对 IGSO 星座来说，为达到较好的覆盖性能，其可调整的设计参数主要有三个：轨道倾角、右升交点赤经（RAAN）和真近地点角。显然，RAAN 决定了每颗 IGSO 卫星过赤道时的经度，为保证较好的覆盖性能，通常要求 IGSO 星座中各 IGSO 卫星在地面是共轨迹的，并且该经度最好处在所要求覆盖区域的经度范围中心附近。

本节主要针对基本服务区和增强服务区为目标服务区进行 IGSO 星座设计，通过使用 STK 仿真软件并适当调整 IGSO 星座的轨道倾角来提高覆盖区域的平均通信仰角和多星覆盖率。设计中采用单 IGSO 星座和双 IGSO 星座进行分析，以下为星座参数仿真假设。

（1）单 IGSO 星座：轨道过赤道位置取 118°E，2～4 颗 IGSO 卫星时，轨道倾角分别为 30°、45°、55°、70° 或 90°。

（2）双 IGSO 星座：左右星座轨道过赤道位置范围为 75°E～160°E。

1. 单 IGSO 星座

1）双星 IGSO 星座

表 8-1 所示为由 2 颗卫星组成的双星 IGSO 星座参数，2 颗卫星在地面的轨迹重合，轨道倾角也相同，不同的是真近地点角分别为 0° 和 180°，而 RAAN 分别为 187.5° 和 7.5°。

表 8-1　双星 IGSO 星座参数

卫 星 编 号	真近地点角	右升交点赤经 RAAN
卫星 1	0°	187.5°
卫星 2	180°	7.5°

图 8-12 给出了轨道倾角为 30° 和 55° 时星座在某时刻的二维覆盖图。仿真中目标区域内以纬度为 1°、经度为 2° 的距离获得采样点，最小通信仰角为 10°，通过统计得到星座的覆盖性能。图 8-12 中只画出了北半球的覆盖区域，南半球的覆盖区域是与北半球对称的（以下同）。从图 8-12 中可以看出，轨道倾角越小，双星覆盖率越高，极限情况是轨道倾角为 0°，此时单星覆盖区域等于双星不间断覆盖区域。

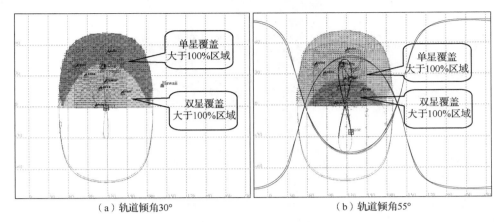

（a）轨道倾角30°　　　　　　　　　（b）轨道倾角55°

图 8-12　30°和 55°轨道倾角星座的二维覆盖图

图 8-13、图 8-14 和图 8-15 分别给出了当轨道倾角为 30°时，双星 IGSO 星座在基本服务区、增强服务区和拓展服务区的覆盖率及平均通信仰角。从图 8-13 中可以看出该星座在基本服务区可以实现单星 100%覆盖，并且通信仰角能够达到 43°以上，在纬度为 20°左右的平均通信仰角能够达到 64°，纬度小于 40°的地区能够实现双星 100%覆盖。但是从图 8-14 中可以看出，该星座无法实现增强服务区的无缝覆盖，单星覆盖率只有 80%左右，而且平均通信仰角在 39°以下。从图 8-15 中可以看出，该星座的覆盖率和平均通信仰角均比较差。

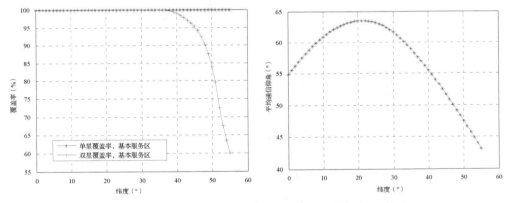

图 8-13　轨道倾角为 30°时基本服务区的覆盖率及平均通信仰角

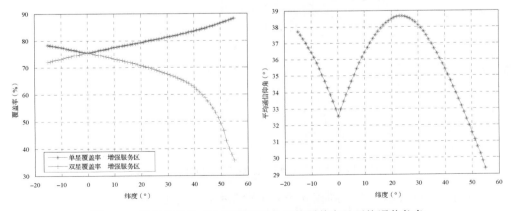

图 8-14　轨道倾角为 30°时增强服务区的覆盖率及平均通信仰角

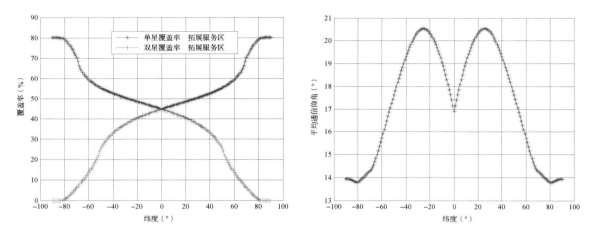

图 8-15　轨道倾角为 30° 时拓展服务区的覆盖率及平均通信仰角

从图 8-16、图 8-17 中可以看出，随着轨道倾角的增加，双星 IGSO 星座的双星覆盖率逐渐降低。从不同轨道倾角的平均通信仰角的对比可以看出，随着轨道倾角的增加，基本服务区和增强服务区内低纬度区的性能变差，高纬度区的性能变好。

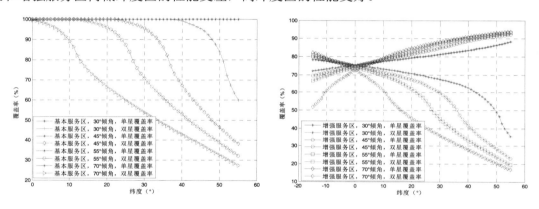

图 8-16　不同轨道倾角星座对基本服务区和增强服务区的覆盖率对比

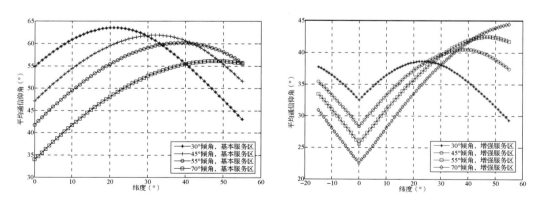

图 8-17　不同轨道倾角星座的平均通信仰角对比

从上述图中可以看出：为达到较高的双星覆盖率，轨道倾角应该越小越好；为使在高纬度区有较高的仰角，轨道倾角应该越大越好。因此，这里需要折中考虑。

2）三星 IGSO 星座

表 8-2 所示为 3 颗卫星组成的三星 IGSO 星座参数，3 颗卫星在地面的轨迹重合，轨道倾角也相同，真近地点角分别是 0°、120° 和 240°，RAAN 分别是 187.5°、67.5° 和 307.5°，这样 3 颗 IGSO 卫星过赤道时的经度均为 118°，并且在相位上相差 120°。图 8-18 分别给出了轨道倾角为 30°、45°、55° 和 70° 时星座的覆盖区域。可以看出，随着轨道倾角的增加，星座的不间断覆盖区域面积逐渐增大，但是多星覆盖面积逐渐减少，轨道倾角为 45° 时整个区域可以实现双星不间断覆盖。

表 8-2 三星 IGSO 星座参数

卫 星 编 号	真近地点角	RAAN
卫星 1	0°	187.5°
卫星 2	120°	67.5°
卫星 3	240°	307.5°

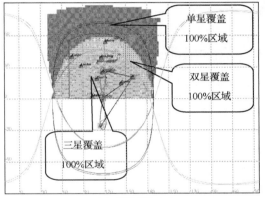
（a）轨道倾角 30°

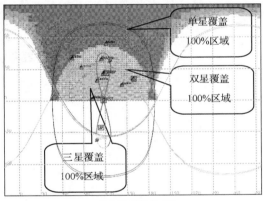
（b）轨道倾角 45°

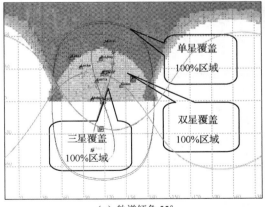
（c）轨道倾角 55°

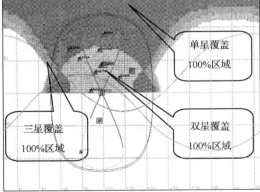
（d）轨道倾角 70°

图 8-18 三星 IGSO 星座在不同轨道倾角下的覆盖区域

图 8-19、图 8-20 和图 8-21 分别给出了轨道倾角为 45° 时三星 IGSO 星座对基本服务区、增强服务区和拓展服务区的覆盖率及平均通信仰角。从图 8-19 中可以看出，该星座在基本服务区可以实现单星和双星 100%覆盖，纬度小于 25° 的区域能够实现三星 100%覆盖，并且平

均通信仰角能够达到 59° 以上，在纬度为 45° 左右的区域平均通信仰角能够达到 67°。但是从图 8-20 中可以看出，该星座无法实现增强服务区的无缝覆盖，单星覆盖率仅为 80%，平均通信仰角在 37° 以上，比双星 IGSO 星座性能有所提高。图 8-21 显示该星座在拓展服务区只有在靠近极区时才能达到 100% 覆盖，但在赤道区域通信仰角较低，只有 20° 左右。

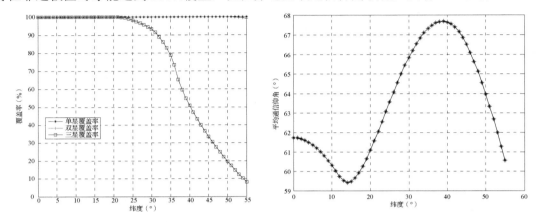

图 8-19　轨道倾角为 45° 时星座对基本服务区的覆盖率及平均通信仰角

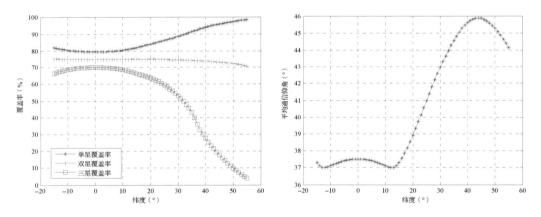

图 8-20　轨道倾角为 45° 时星座对增强服务区的覆盖率及平均通信仰角

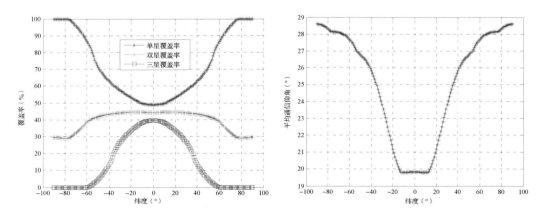

图 8-21　轨道倾角为 45° 时星座对拓展服务区的覆盖率及平均通信仰角

从图 8-22、图 8-23 中可以看出随着轨道倾角的增加，三星 IGSO 星座均能保证在基本服务区内达到单星和双星 100%覆盖，三星覆盖率逐渐降低。增强服务区仍无法达到无缝覆盖，但较双星 IGSO 星座有明显的改观。从不同轨道倾角的平均通信仰角对比可以看出，随着轨道倾角的增加，基本服务区和增强服务区内低纬度区的性能变差，高纬度区的性能变好。

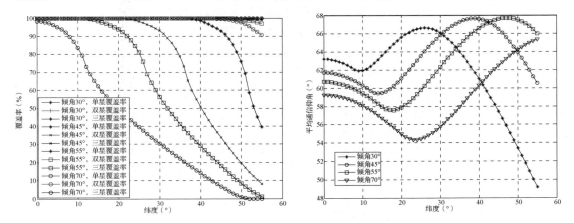

图 8-22　四种轨道倾角 IGSO 星座对基本服务区的覆盖率及平均通信仰角对比

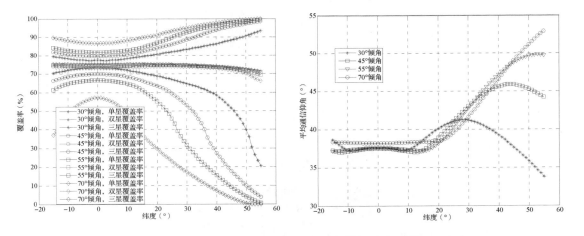

图 8-23　四种轨道倾角 IGSO 星座对增强服务区的覆盖率及平均通信仰角对比

3）四星 IGSO 星座

表 8-3 所示为 4 颗卫星组成的四星 IGSO 星座参数，4 颗卫星在地面的轨迹重合，轨道倾角也相同，真近地点角分别是 0°、90°、180° 和 270°，RAAN 分别是 187.5°、97.5°、7.5° 和 270.5°，4 颗 IGSO 卫星经过赤道时的经度均为 118°，在相位上相差 90°。图 8-24 给出了轨道倾角为 50°、70° 和 90° 时四星 IGSO 星座的覆盖区域。可以看出，90° 倾角的不间断覆盖区域面积要大于 50° 和 70° 倾角，并且三种倾角均可以使整个区域实现双星不间断覆盖。

表 8-3　四星 IGSO 星座参数

卫 星 编 号	真 近 点 角	RAAN
卫星 1	0°	187.5°
卫星 2	90°	97.5°

卫 星 编 号	真 近 点 角	RAAN
卫星 3	180°	7.5°
卫星 4	270°	270.5°

图 8-25～图 8-27 给出了轨道倾角为 50° 时的四星 IGSO 星座在基本服务区、增强服务区和拓展服务区的覆盖率及平均通信仰角。从图 8-25 中可以看出，该星座在基本服务区可以实现单星和双星 100% 覆盖，纬度小于 35° 的区域能够实现三星 100% 覆盖，并且平均通信仰角能够达到 56° 以上，在纬度为 45° 左右的平均通信仰角能够达到 71°。但是从图 8-26 中可以看出，该星座无法实现增强服务区的无缝覆盖，单星覆盖率大于 80%，纬度在 50° 以上能达单星 100% 覆盖，平均通信仰角在 34° 以上，在纬度为 50° 左右的平均通信仰角最高能达到 51°，比三星 IGSO 星座性能有所提高。从图 8-27 中可以看出，该星座在拓展服务区的性能，纬度高于 60° 的区域能达到 100% 覆盖，在极区平均通信仰角达到最大 37°，赤道附近最低，只有 18° 左右。

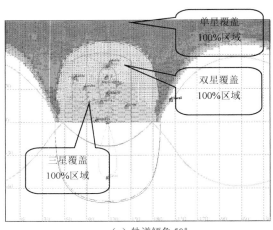

（a）轨道倾角 50°

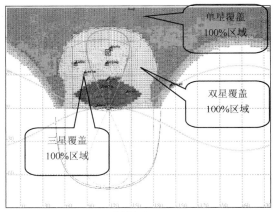

（b）轨道倾角 70°

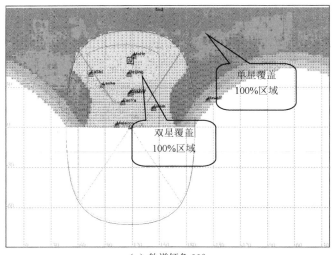

（c）轨道倾角 90°

图 8-24　四星 IGSO 星座在 50°、70° 和 90° 倾角时的二维覆盖图

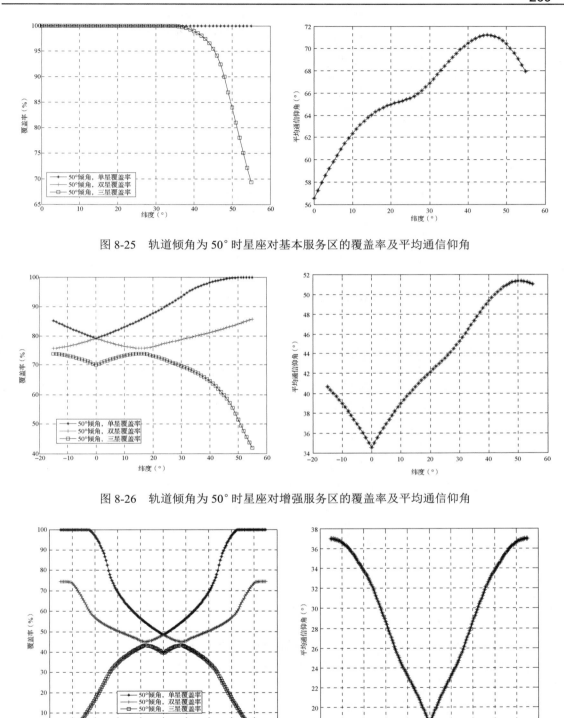

图 8-25 轨道倾角为 50° 时星座对基本服务区的覆盖率及平均通信仰角

图 8-26 轨道倾角为 50° 时星座对增强服务区的覆盖率及平均通信仰角

图 8-27 轨道倾角为 50° 时星座对拓展服务区的覆盖率及平均通信仰角

图 8-28～图 8-31 给出了在基本服务区和增强服务区内不同轨道倾角的覆盖率及平均通信仰角分布图。从基本服务区的分布图中可以看出，50° 倾角单星、双星及三星覆盖率均能达到

很好的性能，而且平均通信仰角在这个区域均比 70° 和 90° 倾角性能好。从增强服务区的分布图可以看出，随着轨道倾角的增加，单星和双星覆盖性能变好，三星覆盖性能变差，纬度 25° 以上区域单星覆盖率达到 100%，随着轨道倾角的变化，平均通信仰角的变化不是很明显。

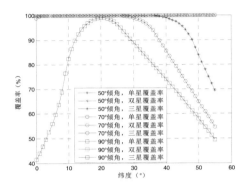

图 8-28　三种轨道倾角星座对基本服务区的
覆盖率分布图

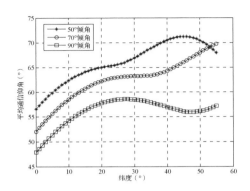

图 8-29　三种轨道倾角星座对基本服务区的
平均通信仰角分布图

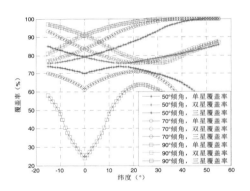

图 8-30　三种轨道倾角星座对增强服务区的
覆盖率分布图

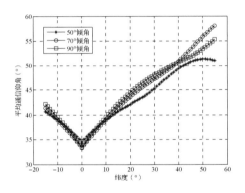

图 8-31　三种轨道倾角星座对增强服务区的
平均通信仰角分布图

2.　双 IGSO 星座

1）1+1IGSO 星座

1+1IGSO 星座包含 2 颗 IGSO 卫星，轨道倾角相同，真近地点角不同，相位上相差 180°。RAAN 分别为 75° 和 160°。图 8-32 给出了轨道倾角为 30°、45°、55° 和 70° 时星座的二维覆盖图。可以看出，随着倾角的增加，覆盖区域逐渐变小，多星覆盖率下降。30° 及 45° 倾角星座可以实现对整个区域的单星 100% 覆盖。

图 8-33～图 8-35 给出了轨道倾角为 30° 时 1+1IGSO 星座在基本服务区、增强服务区和拓展服务区的覆盖率及平均通信仰角。从图 8-33 中可以看出该星座在基本服务区可以实现单星 100% 覆盖，能够实现除低纬度区之外的 80% 以上双星覆盖，随着纬度的增加，平均通信仰角从 55° 下降到 34°。从图 8-34 中可以看出，该星座基本能够实现单星覆盖率达到 90% 以上，双星覆盖率平均在 50% 以下，平均通信仰角为 28°～48°，赤道上空达到最大。从图 8-35

中可以看出，该星座的单星覆盖率在 60%以上，双星覆盖率在 20%以下，平均通信仰角均低于 30°。

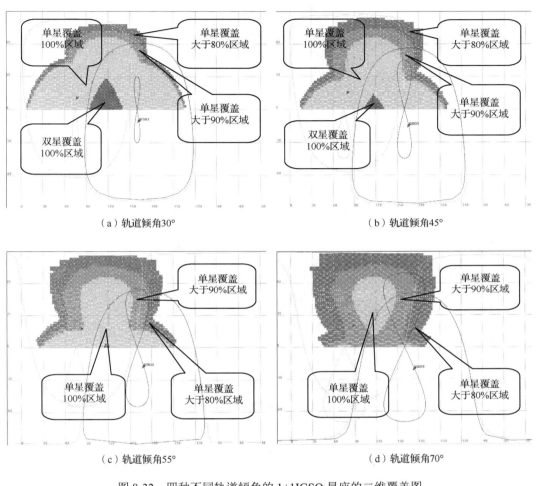

（a）轨道倾角30°　　　　　　　　　　　　　（b）轨道倾角45°

（c）轨道倾角55°　　　　　　　　　　　　　（d）轨道倾角70°

图 8-32　四种不同轨道倾角的 1+1IGSO 星座的二维覆盖图

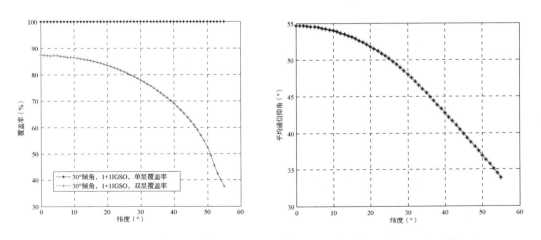

图 8-33　轨道倾角为 30°时 1+1IGSO 星座对基本服务区的覆盖率及平均通信仰角

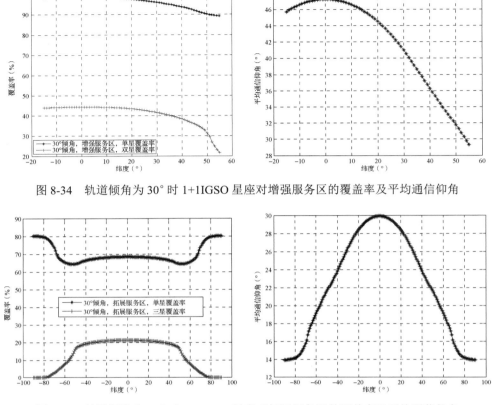

图 8-34　轨道倾角为 30° 时 1+1IGSO 星座对增强服务区的覆盖率及平均通信仰角

图 8-35　轨道倾角为 30° 时 1+1IGSO 星座对拓展服务区的覆盖率及平均通信仰角

图 8-36～图 8-39 给出了基本服务区和增强服务区在不同轨道倾角下的覆盖率及平均通信仰角对比。对于基本服务区，随着纬度的增加，单星覆盖率不变，但是双星覆盖率下降比较明显，随着轨道倾角的增加，平均通信仰角随纬度增高而变大。对于增强服务区，轨道倾角的增加并没有引起覆盖率的大幅度改变，但平均通信仰角变化规律和基本服务区的平均通信仰角变化规律基本相同。从以上仿真结果对比图中可以看出，轨道倾角为 30° 时 1+1IGSO 星座的覆盖率和平均通信仰角性能最好。

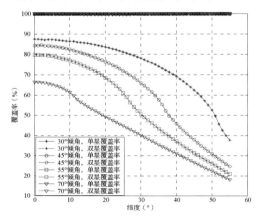

图 8-36　基本服务区内不同轨道倾角下的
覆盖率对比图

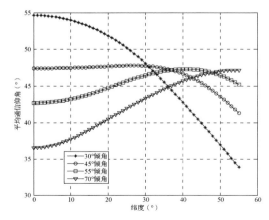

图 8-37　基本服务区内不同轨道倾角下的
平均通信仰角对比图

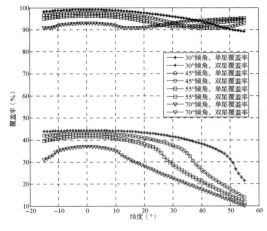

图 8-38　增强服务区内不同轨道倾角下的
覆盖率对比图

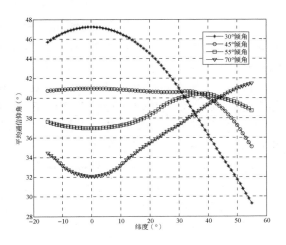

图 8-39　增强服务区内不同轨道倾角下的
平均通信仰角对比图

2）2+1IGSO 星座

2+1IGSO 星座包含两个 IGSO 卫星星座，轨道倾角相同，RAAN 分别为 75°和 160°。RAAN 为 75°的星座包含两颗 IGSO 卫星，RAAN 为 160°的星座只包含一颗 IGSO 卫星。根据分集需要，三个卫星之间的相位相差 120°。图 8-40 给出了轨道倾角为 30°、45°、55°和 70°时星座的二维覆盖图。可以看出，随着轨道倾角的增加，覆盖区域逐渐变小，多星覆盖性能下降。30°及 45°倾角星座能使中国整个区域实现单星不间断覆盖，30°倾角能够使中国大部分区域实现双星不间断覆盖。

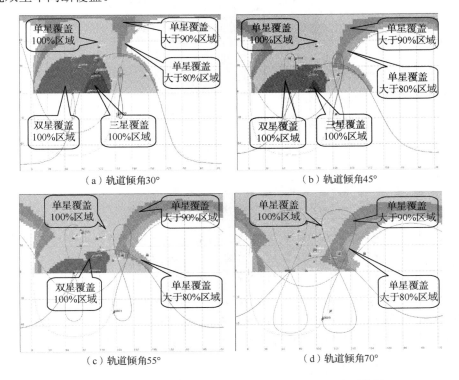

（a）轨道倾角30°　　　　　　　　　　（b）轨道倾角45°

（c）轨道倾角55°　　　　　　　　　　（d）轨道倾角70°

图 8-40　四种不同轨道倾角的 2+1IGSO 星座的二维覆盖图

图 8-41～图 8-43 给出了轨道倾角为 30°时 2+1IGSO 星座在基本服务区、增强服务区和拓展服务区的覆盖率及平均通信仰角。从图 8-41 中可以看出，该星座在基本服务区可以完全实现单星 100%覆盖，基本上能够实现双星 100%覆盖，随着纬度的增加，平均通信仰角从 58°下降到 41°。从图 8-42 中可以看出，该星座基本能够实现单星覆盖 90%以上，平均通信仰角为 33°～49°，低纬度地区通信仰角较高，随着纬度的增加，平均通信仰角变小。从图 8-43 中可以看出，该星座的单星覆盖率在 70%以上，双星覆盖率在 50%以下，三星覆盖率在 20%以下，平均通信仰角均低于 32°。

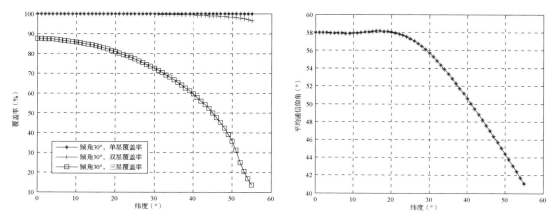

图 8-41　基本服务区的覆盖率及平均通信仰角

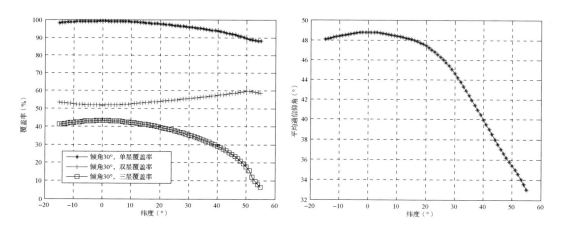

图 8-42　增强服务区的覆盖率及平均通信仰角

图 8-44～图 8-47 给出了 2+1IGSO 星座在不同轨道倾角下对基本服务区和增强服务区的覆盖率及平均通信仰角的对比。对于基本服务区，随着纬度的增加，单星覆盖率不变，双星覆盖率下降比较明显；随着轨道倾角的增加，平均通信仰角高性能区域由低纬度转到高纬度。对于增强服务区，轨道倾角的增加并没有引起覆盖率的大幅度改变，但平均通信仰角性能变化规律和基本服务区相同。可以看出在 45°倾角时，双星覆盖率下降不是很明显，但是在基本服务区及增强服务区内平均通信仰角均能达到 50°和 40°以上，可以考虑作为备选方案。

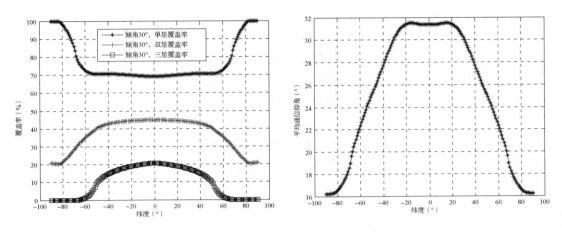

图 8-43　拓展服务区的覆盖率及平均通信仰角

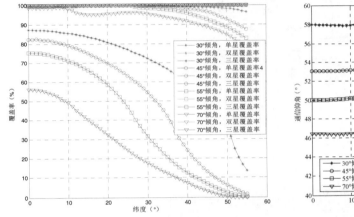

图 8-44　基本服务区内不同轨道倾角下的
覆盖率对比图

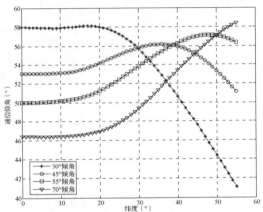

图 8-45　基本服务区内不同轨道倾角下的
平均通信仰角对比图

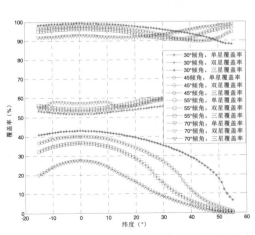

图 8-46　增强服务区内不同轨道倾角下的
覆盖率对比图

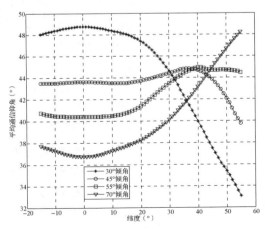

图 8-47　增强服务区内不同轨道倾角下的
通信仰角对比图

3）2×2IGSO 星座

2×2IGSO 星座包含两个 2IGSO 星座，每个星座中的 2 颗卫星在地面的轨迹重合，轨道倾角相同，RAAN 相位相差 180°。表 8-4 所示为 2×2IGSO 星座参数。图 8-48 分别给出了轨道倾角为 30°、45°、55° 和 70° 时 2×2IGSO 星座的二维覆盖图。可以看出，随着仰角的增加，覆盖区域逐渐变大，但是双星及三星覆盖率下降。30° 轨道倾角 2×2IGSO 星座整个区域都可以实现双星不间断覆盖。

表 8-4 2×2IGSO 星座参数

	真近地点角	RAAN	升交点经度
IGSO1_1	0°	144.5°	75°
IGSO1_2	180°	324.5°	75°
IGSO2_1	90°	139.5°	160°
IGSO2_2	270°	319.5°	160°

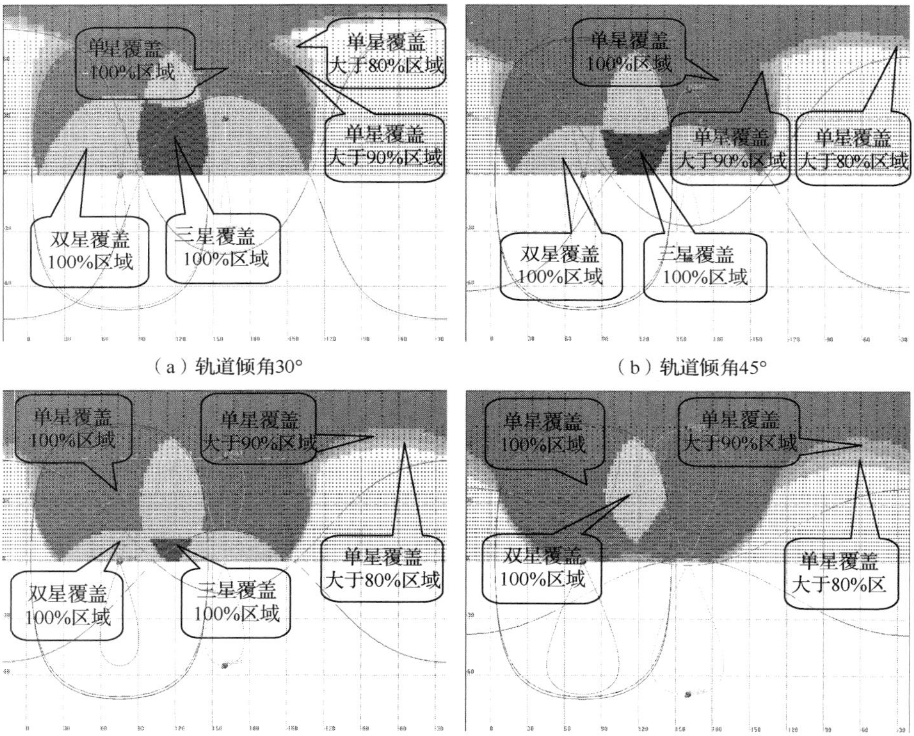

（a）轨道倾角30°　　　　　　（b）轨道倾角45°

（c）轨道倾角55°　　　　　　（d）轨道倾角70°

图 8-48　2×2IGSO 星座四种不同轨道倾角的二维覆盖图

图 8-49～图 8-51 给出了轨道倾角为 30° 时 2×2IGSO 星座在基本服务区、增强服务区和拓展服务区的覆盖率及平均通信仰角。从图 8-49 中可以看出，该星座在基本服务区可以实现单星覆盖率 100%，除去高于纬度 53°，能够实现 100% 的双星覆盖率和 85% 以上的三星覆盖率，并且平均通信仰角能够达到 44° 以上，在纬度为 22° 左右的平均通信仰角能够达到 63°。从图 8-50 中可以看出，该星座在增强服务区基本能够实现单星 100% 覆盖率，双星覆盖率在纬度 50° 以下可以达到 80%～99%，三星覆盖率比较差，均在 60% 以下，平均通信仰角在 40°

以上，在纬度为 22° 左右达到最高 55°。从图 8-51 中可以看出，该星座在拓展服务区的单星覆盖率只有在纬度高于 70° 时才能达到 100%，在极区平均通信仰角比较低，只有 18°。

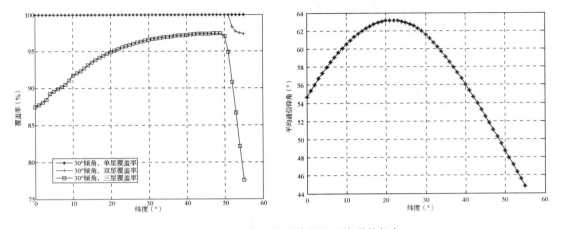

图 8-49　基本服务区的覆盖率及平均通信仰角

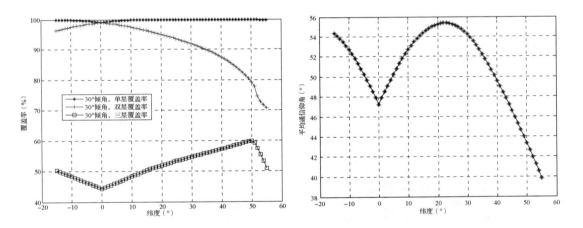

图 8-50　增强服务区的覆盖率及平均通信仰角

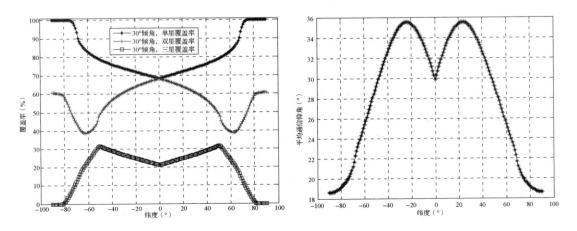

图 8-51　拓展服务区的覆盖率及平均通信仰角

图 8-52～图 8-55 给出了 2×2IGSO 星座在基本服务区和增强服务区内对不同轨道倾角的覆盖率及平均通信仰角对比。从图 8-52 和图 8-53 中可以看出，在 30° 和 45° 倾角下，单星、双星及三星覆盖率均能达到很好的性能，随着轨道倾角的增加，双星和三星覆盖率下降比较明显，基本服务区内 30° 倾角的星座的平均通信仰角在纬度 20° 性能最好，45° 倾角星座在纬度 35° 左右平均通信仰角性能最好。从图 8-54 和图 8-55 中可以看出，在增强服务区内随着轨道倾角的增加，赤道附近单星和双星覆盖率均降低，平均通信仰角的变化规律和基本服务区相同。

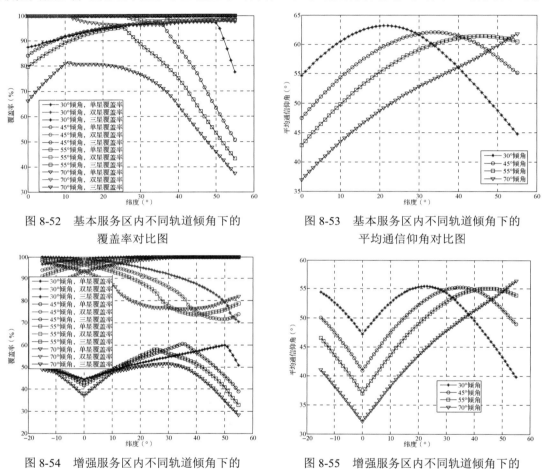

图 8-52　基本服务区内不同轨道倾角下的
覆盖率对比图

图 8-53　基本服务区内不同轨道倾角下的
平均通信仰角对比图

图 8-54　增强服务区内不同轨道倾角下的
覆盖率对比图

图 8-55　增强服务区内不同轨道倾角下的
平均通信仰角对比图

3. 单 IGSO 星座与双 IGSO 星座的覆盖性能对比

在卫星数量相同的情况下，单 IGSO 星座和双 IGSO 星座到底孰优孰劣，需要进行对比分析，下面我们从覆盖性能的角度对以下几种单 IGSO 星座和双 IGSO 星座进行对比分析。

- 同为 2 颗卫星，轨道倾角同为 30° 的 2IGSO 星座和 1+1IGSO 星座。
- 同为 3 颗卫星，轨道倾角同为 30° 的 3IGSO 星座和 2+1IGSO 星座。
- 同为 4 颗卫星，轨道倾角同为 70° 的 4IGSO 星座和 2×2IGSO 星座。

覆盖性能包括覆盖率和平均通信仰角两个方面。

1）2IGSO 和 1+1IGSO 星座

星座参数的设定参照单 IGSO 星座及双 IGSO 星座。

图 8-56、图 8-57 给出了 2IGSO 星座与 1+1IGSO 星座覆盖率和平均通信仰角在基本服务区及增强服务区内的对比。对于基本服务区，二者单星覆盖率均为 100%，2IGSO 星座的双星覆盖率及平均通信仰角要优于 1+1IGSO 星座。对于增强服务区，1+1IGSO 星座的单星覆盖率在 90% 以上，要优于 2IGSO 星座，平均通信仰角高于 2IGSO 星座。因此，如果采用 2 颗卫星构成 IGSO 星座，从重点保证基本服务区，兼顾增强服务区的目标出发，应选 2IGSO 星座。

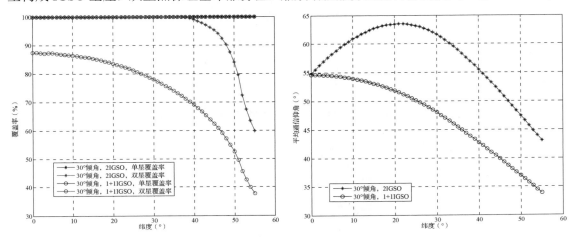

图 8-56　基本服务区内 2IGSO 和 1+1IGSO 星座覆盖率和平均通信仰角对比

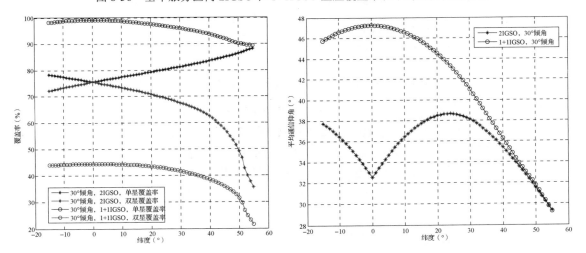

图 8-57　增强服务区内 2IGSO 和 1+1IGSO 星座覆盖率和平均通信仰角对比

2）3IGSO 和 2+1IGSO 星座

星座参数的设定参照单 IGSO 星座及双 IGSO 星座。

图 8-58、图 8-59 给出了 3IGSO 星座与 2+1IGSO 星座覆盖率和平均通信仰角在基本服务区及增强服务区内的对比。对于基本服务区，二者单星覆盖率均为 100%，双星覆盖率相同，三星覆盖率及平均通信仰角 3IGSO 星座要优于 2+1IGSO 星座。对于增强服务区，2+1IGSO 星座的单星覆盖率在 90% 以上，要优于 3IGSO 星座，平均通信仰角高于 3IGSO 星座。

3）4IGSO 和 2×2IGSO 星座

星座参数的设定参照单 IGSO 星座及双 IGSO 星座。

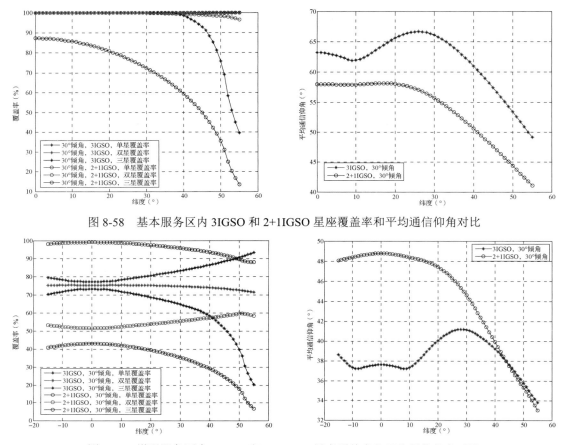

图 8-58　基本服务区内 3IGSO 和 2+1IGSO 星座覆盖率和平均通信仰角对比

图 8-59　增强服务区内 3IGSO 和 2+1IGSO 星座覆盖率和平均通信仰角对比

从图 8-60、图 8-61 中可以看出，对于基本服务区，两个星座均能达到单星 100%覆盖，双星覆盖率 4IGSO 星座能达到 100%，2×2IGSO 星座只有在纬度为 10° 以下才能达到双星 100%覆盖，其余纬度带在 95%左右，2×2IGSO 星座的三星覆盖率均在 80%以下，远远不如 4IGSO 星座。在平均通信仰角性能方面，2×2IGSO 星座也比 4IGSO 星座差。对于增强服务区，2×2IGSO 星座的单星和双星覆盖率优于 4IGSO 星座，但三星覆盖率比 4IGSO 星座差，二者的平均通信仰角相当。

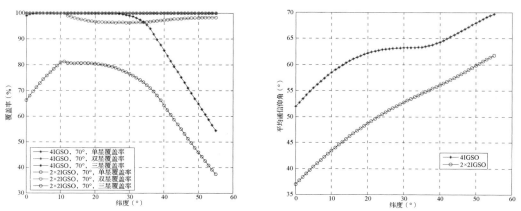

图 8-60　基本服务区内 4IGSO 和 2×2IGSO 星座覆盖率和平均通信仰角对比

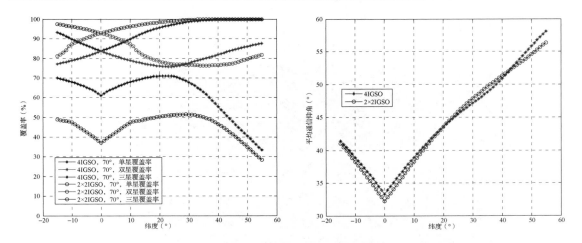

图 8-61　增强服务区内 4IGSO 和 2×2IGSO 星座覆盖率和平均通信仰角对比

4. 结论

从以上仿真结果可以看出，要满足对基本服务区的 100%覆盖和增强服务区的较好覆盖性能，选择 3IGSO 星座和 4IGSO 星座比较好，综合来看，轨道倾角为 45°的 3IGSO 星座能较好地满足覆盖需求，即对基本服务区的 100%覆盖和增强服务区的较好覆盖，平均通信仰角也不错，而卫星数量比 4IGSO 星座减少了 1 颗，因此选择 3IGSO 星座，而选择 2+1IGSO 星座还是 3IGSO 星座，从上述对比分析来看，3IGSO 星座能更好地满足基本服务区的覆盖需求，因此选择轨道倾角为 45°的 3IGSO 星座较合适。

8.4.3　24 星 LEO 星座

基于以区域覆盖为主（基本服务区），兼顾全球（增强服务区及拓展服务区）的思想，设计一种纬度带覆盖星座，覆盖南北纬 55°之间的带状区域，该星座既能覆盖我国国土及周边的基本服务区，又能覆盖全部增强服务区及部分拓展服务区，而卫星数量总体不多，总体造价不太高，综合效能较优。经分析比较，选择轨道高度为 1450km，卫星在这个高度的回归周期正好是 2 天，也便于卫星的跟踪及网络的拓扑控制。

Walker 星座参数通常用 (T, P, F) 表示（也可表示为 $T/P/F$），T 为卫星总数，P 为轨道平面数，F 为相位因子。经过分析，采用 24/3/1Walker 星座能够满足上述要求，其星座参数如表 8-5 所示。

表 8-5　24/3/1Walker 星座参数

星座类型	Walker 星座
卫星总数（T）	24
轨道平面数（P）	3
相位因子（F）	1
轨道高度	1450km
轨道倾角	30°

24/3/1Walker 星座在纬度范围 0°～44°可以实现 98%以上的覆盖率，其中对于 0°～10°和 20°～40°的纬度范围可以实现 100%的覆盖，基本覆盖我国的大部分区域，星座的覆盖率

如图 8-62～图 8-65 所示。

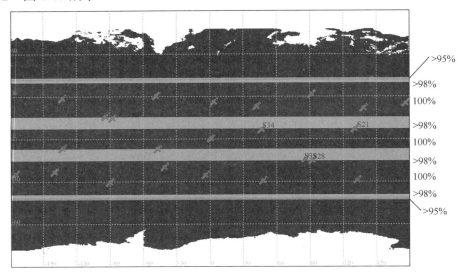

图 8-62　24/3/1Walker 星座二维覆盖区域及覆盖率示意图

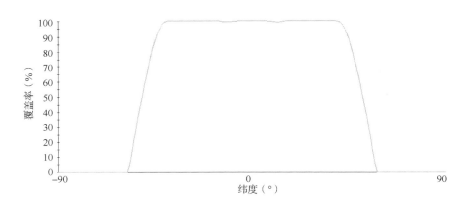

图 8-63　24/3/1 Walker 星座覆盖率

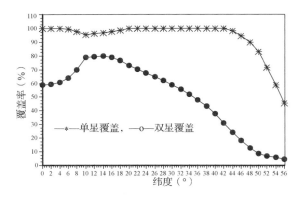

图 8-64　24/3/1Walker 星座的多星覆盖率

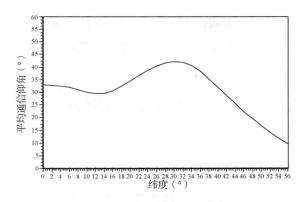

图 8-65　不同纬度下的平均通信仰角

　　24/3/1Walker 星座可以为热点地区提供实时的通信服务，基本覆盖东南沿海区域；对台湾地区的访问持续时间占星座运行时间的 100%，即全时段覆盖。不同覆盖率下的热点地区的通信范围如图 8-66 所示。

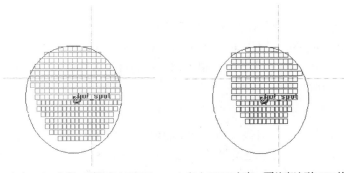

（a）24/3/1方案，覆盖率大于98%　　　（b）24/3/1方案，覆盖率达到100%的
　　　的区域，面积372.7万平方千米　　　　　区域，面积246.7万平方千米

图 8-66　不同覆盖率下的热点地区的通信范围

　　卫星之间采用星间链路（包括同轨面星间链路和异轨面星间链路）后，实时通信范围可以扩展到除高纬度地区之外的全球各地。图 8-67 给出了建立星间链路后通信范围的扩大情况。

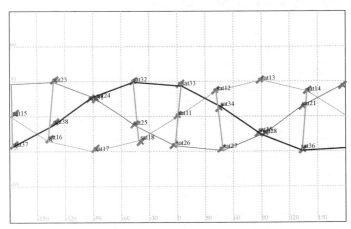

图 8-67　建立星间链路后通信范围的扩大情况

采用倾斜圆轨道，在一个轨道周期内，相邻轨道平面卫星之间的几何关系变化比较大，在轨道平面之间的某两颗卫星之间始终建立星间链路是很困难的，但在某一段时间内是可行的。

8.5　全球覆盖星座设计

8.5.1　GEO 星座

采用 3 颗 GEO 卫星能够实现对地球除两极地区外区域的覆盖，所以采用 GEO 星座并不能实现真正意义上的全球覆盖，但通常我们将其称为全球覆盖星座，如 INMARSAT Bgan，采用 3 颗 GEO 卫星能够实现南北纬 70°范围内的多媒体移动通信。由于境外设置信关站困难及 GEO 卫星轨位协调异常困难，因此本报告不考虑采用 GEO 星座来实现全球覆盖。

8.5.2　NGSO 星座

采用 NGSO 星座实现全球覆盖是本报告研究的重点。基于 NGSO 星座实现全球覆盖的系统有很多，如前所述，主要集中在 LEO 星座、MEO 星座方面。下面主要探讨基于 40 星和 48 星 LEO 极轨星座、10 星 MEO 星座和 6 星 HEO 星座的覆盖性能统计分析，用户终端最低平均通信仰角取值均为 10°。

1．40 星 LEO 极轨星座

倾斜轨道 LEO 星座无法覆盖高纬度地区，而要实现全球无缝覆盖，且星间链路易于建立，采用轨道倾角接近 90°的极轨星座是最佳办法。星座设计利用覆盖带组合的方法，组成星座的卫星轨道高度一致，轨道倾角相同，同一轨道内的卫星间隔也相同，从而形成均匀一致的覆盖带，利用不同轨道平面覆盖带的组合实现全球覆盖。

对于同向运行轨道，由于相邻轨道卫星同向运行，卫星之间的相互位置基本稳定，因此可以使相邻轨道卫星错位排列，形成卫星覆盖区域的互补；对于反向运行轨道，相邻轨道卫星反向运行，卫星之间的相对位置变化较大，覆盖带宽度要求反向运动轨道平面夹角比同向轨道平面夹角小。经分析比较，采用 40 星 LEO 极轨星座能基本实现全球覆盖，该星座的主要技术参数如表 8-6 所示。

表 8-6　40 星 LEO 极轨星座的主要技术参数

星 座 类 型	极 轨 星 座
卫星总数（T）	40
轨道数（P）	5
相位因子（F）	3
轨道倾角	86°
轨道高度	1450km
1 到 5 轨道平面夹角	37.6°
离心率（e）	0
轨道周期	114.9min

　　从图 8-68 和图 8-69 可以看出，该星座对全球的单星覆盖率达到 100%，双星覆盖率大于 38%，保证用户终端具有 32° 以上的平均通信仰角。

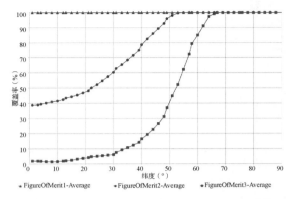

图 8-68　40 星 LEO 极轨星座覆盖率　　　　　图 8-69　40 星 LEO 极轨星座平均通信仰角

2. 48 星 LEO 极轨星座

　　从图 8-68 和图 8-69 可以看出，40 星 LEO 极轨星座对纬度 30° 以下的区域双星覆盖率小于 60%，最低小于 40%，且纬度 50° 以下中低纬度带的平均通信仰角小于 39°，要想提高通信性能，必须增加轨道平面和卫星数量。基于此，设计了一种 48 星 LEO 极轨星座，其主要技术参数如表 8-7 所示。

表 8-7　48 星 LEO 极轨星座的主要技术参数

星 座 类 型	极 轨 星 座
总卫星数（T）	48
总轨道数（P）	6
相位因子（F）	3
轨道倾角	86°
轨道高度	1450km
1 到 6 轨道平面夹角	32.6°
离心率（e）	0
轨道周期	114min

　　如图 8-70 所示，该星座对全球的单星覆盖率达到 100%，双星覆盖率大于 62%，三星覆盖率大于 17%。该星座保证用户终端具有最低 13.5° 的平均通信仰角，各纬度带的平均通信仰角如图 8-71 所示。

　　48 星 LEO 极轨星座能够实现全球不间断覆盖，星座卫星间同样具有星间链路。星间链路可采用 W 形连接，即每颗卫星有 4 条星间链路：2 条轨道内链路，2 条轨道间链路。两个反向轨道平面之间没有星间链路。星间链路构型如图 8-72 所示。

　　同轨面之间的星间链路几何关系固定，异轨面卫星之间的星间链路几何关系如表 8-8 所示。

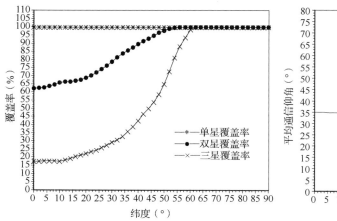

图 8-70　48 星 LEO 极轨星座的覆盖率

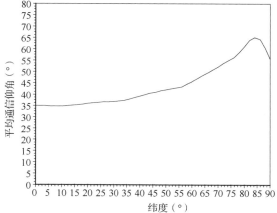

图 8-71　48 星 LEO 极轨星座各纬度带的平均通信仰角

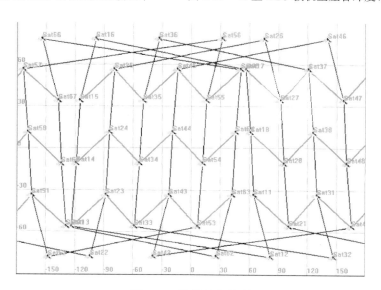

图 8-72　星间链路构型

表 8-8　异轨面卫星之间的星间链路几何关系

链路距离变化范围（km）	3232～5446
链路方位角变化范围（°）	-60～60
链路俯仰角变化范围（°）	-20.357～-11.914
链路距离变化率（km/s）	-2.2～2.2
链路方位角变化率（°/s）	-0.06～0.07
链路俯仰角变化率（°/s）	-0.008～0.008

异轨面卫星之间的方位角和俯仰角在两极地区变化剧烈，并且可能同时存在多个星间链路，造成星间链路相互之间的干扰，故在两极地区系统将关闭部分异轨面星间链路。

3. 10星MEO星座

上述采用LEO星座的优点是轨道高度低，空间传播距离小，传播损耗较小、时延较低，有利于提供实时业务；但带来的缺点是终端与卫星之间的相对运动速度较快，多普勒频移较大；波束间切换与星间切换频繁，容易造成掉话；而且卫星数量多，网络拓扑切换频繁，系统控制较复杂。因此，可以考虑轨道高度较高的中轨星座，这样，卫星数量相对较少，终端与卫星之间的相对运动速度较慢，多普勒频移较小，波束间切换与星间切换也不那么频繁，网络拓扑与系统控制相对LEO星座较简单。综合分析比较，采用轨道高度为10355km的10星MEO星座较合适（ICO系统也是该轨道高度）。星座参数如表8-9所示，各卫星参数如表8-10所示。

表8-9　10星MEO星座参数

星座类型	Walker 星座
轨道高度	10355km
卫星总数（T）	10
总轨道数（P）	2
相位因子（F）	0/1
轨道倾角	40°/45°/50°
轨道周期	1/4 恒星日
回归周期	一个恒星日

表8-10　10星MEO星座各卫星参数

卫星号	升交点赤经	平近点角（相位因子 0/1）
MEO11	0°	0°
MEO12	0°	72°
MEO13	0°	144°
MEO14	0°	216°
MEO15	0°	288°
MEO21	180°	0°/36°
MEO22	180°	72°/108°
MEO23	180°	144°/180°
MEO24	180°	216°/252°
MEO25	180°	288°/324°

1）覆盖性能

（1）相位因子0。

采用仿真软件，调整各轨道参数，星座的覆盖性能达到最优。图8-73、图8-74分别给出了该星座的三维和二维覆盖图，从图中可以看出，该星座能够实现对全球的无缝覆盖。图8-75给出了该星座覆盖率随纬度变化的变化规律，统计了单星、双星和三星覆盖率，可以看出，该星座具有很好的单星覆盖率。图8-76给出了该星座平均通信仰角随纬度变化的变化规律，从图中可以看出，该星座在中低纬度地区平均通信仰角能够达到50°以上。

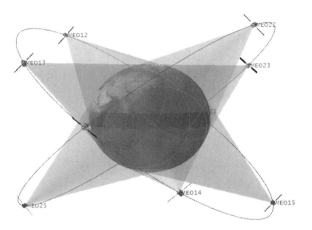

图 8-73　10 星 MEO 星座三维覆盖图（相位因子 0）

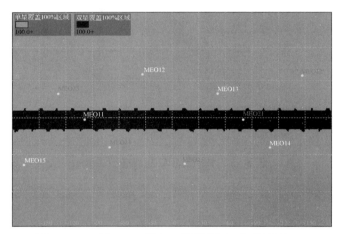

图 8-74　10 星 MEO 星座二维覆盖图（相位因子 0）

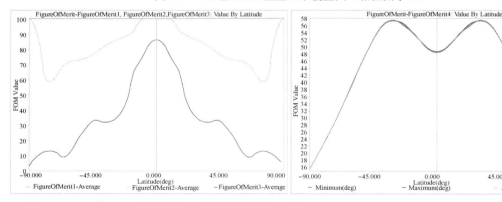

图 8-75　10 星 MEO 星座覆盖率随纬度变化的　　　图 8-76　10 星 MEO 星座平均通信仰角随纬度变化的
　　　　　　变化规律　　　　　　　　　　　　　　　　　　　　变化规律

图 8-77 给出了异轨面相邻卫星在一个回归周期的 AER 曲线，MEO11 和 MEO23 之间是一直可见的，距离在 8000～23000km 之间变化，方位角在 85°～275°之间变化，仰角在-13°～-45°之间变化，且按轨道周期呈周期性变化。其距离变化几乎呈周期性地线性变化，距离变化率为

$$(23000-8000)/(3600×(24/4)/4)≈2.78km/s$$

方位角变化同样如此，变化率为

$$(275°-85°)/(3600×24/8) ≈0.01759°/s$$

同样，仰角变化率为

$$(45°-13°)/(3600×24/8/2) ≈0.00593°/s$$

可见，其变化率是较慢的，但异轨面星间链路天线与同轨面星间链路天线位于同一侧，可能存在干扰。

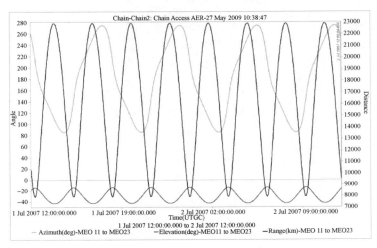

图 8-77　异轨面相邻卫星在一个回归周期的 AER 曲线

（2）相位因子 1。

图 8-78、图 8-79 分别给出了该星座的三维和二维覆盖图，从图中可以看出，该星座能够实现对全球的无缝覆盖。图 8-80 给出了该星座覆盖率随纬度变化的变化规律，统计了单星、双星和三星覆盖率，可以看出，该星座具有很好的单星覆盖率，中纬度地区的双星覆盖率也在 80% 以上。图 8-81 给出了该星座平均通信仰角随纬度变化的变化规律。从图中可以看出，中低纬度地区平均通信仰角能够达到 42° 以上，但在两极地区，平均通信仰角较低，最低只有 18°。该星座异轨面相邻卫星方位角、俯仰角和距离随时间变化的关系如图 8-82 所示。

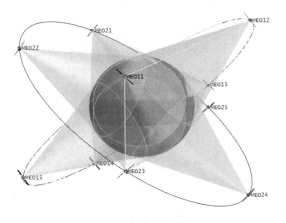

图 8-78　10 星 MEO 星座三维覆盖图（相位因子 1）

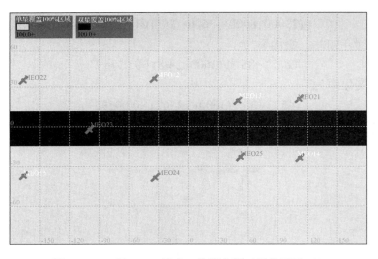

图 8-79　10 星 MEO 星座二维覆盖图（相位因子 1）

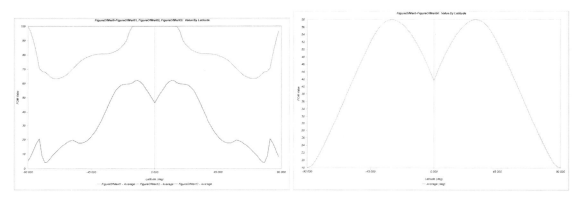

图 8-80　10 星 MEO 星座覆盖率随纬度变化的　　　图 8-81　10 星 MEO 星座平均通信仰角随纬度变化的
　　　　　变化规律　　　　　　　　　　　　　　　　　　　　变化规律

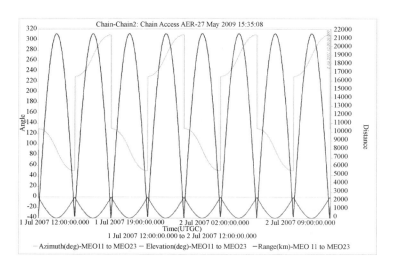

图 8-82　10 星 MEO 星座异轨面相邻卫星方位角、俯仰角和距离随时间变化的关系

2）性能对比

相位因子为 0 时，异轨面相邻卫星的方位角的变化范围为 85°～275°。去除方位角变化比较大的时间段，异轨链路的天线应放置在卫星的前后两端，可能会存在与同轨天线相互干扰的情况。相位因子为 1 时，异轨面相邻卫星的方位角变化范围为 50°～130° 或 230°～310°，去除方位角变化比较大的时间段，异轨链路的天线应放置在卫星的左右两侧，不会存在相互干扰的情况。不考虑干扰问题，二者均能满足系统设计要求，下面针对两种星座类型的不同轨道倾角进行仿真。仿真的轨道倾角分别为 40°、45° 和 50°，通过仿真找到变化趋势，从而选取一个合适的轨道倾角。

（1）相位因子 0。

图 8-83 和图 8-84 给出了相位因子为 0，轨道倾角分别为 40°、45° 和 50° 时星座的覆盖性能，从图中可以看出，各轨道倾角的星座都能实现全球 100% 的单星覆盖率，而平均通信仰角以纬度 35° 为分界，低于该纬度的平均通信仰角按照轨道倾角 50°、45° 和 40° 的顺序逐次增大，高于该纬度的平均通信仰角按照轨道倾角 50°、45° 和 40° 的顺序逐次减小

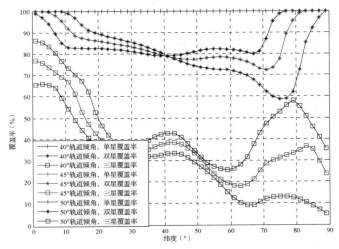

图 8-83　不同轨道倾角的覆盖率对比（相位因子 0）

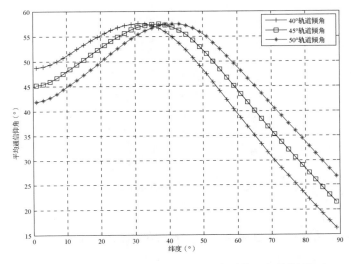

图 8-84　不同轨道倾角的平均通信仰角对比（相位因子 0）

（2）相位因子1。

图 8-85 和图 8-86 给出了相位因子为 1，轨道倾角分别为 40°、45° 和 50° 时星座的覆盖性能，从图中可以看出，与相位因子为 0 时的规律几乎相同，各轨道倾角的星座都能实现全球 100% 的单星覆盖率，而平均通信仰角以纬度 36° 为分界，低于该纬度的平均通信仰角按照轨道倾角 50°、45° 和 40° 的顺序逐次增大，高于该纬度的平均通信仰角按照轨道倾角 50°、45° 和 40° 的顺序逐次减小。

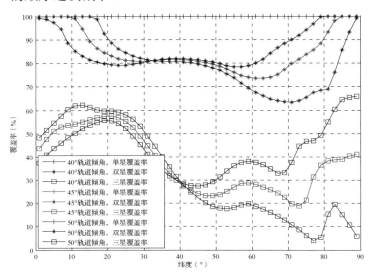

图 8-85　不同轨道倾角的覆盖率对比（相位因子 1）

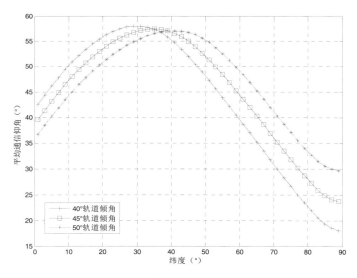

图 8-86　不同轨道倾角的平均通信仰角对比（相位因子 1）

3）二者对比

图 8-87 和图 8-88 给出了轨道倾角为 45° 时两种相位因子的覆盖性能对比。

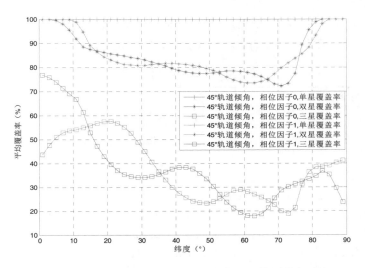

图 8-87　轨道倾角为 45° 时两种相位因子的覆盖率对比

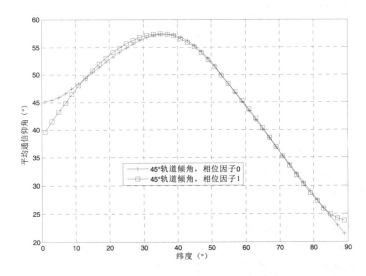

图 8-88　轨道倾角为 45° 时两种相位因子的平均通信仰角对比

　　通过上面的仿真分析可得：①两种相位因子的 10 星 MEO 星座均能满足全球覆盖的要求。②相位因子为 0 时，同轨面和异轨面天线在同一侧，可能会存在干扰。③通过不同轨道倾角的分析，三个轨道倾角均能满足单星 100% 覆盖，随着轨道倾角的增加，多星覆盖率增加，平均通信仰最高值从低纬度到中高纬度地区转移；由于基本服务区和增强服务区属于纬度小于 55° 的中低纬度地区，综合来看，45° 轨道倾角对这两个区域的覆盖性能更好，对包含两极地区的拓展服务区来说，覆盖性能也能兼顾，因此选择 45° 轨道倾角作为 10 星 MEO 星座的轨道倾角。④同一轨道倾角，不同相位因子的覆盖率交替变化，赤道和两极地区的平均通信仰角差别比较大，中间变化趋势相当。

4. 6 星 HEO 星座

　　还可以采用轨道高度为 20000km 左右的 HEO 星座。对 LEO 星座和 MEO 星座来说，HEO 星座空间传播距离和传播损耗更大，时延较高，但是卫星数量更少，终端与卫星之间的相对运动速度更慢，多普勒频移更小，波束间切换与星间切换也不那么频繁，网络拓扑与系统控制更简单。综合分析比较，可以采用轨道高度为 20183.6km 的 6 星 HEO 星座。星座参数如表 8-11 所示。

表 8-11　6 星 HEO 星座参数

星 座 类 型	HEO 星座
轨道高度	20183.6km
卫星总数（T）	6
总轨道数（P）	2
轨道倾角	45°
离心率（e）	0
轨道周期	1/2 恒星日
回归周期	一个恒星日

调整各轨道参数，达到最优。各卫星参数如表 8-12 所示。

表 8-12　HEO 星座的各卫星参数

卫 星 号	升交点赤经	平近地点角
HEO11	0°	0°
HEO 12	0°	120°
HEO 21	0°	240°
HEO 22	180°	60°
HEO 31	180°	180°
HEO 32	180°	300°

1）星座覆盖性能

图 8-89 和图 8-90 给出了该星座的相位因子为 0 和 1 时的二维覆盖图，从图中可以看出，该星座能够实现对全球的无缝覆盖。图 8-91 和图 8-92 给出了该星座两种相位因子的纬度覆盖率，统计了单星、双星和三星覆盖率，可以看出，该星座具有很好的单星覆盖率，低纬度和高纬度地区双星覆盖率能达到 100%，中纬度地区的双星覆盖率也在 80%以上。图 8-93 和图 8-94 给出了该星座两种相位因子的纬度平均通信仰角，从图中可以看出，该星座平均通信仰角均在 24°以上，中低纬度地区平均通信仰角能够达到 37°以上，但是相位因子为 0 时，中低纬度地区平均通信仰角较高且变化平缓，相位因子为 1 时，低纬度和高纬度地区平均通信仰角相对较低，因此，单从覆盖性能来看，选用相位因子 0 更合适。

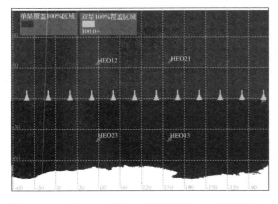

图 8-89　6 星 HEO 星座二维覆盖图（相位因子 0）

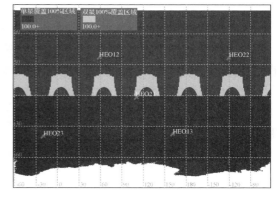

图 8-90　6 星 HEO 星座二维覆盖图（相位因子 1）

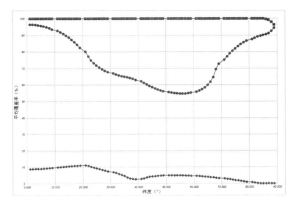

图 8-91　6 星 HEO 星座纬度覆盖率（相位因子 0）　　图 8-92　6 星 HEO 星座纬度覆盖率（相位因子 1）

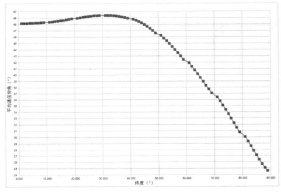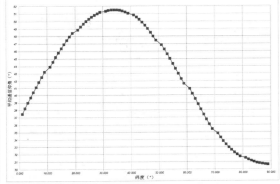

图 8-93　6 星 HEO 星座纬度平均通信仰角　　　　图 8-94　6 星 HEO 星座纬度平均通信仰角
（相位因子 0）　　　　　　　　　　　　（相位因子 1）

2）星间链路特性

图 8-95 和图 8-96 给出了两个轨道平面相邻卫星之间的链路特性，包括方位角、俯仰角和距离随时间的变化关系。从图中可以看出，相位因子为 0 时该星座 AER 各参数曲线连续且变化较为平缓，与 10 星 MEO 星座相位因子为 0 时的相邻卫星链路特性类似，其方位角在 80°～270° 之间、俯仰角在-20°～-50° 之间、距离在 19000～42000km 之间变化，但是异轨面星间链路天线和同轨面星间链路天线位于同一侧，可能存在相互干扰的情况。相位因子 1 各参数曲线存在突变情况，因为过轨道平面交叉时卫星位置关系发生了变化，去除方位角变化比较大的时间段，异轨面星间链路天线和同轨面星间链路天线应不在同一侧，不存在干扰情况。

5. 6 星 IGSO 星座

初步分析，采用 6 颗 IGSO 卫星，两两位于 3 个轨道平面，组成 IGSO 星座，能够实现全球的无缝覆盖，IGSO 卫星轨道及各卫星基本参数如表 8-13 和表 8-14 所示，对轨道倾角分别取 30°、45° 和 55° 进行对比分析，选择覆盖性能最好的轨道倾角。

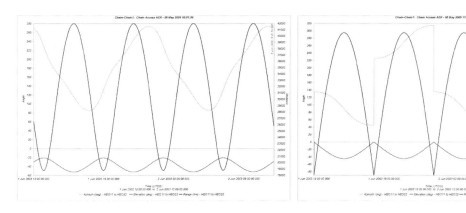

图 8-95　异轨面相邻卫星方位角、俯仰角和　　　　图 8-96　异轨面相邻卫星方位角、俯仰角和
距离随时间变化关系（相位因子 0）　　　　　　　距离随时间变化关系（相位因子 1）

表 8-13　6 星 IGSO 卫星轨道基本参数

参　数　项	参　　数
轨道高度	35786km
轨道倾角	30°、45° 或 55°
轨道周期	1 恒星日
回归周期	一天

表 8-14　6 星 IGSO 星座各卫星基本参数

轨　道　面	卫　星　号	右升交点赤经	升交点经度	真近地点角
1# 轨道平面	IGSO11	249.518°	180°	0°
	IGSO12	249.518°	180°	60°
2# 轨道平面	IGSO21	249.518°	60°	120°
	IGSO22	69.5176°	60°	180°
3# 轨道平面	IGSO31	69.5176°	−60°	240°
	IGSO32	69.5176°	−60°	300°

　　图 8-97 和图 8-98 分别给出了 45° 轨道倾角的 IGSO 星座三维和二维覆盖图（由于南北对称，因此图中仅给出北半球情况），从图中可以看出，该星座能够实现全球的无缝覆盖。

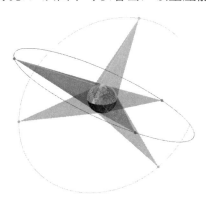

图 8-97　6 星 IGSO 星座三维覆盖图（45° 轨道倾角）

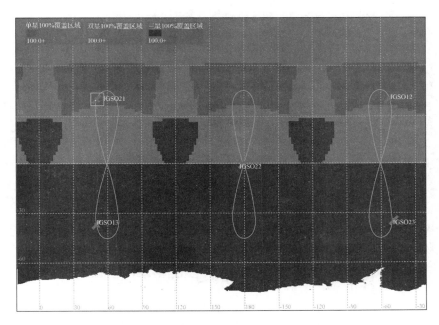

图 8-98　6 星 IGSO 星座二维覆盖图（45° 轨道倾角）

图 8-99～图 8-101 给出了 6 星 IGSO 星座的覆盖率，分别对 30°、45° 和 55° 轨道倾角 6 星 IGSO 星座的单星、双星和三星覆盖率进行统计与对比分析。图 8-102 给出了 6 星 IGSO 星座平均通信仰角随纬度变化的变化对比。从上述图中可以看出，各轨道倾角 6 星 IGSO 星座都能实现全球 100% 的单星覆盖；在双星覆盖率方面，轨道倾角越低对较低纬度地区的覆盖率越高，轨道倾角越高对较高纬度地区的覆盖率越高，中纬度地区存在覆盖率的"凹陷"，如 30° 轨道倾角能对纬度 45° 以下及 75° 以上实现 100% 的双星覆盖，而 55° 轨道倾角能对纬度 20° 以下及 52° 以上实现 100% 双星覆盖。三星覆盖率都能达到 23% 以上，但 45° 轨道倾角能达到 34% 以上，较其他星座高；在平均通信仰角方面，45° 轨道倾角的平均通信仰角均在 35° 以上，且包括我国在内的基本服务区的平均通信仰角达到 42° 以上，纬度 40° 以下地区的平均通信仰角较 55° 轨道倾角高。综合以上分析，选择 6 星 IGSO 星座的 45° 轨道倾角覆盖性能最优。

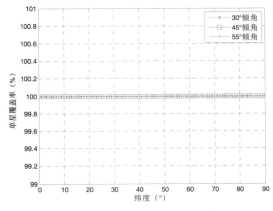

图 8-99　6 星 IGSO 星座单星覆盖率

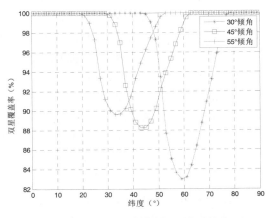

图 8-100　6 星 IGSO 星座双星覆盖率

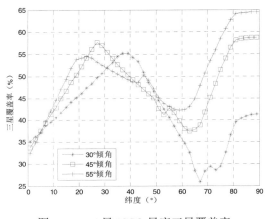

图 8-101　6 星 IGSO 星座三星覆盖率

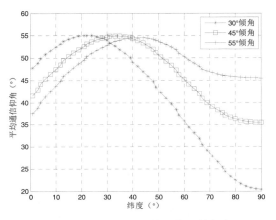

图 8-102　6 星 IGSO 星座平均通信仰角

8.6　卫星节点空间连通及覆盖性能

8.6.1　坐标转换

1. 坐标系的定义与分类

确定椭球面上某一点的位置，建立相应的坐标系统，用其对应的坐标参数来描绘其点位。坐标系包括坐标原点、基本平面和坐标轴的指向，还应有基本的数学与物理模型。常用的坐标系依据坐标原点位置的不同，可分为站心坐标系、地心坐标系和参心坐标系等。如果从坐标的表现形式上分类，可分为大地坐标系、空间直角坐标系、站心直角坐标系、曲面坐标系和极坐标系等。与地球相固连并一起自转的坐标系叫作地固坐标系，主要用来确定地面点的坐标。相应地，另一种与地球自转无关的、空间固定的坐标系叫作天球坐标系，用来确定地球及卫星的运行位置。

参心坐标系是指按照地面测量的数据归算到椭球时各项改正值最小的原则，以与某一区域的大地水准面贴合最为密切的椭球作为参考椭球而建立起来的坐标系。参心坐标系和参考椭球的中心密切相关，可以通过高斯投影转换为平面直角坐标系，从而方便地形和工程测量工作。建立一个参心坐标系，需要确定椭球的几何参数、中心位置、坐标轴的指向和大地原点。设定原点 O 是参考椭球的几何中心，X 轴和首子午面与赤道平面的交线重合，以东为正。Z 轴和参考椭球的短半轴重合，以北为正。Y 轴则与 X、Z 轴构成的平面垂直形成右手系。

地心坐标系是以总地球椭球为基准，地球质量中心为原点的坐标系，椭球定位与全球大地水准面贴合最为密切。地心坐标系的坐标系原点 O 为地球的质心，X 轴和赤道平面与首子午面的交线重合，以东为正。Z 轴与地球旋转轴重合，以北为正。Y 轴则与 X、Z 轴构成的平面垂直形成右手系。随着地球动态研究的深入和全球导航定位技术的发展，描述人造地球卫星的空间位置和运动等，都必须以地心坐标系为基准。因此，建立地心坐标系是大地测量系统的发展趋势。

站心坐标系的坐标原点为站心（如 GPS 接收天线中心），通常用来研究以观测者为中心的物体的位置和运动规律，或者作为坐标转换过程中的过渡坐标系。一般可分为站心直角坐标系和站心极坐标系。站心直角坐标系的 X 轴与椭球长半轴重合，Y 轴与椭球短半轴重合，Z 轴与椭球法线重合。站心极坐标系以水平面为基准面，以 X 轴为极轴，P 为卫星到站心的距离，az 为星视方向角，d 为星视仰角。

　　地方独立坐标系是指当局部地区需要建立平面控制网时，为方便城市建设和规划，人们经常需要在局部地区建立起相对独立的平面坐标系，根据需要可投影到任意选定的平面上或采用地方子午线为中央子午线的一种直角坐标系。以满足测量需求，为了检测测量的准确性及精度，可与国家坐标系联测，通过坐标转换来检核。地方独立坐标系的投影平面一般选择局部地区的椭球体面或平均高程面，坐标纵轴为该区域的地方子午线。《中华人民共和国测绘法》规定，大、中城市和大型建设项目在建立相对独立的平面坐标系时，需要按照相关规定上报国务院相关部门或省、市、自治区、直辖市人民政府，并经国务院测绘行政主管部门备案，批准后方可建立。

　　2. 常用的坐标表现形式

　　为了表示椭球面上的点的位置，必须建立相应的坐标系，选用不同的坐标系，其坐标表现形式也不同。在大地测量学中通常采用的坐标系有空间直角坐标系、平面直角坐标系、大地坐标系等。在同一参考椭球基准下，大地坐标系、空间直角坐标系、平面直角坐标系是等价的，是一一对应的，只是坐标表现形式不同。图 8-103 列出了几种常用的坐标表现形式。

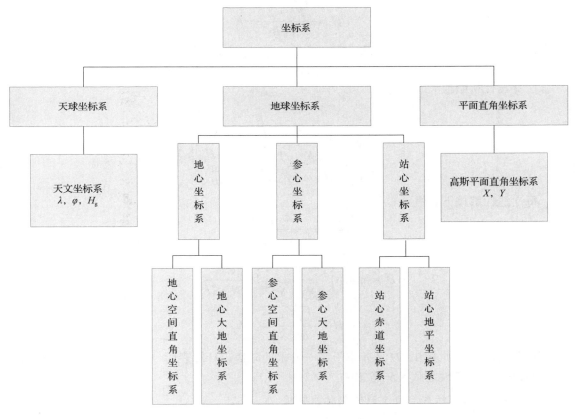

图 8-103　常用的坐标表现形式

3. 大地坐标系与平面直角坐标系的转换

空间任意一点对于某一椭球面的大地坐标 (B, L, H) 都有着与其相对应的空间直角坐标 (X, Y, Z) 两种表现方式，二者之间有着一定的转算关系。

（1）大地坐标 (B, L, H) 换算为空间直角坐标 (X, Y, Z)。

若已知某椭球的大地坐标 (B, L, H)，则

$$X = (N + H) \cos B \cos L$$
$$Y = (N + H) \cos B \sin L \quad (8\text{-}19)$$
$$X = [N(1 - e^2) + H] \cos B \cos L$$

式中，$N = \dfrac{a}{\sqrt{1 - e^2 \sin^2 B}}$ 为卯酉圈曲率半径；$e^2 = \dfrac{a^2 - b^2}{a^2}$ 为椭球的第一离心率的平方。

（2）空间直角坐标 (X, Y, Z) 换算为大地坐标 (B, L, H)。

若已知空间直角坐标 (X, Y, Z)，则

$$L = \arctan \frac{Y}{X}$$
$$B = \arctan \left[\frac{Z}{\sqrt{X^2 + Y^2}} \left(1 - \frac{e^2 N}{N + H} \right)^{-1} \right] \quad (8\text{-}20)$$
$$H = \frac{\sqrt{X^2 + Y^2}}{\cos B} - N$$

式中，大地经度 L 可由 X，Y 直接求得，求解 B 和 H 时要用到 B，因此需要采用迭代法进行求解。过程如下。

选择迭代初始值

$$N_0 = a$$
$$B_0 = \arctan \left[\frac{Z}{\sqrt{X^2 + Y^2}} \left(1 - \frac{e^2 N}{N + H} \right)^{-1} \right] \quad (8\text{-}21)$$
$$H_0 = \sqrt{X^2 + Y^2 + Z^2} - \sqrt{ab}$$

每次迭代都按下式进行

$$N_i = \frac{a}{\sqrt{1 - e^2 \sin^2 B_{i-1}}}$$
$$B_i = \arctan \left[\frac{Z}{\sqrt{X^2 + Y^2}} \left(1 - \frac{e^2 N}{N + H} \right)^{-1} \right] \quad (8\text{-}22)$$
$$H = \frac{\sqrt{X^2 + Y^2}}{\cos B_{i-1}} - N_i$$

直至相邻两次所求 B、H 之差小于某一要求的限值。计算表明，如果要求 H 的计算精度为 0.001m，一般需要迭代 8.5 次左右。

4. 协议天球坐标系与协议地球坐标系转换

由协议天球坐标系和协议地球坐标系的定义可知。

（1）两坐标系的原点均位于地球的质心。

（2）瞬时协议天球坐标系的 z 轴与瞬时协议地球坐标系的 z 轴指向一致。

（3）瞬时协议天球坐标系的 z 轴与瞬时协议地球坐标系的 x 轴的指向不同，且其夹角为春分点的格林威治恒星时。

在 GPS 卫星定位测量中，通常在协议天球坐标系中研究卫星运动轨道，而在协议地球坐标系中研究地面点的坐标，这样就需要进行两个坐标系的转换。其转换过程如图 8-104 所示。

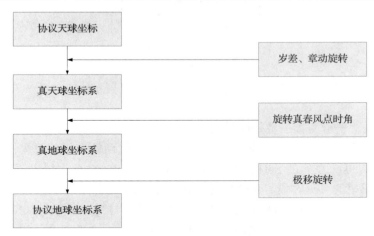

图 8-104　协议天球坐标系与协议地球坐标系的转换过程

8.6.2　可见性分析

可见性分析是星座网络拓扑生成的前提。地球表面的地形地势高度浮动范围为几千米，与卫星高度相差几百上千倍，可忽略不计，地球可等效为正球体，下面的分析与仿真均是建立在此假设基础上的。

对于绕着地球旋转的两颗卫星，它们之间互相可见的充要条件是二者连线与地球不相交，如图 8-105 所示。

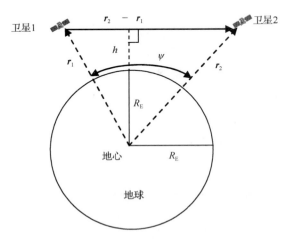

图 8-105　两颗卫星之间能见关系的几何示意图

根据获得的卫星位置矢量信息，可以得到连接地心与两颗卫星的两个位置矢量之间的夹角为

$$\psi = \cos^{-1}\left(\frac{r_1 r_2}{|r_1||r_2|}\right) \tag{8-23}$$

两颗卫星与地心组成的三角形面积有两种表示方式

$$S = \frac{1}{2}|r_1||r_2|\sin\psi = \frac{1}{2}|r_2 - r_1| \times h \tag{8-24}$$

则

$$h = \frac{|r_1||r_2|\sin\psi}{|r_2 - r_1|} \tag{8-25}$$

这样，描述两颗卫星相互之间是否能见的能见函数可表示为

$$\Delta h = h - R_E \tag{8-26}$$

只要 Δh 为正就表示两颗卫星是能见的。

由于星座的对称性，只需要分析任意一颗卫星与其他两轨卫星的可见性。以下分析均以 8.4.3 节中 24 星 Walker 星座的 Sat11 为例。图 8-106 和图 8-107 分别给出了 Sat11 与轨道平面 2 和轨道平面 3 卫星的可见时段，可以看出，在一个轨道周期内，Sat11 与轨道平面 2 的三颗卫星可见，与其中两颗卫星（Sat26、Sat27）始终可见，与另一颗卫星（Sat25）存在两段不可见间隙，每段间隙约为 9 分钟。类似地，Sat11 与轨道平面 3 的三颗卫星可见，与其中两颗卫星（Sat32、Sat33）始终可见，与另一颗卫星（Sat34）存在两段不可见间隙，每段间隙约为 9 分钟。

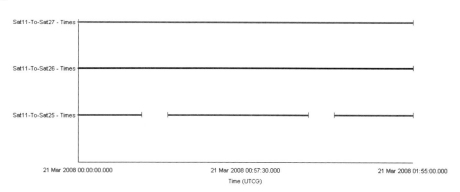

图 8-106　一个轨道周期内 Sat11 与轨道平面 2 卫星的可见时段

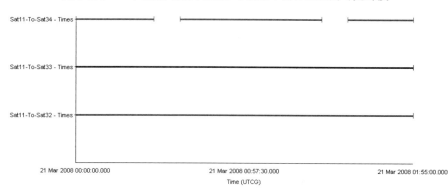

图 8-107　一个轨道周期内 Sat11 与轨道平面 3 卫星的可见时段

图 8-108 和图 8-109 分别显示了 Sat11 与轨道平面 2 和轨道平面 3 内三颗卫星同时可见的情况。

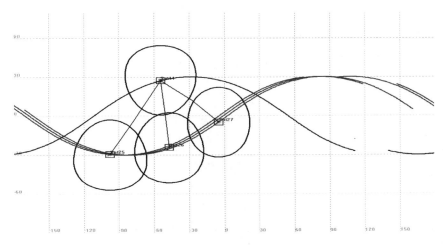

图 8-108　Sat11 与轨道平面 2 三颗卫星同时可见的情况

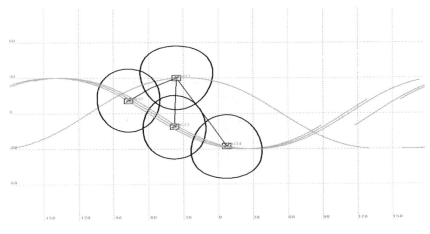

图 8-109　Sat11 与轨道平面 3 三颗卫星同时可见的情况

8.6.3　覆盖性能分析

要用某卫星构成一个通信系统，必须先弄清它的覆盖范围。要设计和建立一条卫星通信线路，必须先计算地球站与卫星之间的几何参数，如站对星的距离、站对准卫星时其天线指向的方位角和俯仰角等，以便进一步求出传输时延和传输损耗。

一般来说，星上天线全球波束的主轴是指向星下点 S' 的，如图 8-110 所示，不难求得

1）卫星的全球波束宽度 $\theta_{1/2}$

$$\theta_{1/2} = 2\sin^{-1}\frac{R_E}{R_E + h_E}\tag{8-27}$$

式中，$\theta_{1/2}$ 为波束的半功率宽度，即卫星对地球的最大视角；R_E 为地球半径（6378km）；h_E 为卫星离地面高度。

2）覆盖区域边缘所对的最大地心角

$$\angle AOB = 2\alpha = 2\cos^{-1}\frac{R_E}{R_E + h_E} \tag{8-28}$$

3）卫星到覆盖区域边缘的距离 d

$$d = (R_E + h_E)\sqrt{1 - \left(\frac{R_E}{R_E + h_E}\right)^2} \tag{8-29}$$

4）覆盖区域的绝对面积 S 与相对面积 S/S_0

$$S = 2\pi R_E H = 2\pi R_E(R_E - R_E\cos\alpha)$$
$$= 2\pi R_E^2\left(1 - \frac{R_E}{R_E + h_E}\right) \tag{8-30}$$

$$S/S_0 = \frac{1}{2}\left(1 - \frac{R_E}{R_E + h_E}\right) \tag{8-31}$$

式（8-30）中，$S = 2\pi R_E H$ 是一个球缺的面积（不包括地面），H 为球缺的高，$S_0 = 4\pi R_E^2$，即地球的总表面积。

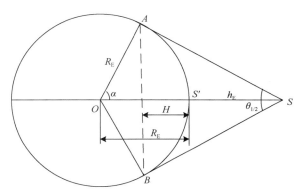

图 8-110　全球波束覆盖区域的几何关系

对静止卫星来说，$R_E + h_E = 42164\text{km}$，利用上述各式可算出全球波束宽度 $\theta_{1/2} = 17.4°$；星下点到覆盖区域边缘所对的地心角 $\alpha = 81.3°$；卫星到覆盖区域边缘的距离 $d = 41679.4\text{km}$；覆盖区域绝对面积与总表面积之比 $S/S_0 = 42.4\%$。

区域波束覆盖区域的几何关系较复杂，必须根据波束主轴的指向与波束截面形状的不同进行具体分析。对于截面为圆形、主轴对准星下点的区域波束，覆盖区域的几何关系可参照图 8-111（a）进行分析与计算。例如，当已知波束 h_E 和 $\theta_{1/2}$ 时，其覆盖区域绝对面积为

$$S = 2\pi R_E^2(1 - \cos\alpha) \tag{8-32}$$

$$\alpha = \sin^{-1}\left(\frac{R_E + h_E}{R_E}\sin\frac{\theta_{1/2}}{2}\right) - \frac{\theta_{1/2}}{2} \tag{8-33}$$

设地球站 A 的经、纬度为 Φ_1 和 θ_1，静止卫星 S 的星下点 S' 的经、纬度为 Φ_2 和 θ_2，这样，则图 8-111（a）中的 $\Phi = \Phi_2 - \Phi_1$，为星下点 S' 对地球站 A 的经度差。如图 8-111（b）所示，弧 AS' 为过 A 与星下点 S' 的一段大圆弧，α 为该弧所对的地心角；AP 为过 A 指向 S' 的一条地平线；$\angle SAP = \Phi_e$，即 A 对 S 的仰角；弧 AB 为过 A 的子午线上的一段弧，B 为子午线与赤道交点；AQ 为过 A 向正南方的一条地平线；$\angle QAP = \Phi_a$，即 A 对 S 的方位角。在图 8-111（b）

中，利用几何学和球面三角形的一些基本公式，不难求出：当 A 的天线对准 S 时，其仰角 Φ_e、方位角 Φ_a、经度差 Φ、地球站纬度 θ_1 的函数关系为

$$\tan\Phi_e = \frac{\cos\theta_1\cos\Phi}{\sqrt{1-(\cos\theta_1\cos\Phi)}} \tag{8-34}$$

$$\tan\Phi_a = \frac{\tan\Phi}{\sin\theta_1} \tag{8-35}$$

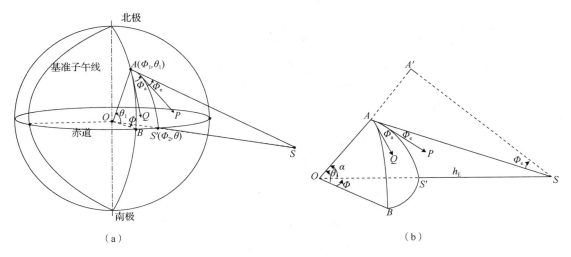

（a）　　　　　　　　　　　　　　（b）

图 8-111　静止卫星 S 与地球站 A 的几何关系

对于静止卫星

$$\frac{R_E}{R_E + h_E} = \frac{6378}{6378 + 35786.6} \approx 0.151 \tag{8-36}$$

所以

$$\Phi_e = \tan^{-1}\left[\frac{\cos\theta_1\cos\Phi - 0.151}{\sqrt{1-(\cos\theta_1\cos\Phi)^2}}\right] \tag{8-37}$$

$$\Phi_a = \tan^{-1}\left[\frac{tg\Phi}{\sin\theta_1}\right] \tag{8-38}$$

A 到 S 的距离为

$$d = (R_E + h_E)\sqrt{1 + \left(\frac{R_E}{R_E + h_E}\right)^2 - 2\frac{R_E}{R_E + h_E}\cos\theta_1\cos\Phi} \tag{8-39}$$

$$= 42164.6\sqrt{1.023 - 0.302\cos\theta_1\cos\Phi}$$

由式（8-37）和式（8-38）可以看出，当 θ_1 一定时，仰角 Φ_e 是经度差 Φ 的偶函数，方位角 Φ_a 则是 Φ 的奇函数；当经度差 Φ 为 0 时，Φ_e 出现极大值，Φ_a 为 0°；由于地球站天线的 Φ_e 一般不小于 5°，故经度差 Φ 一般在 ±90° 范围内，其具体范围与 θ_1 有关。

对于不在赤道平面上的非静止卫星，若已知其星下点的某一时刻的经、纬度 (Φ_2, θ_2)，$\theta_2 > 0°$，如图 8-112 所示，则对准卫星的瞬时仰角、方位角，可分别按下式计算

$$\Phi_{\mathrm{e}} = \tan^{-1}\left[\frac{\cos\Phi\cos\theta_2\cos\theta_1 + \sin\theta_2\sin\theta_1 - \dfrac{R_{\mathrm{E}}}{R_{\mathrm{E}}+h_{\mathrm{E}}}}{\sqrt{1-(\cos\Phi\cos\theta_2\cos\theta_1+\sin\theta_2\sin\theta_1)^2}}\right] \qquad (8\text{-}40)$$

$$\Phi_{\mathrm{a}} = \tan^{-1}\left[\frac{\sin\Phi\cos\theta_2}{\cos\Phi\cos\theta_2\sin\theta_1 - \cos\theta_1\sin\theta_2}\right] \qquad (8\text{-}41)$$

$$d = (R_{\mathrm{E}}+h_{\mathrm{E}})\sqrt{1+\left(\frac{R_{\mathrm{E}}}{R_{\mathrm{E}}+h_{\mathrm{E}}}\right)^2 - 2\frac{R_{\mathrm{E}}}{R_{\mathrm{E}}+h_{\mathrm{E}}}(\cos\theta_1\cos\theta_2\cos\Phi+\sin\theta_1\sin\theta_2)} \qquad (8\text{-}42)$$

显然，式（8-40）～式（8-42）是式（8-37）～式（8-39）的特例，当卫星趋近赤道平面时，$\theta_2 \to 0°$，$\alpha_2 \to \Phi$，$\alpha_1 \to \alpha_3 \to \alpha$，这时，式（8-40）、式（8-41）、式（8-42）便转化成式（8-37）～式（8-39）。

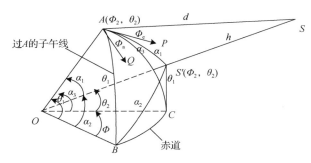

图 8-112   倾斜轨道卫星 S 与地球站 A 之间的几何关系

8.7   卫星拓扑结构

卫星拓扑结构位于数据链路层之上，在整个空间光网络系统设计中具有举足轻重的作用。卫星拓扑结构直接影响节点间 ATP、物理信道传输、覆盖性能、路由开销、网络吞吐量、服务质量，以及整个系统的复杂性和投资花费，关系到空间光网络能否在激烈的商业化竞争中取得一席之地。卫星拓扑结构主要包括单层和多层结构两种。由于卫星运动的特殊性，空间光网络与地面网络有很多不同的特点。以卫星为节点的网络有如下特点。

① 网络各节点的位置及节点间的相对距离都是以时间为变量的函数。

② 节点的邻居状况遵循一定的规则。

③ 网络节点总数不会发生变化。

④ 节点间距离比较大，且距离变化也很大，不能忽略。

⑤ 网络的拓扑关系呈周期变化。

根据空间光网络中节点所在轨道的不同可以将网络分为单层网络和多层网络。

单层的全球性或区域性卫星拓扑结构设计的核心问题就是星座设计，包括极轨道卫星星座、倾斜轨道卫星星座、玫瑰型星座和编队卫星等。随着卫星数量的增多、业务类型的丰富及业务量的增长，迫切需要把不同星座系统进行联网，组建一个由不同轨道高度卫星组成的多层空间光网络结构，这也是空间光网络物理拓扑设计的核心问题之一。

　　网络的拓扑结构是抛开网络物理连接来讨论网络系统的连接形式，即网络中各节点的连接方法和形式称为网络拓扑。互连的网络常用一个图 $G = (N, E)$ 来表示，图中顶点 N 表示处理机节点的集合，边 E 表示通信链路的集合。双向通道可以用一条双向边或无向边来表示，单向通道可以用有向边来表示。这些网络拓扑往往具有比较好的数学性质，如节点度、直径、规整性、对称性等重要属性，因此研究网络拓扑结构可以归结为研究图的拓扑性质。网络拓扑结构主要有总线拓扑、环形拓扑、网格拓扑、树形拓扑、超立方体拓扑。

　　1. 总线拓扑和环形拓扑

　　总线拓扑如图 8-113 所示，是由连续编号的 N 个节点用双向链路连接构成的。这种网络路由简单，任何节点之间只存在一条路径，因此这种网络拓扑结构没有容错能力。将总线拓扑的两端简单连接就形成了环形拓扑，网络性能得到了优化。由于其简单的结构、路由策略与低廉的网络成本，早期的局域网多采用环形拓扑。但是，在节点规模比较大时，环形拓扑的通信时延难以接收。

图 8-113　总线拓扑和环形拓扑

　　2. 网格拓扑

　　将总线拓扑和环形拓扑推广到多维时，就得到了多维网格 (n-DMesh) 与多维花环 (n-dTorus)，n 表示维数，如图 8-114 所示。

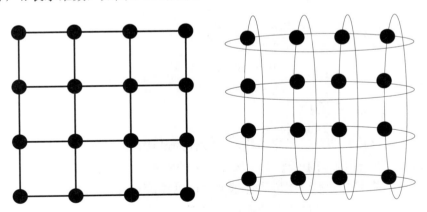

图 8-114　二维网格和二维花环

　　这两种网络拓扑结构在容错能力上较总线拓扑和环形拓扑有很大的提高，它们都是严格正交的，可以用节点在 n 维空间中的坐标作为节点的编号，因而路由简单。

　　3. 树形拓扑

　　树作为一种非常简单的网络拓扑结构，它的直径很小，按对数上升，如图 8-115 所示，常用的是二叉树。在通信上，树的优点十分明显，随着规模扩大，直径上升幅度很小。树形拓扑的缺点也很突出：因为节点的通信要靠上层节点完成，所以越靠近根节点通信越繁忙。在根节点附近容易形成网络瓶颈。

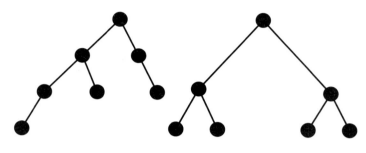

图 8-115 树形拓扑

4. 超立方体拓扑

超立方体（Hypercube）互联网络是一个规整对称的网络拓扑。一个 n 维超立方体含有 $2n$ 个节点。每个节点的地址都用 n 位二进制数表示。任意两个节点，当且仅当它们的二进制编码地址中有一位不同时，两个节点之间才有链路，如图 8-116 所示。超立方体拓扑是一种高度并行、容错能力极强、具有递归结构的网络拓扑结构，它具有对称性、高连通性、容错性等优良的拓扑特性。

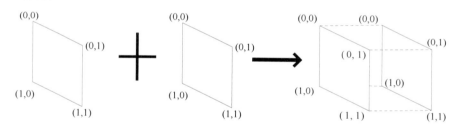

图 8-116 超立方体拓扑

8.7.1 单层空间光网络拓扑

单层空间光网络拓扑即单一星座结构，其设计的最初目的是针对地球观测、军事侦察和定位导航等领域，以一定量的中低轨卫星按照一定的关系组成一个整体，实现卫星通信系统，在实际应用中具有单颗卫星不可比拟的优越性，可以提供有效的全球覆盖。星座设计的出发点就是以最少的卫星数量提供最优的覆盖，卫星高度、轨道倾角、第一颗卫星右升节点经度和相位因子都是设计者必须考虑的因素。星座主要分为极轨道（近极轨道）和倾斜轨道两种，已运行的具有代表性的极轨道星座有 Iridium 和 Teledesic，倾斜轨道星座有 Globalstar、ICO、Celestri、GIPSE、Spaceway，以及覆盖两极地区的椭圆轨道星座 Ellipso。单层空间光网络拓扑如图 8-117 所示，具有 N 个轨道平面，每个环形轨道上都有 M 个卫星，一般来说，每个节点都有上下左右四个与之相连的节点，其中两条链路是轨道平面内（OIOL），另外两条链路是轨道间（OIOL）。

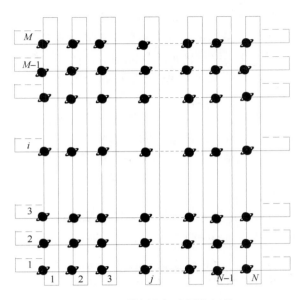

图 8-117 单层空间光网络拓扑

8.7.2 极轨道卫星星座

极轨道卫星星座的特征是每条轨道在参考面上都有一对公共交点，相邻的同向轨道之间有相同的相对倾角，如图 8-118（a）所示的北极俯视图。极轨道卫星星座是典型的星形星座，由于升节点均匀分布在赤道平面 π 弧度半圆范围内，因此又称为 π 形星座。π 形星座由相同轨道高度和轨道倾角的卫星组成，轨道平面沿赤道半圆范围均匀分布，每个轨道平面卫星数量相同，相邻轨道相邻卫星之间保持一定的相位差，其同向轨道右升节点间经度差和逆向轨道不同。由于轨道倾角为 90°，因此极轨道卫星星座第一个轨道平面上的卫星和最后一个轨道平面上的卫星相向而行，如图 8-118（b）所示，形成一个明显的缝隙。以缝隙为界，在左半球面内，卫星自南向北运动，在右半球面内，卫星自北向南运动。

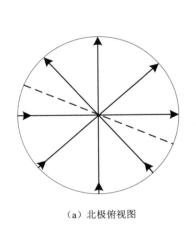

（a）北极俯视图

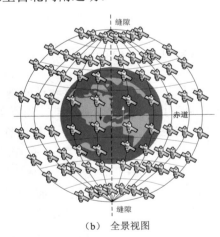

（b）全景视图

图 8-118 π 形星座结构示意图

在缝隙同侧的卫星沿着相同的方向运动，卫星之间的位置相对稳定，易于建立星间链路；而在缝隙两侧的卫星相向运动，星间链路建立和保持都具有相当大的难度。π 形星座所在纬度越低，星间距离越大，因此在赤道地区覆盖性能很差，而在两极地区卫星密集分布，经常由于关闭一些转发器导致星座拓扑变化频繁。π 形星座的优点是结构简单，易于操作，简化设计过程，是较早的星座设计思想。

在极轨道卫星星座中，星座犹如一个球面立体栅格覆盖于天球表面，这个栅格由不同经度的竖直轨道平面和不同纬度的水平环组成。以赤道平面为界，把南半球和北半球映射为两个平面栅格，以缝隙面为界，把星座分为东西两个半柱面。如图 8-119 所示，每个平面上的虚线环表示极地地区，在此地区内，轨道间链路自动关闭，竖直虚线矩形表示缝隙，缝隙两侧的卫星无法建立轨道间链路。轨道分别记为 $P_1, P_2, \cdots$，以北半球为基准，同一纬度上的卫星组成一个环，从极地到赤道依次记为 $r_1, r_2, \cdots$。以缝隙为基准轴，顺时针方向建立类似极坐标系的坐标体系来决定每个卫星节点的瞬时位置，$\rho = (r, \Phi)$，$0 < r < R + H$，$0 < \Phi < 2\pi$，$r_i = r_j$ 表示两个节点在同一纬度的环上，所有极径相同的卫星成为"同环节点"。由于极地轨道内所有环内链路都关闭，因此称这个地区内的环为"虚环"，$\Phi_i = \Phi_j$ 表示两个节点在同一轨道平面上，所有相角相等的节点称为"同轨节点"。

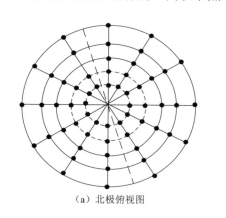

（a）北极俯视图

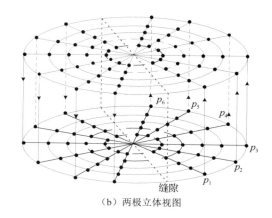

（b）两极立体视图

图 8-119　π 形星座逻辑拓扑

8.7.3　倾斜轨道卫星星座

为了克服 π 形星座相向运行轨道间缝隙的不足，解决其对地覆盖不均匀的问题，John G. Walker 又提出了倾斜轨道卫星星座，其轨道平面沿赤道平面 2π 弧度圆内均匀分布，又称为 2π 形星座或 Walker delta（δ）星座，是目前所知的覆盖性能最好的星座设计方案。典型代表有 Globalstar、Sirius、Skybridge、Celestri 和我们熟知的全球定位系统 GPS。

2π 形星座由具有相同轨道高度和轨道倾角的 T 个卫星组成，P 个轨道平面在参考面上按升节点均匀分布，每个轨道平面内卫星数为 T/P，不同轨道平面内卫星的相对相位保持一定关系，使相邻轨道卫星分别通过其升节点的时间间隔相等，图 8-120（a）所示为北极俯视图。用四个参数组合 i: T/P/F 形式表示 2π 形星座，其中 i 为轨道倾角，F 为相位因子且 $0 \leqslant F \leqslant P-1$，规定了任意相邻两个轨道平面上相邻卫星间的相对位置（相位）。当一个轨道平面内卫星通过升交点时，它东面相邻轨道平面内最近一颗卫星通过升交点卫星的相位角为 $2\pi F/T$，如图 8-120（b）所示。

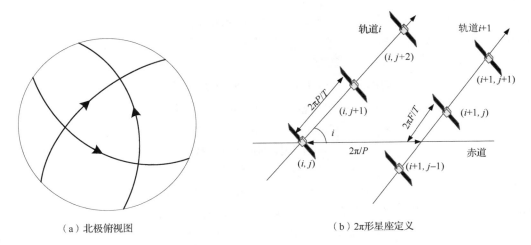

（a）北极俯视图　　　　　　　　　　（b）2π形星座定义

图 8-120　2π 形星座结构示意图

第一个轨道平面上初始时刻升交点赤经为 Ω_1，第一个轨道平面上第一颗卫星初始时刻纬度幅角为 $\omega_{1,1}$，则该时刻第 i 个轨道平面上第 j 个卫星的升交点赤经 $\Omega_{i,j}$ 和纬度幅角 $\omega_{i,j}$ 分别为

$$\Omega_{i,j} = \Omega_1 + \frac{2\pi}{P}(i-1)$$

$$\omega_{i,j} = \omega_{1,1} + \frac{2\pi}{T/P}(j-1)$$

（8-43）

2π形星座逻辑拓扑结构如图 8-121 所示，（a）为相邻轨道上同相位卫星节点互连逻辑拓扑，（b）为相邻轨道上异相位卫星节点互连逻辑拓扑。网络逻辑拓扑为网状的曼哈顿街区网络（MSN），每个节点和其上下左右四个节点具有永久性连接。根据星座轨道平面和轨道平面上位置这两个元素为每个节点赋予一个逻辑编号。例如，第 n 个轨道上第 m 个卫星表示为 (n,m)。因此，2π形星座在逻辑上具有稳定拓扑，这个特点正好满足卫星链路组网拓扑结构稳定性的要求，可以极大地简化路由和减少切换。

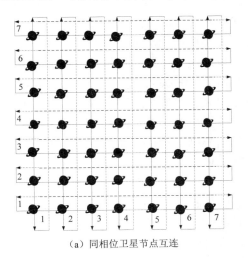

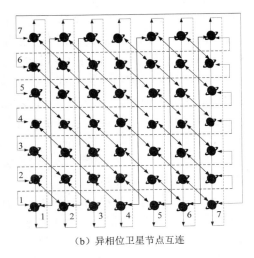

（a）同相位卫星节点互连　　　　　　　　　（b）异相位卫星节点互连

图 8-121　2π 形星座逻辑拓扑结构

令 ω_0 表示第一个轨道平面的右升节点经度，ω 表示第一个轨道平面上第一颗卫星的初始纬度幅角。以地心为原点建立赤道坐标系，设第 n 个轨道平面上第 m 个卫星在坐标系中的坐标分别为 $x_{n,m}$、$y_{n,m}$ 和 $z_{n,m}$，则有

$$x_{n,m} = r\cos[\omega_0 + (2\pi/P)n]\cos[\omega + 2\pi/S(F\times n/P + m)]$$
$$- r\cos(i)\cos[10 + (2\pi/P)n]\sin[\omega + 2\pi/S(F\times n/P + m)] \tag{8-44}$$

$$y_{n,m} = r\cos(i)\cos[\omega_0 + (2\pi/P)n]\cos[\omega + 2\pi/S(F\times n/P + m)]$$
$$+ r\sin[10 + (2\pi/P)n]\cos[\omega + 2\pi/S(F\times n/P + m)] \tag{8-45}$$

$$z_{n,m} = r\sin(i)\sin[\omega + 2\pi/S(F/P\times n + m)]z_n \tag{8-46}$$

Rosette 星座是 δ 星座中 $T=P$ 的一种特例，即每个轨道平面上只有一颗卫星，用 (T,m) 来描述，m 是 Rosette 星座的一个重要参数，可取 $0\sim(T-1)$ 的任意整数，不同的 m 能产生性能各异的 Rosette 星座，其覆盖性能也各不相同。星座中任一颗卫星在天球上的位置都可以用三个欧拉角来描述，这三个欧拉角分别是升交点赤经 Ω、轨道倾角 i 和相位角 ω。由 T 颗卫星组成的 Rosette 星座中的第 j 颗卫星的位置表示为

$$\begin{cases} \Omega_j = j(2\pi/T) \\ i_j = i, \quad j = 0,1,2,\cdots,T\times(-1) \\ \omega_j = m\Omega_j + nt \end{cases} \tag{8-47}$$

式中，$m\Omega_j$ 为第 j 颗卫星的初始相位角；n 是卫星的平均角速度。

Rosette 星座也可以推广到更一般的情况，称为广义 Rosette 星座，每个轨道平面上都包含 S 颗卫星，轨道平面数 $P = T/S$，星座可以表示为 (T,P,m)。此时，m 可取分数：$0/S, 1/S, 2/S, \cdots, (T-1)/S$。

8.7.4　编队卫星

编队卫星群是指以某一主星为基准，由若干个小卫星组成，围绕主星绕飞的星群。它们组成特定编队飞行形状，以分布方式构成一颗"虚拟大卫星"，编队中的卫星之间相互协同工作，相互联系，共同承担信号处理、通信和有效载荷等任务，其任务功能由整个编队卫星群来完成。图 8-122（a）所示为由四个小卫星组成的 X 星座结构，可以对太阳黑洞进行研究，图 8-122（b）所示为由三个纳卫星组成的星座，可以对地立体进行观测。可靠的数据传输链路是实现编队卫星之间自主控制和系统性能的重要保证，编队卫星的组网要考虑星间距离大约为 100m～100km，通信速率为 50MHz/s。编队卫星减轻了质量，简化了功能，从而有效降低了制造和发射成本，还能简化日常操作维护；通过数个小卫星的协作，以及改变编队网络拓扑，极大地提高了编队卫星性能，增强了灵活性。在编队卫星中，由于采用了分布式结构，因此该系统比单个大卫星更能容忍故障，如果一颗卫星出现故障，则可通过系统重构将此卫星剔除，最大限度容忍故障。

在设计编队空间光网络拓扑结构中，有三方面的考虑，①编队卫星队形设计，主要连通一个编队卫星群内的卫星；②编队卫星群之间的拓扑，主要指不同编队卫星群间的拓扑；③编队卫星和地面网关及移动用户的随机接入。从网络拓扑上研究，考虑单个编队卫星群内的通信和多个编队卫星群间的信息交换，这样就抽象成一个两层网络结构，每个编队卫星群内都有一个主星，负责管理编队卫星群内部各卫星之间的信息交换，并且与其他编队卫星群

的主星进行通信，任意两个编队卫星群中的小卫星之间的信息交换或通信都通过各自主星进行，以此来减少干扰，增加网络吞吐量。

（a）X 星座结构

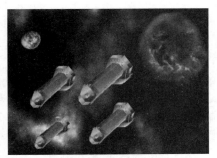

（b）纳卫星星座结构

图 8-122　编队卫星网络拓扑结构

8.7.5　多层空间光网络拓扑

上面研究的各种星座拓扑结构实际上都是单层空间光网络结构，即所有卫星节点高度相同。如果利用星际链路把高轨、中轨和低轨卫星，以及高空平台（HAP）互连组成一个多层空间光网络，则可以综合利用不同轨道高度卫星的优点，避免其不足。图 8-123 是多层空间光网络拓扑示意图，由 LEO/MEO/GEO 三层组成，通过轨间链路把三层连接起来组成一个多层空间光网络拓扑。三层空间光网络拓扑综合考虑了 LEO 层和 GEO 层的优缺点，其中高层卫星负责网络管理，底层卫星承担业务，在一定程度上缓解了信号衰减强、时延大和切换频繁的影响，但由此带来的不足就是系统结构复杂，设计需要谨慎考虑。在多层空间光网络拓扑中，GEO 卫星之间组建高轨骨干网，由于其覆盖范围广且易于和地面站跟踪，掌握网络的全局信息，因此负责网络的管理；LEO/MEO 层有规则的网络拓扑和全球覆盖能力，时延小，信号损耗低，支持小功率终端，可以完成骨干/接入网的功能，专门负责网络业务的接入和承载。这样一个基于微波/激光链路的骨干/接入网的多层空间光网络拓扑把网络管理和业务传输分级处理，具有灵活、扩展性强、鲁棒性高，支持多种业务类型（话音、数据和多媒体等），满足不同的服务质量等级要求的优点。

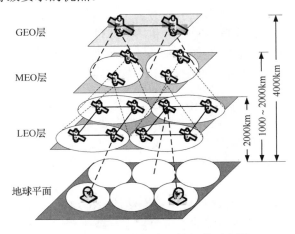

图 8-123　多层空间光网络拓扑示意图

8.8 国内外典型星座系统

8.8.1 低轨道卫星星座系统

一方面,低轨道卫星(LEO)的轨道高度低,传输延时短,路径损耗小,多颗卫星组成的 LEO 星座可以实现真正的全球覆盖,频率复用更有效;另一方面,蜂窝通信、多址、点波束、频率复用等技术为 LEO 移动通信提供了技术保障。因此,LEO 星座系统被认为是最有前途的卫星移动通信系统。

目前提出的 LEO 方案有很多,大致可以分为以下三类。

(1)大 LEO:利用 LEO 卫星提供全球实时个人通信业务的系统,如 Iridium、Globalstar 和 Arics 等。

(2)宽带 LEO:利用 LEO 卫星提供宽带业务的系统,如 Celestri、Teledesic、M-star、Coscon、Skybridge 和 Starsys 等。

(3)小 LEO:利用 LEO 卫星提供非实时业务的系统,如 Orbcomm、LEO-Set 和 LEO one 等。这里主要介绍其中最有代表性的几种。

1. Iridium 系统

铱(Iridium)系统是美国摩托罗拉公司(Motorola)于 1987 年提出的低轨全球个人卫星移动通信系统,它与现有通信网结合,可实现全球数字化个人通信,系统总投资约 50 亿美元。该系统原设计为 77 颗小型卫星,分别围绕 7 个极地圆轨道运行,因卫星数与铱原子的电子数相同而得名。后来由于设计修改,星座结构改为 66 颗小型卫星围绕 6 个极地圆轨道运行,但系统名称仍为 Iridium 系统。极地圆轨道高度约为 780km,每个轨道平面分布 11 颗在轨运行卫星及 1 颗备用卫星,每颗卫星重约 700kg。

Iridium 系统采用星上处理、星上交换和星际链路技术。星际链路是 Iridium 系统有别于其他卫星移动通信系统的一大特点,其作用相当于把蜂窝网放置在空中,因而系统的性能极为先进,但同时增加了系统的复杂性,提高了系统的投资费用。

Iridium 系统主要为商务旅行者、航空用户、海事用户、偏远地区人民及紧急援助者等提供语音、传真、数据、定位、寻呼等业务服务。Iridium 系统提供 4 种主要的业务:铱全球卫星服务、铱全球漫游服务、铱全球寻呼服务和铱全球付费卡服务。另外还包括许多类似 GSM 的增值服务。其中,铱全球漫游服务除了解决卫星网与地面蜂窝网的漫游,还解决地面蜂窝网间的跨协议漫游,这也是 Iridium 系统有别于其他卫星移动通信系统的一大特点。

2. Celestri 系统

Celestri 系统是摩托罗拉公司设计的一个全球宽带通信系统。Celestri 系统是由 9 颗 GEO 卫星和 63 颗 LEO 卫星组成的混合系统,系统总投资 129 亿美元。依靠系列开发的通信卫星、地面站和用户设备,Celestri 系统可以向世界上几乎所有人口集中的地区提供宽带网络基础设施。

利用 9 颗 GEO 卫星,Celestri 系统可覆盖地球的全部地区,并提供高数据率传输。Celestri 系统以低轨道设计为基础,包括相同的卫星公用舱(或平台),可以以 20Mbps 的速率下载信息，专门用来为世界上任何角落的任何人提供地区性广播、多频道视频广播及数据传输业务。FCC 批准了其中的 4 颗 GEO 卫星，用来覆盖北美、中美和南美洲，其他 5 颗用来覆盖欧洲、非洲、澳大利亚和太平洋地区。

Celestri 系统的 63 颗 LEO 卫星分布在 1400km 上空的 7 个倾斜轨道平面上，每个轨道平面上有 9 颗 LEO 卫星，用以提供实时交互式和多媒体应用。当为终端用户提供桌面视频会议和电子商贸业务时，允许有与光纤一样的延时。为了提供可靠的连接，每颗 LEO 卫星都有 6 个星际链路（一个向前，一个向后，两个向左，两个向右），用来与相邻卫星进行通信。这样就可以实现坚实、可靠且高弹性的全天无缝网络。每个星际链路都可以以 4.5Gbps 的速率传输信息，整个 Celestri 系统的总容量为 80GB。

3. Globalstar 系统

Globalstar 系统又称为全球星系统，是由美国劳拉公司（Loral Corporation）和高通公司（Qualcomm）倡导发起的卫星移动通信系统，合伙公司有 Alcatel、China Telecom、France Telecom、Vodafone 等。

Globalstar 系统通过利用 48 颗绕地球运行的 LEO 卫星，在全球范围（不包括两极地区）内向用户提供无缝覆盖的、低价的语音、传真、数据、短信息、定位等卫星移动通信业务。采用 LEO 通信技术和 CDMA 技术能确保良好的语音质量，增加通话的保密性和安全性，且用户感觉不到时延。连贯的多重覆盖和路径分集接收使 Globalstar 系统在有可能产生信号遮挡的地区提供不间断服务。用户使用双模式手持机，就可实现全球个人通信。双模式手持机既可工作在地面蜂窝通信模式，又可工作在卫星通信模式（在地面蜂窝网覆盖不到的地方），因此只要一机在手，便可实现全球范围内任何地点、任何人在任何时间与任何人以任何方式进行通信。

Globalstar 系统对当前现存系统的本地、长途、公用和专用电信网络是一种延伸、补充和加强，它没有星际链路，无须星上处理，从而大大降低了系统投资费用，而且避免了许多技术风险。当然，因星体设计简单，故该系统必须建很多关口站。

4. Skybridge 系统

Skybridge 系统又称为天桥系统，是由阿尔卡特公司、美国劳拉公司和日本东芝公司发起的 LEO 卫星计划，目标是针对目前还没有连接到宽带地面基础信息网络，或者采用传统基础信息网络很不经济的城区、郊区和乡村，把 Skybridge 系统用作宽带无线本地环路，预计总投资 35 亿美元。

Skybridge 系统是一个以卫星为基础的宽带接入系统，允许在全球的任何地方（除两极地区外）实现高速因特网接入、电视会议等业务。Skybridge 系统的卫星用于直接将用户数据传回地面站并接入用户网络，这样可通过处理用户连接管理，合理、高效地开发宽带业务。

Skybridge 系统设计了支持电信运营的宽带接入设备，可以为一些特殊地区提供通信服务（如岛屿之间），在提供宽带接入方面的一个重要特点是适应世界上那些尚未开发接入设施的地区，或者因地理条件给发展地面设施带来困难的地区，尤其在亚洲，很多人居住在没有很好开发的地区，为全球网络运营商解决最后一段线路的接入问题，Skybridge 系统成为全球宽带接入的卫星解决方案之一。

Skybridge 系统设计的关键是应用地球静止轨道卫星系统，并采用 Ku 频段工作，可以满足电信运营商宽带接入的需求，将用户的数据直接返回到地面站网关，并进入电信运营商的网络；而其他系统在 Ka 频段内工作，其主要地面站设备为了满足这些 Ka 频段工作的特殊需要不得不重新设计开发。

Skybridge 系统的空间段由 8 条轨道上的 64 颗 LEO 卫星组成，每条轨道都有 8 颗卫星，轨道倾角为 55°，轨道高度为 1457km。每颗卫星均可覆盖半径为 3000km 的区域，在每个区域内可以导入 45 个可调的点波束，每个点波束与系统地面关口站的覆盖区域相对应。卫星信号上下往返引起的延时仅为 20ms，不仅克服了同步卫星的延时，还能够用蜂窝式频谱重复使用技术提供大量的带宽。

5. Teledesic 系统

Teledesic 系统是由美国微软公司和麦考（McCaw）蜂窝通信公司提出的投资可达 90 亿美元的一项庞大的计划，其主要目标瞄准了宽带业务。该计划准备发射 924 颗卫星（其中 84 颗备用），充分利用信息高速公路多媒体技术，建造一个覆盖全球的宽带卫星通信网——"Internet in the sky"（空中因特网），就像把光缆架设在空中一样，让任何人都能获得双向的、交互式多媒体宽带业务，因此又称为空中因特网系统。

Teledesic 系统早期称为 Calling 系统，其主要特点是可提供宽带全数字双向交换业务，包括可传输语音、数据、视像、交互式多媒体及广域网络信息等各种宽带综合业务。

Teledesic 系统的空间段由 840 个高度为 700km 的 LEO 卫星星座构成，共有 21 个轨道，轨道间隔为 9.5°，轨道倾角为 98.2°。每个轨道平面上都有 40 颗卫星和 4 颗备用卫星，共有 924 颗卫星。这些卫星每 99min 绕地球一周，覆盖 95% 的地球表面。每颗卫星都是网络中的一个交换节点，它通过星际链路（速率为 155.52Mbps）与邻近的 8 个节点相连。每个节点都是一个快速分组交换开关，系统内所有通信均采用固定长度的短数据组。数据组的设计与 ATM 相似，每个节点中的自适应路由软件和快速分组交换开关控制分组路由，为路由数据组选择通往目的地最少延误的路径，并根据变化调整网络布局及拥塞。系统设计类似因特网的内部路由设计，网络与现有和未来应用方式及协议兼容。

Teledesic 系统内每颗卫星配备 64 条扫描波束，每条波束含 9 个小区，形成 576 个小区，每个小区覆盖面积为 53km², 可提供 1440 个 16Kbps（卫星与移动用户之间的链路速率）激活语音信道，共 576×1440=829440 个话路，从而每颗卫星可以构成巨大的容量能力。卫星用于固定业务或租用业务的速率为 $N××16$Kbps，最大为 2.048Mbps（卫星数 $N≤128$）。

6. Orbcomm 系统

Orbcomm 系统由美国 Orbital Sciences 公司和加拿大 Teleglobe 公司合伙经营，是目前全球已经商用的 LEO 卫星系统。这是一个只能实现短数据（非语音）全球通信的小卫星星座系统，它具有投资少、周期短、兼备通信和定位能力、卫星质量轻（43kg）、用户终端小巧便携、星座运行时自动化程度高、自主功能强等优点，适合市场需要，应用广泛，性价比高，是全球第一个双向短数据低轨小卫星通信系统

Orbcomm 系统是一个广域、分组交换、全球覆盖、双向短数据通信系统。它提供 4 类基本业务：数据报告、报文、全球数据报和指令。

用户终端与 Orbcomm 网关站之间的通信是通过一组 LEO 卫星星座实现的，网关站连入拨号网线或专线网络，与因特网和 X.25 等网络相连。其中，用户终端和卫星之间拥有 2.4Kbps 的上行链路和 4.8Kbps 的下行链路，而用户终端和网关站之间为 57.6Kbps 的 TDMA 方式的上下行信道。

8.8.2 MEO 卫星星座系统

MEO 卫星相对高轨道卫星来说，由于轨道高度的降低，可减弱高轨道卫星通信的缺点，并能够为用户提供体积、质量、功率较小的移动终端设备，且只需要较少数目的中轨道卫星便可构成全球覆盖的移动通信系统。

MEO 卫星星座系统为非同步卫星系统，由于卫星相对地面用户的运动，用户与一颗卫星能够保持通信的时间约为 100min。卫星与用户之间的链路多采用 L 频段或 S 频段，卫星与关口站之间的链路可采用 C 频段或 Ka 频段。

本节主要介绍三种典型的 MEO 卫星星座系统：Odyssey、ICO（Inmarsat-P）和 Spaceway。

1. Odyssey 系统

Odyssey 系统是 TRW 公司推出的 MEO 卫星通信系统，其采用 12 颗卫星，分布在轨道倾角为 55°的 3 个轨道平面上，轨道高度为 10354km。卫星发射质量为 1917kg，太阳能电池最大可以提供的功率为 3126W。系统建设费用约为 27 亿美元，卫星设计寿命为 12～15 年，当时预计 1997 年投入使用。

Odyssey 系统最主要的用户终端是手持机。手持机的设计在许多方面决定了整个系统的特性，其最大等效全向辐射功率（EIRP）决定了卫星的 G/T 值，进而决定了卫星的点波束数量和卫星每条信道的功率，间接地决定了卫星的大小和成本。Odyssey 系统的手持机采用双模式工作，可以同时在 Odyssey 系统和蜂窝系统中使用，调制方式为 CDMA/OQPSK，接收机灵敏度为-133～-100dBm。Odyssey 系统可以提供各种业务，包括语音、传真、数据、寻呼、报文、定位等。手持机的数据速率可以达到 2.4Kbps，还可以提供 4.8～19.2Kbps 的数据速率。

卫星与地面站之间采用 Ka 频段，下行 19.70～20.0GHz，上行为 29.5～29.84GHz，可用带宽为 340MHz，采用线性极化。卫星与用户之间的下行链路采用 L 频段 1610～1626.5MHz，上行链路采用 S 频段 2483.5～2500MHz，可用带宽为 7.5MHz，采用左旋圆极化。Odyssey 系统的基本设计基于 CDMA 方式，将可用的 7.5MHz 带宽分为 3 段，扩频带宽为 2.5MHz。该系统极化采用多波束天线方向图指向地面，姿态控制系统决定卫星的指向，以确保对陆地和海洋的连续覆盖。地面控制也可以对指向进行程控，以保证对需求的业务区的最佳覆盖。每颗卫星可以提供 19 个（或扩展到 37 个）波束，总容量为 2800 条电路，系统可以为 100 个用户提供一条电路，12 颗卫星可在全球范围内为 280 万用户提供服务。全系统共需要设定 16 个地面站，每个地面站有多个关口站与公众电话网相连，无星间链路及星上处理，卫星只作为一个弯管——简单的转发器和矩阵放大器，以保证动态地将功率发送到高需求区。

2. ICO 系统

ICO（Intermediate Circular Orbit）系统又称为中圆轨道系统，由 INMARSAT 发起。INMARSAT 于 1979 年成立，是一个政府间的国际合作组织（1996 年 4 月 15 日转变成私营公司）。该组织成立初期旨在为海运界提供全球遇险安全和航行管理卫星移动通信业务，1982 年 2 月，ICO 系统正式投入运营。

ICO 系统从成立到现在几十年来技术演进十分迅速，可提供模拟和数字、语音、传真、低中高速数据（600bps～64Kbps）等移动卫星通信业务，以及卫星导航和寻呼业务。终端类型繁多，体积也日趋小型化，实际上已经是个人移动卫星通信的维形。

为满足 21 世纪的通信市场需求，INMARSAT 于 1989 年组建了 21 世纪工作小组，并于

1991 年 9 月公布了 21 世纪工程计划，即 ICO 系统，其主要目标是向全球用户提供手持卫星电话，以及可与陆地蜂窝网和个人通信网相结合的语音、数据、传真和寻呼业务。INMARSAT 对其技术模式做了大量的分析比较工作，着重对静止轨道、中圆轨道和低轨道系统选择决策、基本价格、系统复杂性、卫星数量、在轨管理、卫星寿命、仰角、通信持续时间等各方面因素进行综合比较，在 1993 年 6 月的 INMARSAT 理事会上，通过了中圆轨道卫星通信系统方案。1994 年 5 月，INMARSAT 决定成立一个独立于 INMARSAT 的新公司来实施 ICO 系统。

3．Spaceway 系统

Spaceway 系统又称为太空之路系统，是由休斯通信公司提出的空间光网络系统。Spaceway 系统提供双向语音、高速数据、图像、电话电视会议、多媒体等多种交互宽带通信业务，以满足各种应用需求。最早的两颗 Spaceway 通信卫星是休斯通信公司 Spaceway 系统的一部分，由美国 DIRECTV 公司所有并运营。在 DIRECTV 公司接管休斯通信公司 DTH 业务之后，这些卫星改为在全美范围内进行高清本地电视频道的传输。

Spaceway 系统采用 GEO 卫星和 MEO 卫星的混合结构，总投资约 30 亿～50 亿美元，整个系统由 8 颗同步轨道卫星子系统 Spaceway EXP 和 20 颗非同步轨道卫星子系统 Spaceway NGSO 组成。Spaceway EXP 使用在 4 个轨道位置 117°W、69°W、26.2°W 和 9°E 上的 GEO 卫星，主要提供高数据率传送业务。Spaceway NGSO 卫星分布在离地面高度 10352km 的 4 个圆形轨道平面上，每个平面上都有 5 颗 MEO 卫星，主要面向先进交互式宽带多媒体通信业务，通过小终端系列提供很大范围的宽带数据速率。Spaceway 系统将覆盖全球的四个区域：北美洲、拉丁美洲、亚太地区和欧非中东。每个地区都由 GEO 卫星和 MEO 卫星共同服务。

Spaceway 系统的显著特点是使用多点波束来提供到达超小孔径终端的交互式语音、数据、视频服务业务。

由于商业需求的变化，特别是随着因特网应用的增长，更多的信息量实际上都是宽带和多媒体的。Spaceway 系统通过本地接入宽带网络来按需提供带宽，完善了现有的地面宽带方案。Spaceway 系统可以用于发展中地区的乡村电话，因特网访问，电话会议，远程教育，电子医疗，其他交互式数据、图像和视频业务等。其主要针对中小型商场、处于不具有宽带连接地区的遥远分支机构及在家办公的工作人员。经常需要传输大量数据的用户，敷设光纤线路是比较合算的；对于偶尔需要使用宽带通路且实时性要求很高的用户，Spaceway 系统的使用费用可以比地面接入网更低。

8.8.3　GEO 卫星星座系统

GEO 卫星在位于赤道上空、高度约 35786km 的圆轨道上运行，并与地球上的某一点保持相对静止。理论上，单颗 GEO 卫星的覆盖面积可以达到地球总表面积的三分之一，形成一个区域性通信系统，此系统可以为其覆盖范围内的任何一点提供服务。若同时利用三颗卫星，则可以构成覆盖除地球南北极地区之外的卫星通信系统，因此几乎所有大容量的通信卫星系统都优先选择 GEO 卫星星座系统。

目前，典型的 GEO 卫星星座系统有：提供全球覆盖的国际海事卫星（INternational MARitime SATellite，INMARSAT）系统，提供区域覆盖的瑟拉亚卫星（Thuraya）系统、亚洲蜂窝卫星（ACeS）系统、北美移动卫星（MSAT）系统（现改名为 SkyTerra 系统）、TerreStar 系统等，提供国内覆盖的澳大利亚的 Mobilesat 系统和日本的 N-STAR 系统等。

1. INMARSAT 系统

1979 年，国际海事卫星（INMARSAT）组织宣告正式成立，中国以创始成员国加入该组织。INMARSAT 总部设在英国伦敦，主要是负责操作、管理、经营 INMARSAT 系统的政府间合作机构，现已成为世界上唯一为海、陆、空用户提供全球移动卫星通信和遇险安全通信业务的国际组织

INMARSAT 系统最初只提供海事通信业务，具体包括向用户提供遇险呼叫、紧急安全通信、电话、用户电报、传真、各种数据传输、无线电导航等二十余种通信业务。1982 年开始提供全球海事卫星通信服务。随着新技术的开发，1985 年 INMARSAT 大会通过业务协定的修正案，决定把航空通信纳入业务之内。1989 年又决定把业务从海事通信发展到航空、陆地移动通信领域，并于 1990 年开始提供全球性卫星航空移动通信业务。为了适应海事通信事业和通信网络发展的需要，国际海事卫星组织于 1993 年正式改名为国际移动卫星通信组织，1999 年改制为股份制，全面提供海事、航空、陆地移动卫星通信和信息服务，包括电话、传真、低速数据、高速数据及 IP 数据等多种业务类型，其应用遍布海上作业、矿物开采、救灾抢险、野外旅游、军事应用等各个领域。

2. ACeS 系统

亚洲蜂窝卫星（ACeS）系统是全球第一个将卫星与地面移动通信系统集成的系统。它以印度尼西亚的雅加达为基地，通过蜂窝状点波束覆盖了 22 个国家，包括中国、日本、新加坡、泰国、菲律宾、印度尼西亚、马来西亚、印度和巴基斯坦等，它的覆盖面积超过了 2850 万平方千米，覆盖国家的总人口约为 30 亿。

ACeS 系统的设想起源于 1993 年，由印度尼西亚的 Pasifik Satelit Nusantara 公司发起，目的是经济地解决亚洲一些地区对移动及固定业务电话的需求。此后，其系统概念进一步扩展。1994 年年底，菲律宾长途电话公司加入，成为其合作伙伴，1995 年初，泰国电信公司 Jasmine International of Thailand 加入，成为第三个合作伙伴，在 1995 年 6 月正式成立 ACeS 公司。

ACeS 系统的目标是利用 GEO 卫星为亚洲范围内的国家提供区域性的卫星移动通信业务，包括语音、传真、短消息、数据传输和因特网等，并实现与地面公用电话 PSTN 和移动通信网 PLMN 的无缝连接，实现全球漫游等业务。

3. MSAT 系统

北美移动卫星通信（MSAT）系统是加拿大经营的第一颗卫星。1983 年，加拿大通信部和美国宇航局达成协议，联合开发北美地区的卫星移动业务，由美国移动卫星通信公司和加拿大移动卫星通信公司负责该系统的实施和运营。MSAT 系统使用多个高增益点波束天线，覆盖加拿大和美国本土，以及夏威夷、墨西哥和加勒比群岛。

MSAT 系统主要提供两大类业务：一类是公众通信的无线业务，另一类是面向专用通信的专用通信业务。具体可以分为 6 种：实现移动的陆上车辆、船舶或飞机同公众电话交换网互联起来的语音通信；实现用户移动终端与基站之间的双向语音调度；移动电话业务和移动无线电业务结合起来的双向数据通信；为了安全或其他目的的语音和数据通信的航空业务；在人口稀少地区在固定的位置上使用可搬移的终端为用户提供的电话和双向数据业务；寻呼业务。

4. TerreStar 系统

TerreStar 系统由位于美国弗吉尼亚州的 TerreStar 网络公司负责测控和运行，是世界上第一个支持地面网级别手持机的卫星移动通信系统，覆盖范围为美国及其沿海地区，主要为美国和加拿大两国政府机构、公共安保部门、农村社区和商业客户提供语音、数据和视频等移动多媒体通信服务。

Terrestar-1 卫星采用多项先进技术：携带直径为 18m 的商用 S 频段可展开天线；与智能手机进行多媒体通信；卫星采用双向地基波束成型技术；采用卫星与地面相互集成融合的解决方案，标志着北美进入了星地集成融合的新时代。这些新技术催生了一批新的卫星移动通信产品和服务。Terrestar 系统在地面段组建中采用了全 IP 和辅助地面组件（ATC）等技术，实现了卫星点波束和地面蜂窝网的融合覆盖。Terrestar 系统的点波束动态配置和较强的语音数据传输能力，使得其在美国应急通信和辅助地面蜂窝网通信中发挥了重要作用。

参考文献

[1] 闵士权. 卫星通信系统工程设计与应用[M]. 电子工业出版社，2015.

[2] 刘功亮，李晖. 卫星通信网络技术[M]. 人民邮电出版社，2015.

[3] 李晖，王萍，陈敏. 卫星通信与空间光网络[M]. 西安电子科技大学出版社，2018.

[4] 刘进军. 全球卫星通信——低轨道通信卫星[J]. 卫星电视与宽带多媒体，2013，（14）：25-31.

[5] 陈如明. 中，低轨道卫星通信[J]. 电信科学，1997，（11）：43-46.

[6] 陈锋，郭道省，杨龙. 国外典型 GEO 卫星移动通信系统发展概况及展望[J]. 军事通信技术，2012，33（3）：5.

第九章　星上激光/微波混合交换技术

显著不同于地面信息网络，空间信息网络具有三个最突出的特征，网络结构时变、网络行为复杂和网络资源受限。因此，从链路和网络两方面的现状和特征约束下，如何实现空间信息网络异构信息在网络节点上的高效交换成为空间信息组网的枢纽问题之一，这个问题可以进一步表现在以下三个方面。

（1）空间信息网络异构信息需要深度融合的混合交换：为何融合交换？

空间信息网络异构信息的特点：一是业务种类较多。从服务角度来看，业务种类包括中继业务、通信业务和测控业务；从应用角度来看，业务种类包括话音业务、数据业务、图像业务及视频业务。多种业务仅靠单一信息传输与分发技术难以支持。二是链路种类较多。各频段微波链路、激光链路等多种链路承载的信息之间难以通过单一处理技术完成相互交互。三是信息颗粒度不均衡。大粒度骨干/接入信息、中粒度汇聚信息、小粒度灵活接入信息、多粒度信息同时传输与分发难度大。四是大时空尺度下信息分布不均匀。在时间、区域两个维度上，信息呈稀疏分布，难以充分利用空间信息资源。因此空间信息网络只有实现深度融合的混合交换，才能充分发挥其在时间和空间上众多独有的优势，为各类用户提供高效服务。

（2）空间信息网络异构信息深度融合的交换层面：在哪融合交换？

由前述可知，由于空间信息网络异构信息种类、颗粒度大小、传输链路及分布均衡性差异巨大导致空间信息传输、处理与分发方式迥异。因此有些信息为提高灵活性和抗干扰性等需要进行再生处理转发；有些信息因处理复杂度过高需要进行地面处理；有些信息因时效性要求需要实时转发；有些信息因传输难度大需要小粒度化传输；有些信息因接入对象通信体制不同，需要透明转发来屏蔽通信体制差异；有些信息因为星间链路数量有限，不同业务（如中继业务与测控业务）需要复用传输、混合分发。传输、处理及分发的差异性即行为复杂，导致空间信息网络异构信息交换层面的巨大差异，因此空间信息网络异构信息深度融合交换表现在同时有物理层（如微波射频链路级、激光链路级）、链路层、网络层，以及跨层交换的需要。

（3）空间信息网络异构信息深度融合的交换方式：如何融合交换？

空间信息网络异构信息行为涉及信息汇聚、融合、分发、控制与管理，信息交换的层面在物理层、链路层、网络层均有可能出现。仅靠现有电路交换（如光交换、射频交换）或分组交换等单一交换方式及其简单组合形式，无法适用于结构时变、行为复杂、资源紧张的空间信息网络。故申请人认为，对于空间信息网络异构信息深度融合的交换方式，首先从网络角度来看，是以任务要求、网络行为为信息交换的策动，以空间网络节点为信息交换的平台，以光/射频/分组混合交换为网络信息交换的执行者。而此处深度融合混合交换的内涵是：空间骨干传输与灵活接入业务的混合、空间多粒度业务的分发与疏导、空间异质业务一体化管理与控制的实施。因此，作为一种面向空间信息网络异构信息的新型交换形式，光/射频/分组混合交换在跨层信息的统一表征、混合交换机制、混合交换方法、混合交换的控制与管理等方面亟待突破。

目前我国正处于空间信息网络发展进程的关键时期，通信卫星、中继卫星、遥感卫星、高分辨率对地观测系列卫星、北斗导航系列卫星、载人航天与深空探测等各类航天器系统都呈现全区域覆盖、网络扩展和协同应用的发展趋势，需要提升空间信息网络异构信息的时空连续支撑能力，解决高动态调节下空间信息网络异构信息的全天候、全区域快速响应、大范围覆盖及异构数据流聚合、分发问题。综上所述，在混合链路、异构网络、异质业务条件下，各节点信息的不同交换体制的融合成为实现空间信息网络高效组网运行亟待解决的科学问题。

星上交换能有效提高时延性能，方便用户共享带宽，利于点对点通信，使用灵活性高，因此星上交换是卫星通信技术发展的一个新方向。弯管式转发器是最早的星上交换设备，该设备对信号不进行深入处理，只完成频率转换、信号放大等功能，故该方式也称为透明式转发。但随着话音业务、互联网数据接入业务和多媒体业务的增多，人们对信息传输的时效性、频率的使用效率和数据传输速率提出了更高的要求。人们选择了更复杂的星上 ATM/IP 基带交换技术解决以上问题，从而克服了时延、频谱使用效率、大容量信息的高速交换问题。以上技术都以微波为信息传输的载体。

从技术特点来看，以微波链路为主的空间信息网络基本满足现有通信、导航、遥感和测控任务的需求，但从长远来看，受微波频率的限制，空间平台在处理速率、通信容量、抗干扰能力等方面存在的局限性使其难以满足未来空间信息网络向下支持对地观测的高动态、宽带实时传输，向上支持深空探测的超远程、大时延可靠传输的需求。从军事应用来看，随着空天信息化武器装备的高速发展，未来空天战场对天基信息支援需求将急剧增加，这对空间信息网络的数据传输与分发能力必将提出更高的要求。若单纯依靠提升微波通信频段来提高传输速率，随着通信频段的提升、信道和天线波束数量的增加，必将导致空间平台有效载荷复杂性剧增。由此看来，面向未来空间信息高动态、宽带实时、可靠传输的需求，微波链路的能力局限问题将会越来越凸显。

激光链路是另外一个选择。基于激光链路的空间光通信系统具有容量大、体积小、抗干扰能力强、保密性好等优势。多年的实践说明星间激光链路可以解决传输问题，但也带来了另一个问题：节点的交换方式依然是星上电交换技术，而链路是光链路，它们之间不仅需要 O/E/O 转换，而且存在巨大的速率差距，导致空间信息网络激光链路方面的优势不能得到很好的体现，因此星上光交换技术被提上日程，星上波长交换技术、星上光交换技术等成为空间信息网络的研究热点。但是由于光器件和光逻辑技术发展不完善，目前光器件控制技术仍以电控为主，因此星上光交换技术还不能完全替代星上电交换技术。除此之外，由于星上电交换技术较为成熟，方便传输话音及小粒度业务，因此星上电交换技术暂时不会完全退出，所以未来一段时间将是星上混合交换技术阶段。

9.1　星上电交换技术

9.1.1　透明转发方式

透明转发方式指"弯管"（Bent Pipe）式处理技术。在该方式中，星载转发器通常只完成信号放大和频率切换，不对信号内容进行改变，对网络协议透明，与信号形式无关，转发处理灵活简单。在透明转发方式下，上行信号经变频、功率放大，转发至下行信道。例如，日本的 WIND 卫星就可基于透明转发方式实现 600Mbps 和 1.2Gbps 的高速数据传输。图 9-1 所示为 WINDS 星上转发器结构。

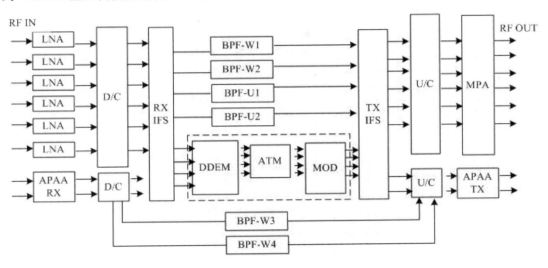

图 9-1　WINDS 星上转发器结构

9.1.2　星上 ATM 交换

异步传递模式（Asychronous Transfer Mode，ATM）是一种面向连接的、异步时分复用的信息传递方式。ATM 以其良好的流量控制机制、可靠的 QoS 保证、高效的带宽利用率等突出优势被广泛应用，并从 20 世纪 90 年代起成为卫星通信领域的一个研究热点。

星上 ATM 交换参考地面 ATM 技术，使用虚拟通道标识符（Virtual Path Identifier，VPI）标识地球站，为网络内的地球站分配 VPI，地球站根据 VPI 为卫星配置路由表。星上 ATM 交换的功能类似 VP（Virtual Path）交换。星上 ATM 交换的工作过程如图 9-2 所示，卫星天线接收星际载波信号，经解调、解码后获得 ATM 信元，送入开关矩阵，再根据路由信息经基带路由交换发送到相应端口，最后经编码、调制后发出。

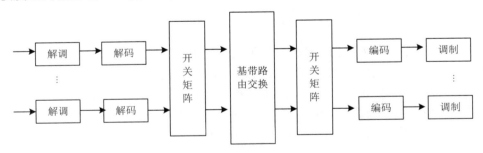

图 9-2　星上 ATM 交换的工作过程

星上 ATM 交换参考并改进了地面 ATM 技术，使之更适合卫星通信需求。目前采用星上 ATM 交换的部分卫星通信系统如表 9-1 所示。

表 9-1　目前采用星上 ATM 交换的部分卫星通信系统

系统名称	运营时间	卫星	高度（km）	频段	网络结构	星上交换	接入方案	传输速率（Mbps）	业务
Teledesic	2005 年	288LEO	1375	Ka	IP/ATM ISDN	分组交换	MF-TDMA ATDMA	标准：0.0162 高速：155.21244 （13.3Gbps）	"空中因特网"高质量话音、数据、视频
Skybridge	2001 年	80LEO	1469	Ku	IP/ATM	N/A	CDMA TDMA FDMA	0.016~60	高比特率因特网接入、交互式多媒体业务
Spaceway	2002 年	16GEO 20MEO	36000 10352	Ka	IP/ATM ISDN、帧中继	基于 ATM	MF-TDMA FDMA	0.016~50 （10Gbps）	高速因特网 BoD 多媒体
Astrolink	2003 年	9GEO	36000	Ka	IP/ATM ISDN	基于 ATM	MF-TDMA FDMA	0.0168~448 （6.5Gbps）	高速多媒体业务
Cyberstar	2001 年	3GFO	36000	Ka	IP/ATM 帧中继	分组交换	MF-TDMA CDMA	0.064~622 （9.6 Gbps）	因特网接入、VoD 宽带业务

9.1.3　星上 IP 交换技术

星上 IP 交换与星上 ATM 交换的不同在于其以不定长的 IP 分组为交换单位。星上转发控制设备根据 IP 分组携带的控制信息进行转发表的查找，然后通过交换开关把分组交换到合适的输出端口。星上 IP 交换的封装如图 9-3（a）所示，其结构如图 9-3（b）所示。

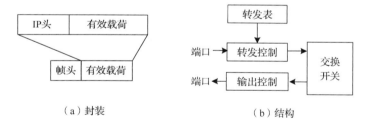

（a）封装　　　　　　　　　　　（b）结构

图 9-3　星上 IP 交换

由于 IP 网络的"尽力而为"特性，为了提供可靠服务，星上 IP 交换的研究集中在几个方面：①可靠传输技术研究。由于卫星时刻处于高速运动状态，卫星拓扑周期性变化，因此必须对现有 TCP/IP 协议进行修改，以保证数据的可靠传输。②星上 IP 交换的结构设计和调度算法设计。由于航天级器件性能有限，必须通过其他手段弥补对系统性能的影响，所以高效的交换结构和调度算法是研究的一个重点。Teledesic 系统和 Cyberstar 系统是采用星上 IP 交换的典型卫星系统。

9.1.4　星上 MPLS 技术

星上多协议标签交换（Multi-Protocol Label Switching，MPLS）技术将 ATM 与 IP 技术相结合，采用标签交换方式，在 ATM 层直接承载 IP 业务。与 ATM 和 IP 技术相比，其特点是：①扩展了路由协议。②简化了网络管理，无论是分组还是 ATM 信元，MPLS 都采用通用的方法来寻找路由，转发数据，允许使用已有的方法实现流量工程、QoS 路由等。基于以上特点，2003 年开始人们把它与空间光网络进行了综合研究，研究集中在几个方面：①卫星 MPLS 组网方案设计。②考虑 QoS 的 MPLS/IP 协议下低轨星座网路由算法研究。③MPLS 空间光网络流量工程问题。

9.1.5　星上电突发交换技术

透明转发方式端到端时延较长，而星上 IP/ATM 交换等需要把整个数据包进行 DDD（Demultiplexing，Demodulation，Decoding）操作才能转发数据包，但实际上只需要对分组头进行 DDD 操作就可完成交换，把数据部分也进行以上操作既增大了星上部件的复杂度，又浪费了星上有限的资源。所以 ESA 资助 ULISS（Ultra fast Internet Satellite Switching）项目设计了一种新的半透明快速交换技术（Radio Burst Switch，RBS）。该研究受到光突发交换技术的启发，把分组头和数据信息分开发送，提前发送分组头（控制信息），在星上只对分组头进行 DDD 操作，其作用是为后到的数据信息建立传输链路，数据信息只透明地通过交换机到达目的端口，该项目的应用场景是下一代宽带 Ka 频带通信卫星系统（提供点对点和点对多点通信业务），如图 9-4 所示。

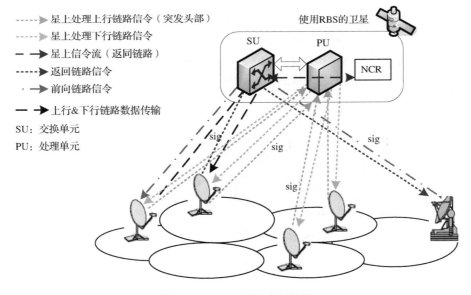

图 9-4　ULISS 项目应用场景

9.2　星上波长交换技术

光交换是指将输入的光信号在光域交换到输出端口的技术，即在交换过程中不经过任何光/电转换，可以充分发挥光通信频带宽、速率高、抗电磁干扰能力强、功耗低等优势，是交换技术发展的新方向。光交换技术能有效缓解交换系统的"电子瓶颈"，是实现全光卫星和光网络的重要支撑技术。目前对星上光交换的研究主要集中在光路交换（包括波长交换、波带交换、光纤交换等）和光突发交换方面。

光交换技术按照交换粒度的不同，大概可以划分为光路交换（Optical Circuit Switching，OCS）、光突发交换（Optical Burst Switching，OBS）、光分组交换（Optical Packet Switching，OPS），其中光路交换较为成熟。目前应用较多的光波长交换技术是以波长为交换粒度的光路交换。

光路交换在通信前需要用信令在主叫端与被叫端之间建立光连接，通信期间始终保持连接，通信结束时再用信令拆除连接。光连接可以是独占的一条光纤线路、一个或多个波长，也可以是光复用线上的一个信道，但是通信期间被某两个节点独占而不共享。光路交换具有技术成熟易于实现的优势，可满足海量数据对交换速度、容量的要求。

波长交换也称为波长路由交换，是以波长为交换粒度的光路交换，使用该交换技术的网络称为波长路由网络，光交叉互连设备可以实现波长路由交换。

波长路由网络的主要任务是在一定的条件下为光通道分配可用的路由和波长，即 RWA（Routing and Wavelength Assignment）问题。按照路由能否根据需要建立该问题可分为静态路由和动态路由两种。把波长交换技术应用到空间光网络中，是空间光网络全光化的一种实现方式。目前，人们已经开展了对星上波长交换技术的初步研究。

日本早在 1997 年就提出了采用波分复用星间链路（Wavelength Division Multiplexing Inter-Satellite Links，WDM ISLs）技术建立下一代低轨卫星通信系统（Next-Generation LEO System，NeLS）的设计计划，其组网结构如图 9-5 所示。NeLS 系统具备星上 ATM/IP/MPLS 交换能力。2003 年报道了星间激光链路 WDM 实验，数个卫星节点通过星间激光链路连接成一个环形拓扑，链路间采用四波道的 WDM 技术和掺铒光纤放大器（Er-Doped Fiber Amplifier，EDFA）。实验过程中同一轨道间相邻卫星通信采用波长交换技术，不同轨道间则采用传统的 ATM 交换技术。采用波长选择作为空间飞行器路由策略，不同波长代表不同目标卫星链路，不同波长共用一条星间链路，形成 WDM ISLs。

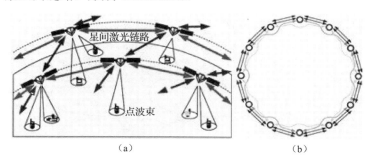

（a）　　　　　　　　　　　　　　　　（b）

图 9-5　NeLS 组网结构

欧空局的 LSOXC 项目以星上大规模 MEMS 设计与制造为目标，构造空间信息光交叉连接器（OXC），该方案采用微波输入/输出，交换在光域进行的方式，其组成结构如图 9-6 所示。欧空局在 2006—2010 年工作总结中显示，已在 Darwin Mission 和 XEUS 项目中研制了无阻塞 8×8 星上光交换机，实验证明性能良好。R.Suzuki 在 NeLS 系统的基础上，提出了基于波长路由（WR）的星上光交换波长分配和静态、动态路由选择算法。

中国科大团队提出了在星地链路中用微波链路，而在空间网络中用 WDM 光链路，在接入星处用副载波调制光信号，完成微波/光的转换，在空间光网络中用波长方式进行路由的设想，其系统模型如图 9-7 所示。

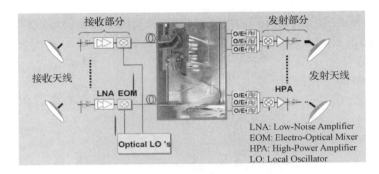

图 9-6 基于 MEMS 的星载 OXC 组成结构

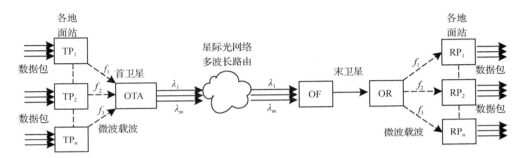

图 9-7 星上副载波光调制系统模型

9.3 星上光突发交换技术

9.3.1 基本原理

1999 年，乔春明在光路交换（OCS）和光分组交换（OPS）的基础上，提出了光突发交换技术（OBS）。OBS 融合了 OCS 和 OPS 的优点，回避了它们的缺点，是一种在器件要求和交换粒度之间平衡折中的方案。其交换单位为突发数据包（Burst Data Packet，BDP），长度介于波长和分组之间，由多个分组汇聚而成。OBS 对光电子器件的要求比 OPS 低，容易达到要求；系统开销比 OPS 小，能达到较高的资源利用率，可有效支持突发性强的业务。

OBS 网络由节点和 WDM 光链路组成，网络节点分为边缘节点和核心节点。边缘节点处于网络边缘，核心节点位于网络内部，WDM 光链路连接各个节点。OBS 网络结构如图 9-8 所示，灰色部分是 OBS 网络的范围。

数据包到达 OBS 网络边缘后，由入口边缘节点（Ingress Node，IN）按照数据包的目的地址和服务质量要求（Quality of Service，QoS）信息，对数据包进行分类，同类数据包缓存到同一个队列中；然后按照某种组装算法把队列中的数据包封装成 BDP，并产生与之一一对应的突发控制包（Burst Control Packet，BCP）。组装完成后先把 BCP 按照规定路由发送给邻近核心节点（Core Node，CN）进行资源预留。如果所需资源空闲，则核心节点将根据 BCP 信息为即将到达的 BDP 预留输出端口和波长，并对后到达的 BDP 进行透明交换。BDP 到达出口边缘节点（Engress Node，EN）后，将被拆装为数据包，进而发送到子网或终端用户。

边缘节点提供了多种类型的网络接口，可通过 OBS 骨干网连接多种形式的网络。边缘节点功能可通过分层结构表示，其分层结构如图 9-9 所示。

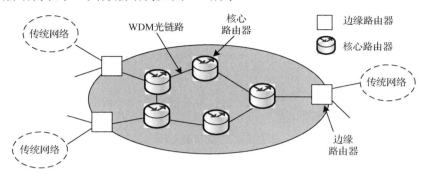

图 9-8　OBS 网络结构

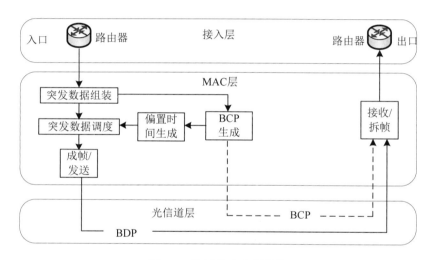

图 9-9　边缘节点分层结构

BDP 发送之前通过带外信令（单独的控制信道）建立通信链路的过程称为资源预留（一般用单向资源预留）。带外信令 BCP 在核心节点需要经过 O/E/O 过程（信令部分数据量少，电处理速度可以达到要求），这样可以把 BCP 转换到电域进行解读，完成预留操作。BDP 等待一段设定的时间（称为偏置时间 OT，Offset Time）之后被发送出去，沿着预留过的路径直接传输，中间节点不进行 O/E/O，只在光域透明转发，到达目的边缘节点后再用解封装功能把数据分组释放出来。数据信道直接传输 BDP 不需要光电转换，降低了对光器件的要求，BDP 与 BCP 分离信道传输示意图如图 9-10 所示。

OBS 网络的主要特点：①交换粒度中等。BDP 由多个分组组装而成，粒度介于单个分组和波长之间。与 OPS 相比，OBS 具有较低的控制开销。②相比 OCS，OBS 中数据信道可统计复用，能有效地利用链路带宽。③使用带外信令方式，中间节点只对 BCP 进行 O/E/O，降低了对光器件的要求；BDP 在光域直通，消除了电子瓶颈导致的带宽扩展困难问题。④单向资源预留可大大降低端到端时延。⑤可支持业务 QoS 要求。

OBS 网络的关键技术包括：光突发交换网络边缘节点组装算法；资源预留机制；数据信道调度算法等。

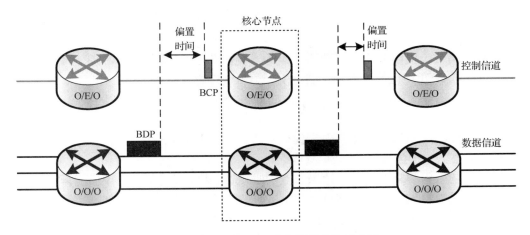

图 9-10　BDP 与 BCP 分离信道传输示意图

1. 光突发交换网络边缘节点组装算法

为了利用光信号带宽大的优点，避免光器件的不足，OBS 把控制信息和数据信息分开传送。为了降低系统开销，减少控制信道的数据量，边缘节点把粒度较小的 IP/ATM 包汇聚成粒度较大的 BDP，该过程称为组装，是边缘节点的主要功能。分组到达后，边缘节点按照目的地址和 QoS 分类（由分类器 Classifier 完成），并缓存到队列中，当分组缓存的时间或数据量达到设定的门限后，由组装器（Burstifier）生成 BDP，同时生成对应的 BCP，并送入调度器（Scheduler），再由调度器分配波长信道，然后按照调度结果先发送 BCP，再发送 BDP，组装过程如图 9-11 所示。

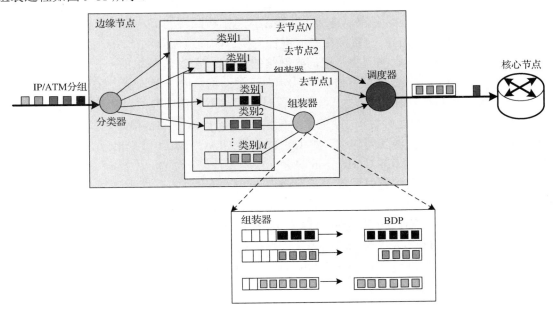

图 9-11　边缘节点组装过程

组装算法是 OBS 网络研究中的热点问题，人们已经提出了 4 种基本组装算法。

（1）基于固定时间门限的组装算法，即在缓存中设置计时器，当组装时间结束时，产生

BDP，复位计时器，开始另一个组装过程。在这种方式下，组装周期是固定的，BDP 是变长的。

（2）基于固定长度门限的组装算法，即在缓存中设置计数器，当队列中的数据量达到设定长度时，生成 BDP，计数器重置，进行下一个组装过程。

（3）基于固定长度门限的组装算法产生的 BDP 长度固定，但组装时间是可变的，对核心节点来说，BDP 的到达间隔是可变的。实质上，基于固定长度门限和固定时间门限的组装算法本质上是相似的，因为如果按照固定到达率计算，基于固定长度门限可以反映时间周期的长度，反之亦然。

（4）混合门限组装算法，即在边缘节点同时设置长度门限和时间门限，达到任一个门限要求就可以完成数据包组装。在高负载情况下，只要队列中的数据量达到长度门限，就可以完成组装，有利于降低系统时延，且 BDP 的长度差距不会太大，有利于系统同步；在低负载情况下，可在时间门限到达时生成 BDP 而不必等到长度门限到达，这样可以把组装时延控制在一定的范围内，有利于网络整体性能的提高。但是，该算法也有一定的缺点。高负载时，该算法相当于长度门限算法；低负载时，相当于时间门限算法，仍然存在 BDP 的时间同步现象（不同边缘节点产生 BDP 的时间非常接近时产生的现象），其缺点与在固定门限的情况下相似。

（5）自适应门限封装算法，根据系统负载量的变化，动态地改变组装门限值（包括时间门限和长度门限），或者只调整一种门限或两种门限同时调整。为了能根据负载的变化调整门限值，自适应门限封装算法必须增加计量器来测量各队列数据到达率。

2. 资源预留机制

完成光突发交换组装算法后，边缘节点要把 BDP 对应的 BCP 提前一个偏置时间发送出去，为后续发送的 BDP 预约资源，建立传输链路，包括按照目的节点和服务质量预留所需带宽，配置光交换机，使 BDP 能直接在光域进行交换。因而资源预约成功与否，关系到 BDP 的全光域交换成功与否，影响到整个空间光网络的性能，是 OBS 网络的一项关键技术。

按照资源预留方式，资源预留协议可以分为两类：①单向资源预留。②双向资源预留。在单向资源预留协议中，BCP 发送出一个偏置时间后，不等待应答消息从目的节点返回就把 BDP 发送出去。因此，在这种协议中，偏置时间的大小介于 BCP 的传播时延和往返时延之间。学者们提出了很多单向资源预留协议，如 Tell And Go（TAG）、Just-In-Time（JIT）、JumpStart、JIT+、Just-Enough-Time（JET）、Horizon 等。

双向资源预留协议的偏置时间等于从发送出 BCP Setup 消息到接收到 Ack 应答信息的时间。这种协议的优点是一旦接收到 Ack 应答信息就意味着从源节点到目的节点间的资源都预留好了，可以放心地传输，丢包率性能较好；但是其缺点也很明显：偏置时间较长，从而导致整个网络的建立链路时延较长，对于突发性较强或数据量较少的数据业务，网络资源利用率较低。双向资源预留协议有 Tell And Wait（TAW）协议和波长路由 OBS 网络协议（Wavelength Routed OBS network，WR-OBS）。

3. 数据信道调度算法

数据信道调度算法，就是网络节点根据资源预留请求，为相应的 BDP 分配合适的出口波长信道，即当 BCP 到达核心节点时，调度器应该为即将到达的 BDP 找到一个可用的交换机数据信道作为输出信道。简单快速的数据信道调度算法对于构建可扩展的网络至关重要。节点如果具备较小的处理时延和较高的处理速度，既有助于减小端到端的业务延时，又有助于缓解节点在高负载下的拥塞处理速度，降低 BDP 阻塞率；OBS 网络将控制信道与数据信道相分离，如果采用延迟预约，那么信道上就会产生空隙，因而好的数据信道调度算法必须能够有效利用这些空隙，提高带宽利用率。

学者们提出了多种调度算法，如最近可用未调度（Latest Available Unscheduled Channel，LAUC）、最迟可用未使用信道方法-空隙填充（Latest Available Unused Channel with Void Filling，LAUC-VF）、PWA 算法、BORA 算法、WS 算法（Window-based Scheduling，WS）等。

9.3.2　基于报文突发交换技术的星上交换方式

国防科大团队提出了基于报文突发交换（Packet Burst Switch，PBS）技术的星上交换方式，这是一种借鉴 OBS 技术设计的星上光电混合交换方式。把 MEO 通信卫星作为中继卫星/接入卫星，负责为 LEO 应用卫星传输数据。LEO 应用卫星以微波形式接入卫星骨干网，MEO 通信卫星完成微波/光的转换，其卫星骨干网由接入卫星、中继卫星和星间激光链路组成，星间采用 WDM 激光链路，以波长代表信道，其中一个信道用作信令传输，其余作为数据信道，组成的网络结构如图 9-12 所示。

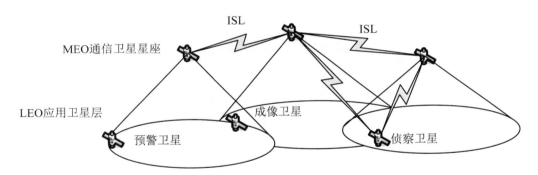

图 9-12　PBS 技术采用的 MEO/LEO 双层空间光网络结构

基于报文突发交换技术 PBS 星上交换方式设计了星上 PBS 交换的网络协议栈结构，在物理层和 IP 层之间增加了汇聚与分解子层，其协议栈结构如图 9-13 所示。从三个方面对基于 PBS 技术的星上交换方式进行了研究。

1）突发数据分组的超前汇聚算法

在超前汇聚算法中，借用了 MPLS 等价类 FEC（Forward Equivalence Class）的概念：把有相同出口边缘路由器地址、QoS 要求的 IP 分组定义为转发等价类 FEC。接入卫星把属于同一个 FEC 的 IP 分组汇聚成突发数据分组，并产生控制分组，同时完成信号的微波调制到激光调制的转化。采用分离控制延迟转发（Separate Control Delay Transmit，SCDT）方式发送数据分组和控制分组。首先发送控制分组，为突发数据分组提前预订传输信道。如果带宽得到预定，那么光信号形式的突发数据分组就不再进行 O/E/O 转换，而直接在光域上完成交换转发。

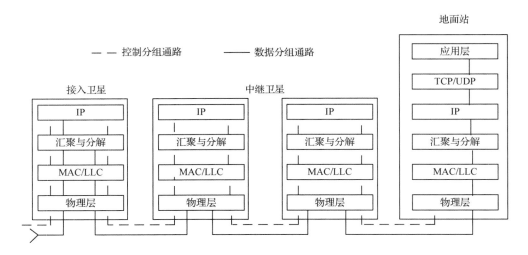

图 9-13　基于 PBS 技术的星上交换方式的网络协议栈结构

超前汇聚算法就是当一个 FEC 中的第一个 IP 包到来时，产生控制分组并发送出去。这里控制分组中包含的突发长度信息是最大突发长度，采用混合门限，并且当长度门限达到而时间门限未达到时要暂时缓存突发数据分组一段时间，等待 Timer 时间到达。该算法如图 9-14 所示。

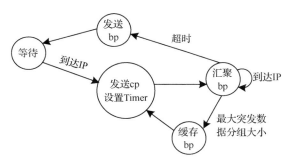

图 9-14　超前汇聚算法

2）输出端口轮询信道分配算法

输出端口轮询信道分配算法根据突发数据分组到达时间对请求输出到同一端口的突发数据分组排序，并按照顺序为到达的突发数据分组分配信道。

9.3.2　基于 Round-Robin 的星上光突发交换混合门限组装算法

1. 星载光交换组装算法设计时考虑的问题

星载光交换组装算法设计时主要考虑的问题有：①业务种类多，QoS 要求不一致。有的业务对时延敏感，有的业务对丢包率敏感，针对这些需求，在设计系统时需要系统地、折中地考虑交换和调度方法。②星上资源有限，算法复杂度不能太高，否则会耗费大量能源，导致卫星寿命降低。③通信时间受限，对通信链路的利用率要求较高。空间光网络的通信时间受到卫星间相对运动的影响不能随时建立连接，通信时间受到一定的限制，且卫星间距离遥远，通信质量受到影响，这就对通信期间光链路的利用率要求较高。④光纤延迟线缓存时间有限，性能有限，故星上不可能携带大量光纤延迟线。综上，星载光交换组装算法设计时要考虑空间光网络的多种局限和要求，比较之后选用混合门限方式。

根据研究，该组装算法时间门限处于一个区间中，即

$$T_{ETE} \geqslant T_{\min} \geqslant \max\left[\frac{K}{k \times \mu}, W(\lambda_c)\right] \tag{9-1}$$

长度门限也处于一个区间中，即

$$R \cdot \mathrm{Erlb}(P_b, \lambda, \omega) \geqslant L_{th} \geqslant \frac{\eta \times T_{oxc} \times R}{1 - \eta} \tag{9-2}$$

通过图 9-15 可以表达时间门限和长度门限可以取值的范围。只要组装时间和组装门限处于式（9-1）和式（9-2）规定的范围内。

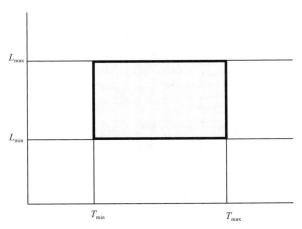

图 9-15　混合组装门限取值范围示意图

2. 星载光交换组装算法

结合空间光网络的特点，对基于 Round-Robin 的组装算法进行改进：LEO（相当于边缘节点）把来自各个传感器的数据分别按照数据的优先级（QoS）和目的地址存储到不同的缓存中，每个缓存队列都配置一个组装器，如图 9-16 所示。

组装步骤如下：①每个组装器首先填入缓存队列中的数据。②high priority 数据队列中的数据如果组装时间下限 $T_{\min}$ 结束仍然填不满最短突发长度 $L_{\min}$，则按照异步方式进行轮询和混合组装，即当 high priority 数据在 $T_{\min}$ 内填不满最短 BDP 时，才填入其他优先级数据，直到达到时间门限的最大值 $T_{\max}$；在轮询期间，每个队列不相互等待，只要队列满足组装条件，就可产生一个 BDP。③若 high priority 数据在时间 $T_{\min}$ 内能够填满 $L_{\min}$，则此 BDP 只传输 high priority 数据，否则 BDP 中是混合数据。④若在 $T_{\max}$ 到达且 low priority 数据填入后仍然不能填满 BDP，则填入空闲数据。⑤low priority 数据队列组装基于最长时间门限和最短长度门限方法，high priority 数据队列组装基于最短时间门限和最长长度门限；高低优先级数据混合组装时使用最长时间门限和最长长度门限。

混合组装的前提条件是：①只有目的地址相同的数据分组才能混装在一个 BDP 中。②只有 high priority 数据队列的组装才能轮询 low priority 数据队列，low priority 数据队列不能轮

询 high priority 数据队列，low priority 数据队列数据量不够时只能填入空闲数据，以提供 high priority 数据所需的 QoS 性能。

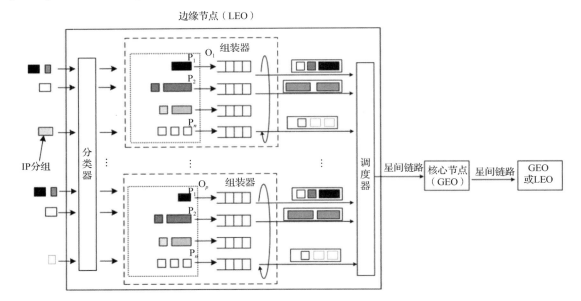

图 9-16   星载光交换网络边缘节点的组成结构及传输链路

BDP 中各优先级数据长度由 BCP 中的 length 字段标出。假设有 N 个优先级，则 BCP 中的 length 字段至少为 $N-1$ 个，这样在目的端可区分出不同的 IP 数据包。high priority 数据队列的组装器从 low priority 数据队列的头部取数据进行填充。可以看出，low priority 数据相当于"搭顺路车"，既减少了组装等待时间，又提高了星间光链路的利用率。

3．算法理论模型

1）空闲比特填充率

这里通过推导空闲比特填充率模型讨论 FZTFR 算法。假定系统有 N 个不同优先级的 BDP，P 个目的地址，则需要 NP 个数据队列，这些队列可认为是 $M/M/NP/L$ 排队系统，此处节点服务时间以 M 表示，服从指数分布，NP 表示系统中服务员的个数，即组装器的个数，L 表示系统的容量，即 BDP 的最大长度。

假设 clsss1 拥有最高的 priotity，而 classN 拥有最低的 priotity。任一类别的 BDP 单独到达时的指数分布率为 λ_i，它的平均传输时间为 t_i，因此任一类别的 BDP 的流量密度为 $\rho_i = \dfrac{\lambda_i t_i}{K}$，$K$ 为用于传输 BDP 的波长数目。IP 数据包的服务时间服从参数为 μ 的指数分布。

假设突发组装长度门限下限为 $L_{\min}$，上限为 $L_{\max}$，组装时间的门限分别为 $T_{\min}$ 和 $T_{\max}$。则在 $T_{\min}$ 时间内到达 k 个分组的概率为 $P(N=k) = \dfrac{(\lambda T_{\min})^k}{k!} e^{-\lambda T_{\min}}$，$k = 0,1,2,\cdots$，则在 $T_{\min}$ 时间内 IP 分组队列长度 B 的概率密度函数为：$f_B(x) = \sum_{k=0}^{\infty} P(n=k) f(x\,|\,k)$，其中 $f(x\,|\,k)$ 为有 k 个分组时到达队列长度的条件概率。由于 IP 分组长度服从负指数分布，k 个分组到达队列时队列长度为一个 k 阶爱尔兰分布，则

$$f(x \mid k) = \frac{\mu(\mu x)^{k-1}}{(k-1)!} \mathrm{e}^{-\mu x} \tag{9-3}$$

可得 $T_{\min}$ 时间内 IP 分组队列长度 B 的概率密度函数为

$$\begin{aligned}
f_B(X) &= \sum_{k=0}^{\infty} P(N=K) f(x \mid k) \\
&= \frac{(\lambda T_{\min})}{k!} \mathrm{e}^{-\lambda T_{\min}} \frac{\mu(\mu x)}{(k-1)!} \mathrm{e}^{-\mu x}
\end{aligned} \tag{9-4}$$

若高等级 IP 数据包不能在时间门限下限 $T_{\min}$ 到来时达到最短 BCP 长度，则从低等级队列中拿出一些数据填入，使之能达到最短突发门限长度。这些低等级队列数据也是在 $T_{\min}$ 时间内到达的，则在 $T_{\min}$ 时间内可能到达 $(L_{\min} - k)$ 个低等级分组的概率为

$$P(N = L_{\min} - k) = \frac{(\lambda T)^{L_{\min}-k}}{(L_{\min}-k)!} \mathrm{e}^{-2\lambda T} \tag{9-5}$$

则在 T 时间内填满最短 BCP 长度的概率为

$$P(N = L_{\min}) = \frac{(\lambda T)^k}{k!} \mathrm{e}^{-\lambda T} \frac{(\lambda T)}{(L_{\min}-k)!} \mathrm{e}^{L_{\min}-k} \mathrm{e}^{-2T} = \frac{(\lambda T)}{(L_{\min}-k)!k!} \mathrm{e}^{L_{\min}} \mathrm{e}^{-2\lambda T} \tag{9-6}$$

则系统的空闲比特填充率

$$P_{\mathrm{pd}} = \int_0^{L_{\min}-1} f_B(x) \mathrm{d}x \tag{9-7}$$

$f_B(x)$ 可以用一个 n 阶一般爱尔兰分布来近似，表达式为

$$f_B(x) = \frac{\mu_1(\mu_1 x)^n}{n!} \mathrm{e}^{-\mu_1 x} \tag{9-8}$$

式中，$n = 1/cv^2$；$\mu_1 = (1 - P + nP)m_1$，$P = \dfrac{1 - (2ncv + n - 2 - \sqrt{n + 4 - 4ncv})}{2(n-1)(cv^2+1)}$。

通过以上公式，可以计算出 BDP 的空闲比特填充率。

2. 链路利用率

在考虑保护时间的条件下，卫星光突发交换网络总的链路利用率为

$$\eta_{\mathrm{total}} = \frac{K-k}{K} \times \frac{T_{\mathrm{bs}}}{T_{\mathrm{bs}} + T_{\mathrm{oxc}}} \rho_b \tag{9-9}$$

式中，T_{bs} 为数据突发传输时间；T_{oxc} 为设备倒换时间；ρ_b 为单波长信道的业务量强度。从式（9-9）可以看出，在选取组装算法参数时，为保证较高的链路利用率，$\dfrac{T_{\mathrm{bs}}}{T_{\mathrm{bs}} + T_{\mathrm{oxc}}}$ 必须足够大，即突发传输时间与倒换时间相比要足够大。因此，在考虑 QoS 情况下，时间门限和长度门限必须满足以下条件

$$T_{\mathrm{th}} \geqslant \frac{\eta \mu QDT_{\mathrm{oxc}}}{\lambda(1-\eta)}, \quad L_{\mathrm{th}} \geqslant \frac{T_{\mathrm{oxc}}\mu\eta + \eta - 1}{\mu(1-\eta)} \tag{9-10}$$

式中，Q 为系统的 QoS 等级数；D 为目的地址数；λ 为 IP 分组以 Possion 过程到达时的参数；$1/\mu$ 为 IP 分组长度的平均值；$\eta = \dfrac{T_{\mathrm{bs}}}{T_{\mathrm{bs}} + T_{\mathrm{oxc}}}$。此处 $T_{\mathrm{bs}} = T_{\mathrm{ass}} + T_{\mathrm{sch}} + T_{\mathrm{tri}} + T_{\mathrm{del}}$，其中 T_{ass} 为边缘节点组装时间，T_{sch} 为调度时间，T_{tri} 为链路传输时间，T_{del} 为总的等待时延（包括组装时延、调度时延、交换时延等）。此处假定 T_{oxc}、T_{sch}、T_{tri}、T_{del} 为固定值，则当采用 FZTFR 算法时，

组装时间必须比 $T_{\min}$ 大。在低负载率情况下，比使用固定门限算法的组装时间要长，所以其链路利用率有了较大的提高。

3. BDP 丢包率

当类别 n 的 BDP 是被其他类别的 BDP 阻塞而不是被比它优先级低的 BDP 阻塞时，其 BDP 丢包率就是最小 BDP 丢包率。类别 n 的最小 BDP 丢包率可表示为

$$P_n \geqslant B(K, \rho_i) = \frac{\rho_n^k / k!}{\sum\limits_{k=0}^{K} \rho_n^k / k!} \tag{9-11}$$

4. 算法复杂度

网络负荷较大时，某一队列中的数据可在最短时间内填满最短 BDP 长度，不需要填充其他队列的数据，此时算法复杂度比 Round-Robin 轮询算法还要简单，所需的存储空间未增加；在最坏情况下，即某一队列的数据很少，在最短时间门限到来时仍不能填满最短 BDP 长度，则在 $(T_{\max} - T_{\min})$ 内轮询其他队列，插入其他队列的数据包，此时算法复杂度与 Round-Robin 轮询算法相当。所以 FZTFR 算法简单可行，易于实现，适合星上光突发交换网络。

5. 组装时延

为简单分析，假设此处只有 2 个优先级，分别为 0 和 1，0 代表高优先级，1 代表低优先级，它们的分组到达率分别为 λ_0 和 λ_1。

（1）完全由高优先级数据分组组成的 BDP 中第 λ 个分组的时延。

高优先级 BDP 的组装门限是 $T_{\min}$ 和 $L_{\max}$，只要达到其中一个条件就可以产生一个 BDP。则依据部分混合组装算法时延分析可知，高优先级 BDP 中的分组时延由两部分组成：达到长度门限和达到时间门限的时延的和，即时延的概率密度函数为

$$f_d(d) = \Gamma_d \left(L_{\min} - i, \lambda_0 \right) \left(1 - \frac{\Gamma_{\text{inc}} \left(i, \lambda_0 (T_{\min} - d) \right)}{(i-1)!} \right) + \Gamma_{T_{\min}-d} \left(i, \lambda_0 \right) \frac{\Gamma_{\text{inc}} \left(L_{\max} - i, \lambda_0 d \right)}{(L_{\max} - i - 1)!} \tag{9-12}$$

（2）完全由低优先级数据分组组成的 BDP 中第 λ 个分组的时延。

低优先级数据队列的组装基于最长时间门限时延 T_a 和最短长度门限时延 T_q，达到其中一个条件就可以生成 BDP，则依据部分混合组装算法时延分析可知，低优先级 BDP 中的分组时延由两部分组成：达到长度门限和达到时间门限的时延的和，即时延的概率密度函数为

$$f_d(d) = \Gamma_d \left(L_{\max} - i, \lambda_1 \right) \left(1 - \frac{\Gamma_{\text{inc}} \left(i, \lambda_1 (T_{\max} - d) \right)}{(i-1)!} \right) + \Gamma_{T_{\max}-d} \left(i, \lambda_1 \right) \frac{\Gamma_{\text{inc}} \left(L_{\min} - i, \lambda_1 d \right)}{(L_{\min} - i - 1)!} \tag{9-13}$$

（3）由高优先级数据分组和低优先级数据分组共同组成的 BDP 中第 i 个分组的时延。

混合 BDP 的组装基于最长时间门限时延 T_a 和最长长度门限 $L_{\max}$，达到任一条件即可生成 BDP。这种 BDP 由高优先级数据分组和其他优先级数据分组共同组成，计算第 i 个分组的时延时有两种情况：①第 i 个分组属于高优先级数据分组，其时延分为两部分，一部分是高优先级数据分组基于 $T_{\min}$ 和 $L_{\min}$ 的组装，此时由于时间达到了 $T_{\min}$，但长度未达到 $L_{\min}$，因此这部分时延的概率密度可表示为基于时间门限 $T_{\min}$ 组装算法的概率密度

$$f_{d_1}(d_1) = \Gamma_{T_{\min}-d_1} \left(i-1, \lambda_0 \right) = \frac{\lambda_0^{i-1} \left(T_{\min} - d_1 \right)^{i-2}}{(i-2)!} e^{-\lambda_0 (T_{\min} - d_1)} \tag{9-14}$$

高优先级队列中数据量未达到 $L_{\min}$ 时轮询开始，并组装低优先级数据分组，为了达到最长长度门限或最长时间门限，假设此时队列中高优先级数据分组长度达到 L，则剩下的组装可认为是长度门限为 $L_{\max}-L$，时间门限为 $T_{\max}-T_{\min}$ 的混合门限组装。若最后先到达时间门限 $T_{\max}-T_{\min}$，则其剩余的时延就是剩余的组装时间 $T_{\max}-T_{\min}$；若先到达长度门限，则其 BDP 中轮询得到的第 j 个分组时延的概率密度可表示为基于时间门限 $T_{\max}-T_{\min}$ 的组装算法的概率密度，结果如下

$$f_{d_2}(d_2)=\Gamma_{d_2}\left(L_{\max}-L-j,\lambda_1\right)=\frac{\lambda_1^{(L_{\max}-L-1)}d_2^{(2-J)}}{\left(L_{\max}-L-j-1\right)!}e^{-\lambda_1 d_2} \tag{9-15}$$

最终平均组装时延可通过分段积分得到。

② 第 i 个分组属于低优先级数据分组，其到达率为 λ_1，则其组装过程类似长度门限为 $L_{\max}-L$，时间门限为 $T_{\max}-T_{\min}$ 的混合门限组装，其时延的概率密度可以套用混合门限组装算法的概率密度公式，结果如下

$$\begin{aligned}f_d(d)=&\Gamma_d\left(L_{\max}-L-i,\lambda\right)\left(1-\frac{\Gamma_{\text{inc}}\left(i,\lambda_1\left(T_{\max}-T_{\min}-d\right)\right)}{(i-1)!}\right)\\&+\Gamma_{T_{\max}-T_{\min}-d}\left(i,\lambda_1\right)\frac{\Gamma_{\text{inc}}\left(L_{\max}-L-i,\lambda_1 d\right)}{\left(L_{\max}-L-i-1\right)!}\end{aligned} \tag{9-16}$$

4．仿真验证结果

以其中任一边缘节点为组装算法仿真对象。对 3 种不同的组装汇聚方法进行仿真。图 9-17 是不同组装算法下的空闲比特填充率比较，可以看出，FZTFR 算法相比 PRBA 算法，空闲比特填充率在高负载情况下相差不大，而在中低负载下空闲比特填充率降低较多，这也证明了 FZTFR 算法对降低空闲比特填充率有很明显的作用，尤其是当负载为 0.35 时，其空闲比特填充率比超前汇聚算法降低了 4.51 倍，比 PRBA 算法降低了 4.72 倍。

图 9-18 比较了 FZTFR 算法不同优先级数据丢包率，可得出高优先级数据的服务质量得到了有效的保证。负载较低时，高优先级 BDP 单个队列数据在最短时间门限内达不到最短长度门限，所以轮询插入了低优先级数据，此时低优先级数据的丢包率与高优先级比较接近；随着负载的增加，高、低优先级数据之间的丢包率差异逐渐明显。

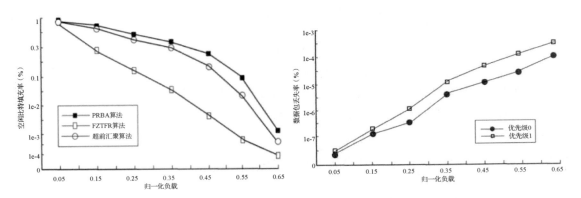

图 9-17　不同组装算法下的空闲比特填充率比较　　　图 9-18　FZTFR 算法不同优先级数据丢包率比较

图 9-19 比较了 FZTFR 算法与其他算法下类别 1 的丢包率，可以看出，由于采用了先进的轮询填充手段，低优先级数据可以"搭乘"高优先级数据的"车"，这样在分配数据信道时，可以有优先权，丢包率得到了较大改善。当负载为 0.35 时，FZTFR 算法的丢包率比超前汇聚算法和 PRBA 算法的丢包率低 2 个数量级，差距明显，随着负载的逐渐上升，差距逐渐缩小。超前汇聚算法类似固定时间门限算法，其丢包率在低负载时与 PRBA 算法接近，但从负载为 0.35 开始，其丢包率上升很快，原因在于其 BDP 生成时间接近，易于造成突发发送时间重叠，引起资源竞争，所以丢包率较高。

图 9-20 比较了 FZTFR 算法与其他算法下类别 1 的组装时延，可以发现，在单位负载较小时，FZTFR 算法的性能较为突出，在负载为 0.3 时，FZTFR 算法的组装时延比 PBRA 算法提高 18.7%左右，与超前汇聚算法持平。原因在于 FZTFR 算法时间门限有最长和最短 2 个门限，长度门限也有 2 个门限，门限较为灵活，而 PBRA 算法时间门限和长度门限都只有 1 个；随着负载逐渐增大，两种算法的组装时延逐渐接近，原因为二者都是混合门限算法，在负载较大时数据量能很快到达长度门限，所以组装时延逐渐接近。

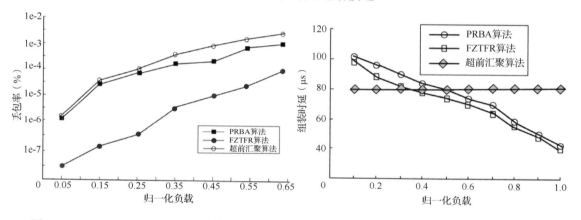

图 9-19　不同组装算法下类别 1 的丢包率比较　　　　图 9-20　不同组装算法下类别 1 的组装时延比较

综合上述分析，可以得出以下结论：①FZTFR 算法有效地降低了 BDP 的空闲比特填充率，提高了卫星光交换网络链路的利用率。②相比 Round-Robin、PRBA 和超前汇聚算法，FZTFR 算法提高了数据丢包率，但算法复杂度并没有因此增加。③相比 PRBA 算法，FZTFR 算法组装时延在低负载下更小，高负载下类似 PRBA 算法，但远小于超前汇聚算法。④相比超前汇聚算法，FZTFR 算法能支持 QoS 要求。

综上，FZTFR 算法达到了空间光网络通信的需求。不足之处是如果在低优先级数据队列快达到组装门限，而高优先级数据包恰好缺少几个 IP 数据包，希望从中"拿走"几个时，存在能不能拿走的问题，即低优先级数据队列中的数据在达到多长时可以被拿走，这是一个值得研究的问题，否则即使强行拿走也可能得不偿失，反而会导致低优先级数据时延加大，链路利用率反而降低。

9.3.3　基于突发流的卫星突发交换网络资源预留算法

1. 基于突发流的星上光突发交换资源预留算法

该算法基于建立的激光链路中继空间光网络场景。由于星上资源有限，卫星间相距遥远，卫星处于相对运动中，光接收功率较小，误码率较高且卫星节点数目有限，通信时间受限、星上业务单一、突发性较大，光缓存性能有限，且数据连续传输的概率较大、公平性和时延等要求，空间光网络中业务的发送具有较大的突发性和连续性，因此通过借鉴"宏突发"和"突发簇"的思想，对传统资源预留算法进行了改进。

把 BDP 区分为单个突发和突发流。单个突发就是某些路由相同、QoS 要求相同的 IP 数据包的数据量只能组装成一个 BDP，突发流就是在某段时间内某一业务的数据量较大，能够组装成多个 BDP，这些 BDP 的路由相同且连续发送。空间光网络中的应用卫星主要是为了获取感兴趣区域或时间的数据，在网络核心节点数不多的情况下（3 颗 GEO 数据中继卫星即可覆盖全球大部分区域），形成突发流的概率较大。

这里通过在 BCP 中设置标识域（Label Domain）来区分单个突发和突发流。设标识域的位数为 3，若标识域最高位为 1，则为单个突发；若最高位为 0，则为突发流。当核心节点收到 BCP（Setup）时，根据其携带的标识域判定突发类型。若为单个突发，则按照突发长度信息预留资源，并在 Wavelength（波长）字段写入预留好的波长号，发送完毕后释放资源，整个过程与 JET 方式完全相同；若为突发流，则只确定预留资源的起始时刻，前一个突发传送结束后不释放资源，而继续传送下一个突发，直到发送完突发流的最后一个突发后才释放资源。

OBS 网络中资源的状态用呼叫参考标识符 CRI（Call Reference Identifier）和入口节点地址共同确定，表明该资源是否被来自某入口节点的某突发（流）预留，同时在 BCP 中设置 CRI 和 Source Addr 字段来标示某个突发流。

BCP 的格式如图 9-21 所示。定义标识域中"011"表示突发流中第一个数据突发；"001"表示数据突发处于中间位置；"000"表示数据突发处于宏突发的最后位置；而"1xx"则为单个突发。波长字段用来对资源预留成功后的某一核心节点所使用的波长进行记录，目的在于当某些突发（流）使用的不是本优先级所分配的波长时，在下一个核心节点可以方便变换。BCP 中加入 CRI 表示该突发属于同一个突发流，然后再用标识域表示该突发在突发流中的位置（头、尾或中间突发）。

图 9-21　BCP 的格式

基于突发流进行资源预留的一个特点是每个 BDP 都拥有自己的 BCP，但是当前面的 BDP 预留成功后，后续到来的 BCP 只是进入交换控制单元检测是否是同一突发流中的 BDP，若是则直接通过，不必再重复进行预留和光交换矩阵的重置。若前面的 BDP 预留未成功，则按照 BCP 中的信息预留资源，后面的 BDP 依次通过即可。预留成功需要在资源列表中有标识。释放资源时通过检测标识域确定是否是最后一个 BDP，若是则发送完成后释放资源。

突发流形成的先决条件是当前一个突发汇聚完成时能够预先知道下一个突发的长度，此处可由边缘节点设置一个流量预测器来实现对下一个突发长度的预测，其预测结果通过 BCP 体现出来。突发流的生成过程如图 9-22 所示。

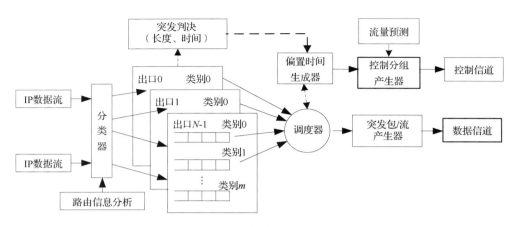

图 9-22　突发流的生成过程

2. 算法理论模型

1）吞吐量分析模型

在以上资源预留情况下，定义吞吐量为单位时间内平均发送的突发数。这里研究核心节点的吞吐量。根据研究，假设核心节点具有部分波长转换能力（γ 为波长转换率，$0 \leqslant \gamma$ 能变换的波长数/总波长数<1），总波长数为 W，数据信道波长数为 w 个，则控制信道波长数为 $(W-w)$ 个。当数据突发为突发流中的第一个 BDP 或不属于突发流时，资源预留和调度算法需要为该突发选择数据信道中的某个波长转发该突发，此时核心节点的资源预留过程可以看作一个 M/M/w/w 马尔科夫生灭过程。设系统中 BDP 的到达率为 λ，服务速率为 μ，则该系统的状态转移图如图 9-23 所示。在这种情况下，发生的概率 $b_i = P\{X_n + 1 = i + 1 \mid X_n = i\}$ =到达率×突发请求获得空闲波长的概率=$\lambda \dfrac{W-k}{W}$，P_q 为正处于"忙"状态的波长数。则稳态概率为

$$\pi_k = \begin{cases} \dfrac{\dfrac{\lambda}{\mu}}{1 + \dfrac{\lambda}{\mu} + \sum\limits_{j=2}^{w}\left(\dfrac{\lambda}{\mu}\right)^{j}\dfrac{1}{j!}\Pi_{i=1}^{j-1}\left(\dfrac{w-i}{w} + \dfrac{i\gamma}{w}\right)}, & k=1 \\[4mm] \dfrac{\left(\dfrac{\lambda}{\mu}\right)^{k}\dfrac{1}{k!}\Pi_{i=1}^{k-1}\left(\dfrac{w-i}{w} + \dfrac{i\gamma}{w}\right)}{1 + \dfrac{\lambda}{\mu} + \sum\limits_{j=2}^{w}\left(\dfrac{\lambda}{\mu}\right)^{j}\dfrac{1}{j!}\Pi_{i=1}^{j-1}\left(\dfrac{w-i}{w} + \dfrac{i\gamma}{w}\right)}, & k \geqslant 2 \end{cases} \tag{9-17}$$

则非突发流吞吐量可得

$$\beta = \sum_{k=0}^{\infty} k\pi_k \tag{9-18}$$

若某 BDP 在突发流中的序号大于或等于 2 时（标识域中"011"表示突发流中的第一个数据突发；"001"表示数据突发处于中间位置），该 BDP 不需要等待调度，直接使用资源预留过的波长进行传输就可以了，其吞吐量等于到达率乘以时间。设突发流持续时间为 t，则突发流持续期间产生的吞吐量为 λt。

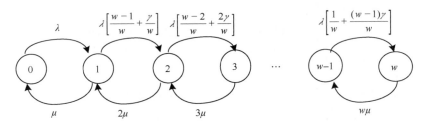

图 9-23　卫星光突发交换网络核心节点状态转移图

假设突发流在某段时间 T 中所占平均比例为 R，非突发流所占比例为 $1-R$，则在时间 T 内产生的吞吐量 β_T 大致可表示为

$$\beta_T = R \left\{ \frac{\dfrac{\lambda}{\mu}}{1 + \dfrac{\lambda}{u} + \sum_{j=2}^{w} \left(\dfrac{\lambda}{u}\right)^j \dfrac{1}{i!} \Pi_{i=1}^{j-1}\left(\dfrac{w-i}{w} + \dfrac{i\gamma}{w}\right)} + \lambda t \right\} + (1-R)\sum_{k=0}^{w} k\pi_k \qquad (9\text{-}19)$$

从式（9-19）可以看出，相比一般的资源预留算法，基于突发流的资源预留算法在一定程度上提高了系统的吞吐量。

2）时延性能分析模型

（1）边缘节点平均时延。

BDP 在输入边缘节点处的平均时延主要由三部分组成，分别是平均组装时延、调度时延和 BDP 与 BCP 的平均偏置时延，即 $T_{\text{edg}} = T_a + T_q + T_{\text{off}}$，$T_{\text{edg}}$ 为 BDP 边缘节点的时延，T_a 为 BDP 的组装时延，T_q 为调度时间，T_{off} 为 BDP 与控制分组的偏置时延。在三种时延中，偏置时延 T_{off} 用于补偿控制分组在核心节点的处理时间。一般要求 $T_{\text{off}} \geqslant H T_{\text{oxc}} + \sum_{i=1}^{H} \zeta_i$，其中 H 为数据突发传送所经历的最大核心节点数，T_{oxc} 为核心节点交换矩阵重配置时间，其值由底层硬件设备决定，是一个确定值，ζ 为控制分组在第 $1/\mu$ 个核心节点的处理时间，包括控制分组在核心节点的信号处理和排队时间。

这里的组装使用混合门限方法，即达到时间门限或长度门限都可以形成 BDP，这是在固定时间门限和长度门限的基础上的一种折中方法。将基于时间门限、长度门限和混合门限三种组装算法分别简称 FAT 算法、FBL 算法和 FTMMB 算法。定义 DFAT、DFBL 和 DFTMMB 分别表示三种算法的组装时延，同时设 $N(t)$ 为 $[0,t]$ 时间内到达组装器的 IP 分组数，τ_i 为一个 BDP 中第 i 个 IP 分组的平均时延，n 为一个 BDP 中包含的 IP 分组数。

FTMMB 算法可以看作 FAT 算法和 FBL 算法的结合，设 B_{th} 为组装长度门限，T_a 为组装时间门限。当组装 $B_{\text{th}-1}$ 个 IP 分组的时间小于 T_a 时，FTMMB 算法与 FBL 算法等同，当组装 $B_{\text{th}-1}$ 个 IP 分组的时间大于 T_a 时，FTMMB 算法与 FAT 算法等同，若令 P 为组装 $B_{\text{th}-1}$ 个 IP 分组的时间大于 T_a 的概率，$D_{\text{FAT}}^{\text{mean}}$ 表示基于时间门限平均组装时延，$D_{\text{FBL}}^{\text{mean}}$ 表示基于长度门限的平均组装时延，混合门限组装算法的平均组装时延如下

$$D_{\text{FTMMB}}^{\text{mean}} = PD_{\text{FAT}}^{\text{mean}} + (1-P)D_{\text{FBL}}^{\text{mean}}$$

$$= D_{\text{FAT}}^{\text{mean}} \sum_{n=1}^{B_{\text{th}}-1} \frac{(\lambda T_a)^n}{n!} e^{-\lambda T_a} + D_{\text{FBL}}^{\text{mean}} \left[1 - \sum_{n=1}^{B_{\text{th}}-1} \frac{(\lambda T)^n}{n!} e^{-\lambda T_a} \right] \tag{9-20}$$

（2）核心节点平均时延。

使用混合门限算法对 IP 数据包进行组装后输出的 BDP 长度分布可近似于 Poisson 过程。此处假设 K 为系统总波长数，k 为控制信道波长数，且边缘节点的缓存无限大。

若组装后的 BDP 是连续的突发流，则除了第一个 BDP，从第二个 BDP 开始的后续 BDP 只需标识值符合，其调度时延几乎为 0，在这种情况下的总的调度时延约等于第一个 BDP 的调度时延。若突发为单个 BDP 或突发流的第一个 BDP，则会根据 BDP 的优先级首先依次选择其对应的信道，若对应信道空闲则传送，此时所需的调度时延是 LAUC 算法的调度时延，假设为 tLAUC。根据 BDP 调度服务时间服从指数分布的规律，在这种情况下组装后的调度过程可近似认为是 M/M/K-k 系统。假设到达调度器的平均突发数为 N，突发平均到达率为 λ，则平均调度时延为

$$T = N / \lambda = \rho P_q / (\lambda(1-\rho)) \tag{9-21}$$

P_q 为 BDP 到达调度器之后，数据信道暂时没有空闲而必须等待的概率，根据 Erlang C 公式，P_q 可表示为

$$P_q = \left[p_0((K-k)\rho)^{K-k} \right] / [(1-\rho)(K-k)!] \tag{9-22}$$

则把式（9-21）代入式（9-22），可得

$$T = N / \lambda = \rho P_q / (\lambda(1-\rho)) = \frac{\rho p_0[(K-k)\rho]^{K-k}}{\lambda(1-\rho)^2(K-k)!} \tag{9-23}$$

对 BDP 来说，在核心节点以"直通"的方式进行交换，在核心节点只有一个光交换过程，所以核心节点的延时 $T_{\text{core}} = T_{\text{switch}}$。

若一个突发包在网络中经过了 H 个核心节点，2 个边缘节点，则平均端到端时延可表示为 $T_{\text{ETE}} = 2T_{\text{edge}} + HT_{\text{core}}$。

所以端到端时延可表示为

$$T_{\text{ETE}} = 2\left(T_a + T_q + T_{\text{off}} \right) + HT_{\text{switch}} \tag{9-24}$$

把 T_a 表达式代入式（9-24），则得到

$$T_{\text{ETE}} = 2\left\{ D_{\text{FAT}}^{\text{mean}} \sum_{n=1}^{B_n-1} \frac{(\lambda T_a)^n}{n!} e^{-\lambda T_a} + D_{\text{FBL}}^{\text{mean}} \left[1 - \sum_{n=1}^{B_n-1} \frac{(\lambda T)^n}{n!} e^{-\lambda T_a} \right] \right.$$

$$\left. + \frac{\rho p_0[(K-k)\rho]}{\lambda(1-\rho)^2(K-k)!} + T_{\text{off}} \right\} + HT_{\text{switch}} \tag{9-25}$$

式中，T_{off} 对某一突发包来说是固定值。

资源预留算法的变化可通过链路利用率体现。在考虑保护时间的条件下，星载光交换网络总的链路利用率可以通过公式表示为 $\eta_{\text{total}} = \frac{k}{K} \frac{T_{\text{bs}}}{T_{\text{bs}} + T_{\text{oxc}}}$。其中，$T_{\text{bs}}$ 为数据突发传输时间，T_{oxc} 为设备倒换时间，ρ_i 为单波长信道的业务量强度，K 为总的波长数，k 为数据信道数。在其他因素固定的情况下，通过使用突发流的资源预留算法，链路利用率随着设备倒换时间 T_{oxc}（光

交换矩阵的重置时间）的减小而逐渐增大。

3. 仿真及分析比较

为了考察 RRBS 算法的性能，使用该算法进行资源预留仿真，卫星数据要从卫星 E1 传送给地面站 OGS2，并在同样条件下使用 JIT、JET、DRR 算法进行星上光交换资源预留，并和 RRBS 算法进行比较，RRBS 算法应用 LAUC 调度算法。

假设 BDP 以泊松过程到达，到达率为 λ，BDP 的长度服从 $\frac{1}{\mu}$=0.1μs 的指数分布，边缘节点组装算法使用混合门限方法，边缘节点使用基于线性预测滤器。

流量预测算法。在相同的条件下使用不同的资源预留算法进行仿真，结果如图 9-24 所示。从图 9-24 的仿真结果可以看出，与 JIT、JET、DRR 算法相比，RRBS 算法时延最小，JIT 算法时延最大，这说明 RRBS 算法的性能相比 JIT、JET、DRR 算法有较大提高。负载为 0.5 时，RRBS 算法的端到端时延性能相比 JET 算法提高了 3.44%，比 DRR 算法提高了 9.38%，比 JIT 算法提高了 14%。原因在于 JIT 算法是显示建立和显示拆除的，中间节点只有在收到 RELEASE 消息时，才将预留的信道资源释放，这也造成了后续数据包等待时间较长，从而导致端到端时延性能不佳的结果。JET 和 DRR 算法都属于估算建立/估算拆除算法，所以在时延性能上比 JIT 算法要好。DRR 算法为了形成宏突发而在边缘节点处有一定的等待时间，而 RRBS 算法没有设置等待时间，所以在突发流较多的情况下 RRBS 算法在核心节点的调度时间几乎为 0，故时延性能更好。

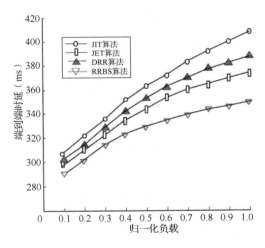

图 9-24　不同资源预留算法下的端到端时延比较

图 9-25 所示为稳态吞吐量与负载在不同突发流比例下的关系图。从图 9-25 中可以得到，不论突发流在整个负载中的比例为多少，RRBS 算法的吞吐量性能都比其他资源预留算法好很多，性能最差的是 JIT 算法，其次是 JET、DRR 算法。随着相同目的地址数据包的增多，连续突发流的比例也在增大，这样 DRR 和 RRBS 算法的吞吐量也随之逐渐上升，但是 RRBS 算法更为明显，原因在于：①它没有为了形成突发流而设置"人为"延时，而 DRR 算法有这部分延时，吞吐量受到了一定的影响。②突发流比例越大，在交换矩阵的配置和调度上得到的"好处"越多，在吞吐量上得到了体现，从而也验证了前面的理论分析。

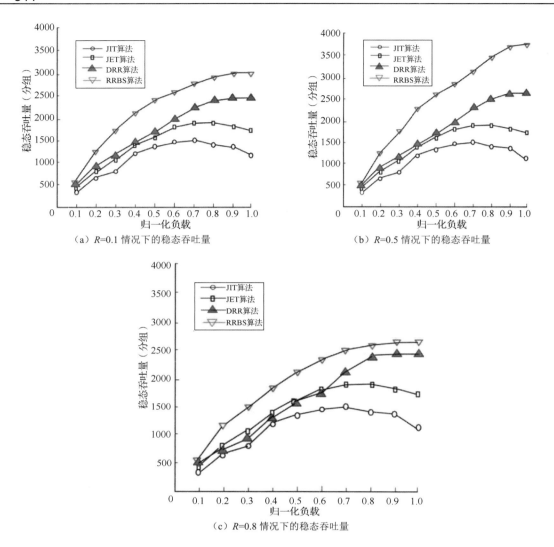

（a）*R*=0.1 情况下的稳态吞吐量　　　　　　　（b）*R*=0.5 情况下的稳态吞吐量

（c）*R*=0.8 情况下的稳态吞吐量

图 9-25　稳态吞吐量与负载在不同突发流比例下的关系图

9.3.4　基于突发流的星上光交换核心节点信道算法

1. 算法描述

把 BDP 划分为不同优先级，同时根据 BDP 的优先级把信道划分为不同的组。高优先级 BDP 对应高优先级信道，其他优先级依次对应，原则上 BDP 使用对应优先级的信道进行数据传输。但高优先级 BDP 在对应信道忙时可以暂时占用空闲的低优先级信道，而低优先级 BDP 只有在传送突发流时才可以占用高优先级信道，这种对应关系存在于每个节点中。此处定义国外上空的业务等级高于国内上空的业务等级，除了业务重要性，另外一个原因是国外上空的星际链路更长，符合网络路由选择的规律。算法具体实现过程如下。

（1）当一个 BDP 到来时，核心节点根据 BCP 的 CRI 和标识域来检测其是否是突发流中的某个 BDP，若是，则不用选择信道，直接使用确定的波长传送。

（2）若是单个 BDP 或突发流的第一个 BDP，则会根据 BDP 的优先级首先依次选择其对应的信道，若对应信道空闲则传送。

（3）若对应信道忙，则使用 LAUC-VF 算法对其他低优先级信道进行选择，若找不到空闲信道则丢弃，后面突发流中的 BDP 需要重新进行资源预留，而不能按照步骤（1）直接通过。

（4）若 BDP 在某一核心节点使用的是低优先级信道（可以从 BDP 的优先级与 BCP 波长字段的对应关系中检测获得），则在下一个核心节点资源预留时会首先选择与其优先级相对应的信道，这样可以保证低优先级 BDP 不会由于高优先级 BDP 占用了其信道而被丢弃，这时需要进行波长的转换。

如图 9-26 所示，假如某核心节点（GEO）有 4 个数据信道，1 个控制信道。BDP 有 2 个优先级，则优先级为 P_1 的 BDP 对应 $D_1 \sim D_2$ 信道，优先级为 P_2 的 BDP 对应 $D_3 \sim D_4$ 信道。t 时刻到达优先级为 P_1 的突发流，首先查找 D_1 信道，但此时该信道正忙，而 D_2 信道由于已经有其他 BDP 预约，在此时刻到预约突发之间的空闲时间较小，不能完成新到突发流的传送，所以使用 LAUC-VF 算法对其他信道进行搜索，最后选择 D_3 信道传送该突发流。若 D_3 信道在该突发流传送期间到来新的 BDP，则使用 D_4 信道传送或丢弃该突发流。该算法既利用了突发流资源预留的优势，减少了光交换矩阵的重置操作，又降低了交换时延和调度时延，同时降低了其算法复杂度，最坏情况和 LAUC-VF 算法相同。缺点是可能会造成低优先级 BDP 在业务量较大时的丢包率上升；另外，还需要在边缘节点处设置流量预测器作为光突发流的资源预留使用，但其是在 LEO 节点上设置的，并不影响核心节点的负重和复杂度。

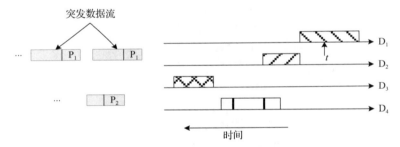

图 9-26　基于突发流的星上光交换核心节点信道算法

BDP 的丢包率可以通过 Erlang B 公式得到。假设系统共有 K 个波长信道，其中数据信道为 k 个，则控制信道数目为 $(K-k)$ 个。假设数据信道中优先级为 i 的 BDP 对应的数据信道有 m_i 个，对于优先级最高的单个突发的 BDP 或突发流的第一个 BDP，它的排队模型为 M/M/K，则其丢包率为 $p_s = \dfrac{\rho_i^K / K!}{\sum\limits_{k=0}^{K} \rho_i^K / K!}$。其中，$\rho_i$ 为信道 i 的业务强度。对于优先级较低的单个突发，其丢包率为

$$p_s = \frac{\rho_i^S / S!}{\sum\limits_{k=0}^{S} \rho_i^S / S!} \tag{9-26}$$

式中，S 为其优先级对应的数据信道的个数（$S < K$）。

对于优先级为 i 的突发流，资源预留成功后其排队模型为 M/D/K，即在某一节点的服务时间是固定值，只需要通过已配置好的光交换矩阵，所以是确定性分布，这样通过这一核心节点时是不存在丢包现象的，所以优先级为 i 的突发流的总的丢包率为

$$p_s = \frac{\rho_i^K / K!}{\sum\limits_{k=0}^{K} \rho_i^K / K!} \tag{9-27}$$

当为突发流时，资源预留成功时丢包率为 0，否则，只能丢弃突发流，导致丢包率上升。原因在于低优先级突发流只有在高优先级信道无数据传输时才可以占用高优先级信道，所以在业务量较大时低优先级突发流的丢包率肯定大于高优先级突发流。

当为单个突发的 BDP 或突发流中的第一个 BDP 时，若本优先级有相应的空闲信道，则其算法复杂度为 $O(K)$，K 为其优先级对应的信道数；若在本优先级内找不到合适的信道，则使用 LAUC-VF 算法搜索，此时算法复杂度为 $O(Km)$，K 为信道总数，m 为每个波长上的平均空隙数，此时算法复杂度最高。若为突发流的中间或最后一个 BDP，则不需要进行信道搜索，算法复杂度最低。

2. 性能仿真及分析

假设 BDP 以泊松过程到达，到达率为 λ，BDP 的长度服从 $1/\mu = 100\mu s$ 的指数分布，边缘节点组装算法使用混合门限方法，所有突发包分为 2 个优先级，分别为 0、1，0 为高优先级，1 为低优先级。假设该空间光网络有 5 个边缘节点，3 个核心节点，目的地址在边缘节点之间均匀分布，边缘节点和核心节点之间相距 30000km。边缘节点使用基于线性预测滤波器流量预测算法。

图 9-27 比较了在不同调度算法、不同 QoS 下的时延，可以看出，SABB 算法相比 LAUC，LAUC-VF 算法，在低负载情况下时延相差不大，但在中、高负载下时延降低较多，性能显著提高。例如，当负载为 0.5 时，SABB 算法相比基于延迟调度算法时延提高了 41%，相比 LAUC-VF 算法提高了 47%，相比 LAUC 算法提高了 65%。原因在于突发流资源预留算法减少了光交换矩阵平均重置时间，从而降低了光突发交换调度的总时延，这也证明了类波长星载调度算法对降低时延有明显的改善作用。

图 9-28 比较了 SABB 算法与其他算法的丢包率，可以看出，由于使用了具有优先级的突发流资源预留算法，在负载较高时资源被预留到的概率提高，因此丢包率得到了较明显的降低。例如，当负载为 0.8 时，SABB 算法相比基于延迟调度算法丢包率提高了 75%，相比 LAUC-VF 算法提高了 94%，相比 LAUC 算法提高了 99.3%。但是在输入业务量强度较小时形成宏突发的概率较小，对丢包率的改善较为有限。

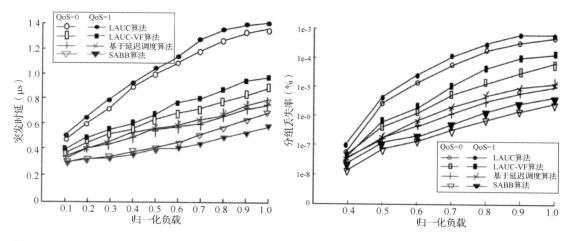

图 9-27　不同调度算法、不同 QoS 下的时延对比　　图 9-28　不同调度算法、不同 QoS 下的丢包率对比

不足之处是需要设置流量预测器和波长变换器来实现对下一个突发长度的预测和波长变换，增加了节点的复杂度。

9.4　星上混合交换技术

9.4.1　混合交换概述及应用情况

交换技术是通信网络的一项关键技术，目的是实现通信网络中任意节点数据的转发、共享。随着人们通信需求的增长，交换技术经历了电路交换、报文交换、分组交换、X.25、帧中继、ATM（异步传递模式）、光交换等阶段，网络形式也从电路交换网、分组交换网、X.25网、帧中继网、ISDN、B-ISDN发展到光交换网，其承载的业务包括话音、数据、图像、视频及多媒体等形式。这些网络依据当时的业务需求建立，功能较为单一，而随着社会的发展和网络的普及，用户希望从单个网络中获得全媒体服务，但是这些业务速率不同，颗粒度不同，对服务质量的要求差异较大，如何通过一种统一的交换技术实现网络融合，成为未来通信网络的一个技术难点。需求的推动促使学者、研究机构及各运营商进行多种交换方式混合实现的尝试。这种尝试首先从地面电信网开始，主要的混合交换探索包括以下几种。

1. MSTP（多业务传送节点）技术

基于时隙结构的SDH具有网络管理突出、实时业务监控、动态网络维护等优点，但是它不具备无级动态带宽分配能力，易造成网络效率低下，且对数据业务的突发性与速率可变性特点难以适应。而以太网具有速度快，易于组网、升级和维护，成本较低等优点，但其QoS和CoS功能较弱，无网络可靠保护机制。随着数据业务的增多，融合二者优点的MSTP技术由此而生。MSTP技术能够实现技术优势互补，有效利用网络资源，保护运营商投资。综上，MSTP技术是指基于SDH平台，能同时完成TDM、ATM、以太网等业务的接入、处理和传送，提供统一网络管理的多业务技术。

但随着通信技术的迅猛发展，图像、视频等业务种类不断增多。而MSTP技术只是端口级的IP化技术，提供的多种业务仍然由不同的以太网交换机、SDH/MSTP、路由器等网元承载，导致运营商的维护、运营成本较高。在此情况下，多业务的发展对MSTP的接入及传送容量造成了巨大的压力，因此，迫切需要一个统一的平台完成全业务承载，进而降低成本，IPRAN的出现解决了这一系列问题。

2. 无线接入网的IP化传送方案（IPRAN）

IPRAN以路由器为主，采用动态IP技术构建承载网络。以该技术构建的网络是多种业务融合的扁平网络。相比MSTP技术，IPRAN提升了网络容量，增加了OAM、链路承载、网络管理功能。IPRAN基于IP/MPLS（多协议标记交换）技术标准体系，支持MPLS-TP（传送多协议标记交换）标准协议，可应用于承载网、骨干网和城域网等。其关键技术主要包括：分区域和多进程技术、网络保护技术、QoS（服务质量）技术、OAM技术（操作、管理和维护）、时钟同步技术等。

IPRAN网络可实现动态路由的三层功能，其三层网络结构为核心层、汇聚层和接入层，其网络分层示意图如图9-29所示。

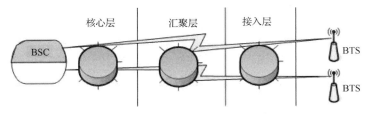

BSC：基站控制器　　　BTS：基站收发信机

图 9-29　IPRAN 网络分层示意图

在图 9-29 中，由较小容量 A 类设备组成接入层，以环型、链型或双上行方式组网，将基站和末端接入，该层节点多、带宽压力小，可充分利用现有网络资源。

汇聚层由 B 类设备组成，容量较大，组网采用环型或双上行方式，将 A 类设备接入并汇集其流量，为接入层提供数据的汇集、传输、管理和分发处理。该层节点较多，有较大带宽压力，可与现有的 IP 承载网无缝融合。

核心层接入汇聚层流量，以双上行或 MESH 方式组网，相当于业务系统的网关，该层节点少，带宽压力大。

目前，基于 IPRAN 的产品在发达国家得到了规模部署，在国内运营商的小规模实验网运行中也取得了良好效果。

3．分组增强型光传输网（POTN）

POTN 最早在 2011 年开始制定。POTN 是指具有分组交换、光通路交叉、虚容器及光通路单元交叉等数据处理和分析能力的一种新型复合数据传送技术。该技术可以实现时分复用和分组的统一传送能力，大大降低传送设备的繁杂性，提高网络工作效率，且能实现多业务、大容量、长距离的信息承载能力。

1）POTN 层网络结构

POTN 层网络结构分为客户业务层、分组传送层、SDH 传送层（可选）、OTN 电传送层、OTN 光波长传送和物理层，如图 9-30 所示。

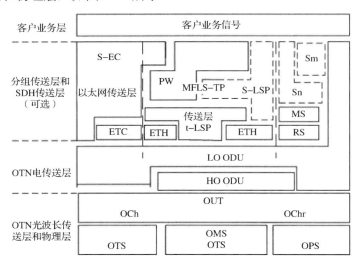

注：S-EC：业务以太网连接　　　Sm：低阶 VC-m 层　　　s-LSP：业务 LSP　　　MS：复用层
　　ETC：ETY 的以太网编码子层　　Sn：高阶 VC-n 层　　　t-LSP：业务 LSP　　　RS：复用层

图 9-30　POTN 层网络结构

2）POTN 关键技术

（1）统一交换技术。

分组业务及 ODU 子波长业务通过切片成信元进行统一交换，可实现分组业务和 ODU 子波长业务的无阻交叉；通过统一的调度算法实现 ODUk 和 Packet 交换资源的分配；满足多种比例 ODUk 和分组业务交换容量的任意搭配，运用灵活。

（2）多层网络保护之间的协调。

POTN 涉及 OTN 和 MPLS-TP/以太网的两种网络层，而其不同层的网络保护机制相互独立，故 POTN 网络保护方案实行分层保护和分段保护的原则。对于一种类型的端到端业务，仅配置单层的网络保护机制；对于可靠性要求很高的重要业务，或者在不同层有嵌套的组网场景下实现对多故障点的保护时，可配置两层的网络保护机制。

（3）多层网络的 OAM 协调和联动机制。

POTN 网络的各层均具有相对独立和完善的 OAM 机制，可根据业务的封装协议和转发路径决定采取哪种 OAM 机制。当接入业务量不大时，采用 MPLS-TP 的数据协议封装格式，这时应采用 MPLS-TP 和 OTN 的 OAM 机制；当接入业务量变大时，采用 ODUk 的封装格式，这时应采用 OTN 的 OAM 机制。在多层 OAM 机制同时运行的情况下，可提供基于客户/服务者的层间 OAM 告警传递和告警压制功能，以提高多层网络的运维效率。

（4）多层网络统一管理和规划技术。

POTN 能实现多种业务统一交换承载，其中涉及多种业务粒度，如 L0 波长，L1 的 ODUk/SDH，L2 的 MPLS-TP、LSP/PW 或 VLAN/MAC。因此，如何实现统一、便捷、高效的 POTN 网络管理是一项重要技术。

（5）封装效率优化。

POTN 通过电层封装映射的优化，提升业务承载效率。在映射路径上，取消 ETH 层，减少映射，提升承载效率。例如，对于 64 字节的业务，POTN 比 PTN 封装承载效率提升 20%。

POTN 和 IP RAN 都可以实现混合业务的承载和交换，只是技术路线不同。二者基本相同的地方在于：复用能力、带宽灵活调整能力、点到点业务支持能力、时钟同步支持能力和网络管理能力等方面。IP RAN 在标准化、多点间业务通信能力和 IP/MPLS VPN 支持能力方面有一定优势，而 POTN 在保护能力（保护时间）方面有一定优势。两种技术的对比如表 9-2 所示。

表9-2　POTN 和 IP RAN 对比

对　比　项	POTN	IP RAN	评价/说明
标准化	国际上，由 MPLS-TP、以太网、SDH 和 L3 MPLS VPN 的协议族组成；国内，CCSA 已发布 PTN 设备标准	国际上，采用 IETF 已有 IP/MPLS 标准；国内，CCSA 的设备标准已提交征求意见稿，2012 年年底发布	POTN 国际标准尚有争议，IPRAN 利用现有成熟标准，有一定优势
复用能力	支持统计复用	支持统计复用	基本相同
带宽灵活调整能力	带宽可灵活调整	带宽可灵活调整	基本相同
点到点业务支持能力	支持	支持	基本相同
多点间业务通信能力	不支持 3 层多点间业务通信，2 层多点间通信能力待验证	支持 2 层和 3 层多点间业务通信	IPRAN 有一定优势
时钟同步支持能力	支持时钟同步	支持时钟同步	基本相同

续表

对 比 项	POTN	IP RAN	评价/说明
IP/MPLS VPN 支持能力	现有设备不支持，技术要求和设备规范正在完善中	支持	IP RAN 有一定优势
网络管理能力	具备（符合现有传输维护习惯）	具备（符合现有 IP 地址维护习惯）	基本相同（适合不同专业的维护人员）
保护能力	保护时间小于 50ms	保护时间小于 200ms	POTN 有一定优势

在数据网中，同样出现了交换技术的融合现象。首先是 GMPLS（通用多协议标签交换）。然后由于光交换技术的发展，出现了对 2 种不同光交换方式进行混合交换的研究。

4. GMPLS

MPLS（多协议标签交换）实现了 ATM 和 IP 的技术融合，但仅针对数据包交换网络。随着数据流量的快速增长，光网络成为人们关注的焦点。为增加对光网络控制的支持，IETF（因特网工程任务组）在 MPLS 的基础上进行了扩展和标准化，以实现多层设备、多家厂商的协同工作，这就是通用 MPLS（GMPLS）协议。扩展之后的 GMPLS 能够完成数据包交换接口和非数据包交换接口数据平面的连接管理功能。GMPLS 是 ASON（自动交换光网络）的控制面协议，目的是实现光传送网的智能化。在其发展过程中，多个国际标准化组织制定了相关的模型，如对等模型、重叠模型等。IETF 设计的网络模型称为对等模型（见图 9-31），在该模型中，GMPLS 应用于从入口路由器到出口路由器的整个网络，包括中间的核心光机。

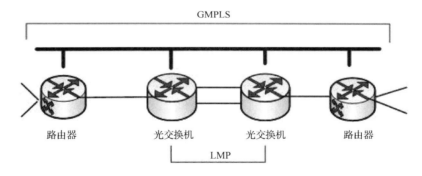

图 9-31　GMPLS 对等模型

重叠模型由 ITU-T、OIF、ODSI 等组织制定，定义了相关智能光交换体系结构和接口标准，如图 9-32 所示。在该模型中，核心网络和边缘网络属于不同的管理域，可以使用不同的协议（图 9-32 是核心网络使用 GMPLS、边缘网络使用 MPLS）。但是，重叠模型的缺点在于：各层之间部分功能重复；路由的可扩展性能不足。

5. 混合光交换

2003 年，美国纽约州立大学乔春明教授研究组首次提出了将光突发交换和光电路交换混合的方法，光突发交换模块负责较小流量，光电路交换模块负责较大流量。2005 年，韩国信息通信大学 Lee 等人进一步从理论上计算了这种网络的性能。同年，澳大利亚墨尔本大学 Tucker 教授研究组针对 Lee 的模型过于复杂的问题，进一步提出了一种更具可扩展性的计算模型。2006 年，日本东京大学 Morikawa 教授实验室提出了一种混合电路与多波长光分组的混合光网络架构，设计并实现了一种光分组交换和光电路交换混合的交换节点结构原型。2013

年，Raimena Veisllari 在一个集成的实验平台上演示了光电路和光分组融合交换，实现了 10Gbps 链路下超过 99%的光路资源利用率。

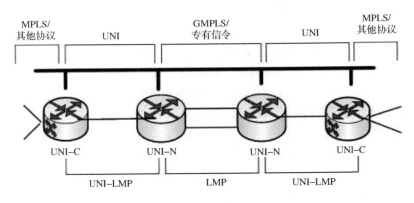

图 9-32　GMPLS 重叠模型

国内，电子科技大学的王晟团队提出了一种基于环路的混合交换光网络（Cycle-based Hybrid Switching Optical Networks，CHSON）。该网络结合了光电路交换（OCS）和光突发交换（OBS）两种交换技术，不仅可以有效地降低网络节点的分组转发压力，而且能够较好地承载突发性数据业务。西安电子科技大学的邱智亮团队在 Clos 交换网络的基础上提出了电路与分组的混合交换网络及调度机制。在混合交换网络中，调度机制为电路业务分配专用通路，同时利用剩余带宽为分组业务提供转发服务。北京邮电大学设计了一种基于业务平面对不同交换方式自适应的混合交换光网络模型，业务平面根据业务类型选择不同的交换方式，提高光网络的自适应能力，从而提高网络的资源利用率。

2010 年至今，将混合交换应用于数据中心网络成为研究热点。多项研究表明，运用混合交换可将一个中等规模的数据中心的网络成本降低至原来的 1/2，将网络能耗降低为原来的 1/5。因此现阶段，实现低成本、低能耗、大规模可扩展网络的必经之路是研究混合交换技术、研制相关设备、建设混合交换网络。

国内的 POTN 主流生产厂商有中兴、华为、烽火。2014 年 1 月，中兴通讯发布了首个 PTN 向 POTN 平滑演进的解决方案。该方案在 ZXCTN 6500 产品平台上采用统一交换实现了 PTN 和 OTN 的有机融合，支持 L1/L2/L3 业务的统一高效承载和面向 SDN 的控制架构，并在 2013 年 12 月 18 日完成了中国移动 POTN 初步技术验证性测试。

目前，中国移动已确定将 POTN 技术作为移动承载网技术的唯一选择，并在网络中大量部署 POTN 设备。中国电信和中国联通自 2010 年开始进行了大量的 IP RAN 试点建设。国际上，AT&T、Verizon、Sprint、DT、NTT 等世界一流运营商都已采用 IP RAN 建设移动承载网。

9.4.2　星上混合交换需求分析及研究现状

1. 需求分析

随着空间信息网络领域的不断拓展，种类繁多、功能各异的航天器及飞行器相继投入使用，依靠单一功能的空间节点进行组网和信息交互已经难以满足未来大数据量、高可靠性数据传输要求。各类功能节点的优势互补、有效融合是构建空间信息网络的必要前提。

空间信息网络节点包含各种卫星、升空平台和有人或无人机，这些平台节点在业务性质、应用特点、工作环境、技术体制等方面均有差异，由此构建的网络具有网络异构和业务异质的典型特征。选择合适的信息传输链路是实现各异构节点间高效融合的关键。例如，相距数万千米的 GEO-GEO 卫星之间信息传输，采用激光链路可以克服微波链路在功耗和体积方面的瓶颈，充分发挥卫星光通信的优势。中低轨卫星、升空平台、飞机之间，或者其与 GEO 卫星间的信息交互，可以根据业务需求采用激光链路或微波链路。在 20km 高度以下，激光传输受大气层影响，在可靠性方面略逊色于微波链路。目前，成熟的空间微波通信不仅可以实现多波束覆盖，而且具有完备的地面站设置，可以保证通信链路的有效性和可靠性。因此，未来空间信息网络必将呈现微波和激光并存的局面。

在混合链路、异构网络、异质业务条件下，如何实现空间信息网络高效组网运行，各个节点信息的混合交换性能成为决定整个网络效能的核心。面对空间信息网络的特点和现状，只有真正解决空间节点的信息交换问题，才能实现空间信息网络的高效组网运行。

在微波和激光混合的空间信息网络中，卫星既是骨干网互联节点又是接入网节点，每个卫星服务两种类型的业务——本地上/下行业务和中继业务，业务类型粒度从细粒度、中粒度到粗粒度，对应空间的分组、射频及光混合交换。因此，实现星上分组/射频/光混合交换是空间信息网络核心交换节点的必然要求。

2. 研究现状

1）美国转型卫星通信系统

美国转型卫星通信系统（Transformational Satellite Communication System，TSAT）计划旨在建立一个类似互联网的天基信息网络传输结构，满足信息时代战争对互连互通、快速准确的信息传输的需求，其组网如图 9-33 所示。TSAT 卫星通信系统有 20～50 条 2.5～10Gbps 的激光链路，8000 条天基网与地面通信的微波链路，高空有人/无人机也将通过激光链路与 TSAT 链接，数据速率达到 6Gbps。TSAT 整合了宽带和防护系统，以及情报界的数据中继卫星系统，将激光和微波/射频系统合二为一，构成转型通信体系的主体。TSAT 支持电路/分组并存的混合交换技术，可用于光、射频和分组多粒度业务的混合交换，以提供高效能的交换系统。TSAT 卫星上配置了支持 IPv6 的空间信息路由器。除此之外，还有 TGBE、Teleport 路由器，网络提供路由器和用户终端路由器，这些路由器之间通过激光、射频等链路互连，构成全 IP 的宽带通信网络。

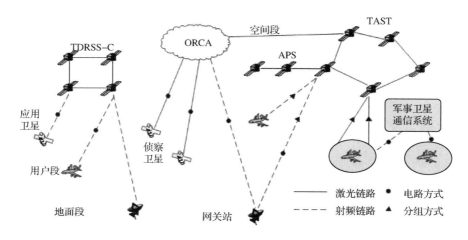

图 9-33　TAST 组网

2）欧洲面向全球通信的综合空间基础设施

欧洲卫星技术论坛组织（Integral Satcom Initative，ISI）于 2008 年初提出了关于构建欧洲卫星通信系统的构想和建议——面向全球通信的综合空间基础设施（Integrated Space Infrastructure for Global Communications，ISICOM），其系统架构如图 9-34 所示。ISICOM 支持星上 IP 交换、快速包交换、激光链路和微波链路并存，其中，微波链路支持 W、Q/V、Ku/Ka、C/S 等多射频频段共用，通过在空间节点集成通信、导航及地球观测载荷，实现卫星通信与导航、地球观测、空中交通管理系统的融合。

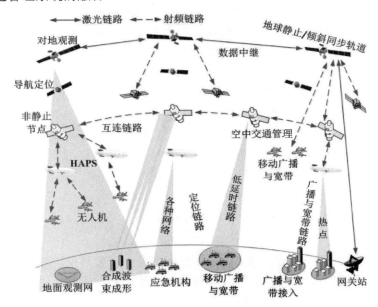

图 9-34 ISICOM 系统架构

9.5 星上交换所面临的难题与挑战

空间信息网络的节点高动态运动、时空行为复杂、业务类型差异大，要求空间信息网络可重构，能力可伸缩。也就是说，要实现空间信息网络高效交换，必须考虑空间信息网络的三个最突出的特征，即网络结构时变、网络行为复杂、网络资源受限。其中，网络结构时变指拓扑结构动态变化，网络节点及业务稀疏分布，业务类型和链路性质呈现异构属性，网络业务传输与控制需要在大时空区域内完成；网络行为复杂则表现为服务对象差异巨大，业务的汇聚、分流与协同呈现异质属性，基于任务驱动实现功能的可伸缩和网络的可重构；网络资源受限由于轨道和频谱等空间资源紧张，空间数据链路和平台承载等能力受限导致。

空间信息网络的混合交换具有典型的时空动态异质业务及异构链路特征，涉及空间激光链路、空间微波射频链路的互联互通，涉及大粒度骨干业务与灵活可变分组接入业务之间汇聚、融合和分发。可以说，其内在禀赋是业务网与传输网的融合，需要从基础研究层面探索链路、业务与数据的融合交换机制。这种融合机制，在地面系统广泛应用的业务网与传输网交换技术中，既不存在，又无需求。

仅靠现有光交换、射频交换或分组交换等任何单一形式交换方式及其简单组合的形态，无法适用于空间信息网络的网络结构时变、网络行为复杂、网络资源受限等特性。解决办法就是实现"混合交换"，即光/射频/分组混合交换，是在时空动态异质、异构的空间信息网络中，集业务接入、汇聚、融合、分发、控制与管理为一体的信息处理转发过程。

随着网络与交换技术的不断发展，传输网与业务网的融合涌现出大量的研究成果，尤其是 SDN 架构下的 GMPLS，为实现混合交换提供了很好的源发性思路。但是，当人们把 SDN+GLPMS 的普遍原理运用于空间信息网络光/射频/分组混合交换的特殊场景时，还面临着若干的难题和挑战，可以高度概括为"深度融合"。

深度融合是一种时空动态异质、异构网络中单节点多层数据汇聚、融合、分发的机制。该机制要能够适用于时空动态异构骨干传输链路，适用于异质业务灵活接入业务的混合、多粒度业务的汇聚分发、管理与控制的实施。因此，"深度融合"的含义可概括为在 OSI 分层模型的跨层混合交换中，通过提取物理层（主要是光/射频）的特征值，在数据链路层/网络层与分组形成一体化的调度、配置与管理交换。

要实现空间信息网络中多种异质、异构动态变化的空间节点高效组网，必然需要与之相适应的光/射频/分组混合交换技术作为支撑。将 SDN+GMPLS 应用于我国空间信息网络的混合交换技术，必然需要"深度融合"的交换机制与方法作为基础。这就对空间信息网络光/射频/分组混合交换的研究提出了如下需求。

1. SDN 架构下混合交换的深度融合机制需要建立

具体表现为如下。

（1）多粒度数据流分发功能划分。空间信息网络是一种大时空尺度下的异质、异构动态网络，可以说，在网络单节点内完成光/射频/分组混合交换将常规网络边缘节点与核心节点的功能合二为一，既完成多粒度业务的分类、汇聚功能，又完成多层数据分发功能。

（2）动态分发控制机制缺失。空间信息网络是一种动态网络，体现在：网络拓扑结构呈动态变化；网络业务分布呈动态变化。在网络单节点内完成动态异构链路、动态异质业务的汇聚、分发，需要建立以 SDN 集中控制为框架的混合交换动态控制方法，以适应网络重构、基于任务驱动等实时动态变化。

（3）混合交换汇聚、分发的依据有待完善。常规网络通过 GMPLS 归一化标签实现多层异质业务的融合，但是在面临单节点内异质业务的一体化调度、控制、统一转发流表的设置与更新，以及与 SDN 控制器的配合等方面，有待进一步完善。

（4）混合交换的可重构机制有待建立。空间信息网络面临可重构及弹性组网的需求，混合交换的可重构功能是其中的一个关键因素。在 SDN 统一控制与管理机制下，混合交换的可重构机制有待研究。

2. 跨层模型的混合交换转发流表原理需要发展

具体表现如下。

（1）一体化转发流表的设置尚未建立。交换机数据的交换是依据转发流表/路由表完成的。如何通过各层提取的归一化标签完成反映物理层（光层）标签、二层标签、三层标签、输入端口、混合交换内部端口、输出端口等信息映射关系还需进一步研究。

（2）一体化转发流表的更新与维护机制还需进一步研究。常规转发流表的更新与维护主要由三层（IP 层）路由触发，即由网络层完成二层转发流表的更新与维护。由于混合交换内部存在多路径现象，依据新探索的调度方法得到的内部路径映射关系如何触发转发流表的更新与维护还需进一步探讨。

（3）基于归一化标签高效查询转发流表算法还需开发。在光/射频/分组体制差异巨大的混合交换中，光/射频/分组对查询转发流表时间要求上不尽相同，如何设计一种能满足多种体制要求下的高效查表算法，是一项难度较大的挑战。

3.　多粒度业务队列及资源调度算法需要探索

具体表现如下。

（1）多粒度混合交换内部路径的调度算法有待研究。光/射频/分组混合交换在数据平面涉及光交换模块、射频交换模块、分组交换模块，如何通过归一化标签实现统一调度算法，尚属空白。

（2）依据业务流量分布特性的高效多路径调度算法还需研究。空间信息网络是一种节点稀疏分布、业务流量分布不均衡且动态变化的网络。针对这种高动态业务变化的特点，结合混合交换内部存在多路径选择的问题，必须探索一种新型调度算法，新算法同时是降低交换机拥塞概率的重要途径。

（3）大粒度数据端口与小粒度数据端口数据的汇聚与分发调度算法还需探索。在混合交换过程中，大粒度数据端口分发到多个小粒度数据端口，或者多个小粒度数据端口汇聚到一个大粒度数据端口的调度，是实现多粒度交换不可缺少的功能。

（4）混合交换多播调度算法还需探索。多播是体现网络优势的一项重要功能。在多层交换结构中，多播调度算法尚属空白。

（5）混合交换虚实资源的调度算法还欠缺。

2013 年以来，国家自然科学基金委员会实施了"空间信息网络基础理论与关键技术"重大研究计划。围绕空间信息网络体系结构、动态网络信息传输理论、空间信息表征与时空融合处理等重大基础科学理论展开了研究，相继布局了一系列重点项目和培育项目，空间信息网络模型与高效组网机理研究取得了丰硕的成果。目前，进入到空间站、无人机/临近空间平台的集成演示系统设计与试验方法研究阶段。在基础理论走向空间应用的发展阶段，尽快开展深度融合的光/射频/分组混合交换机制与方法研究，推动我国空间信息网络模型与高效组网研究实现突破，既是必需的，又是急迫的。

参考文献

[1]　刘新梅. 宽带空间光网络的发展现状[J]. 电子世界，2012，1：17-19.

[2]　陈雅，沈自成. 卫星通信中的星上交换技术[J]. 飞行器测控学报，2003，22（3）：59-62.

[3]　李文江. 大容量卫星交换体制研究[J]. 卫星与网络，2008：66-68.

[4]　G MARAL, BOUSQUET. Satellite Communications Systems (2 Edition) [M]. John Wiley Publisher, 1993.

[5]　R A WIEDEMAN, A J VITERBI. The Globalstar Mobile Satellite System for Worldwide Personal CommunicatioNS[C]//International Mobile Satellite Conference (IMSC), 2006: 291-296.

[6] 张中亚. 通信卫星星上信息交换技术[J]. 航天器工程，2003，12（1）：6-11.

[7] JOSEPH N, PELTON. Satellite Communications[M]. Springer, 2012.

[8] 王家胜，齐鑫. 为载人航天服务的中国数据中继卫星系统[J]. 中国科学：技术科学，2014，3：235-242.

[9] 孙宝升. 我国中继卫星系统在交会对接任务中的应用[J]. 飞行器测控学报，2014，3：183-187.

[10] 胡鹤飞，刘元安. 高速空间激光通信系统在空天信息网中的应用[J]. 应用光学. 2011，32（6）：1270-1290.

[11] 程洪玮，陈二虎. 国外激光链路中继卫星系统的发展与启示[J]. 红外与激光工程，2012，41（6）：1571-1574.

[12] 宋婷婷，马晶，谭立英，等. 美国月球激光通信演示验证——实验设计和后续发展[J]. 激光与光电子学进展，2014，4：24-31.

[13] 张靓，郭丽红，刘向南，等. 空间激光通信技术最新进展与趋势[J]. 飞行器测控学报，2013，32（4）：286-293.

[14] APPLE J H. An Onboard Baseband Switch Matrix for SS-TDMA[C]//15PthP International Conference on Digital Satellite Communications, 1981: 429-434.

[15] P FRAISE B, COULOMB B MONTEUUIS. SkyBridge LEO satellites: optimized for broadband communications in the 21PstP century[C]//IEEE Aerospace Conference, 2000: 18-25.

[16] GILDERSON. JIM, CHERKAOUI, JAFAAR. Onboard switching for ATM viasatellite[J]. IEEE Communications Magazine, 1997, 35(7): 66-70.

[17] J LEE, S KANG. Satellite over Satellite (SOS) Network: A Novel Architecture for Satellite Network[C]//INFOCOM 2000, 19PthP Annual Joint Conference of IEEE Computer and Communications Societies, 2000, 1: 315-321.

[18] 许辉. 宽带卫星 IP 通信网络中的可靠传输技术研究[D]. 电子科技大学，2008.

[19] 刘小跃. 空间信息网高性能路由协议研究[D]. 西安电子科技大学，2012.

[20] 潘俊. IP 卫星通信系统路由技术研究[D]. 西安电子科技大学，2011.

[21] 薄振雨. 天基信息网 LEO 层网络非对称路由算法研究[D]. 西安电子科技大学，2013.

[22] CHU PONG P, IVANCIC WILLIAM D, KimHeechul. On-board closed-loop congestion control for satellite based packet switching networks[R]//NASATechnical Memorandum, 1994: 1-42.

[23] 仲伟明. 宽带多媒体卫星星上 IP 交换技术研究[D]. 哈尔滨工业大学，2013.

[24] SHEN ZEMIN, QIAOLUFENG, WANGMENGLEI. FPGA design of switch module with multicast function on the satellite onboard switch[C]//2012 National Conference on Information Technology and Computer Science, 2012.

[25] ORS T, ROSENBERG C. Providing IP QoS over GEO satellite systems using MPLS[J]. International journal of Satellite and Networking Communication, 2001, 19(7): 443-461.

[26] DORMER A, BERIOLI M, WERNER M. MPLS-based satellite constellation networks[J]. IEEE Journal on Selected Areas in Communications, 2004, 22(3): 438-448.

[27] 翟立君. 卫星 MPLS 网络关键技术研究[D]. 清华大学，2010.

[28] CELINE HAARDT. Semi-Transparent Packet Switching by Satellite: migrating existing technologies for new opportunities[C]//26th International Communications Satellite Systems Conference(ICSSC), 2008: 1-7.

[29] 纪越峰，王宏祥. 光突发交换网络[M]. 北京邮电大学出版社，2005.

[30] F HEINE, H KAMPFNER, MARK GREGORY, et al. Coherent Inter-satellite and Satellite-Ground Laser Links[C]//SPIE, 2011, 7923: 792303-1.

[31] R SUZUKI, I NISHIYAMA, S MOTOYOSHI, et al. Current Status of NeLSProject: R&D of Global Multimedia Mobile Satellite Communications[C]//20th AIAA International Communications Satellite Systems Conference and Exhibit, 2002: 1-8.

[32] 郭圆月，王东进，刘发林，等. 宽带卫星网微波副载波光调制系统方案[J]. 上海交通大学学报，2004，38（5）：688-692.

[33] CHUNMINGQIAO. Labeled optical burst switching for IP-over-WDM integration[J]. IEEE Communications magazine, 1999, 38(9): 104-114.

[34] Y XIONG, MVANDENHOUTE, HCANKAYA. Control architecture in optical burst switched WDM networks[J]. IEEE J Select Areas Commun, 2000, 18(10): 1838-1851.

[35] AMIT KUMAR GARG, R S KALER, HARBHAJAN SINGH. Investigation of OBS assembly techniques based on various scheduling for maximizing throughput[J]. Optik, 2013, 124(9): 840-844.

[36] kyriakiseklou, anfelikisideri, Panagiotis Kokkinos. New assembly techniques and fast reservation protocols for optical burst switched networks based on traffic prediction[J]. Optical Switching and Networking, 2013, 10(2): 132-148.

[37] CONORMCARDLE, DANIELE TAFANI, THOMAS CURRAN, et al. Renewal Model of a Buffered Optical Burst Switch [J]. IEEE Communications Letters, 2011, 15(1): 91-93.

[38] 吕高峰. 星上交换和半实物仿真[D]. 国防科技大学，2004.

[39] 李瑞欣. 卫星光通信网络光突发交换理论与关键技术研究[D]. 空军工程大学，2015.

[40] 侯睿，孙军强，丁攀峰，等. 光突发交换网络中多跳公平分割丢弃方法的研究[J]. 电子与信息学报，2006，28（11）：2144-2147.

[41] SANGTAEHA, INJONGRHEE. Taming the elephants: New TCP slow start[J]. Computer Networks, 2011, 55: 2092-2110.

[42] 余恒芳. IP RAN 技术分析[J]. 硅谷，2014，2：128-129.

[43] 邱萍. 分组光传送网络在铁路的应用[J]. 铁路通信信号工程技术（RSCE），2016，13（4）.

[44] XIN C S, QIAO C M, YE Y H. A hybrid opticalswitching approach[C]. Proceedings of GlobalTelecommunications Conference, San Francisco, USA, 2003: 3808-3812.

[45] LEE G M, WYDROWSKIB, ZUKERMANM, et al. Performance evaluation of an optical hybridswitching system[C]. Proceedings of GlobalTelecommunications Conference, San Francisco, USA, 2003: 2508-2512.

[46] VU H L, ZALESKYA, WONG E W M, et al. Scalableperformance evaluation of a hybrid opticalswitch[C]. IEEE/OSA Journal of LightwaveTechnology, 2005, 23(10): 2961-2973.

[47] VEISLLARIR, BJORNSTADS, BOZORGEBRAHIMIK. Integrated packet/circuit hybrid

networkfield-trial, Proceedings of Optical FiberCommunication Conference and Exposition and theNational Fiber Optic Engineers Conference(OFC/NFOEC), Anaheim, CA, USA, 2013.

[48] 薛媛，王晟，徐世中. 构建网络的新方法：基于环路的混合交换光网络[J]. 计算机应用研究，2008，25（12）：3761-3764.

[49] 张景芳，王晟，徐世中. 混合光交换网络中不确定业务下的优化路由方案[J]. 计算机应用，2011，31（1）：222-224.

[50] 张茂森，邱智亮，高雅. 电路与分组混合交换网络及调度机制[J]. 北京邮电大学学报，2014，37（1）：62-65.

[51] 陈秀忠，张杰，贾鹏，等. 面向业务的混合交换光网络模型评估[J]. 北京邮电大学学报，2009，32（2）：20-23.

第十章　空间光网络路由与波长分配算法

依据空间信息网络协议结构,网络层主要负责路由。从电讯交换网中的 ATM 交换、MPLS、Ad-hoc 网络的 AODV 算法到因特网中的各种 IP 路由算法（如 RIP、OSPF、IGRP 等），人们试图把成熟的网络算法应用到空间光网络中，但真正可以在空间光网络里应用的却没有取得理想的结果。因此，空间光网络路由算法还没有制定出通用的标准，关于空间光网络路由算法的研究更是少有突破性进展，这也是卫星激光链路组网的一大难题。

10.1　空间光网络路由算法

10.1.1　空间光网络路由算法概述

对于传统的地面网络，给定网络 $G(V,E)$ ，V 是节点集，$|V|=N_1$，E 是链路集，$|E|=N_2$。在给定策略和度量下，对于源节点 $S \in V$ 及目的节点 $D \in V$，路由是指找出一条从 S 到 D 的路径 P，使代价最小。解决网络路由的经典算法是 Dijkstra 和 Bellman-Ford 算法。空间光网络是绕地卫星通过 ISL 连接组成的网络。根据不同的应用要求，空间光网络的体系结构分为三种，即 LEO 空间光网络、LEO/MEO 空间光网络和多层空间光网络。通常，在空间光网络中主要存在三种卫星链路，同轨道平面上相邻卫星间的通信链路（ISL）、不同轨道间的通信链路（Inter-Orbital Links，IOL）和卫星与地面网关或移动用户之间的数据链路（User Data Links，UDL）。空间光网络中的路由可以分为 ISL 路由和边界路由，如图 10-1 所示。边界路由解决空间光网络与地面网络之间的融合。

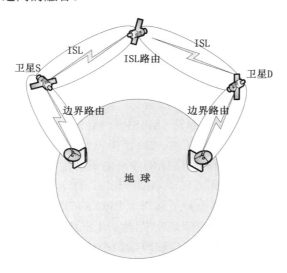

图 10-1　空间光网络中的路由

在一般情况下，若无特殊说明，空间光网络中的路由都是指 ISL 路由。空间光网络拓扑的特点是使其网络路由算法成为难点，而且星间和星地激光链路都属于无线链路，这使得其与以地面固定节点为基础的有线光传输网和普通无线电射频移动网具有很大的不同，可以说是一个全新的网络。尽管在空间光网络中实现路由存在很多困难，但也有一些规律可循。

10.1.2　空间光网络路由算法研究现状

空间光网络是一种区别于地面固定拓扑网络、移动蜂窝无线网络和 Ad-hoc 网络的特殊无线移动网络，用户接入具有高度动态特性，不存在固定基站。空间光网络各节点的位置及节点间的相对距离都是以时间为变量的函数；节点的邻居状况遵循一定的规则；整个网络节点总数不会发生变化；节点间距比较大，且距离变化也很大，不能忽略；网络各节点间的拓扑关系呈周期性变化。这些特性使得传统以地面固定拓扑为基础成熟的网络理论不能直接应用到空间光网络中，直接影响到空间光网络的路由。因此，空间光网络路由算法，尤其是具有星间链路的空间光网络路由算法成为学者研究的热点，同时是卫星组网的难点之一。早期空间光网络路由算法针对 LEO 卫星，Chang H S 等人提出了基于有限状态机（FSA）的链路分配与路由协议，它利用卫星运行周期性将系统周期划分为一系列等长时间片，每个时间片对应一个状态机。Markus Werner 提出在具有 ISL 的空间光网络中采用 ATM 路由机制，称为动态虚拓扑路由，类似 FSA 机制。该算法将每个时间片内的 ISL 开销固定，利用 Dijkstra 算法为任意两个节点对计算最短和次短路径。DRA 是一种适用于圆极轨道的自寻址路由算法，通过判断方向、确认方向和避免堵塞来选择最短路径，该算法无须节点间相互交换网络拓扑信息，避免了基于链路状态协议算法在重构路由时产生大量数据包导致网络性能下降。相关学者提出了低轨道宽带空间光网络路由算法，把低轨道卫星星座抽象成三维球面网络拓扑，又称为蜘蛛形网络拓扑（SWTN），路由选择依据当前时刻分组所在卫星物理地址和分组自身携带的地址，星上计算简单，效率高。Markus Werner 提出了具有星间链路的 LEO/MEO 空间光网络 ATM 虚路由算法。Jae-Wook Lee 和 Jun-Wook Lee 等人提出了 LEO/MEO 空间光网络结构（Satellite over Satellite，SoS）的分级路由策略（Hierarchical Satellite Routing Protocol，HSRP），是一个分级、可扩展且提供 QoS 保证的自适应路由算法。HSRP 算法首先按照分级路由的方式周期性更新网络状态信息，上层网络为下层网络创建全局网络拓扑连接信息，最后下层节点按照 QoS 要求和源-目的节点对间跳数选择一条最优路径。J H Hu 提出了具有星间链路的 LEO/MEO 空间光网络路由算法，该算法假定低轨道卫星间没有链路，只有低轨道和中轨道卫星间有链路，所有路由功能都由中轨道卫星负责。随后，Ian F. Akyildiz 针对 GEO/MEO/LEO 三层结构提出了多层空间光网络路由算法（MLSR）。MLSR 根据时延报告周期性计算路由表，MEO 管理 LEO，GEO 管理 MEO，低层生成时延报告发送至上层，最后由 GEO 向低层发布网络全局时延。这种分层分组管理的网络结构和路由策略将 LEO 卫星分组，对 GEO 来说，一个 LEO 组相当于一个节点，大大减轻了 GEO 节点上的计算量，LEO 层的路由计算分担给各个 MEO 节点。同时，由于 GEO 不必了解每个 LEO 的 DMR，因此减少了网络中的数据交换，减轻了网络的通信负担。CHAO CHEN 提出了 LEO/MEO IP 空间光网络分组路由协议（SGRP），SGRP 的核心思想是把数据包传输时延最小化，LEO 路由表计算由各个 MEO 分布式执行。

FSA 和动态虚拓扑路由本质上是静态算法，合适的时间片长度才能保证在路由精确度和计算开销间取得平衡，该算法没有考虑卫星节点和链路故障，抗毁性和容错性不足。DRA 算法、曼哈顿网络算法和 SWTN 算法适用于圆极轨道规则网络拓扑，但扩展性和灵活性差。SoS 网络结构的 HSRP 算法开辟了多层空间光网络路由算法的先河，此后的多层结构算法都由此衍生而来。MLSR 算法复杂，路由计算开销大，它通过周期性计算路由表来处理 ISL 堵塞，不能快速响应网络堵塞。SGRP 算法在每个快照时刻都更新一次组成员，如果某时刻有一个 LEO 卫星移动出 MEO 卫星覆盖范围，则必须重新定义 LEO 组成员，这样势必导致大量组更新计算开销。空间光网络路由算法大都利用网络快照的方式将动态拓扑静态化，以最小化传输和处理时延为标准路由，但瞬时最短路径不能保证全局时间最优，另外没有考虑网络资源分配机制，目前的路由算法很难保证不同级别的 QoS 要求。

在基于 WDM 的多层空间光网络中，信息的交换、处理和传输以波长为粒度进行，波长资源的分配是必须考虑的课题。因此无论是 ATM 虚路由、FSA 链路分配路由协议、DRA 自寻址路由算法、HSRP 还是 SGRP 和 MLSR 分层路由协议，都无法满足多波长空间光网络需求。设计一种能综合考虑波长资源利用和数据包传输时延，具有自适应功能且可提供一定 QoS 保证的空间光网络波长路由算法是一个亟待解决的课题。

10.1.3　空间光网络路由算法的分类

根据网络结构可以把空间光网络路由分为单层网络路由和多层网络路由，根据网络层采用的机制可以把空间光网络路由分为面向连接（connection-oriented）路由和面向无连接（connectionless-oriented）路由。面向连接路由指在星上实现 ATM 交换或类似 ATM 的交换。面向无连接路由指在星上实现分组的分布式转发。

在 20 世纪 90 年代，以 ATM 为主的面向连接的网络层技术得到了广泛研究和应用，一度被人们看作提高宽带综合业务网络的基本网络机制。在这种背景下，最早的研究是从卫星链路上的 ATM 机制开始的。很多为 LEO 空间光网络开发的路由算法都假设使用一种面向连接的体系结构。面向连接路由的特点是路径的选择操作都集中于最初路径建立阶段，路径的计算在地面交换中心进行，然后根据计算结果对星上路由表进行更新，卫星只需要根据星上路由简单地进行分组的转发。

随着因特网应用的快速增长，在商业和军事空间光网络中传输 IP 流量并实现 IP 路由成为人们的研究热点。这种方法的特点是能够进行分布式的动态路由，同时可以根据网络中的流量进行 QoS 负载控制和平衡，当出现链路堵塞和单颗卫星失败时，面向无连接路由仍然能够计算最优路径。

根据空间光网络结构不同把空间光网络中的路由技术分为 LEO 单层空间光网络路由，LEO/MEO 两层空间光网络路由和 LEO/MEO/GEO 多层空间光网络路由。

10.1.3.1　面向连接的空间光网络路由算法

在非静止轨道卫星通信系统中，最初研究的是像 ATM 交换一样面向连接的路由协议，Iridium 系统是典型代表。面向连接路由的路径选择集中于最初路径建立阶段，路径的计算在地面进行，然后上传给卫星节点对星上路由表进行更新，卫星只需要查找路由表。面向连接的 ATM 路由可以归结为有限状态机（FSA）或离散时间动态虚拓扑路由（DT-DVTR）。依据图论知识把空间光网络映射为一个随时间变化的有向图 $G(V, L, W(T))$。其中，$V = \{V_0, V_1, V_2, \cdots, V_{N-1}\}$ 是有限节点集，N 是卫星数，$L \in V \times V$，表示有向边集，$W(t) = \{W_{ij}(t)\}$ 表示在 t 时刻节点 i 与

节点 j 的链路权重，可以是距离、仰角，也可以是负载等参数，作为路由选择标准。利用卫星运动的周期性和预见性，类似网络快照，将整个卫星运行周期分为相同的 k 段，每段时间为 ΔT，这样在 $(n-1)\Delta T \leqslant t \leqslant n\Delta T$ 时段卫星网络拓扑结构是不变的，链路的建立和断开是一个离散时间序列。在每个连接时间内，网络拓扑是固定的，地面交换中心依据卫星运行周期预先用 Dijkstra 算法和 Floyd 算法计算每个时间片内任意两个节点间最优和作为备份的次优路径，然后上传给卫星，进行星上路由表的更新。

1. 基于 FSA 的路由算法

在基于 FSA（Finite State Automation）的路由算法中，LEO 卫星的运行周期被平均分成若干个间隔，每个间隔称为一个"状态"，整个空间光网络被视为 FSA 控制。在每个状态中，LEO 空间光网络都具有固定的拓扑结构。

这种路由算法简化了 LEO 卫星动态性引起的问题。在此算法中，链路分配和路由算法是由空间光网络任意两状态之间是否相互可视来决定的。当卫星处在某个状态时，卫星会将在这个状态形成的链路分配和路由算法记录下来，等到卫星再一次运行到这个状态时，就可以简单地调用先前记录下来的链路分配和路由算法。这样，基于 FSA 的路由算法就隐藏了卫星的移动性，简化了空间光网络的复杂性和路由难度。但是此算法没有考虑算法的容错性，没有解决网络链路发生堵塞时如何选择路由的问题。

2. 分级卫星路由协议

多层结构空间光网络（Satellite over Satellite，SoS）中最具代表性的是一种分级、动态、支持 QoS 的空间光网络协议，称为分级卫星路由协议（Hierarchical Satellite Routing Protocol，HSRP）。假设整个地球上空布满逻辑节点，则任意一颗卫星 s 的具体位置就可以用这些逻辑节点对来标识，即 $[p,s]$。其中，$p = 0,1,\cdots,N-1$ 表示卫星的轨道平面数，$s = 0,1,\cdots,N-1$ 表示每个轨道平面上的卫星数。这样，卫星相对位置只取决于卫星间的跳数，而不用考虑卫星的相对运动。底层的节点将收集到的邻居节点状态信息发送给高层父节点，由父节点生成所有节点路由的分级拓扑信息，然后发送给子节点。当有数据要传输时，节点利用分级拓扑信息生成一条最优的传输路径，如图 10-2 所示。

HSRP 有如下特点。

（1）动态性，该协议通过空间光网络现有状态信息推算下个时刻的空间光网络状态、拓扑和信息的可到达性，并自动适应空间光网络的变化。

（2）该协议选择的路由能满足 QoS 各参数的要求，如带宽、时延和时延抖动等。

（3）该协议采用一系列机制使空间光网络能自行升级、扩容，满足日益增长的通信容量需求，适用于多层的大型空间光网络。

3. 概率路由协议

在极地或卫星星座狭缝（seam）区域，不同轨道上两颗卫星间通过 ISL 建立的连接会断开，这意味着卫星离开极地或狭缝区域时各条连接必须重新建立。若需要重新建立的连接数过多，则会导致网络能效降低和网络时延。概率路由协议（Probabilistic Routing Protocol，PRP）就是用来解决上述问题的。

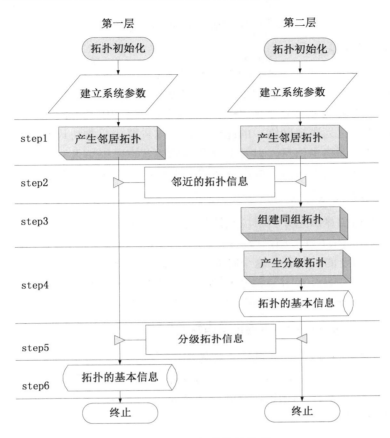

图 10-2 分级拓扑协议流程

在概率路由协议下，空间光网络按照概率分布函数建立卫星之间的连接，此连接的终止是由卫星切换和呼叫结束引起的，概率大于 p。即

$$P\left(\min\left(T_{\mathrm{c}}, T_{\mathrm{hr}}\right) < T_{i,\mathrm{lh}}\right) > p$$

式中，p 表示重路由的缩减度，由空间光网络本身决定；T_{c} 表示呼叫持续时间；T_{hr} 表示卫星切换后重新计算路由的时间；$T_{i,\mathrm{lh}}$ 表示卫星 i 的链路切换时间。概率路由协议剔除了不满足上述概率分布函数的 ISL 连接，具体过程如下。

（1）根据可能存在的卫星连接矩阵 R 得出卫星连接矩阵 C，即取 $c_{ij} = r_{ij}$，$1 \leq i, j \leq N$，N 是空间光网络中的卫星数，r_{ij} 是卫星 i 和卫星 j 之间的链路开销。

（2）通过 $P(\min(T_{\mathrm{c}}, T_{\mathrm{hr}}) < T_{\mathrm{tr}}) = p$ 确定路由持续时间的目标值 T_{tr}。

（3）从可能存在的卫星连接矩阵 R 中剔除 $T_{i,\mathrm{lh}} < T_{\mathrm{tr}}$ 的 ISL 链路，因为如果 $T_{i,\mathrm{lh}} < T_{\mathrm{tr}}$，那么就有 $r_{ij} = r_{ji} = \infty$，即卫星 i 与它的邻居卫星 j 之间没有链路。

（4）结合矩阵 R 运用最少开销或最少跳数路由算法。

其中，$\min(T_{\mathrm{c}}, T_{\mathrm{hr}})$ 以路由使用时间为依据而随机变化，所谓路由使用时间就是从呼叫建立到卫星发生切换，或者呼叫完成所持续的时间。

概率路由协议减少了路由重新分配的计算量，但它会导致网络呼叫阻塞率增大，这需要人们在重路由和呼叫阻塞率上做出平衡。由于呼叫业务在不同时段发生阻塞时对人们的影响不同，因此概率路由协议适用于呼叫业务刚开始建立的时间段。

4. Darting 路由算法

Darting 路由算法通过推迟交换网络拓扑信息限制网络更新次数。基于逻辑位置的分布式数据路由机制把地球表面划分为面积不同的固定覆盖区域，每个区域分配一个固定的逻辑地址，任意时刻一个逻辑地址对应一颗卫星，卫星在运行过程中动态改变其逻辑位置，空间光网络中路由问题就转化为逻辑网络中的路由问题。这种路由机制协议开销小，避免了路径切换，同时根据卫星局部路由信息，以及拥塞和故障等状态，能够及时调整传输路径，具有很好的鲁棒性，是目前空间光网络中进行分布式分组路由较为现实的算法。

5. 基于虚拓扑的路由算法

基于虚拓扑的路由算法充分利用星座拓扑的周期性和可预见性，将系统周期 T 分为 N 个小的时间片，$[t_0, t_1]$，$[t_1, t_2]$ $[t_2, t_3]$，$\cdots$，$[t_{N-1}, t_N]$，其中，$t_0=0$，$t_N=T$。在时间间隔 $[t_{i-1}, t_i]$ 内，拓扑结构可以看作固定的，并且在这个时间间隔内的 ISL 开销也可以看作是固定不变的。链路的建立和断开只在时间点 t_0, t_1, $\cdots$, t_N 时刻发生，根据这种拓扑结构，所有卫星对之间的最优路径可以使用 Dijkstra 算法事先确定，然后在特定时刻上传给卫星。

10.1.3.2　面向无连接的空间光网络路由算法

随着因特网的快速发展，有大量用于文件和电子邮件等对时延、时延抖动要求不高的数据信息，在空间光网络中传输 IP 流量并实现 IP 路由有着广阔的市场，成为人们的研究热点。此时，卫星节点就是一个 IP 路由器，空间光网络就是一个面向无连接的网络，各个卫星独立地在星上实现数据分组转发。

1. 数据报文路由算法

数据报文路由算法（Datagram Routing Algorithm，DRA）是一种数据包自寻址的路由寻径算法。该算法利用圆极轨道 LEO 空间光网络的规则网状拓扑结构，每个传输节点分别为每个数据包选择一条具有最短传输距离的路径。算法无须节点间相互交换拓扑信息，路由协议开销很小。数据报文路由算法把数据包传输时延最小化，对数据包的转发分为判断方向、确认方向和避免拥塞三个阶段。

1）判断方向（Direction Estimation）

判断方向主要在最短路径下一跳数的方向选取。根据当前卫星节点与目的卫星节点之间地理位置关系的不同（是否处于卫星反向运行带的同侧）来计算经过极点的路径和不经过极点的路径的跳数，选择跳数最少的路径作为数据传输路径 P，确定传输方向（前、后、左、右）。最短路径参数包括跳数和跳转方向，d_V 和 d_H 表示竖直和水平方向，n_V 和 n_H 表示两个方向上的跳数，$n_V \in \{0,1,\cdots,M\}$，$n_H \in \{0,1,\cdots,N\}$。竖直和水平运行如下

$$d_V = \begin{cases} +1, & \text{向上} \\ 0, & \text{非垂直运动} \\ -1, & \text{向下} \end{cases} \tag{10-1}$$

$$d_H = \begin{cases} +1, & \text{向右} \\ 0, & \text{非垂直运动} \\ -1, & \text{向左} \end{cases} \tag{10-2}$$

为了确定最低跳跃法，使用当前卫星 S_c 和目的卫星 S_n 的逻辑卫星位置。S_c 在路径 $P^*_{S_0 \to S_n}$ 的 $< P_{S_c}, S_{S_c} >$，S_n 在 $< P_{S_n}, S_{S_n} >$。

如果 M 为轨道平面上的卫星数，$S_{S_c} < \dfrac{M}{2}$ 且 $S_{S_n} < \dfrac{M}{2}$，那么 S_c 和 S_n 在东半球，在缝隙的同一侧；如果 $S_{S_c} \geqslant \dfrac{M}{2}$ 且 $S_{S_n} \geqslant \dfrac{M}{2}$，那么它们都在西半球，在缝隙的另一侧。否则，$S_c$ 和 S_n 在缝隙的两侧。在考虑 S_c 和 S_n 的位置后，假定所有 ISL 都有相同的长度，计算得到 $P^V_{S_c \to S_n}$ 和 $P^H_{S_c \to S_n}$ 的跳数。选择具有最小跳数的路径作为最小跳数路径，过程如下。

（1）如果 S_c 和 S_n 在缝隙的同侧。

① $P^H_{S_c \to S_n}$ 垂直跳数为 $n_V = |S_{S_c} - S_{S_n}|$，水平跳数为 $n_H = |P_{S_c} - P_{S_n}|$。它们的加和为 $P^H_{S_c \to S_n}$ 的总跳数。

② $P^V_{S_c \to S_n}$ 水平跳数为 $n_H = (N - |P_{S_c} - P_{S_n}|)$。如果 S_c 和 S_n 在东半球，那么垂直跳数为 $n_V = \min\{(S_{S_c} + S_{S_n} + 1), M - (S_{S_c} + S_{S_n})\}$。如果 S_c 和 S_n 在西半球，那么垂直跳数为 $n_V = \min\{(S_{S_c} + S_{S_n} + 1) - M, 2M - (S_{S_c} + S_{S_n})\}$。

（2）如果 S_c 和 S_n 在缝隙的两侧。

① 对于路径 $P^H_{S_c \to S_n}$，垂直跳数为 $n_V = |M - S_{S_c} - S_{S_n} - 1|$，水平跳数为 $n_H = (M + |P_{S_c} - P_{S_n}|)$。

② 对于路径 $P^V_{S_c \to S_n}$，水平跳数为 $n_H = |P_{S_c} - P_{S_n}|$，垂直跳数为 $n_V = \min\{|S_{S_c} - S_{S_n}|, M - |S_{S_c} - S_{S_n}|\}$。

如图 10-3 所示，在由 12 个轨道平面，每个轨道平面 24 个卫星组成的星座系统中，S_c 的逻辑位置为<2, 8>，S_n 的逻辑位置为<5, 6>。$P^H_{S_c \to S_n}$ 最小跳数路径的竖直和水平跳数分别为 $n_V = 2$，$n_H = 3$。

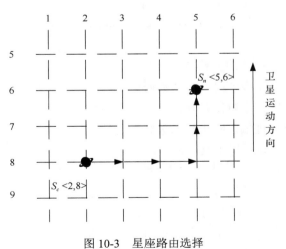

图 10-3 星座路由选择

2）确认方向（Direction Enhancement）

由于圆极轨道卫星在极区要关闭轨间链路，由判断方向计算的传输路径有可能不可用，所以要对卫星当前所处的位置（极区、邻近极区或其他区域）进行判断，以进一步确定数据包要传输的方向。

（1）如果 S_c 在极区，那么将要到来的数据包的下一个跳跃会使卫星在同一个轨道平面。如果 d_V[(10)] 不为 0，那么 d_V 显示的方向被标记为主要的，d_H 为 0。如果 d_V 等于 0，也就是说，S_n 也在同一个极区。因此，必须将数据包送往极区外最近的卫星。所以，提出 d_V，使其指向极区外最近的卫星，标记为主要的，并且 d_H 为 0。

（2）如果 S_c 在极区前的最后一个水平环上，那么当水平链接为环中最短时，水平跳跃具有优先权。如果 d_H[(11)] 不为 0，意味着数据包水平移动，且如果 d_V[(10)] 不为 0，作为次要的水平跳跃。如果 d_H 等于 0，那么 d_V 被标记为主要方向。

3）避免拥塞（Congestion Avoidance）

网络节点的拥塞会导致传输路径的不可用，所以最后还要根据下一跳节点的拥塞与否来确定确认方向中计算的路径是否可用，如果下一跳节点发生拥塞，则需要选择其他方向。在自带寻址信息路由运算法则中，卫星没有交换业务负载信息。前两个阶段的路由选择基于传播延迟计算。因此，当计算方向时不考虑拥挤链路。如果不考虑网络拥塞发送数据包，数据包可能会避免长的端对端延迟。在避免拥塞阶段，根据 ISL 的拥塞程度，前两个阶段的路由选择得到修正。

当卫星间无业务负载信息交换时，可以通过检测输出缓存的大小来获取链路的拥塞程度。如果数据包的下一跳输出缓存溢出，则产生一个避免拥塞中断。避免拥塞的主要思想是如果主要方向链路拥塞，则在次要方向发送数据包。具体步骤如下。

（1）如果 $S_c = S_n$，即当前卫星为目的卫星，那么数据包不会发送给相邻卫星，而发送到网关或其他地面接收器。

（2）如果数据包的次要方向（d_V 或 d_H）为 0，那么不考虑输出缓存的大小，数据包往主要方向发送。

（3）如果主要方向的输出缓存小于固定门限，那么数据包往主要方向发送。

（4）如果主要方向的输出缓存大于固定门限且次要方向的输出缓存小于固定门限，那么数据包往次要方向发送。如果主要方向和次要方向的输出缓存都大于固定门限，那么数据包仍往主要方向发送。

如果数据包遵循每个跳跃的主要方向，则往最小传播延迟路径上发送。同时，为了避免循环路由，除非当前卫星在极区内，否则数据包不再被发送回发出的卫星。

计算下一跳的路径的三个阶段是在没有卫星节点故障的情况下进行的。当发生卫星节点故障时，邻居卫星节点通过偏射路由算法偏转发送数据包，而不是丢包。当相邻卫星节点发生故障时，避免拥塞阶段包括以下几个部分。

（1）如果 $S_c = S_n$，即当前卫星为目的卫星，那么数据包不会发送给相邻卫星，而发送到网关或其他任何适当的地面接收器。

（2）如果一个数据包在主要方向上的卫星节点没有故障，那么数据包往主要方向上发送。

（3）如果当前卫星在极区，下一个卫星节点发生故障，那么数据包会发送回上一个跳跃方向的节点，这是唯一可行的方向。

（4）如果主要方向上的卫星节点发生故障且数据包有次要方向连接，那么往次要方向上发送。

（5）如果主要方向上的卫星节点出现故障，但是数据包没有次要方向连接，那么往与主要方向呈直角的方向上发送。

　　数据报文路由算法的不足，在避免拥塞和卫星节点故障时，节点无法掌握网络全局信息，只能采取偏转路由算法，无法重新生成最短路径，网络性能大大下降。

　　Darting 路由算法通过推迟交换网络拓扑信息限制网络更新次数。基于逻辑位置的分布式数据路由机制将地球表面划分为面积不同的固定覆盖区域，每个区域分配一个固定的逻辑地址，任意时刻一个逻辑地址都对应一颗卫星，卫星在运行过程中动态改变其逻辑位置，空间光网络中的路由问题转化为逻辑网络中的路由问题。这种路由机制协议开销小，避免了路径切换，同时根据卫星局部路由信息，以及拥塞和故障等状态，能够及时调整传输路径，具有很好的鲁棒性，是目前空间光网络中进行分布式分组路由较为现实的方法。

　　2. 多层空间光网络路由算法

　　在多层卫星路由算法（Multilayered Satellite Routing Algorithm，MLSR）中，星载路由表通过不断更新反映空间光网络的拓扑和业务负载的变化，并及时形成路由协议。多层空间光网络结构是目前研究非常多的网络结构，具有分层、分级结构和分布式的特点，结构灵活、网络吞吐量大、鲁棒性强，允许较大的路由开销来取得更加精确的路由。MLSR 是由 SoS 演变而来的多层空间光网络路由算法，依据轨道高度将网络分为 LEO、MEO 和 GEO 三层，被一个 MEO 覆盖的 LEO 分为一组，MEO 是该 LEO 组的管理员，被一个 GEO 覆盖的 MEO 分为一组，GEO 为该 MEO 组的管理员。对 MEO 来说，其管理的 LEO 组是一个点，大大减轻了高层卫星节点的计算量，而 LEO 层的路由计算分担给 MEO 管理员，GEO 不了解每个 LEO 的链路状态信息，减少了网络中的数据交换，减轻了网络负担，如图 10-4 所示。SGRG 路由协议针对 LEO/MEO 双层空间光网络，将网络拓扑离散化，通过 MEO 覆盖区域对 LEO 分组，LEO 层时延报告发送给 MEO 层，MEO 根据网络全局信息计算一条最短路径发送给 LEO。由于路由开销业务和实际传输业务实现物力分离，链路拥塞不影响时延报告的发送和路由表的计算，可以提高网络吞吐量，增强网络鲁棒性。

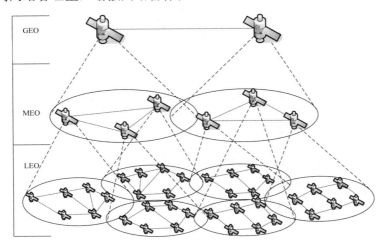

图 10-4　MLSR 结构

　　业务信息经过星上处理后按照预先存储在星载路由表内的路由进行传送。MLSR 主要有如下特点。

（1）多层空间光网络中卫星节点众多，卫星功率有限，这要求卫星必须具有相当强的周期性路由表计算能力。为解决这个问题，多层卫星路由算法采用分层计算路由表的办法并减少 GEO 层的卫星数。

（2）为了反映最新网络状态得到的最新路由协议，在计算路由表时要考虑最新的链路时延。这些时延给空间光网络带来了额外的通信负担。为此，MLSR 将 LEO 层卫星抽象地看成一个总的卫星节点，在计算路由表时只考虑该总节点与其他总节点（如 MEO 层和 GEO 层的总节点）之间链路的时延。这样 MLSR 可以减少多余的通信开销。

（3）链路时延包括传输时延、处理时延和队列时延。在一般情况下，链路时延主要指传输时延，但是在链路拥塞时处理时延和队列时延构成了影响链路时延的主要因素。其中，卫星将下行链路中的传输时延、处理时延和队列时延三者的平均时延作为链路时延。

MLSR 有如下两种类型分组。

（1）低轨道卫星组（LEO Groups）：一个低轨道卫星组由一个中轨道卫星覆盖的所有低轨道卫星组成，记为 $L_{i,j}$，对应的中轨道卫星记为 $M_{i,j}$，$L_{i,j} = \{L_{i,j,k} \mid k = 0, \cdots, S(L_{i,j}) - 1\}$，$S$ 是低轨道卫星组中的卫星节点数。$L_{i,j}$ 中所有 LEO 卫星都和该组的管理员 $M_{i,j}$ 连接，低轨道卫星组及其管理员具有一一对应的关系。

（2）中轨道卫星组（MEO Groups）：一个中轨道卫星组由一个静止轨道卫星（GEO）覆盖的中轨道卫星组成，记为 M_i，$M_i = \{M_{i,j} \mid j = 0, \cdots, S(M_i) - 1\}$，$S$ 是中轨道卫星组中的卫星节点数。$M_{i,j}$ 中所有 MEO 卫星都和该组的管理员 G_i 连接，中轨道卫星组及其管理员具有一一对应的关系。

（1）时延函数 (D, D^+)：$l_{a \to b}$ 是节点 a 到节点 b 之间的直接链路，时延函数 $D(l_{a \to b})$ 定义为

$$D\left(l_{a \to b}\right) = \begin{cases} a \text{ 和 } b \text{ 之间的时延，} \exists l_{a \to b} \\ \infty, \text{ 其他} \end{cases} \tag{10-3}$$

$$D^+\left(l_{a \to b}\right) = \begin{cases} D\left(l_{a \to b}\right), \exists l_{a \to b} \\ 0, \text{ 其他} \end{cases} \tag{10-4}$$

（2）总链路（Summary Link）：$L_{i,j}$ 是一个 LEO 卫星组，和 $L_{i,j}$ 相连的所有星间链路定义如下。

① 从 $L_{i,j}$ 到任意节点 A 的总链路 $\mathrm{SL}^{\mathrm{out}}_{L_{i,j} \to A}$ 是它们之间具有最长时延的链路，定义如下

$$\mathrm{SL}^{\mathrm{out}}_{L_{i,j} \to A} = \begin{cases} \arg \max_{0 \leq k < S(L_{i,j})} D^+\left(\mathrm{UDL}_{L_{i,j,k} \to A}\right), & A \text{ 是网关} \\[2mm] \arg \max_{\substack{0 \leq k < S(L_{i,j}) \\ 0 < r < S(L_{p,q})}} D^+\left(\mathrm{ISL}_{L_{i,j,k} \to L_{p,qr}}\right), & A = L_{p,q}, \quad (p,q) \neq (i,j) \\[2mm] \arg \max_{0 \leq k < S(L_{i,j})} D^+\left(\mathrm{IOL}_{L_{i,j,k} \to M_{i,j}}\right), & A = M_{i,j} \\[2mm] \arg \max_{0 \leq k < S(L_{i,j})} D^+\left(\mathrm{IOL}_{L_{i,j,k} \to G_i}\right), & A = G_i \end{cases} \tag{10-5}$$

② 从节点 A 到 $L_{i,j}$ 的总链路 $\mathrm{SL}^{\mathrm{out}}_{L_{i,j} \to A}$ 表示从节点 A 到 $L_{i,j}$ 之间最长时延的链路，定义如下

$$
\mathrm{SL}_{A \to L_{i,j}}^{\mathrm{out}} =
\begin{cases}
\arg\max\limits_{0 \leqslant k < S(L_{i,j})} D^{+}\left(\mathrm{UDL}_{A \to L_{i,j,k}}\right), & A \text{ 是网关} \\[2mm]
\arg\max\limits_{\substack{0 \leqslant k < S(L_{i,j}) \\ 0 \leqslant r < S(L_{p,q})}} D^{+}\left(\mathrm{ISL}_{L_{p,q,y} \to L_{i,j,k}}\right), & A = L_{p,q}, \quad (p,q) \neq (i,j) \\[3mm]
\arg\max\limits_{0 \leqslant k < S(L_{i,j})} D^{+}\left(\mathrm{IOL}_{M_{i,j} \to L_{i,j,k}}\right), & A = M_{i,j} \\[3mm]
\arg\max\limits_{0 \leqslant k < S(L_{i,j})} D^{+}\left(\mathrm{IOL}_{G \to L_{i,j,k}}\right), & A = G_i
\end{cases}
\tag{10-6}
$$

（3）时延报告（Delay Measurement Report）：节点 X 的时延报告 $\mathrm{DMR}(X)$ 是一个二维的集合 $\{Y, D(l_{X \to Y})\}$，其中，Y 是和 X 具有链路的节点。LEO，MEO，GEO 和 LEO 组的时延报告如下。

① LEO 卫星节点 $L_{i,j,k}$ 连接的陆基网关记为 $T_{L_{i,j,k}}^{t}$，$0 \leqslant t \leqslant N_T(L_{i,j,k})$，其中，$N_T(L_{i,j,k})$ 是 LEO 卫星节点 $L_{i,j,k}$ 覆盖的陆基网关数；通过星间链路 $\mathrm{ISL}_{L_{i,j,k} \to L_{i,j_s,k_s}}$ 与 LEO 卫星节点 $L_{i,j,k}$ 连接的四个 LEO 卫星记为 L_{i_s,j_s,k_s}，其中 $0 \leqslant s \leqslant 4$；LEO 卫星节点 $L_{i,j,k}$ 通过星际链路 $\mathrm{IOL}_{L_{i,j,k} \to M_{i,j}}$ 和 $\mathrm{IOL}_{L_{i,j,k} \to G_i}$ 和其中轨及高轨管理员 $M_{i,j}$，G_i 相连。LEO 卫星节点 $L_{i,j,k}$ 的时延报告 $\mathrm{DMR}(L_{i,j,k})$ 可表示为

$$
\mathrm{DMR}\left(L_{i,j,k}\right) = \left\{ A, D\left(\mathrm{UDL}_{L_{i,* \to A}}\right) \middle| A = T_{L-2}^{0}, \cdots, T_{L_i}^{N_T(L_{i,j,k}-1)} \right\} \cup
$$
$$
\left\{ \left(B, D\left(\mathrm{ISL}_{L_{i,j \to B}}\right)\right) \middle| B = L_{i_0,j_0,k_0}, \cdots, L_{i_3,j_3,k_3} \right\} \cup \left\{ C, D\left(\mathrm{IOL}_{L_{i,j,k \to C}}\right) \middle| C = M_{i,j}, G_i \right\}
\tag{10-7}
$$

② MEO 卫星节点 $M_{i,j}$ 连接的陆基网关记为 T_M^{t}，$0 \leqslant t < N_T(M_{i,j})$，其中，$N_T(L_{i,j})$ 是 MEO 卫星节点 $M_{i,j}$ 覆盖的陆基网关数；通过星间链路 $\mathrm{ISL}_{M_{i,j} \to M_{i,j}}$ 与节点 $M_{i,j}$ 相连的 MEO 卫星记为 $M_{i,j}$，其中，$s = 0, \cdots, N(M_{i,j})$，$N(M_{i,j})$ 是与中轨道卫星 $M_{i,j}$ 相邻的 MEO 卫星；MEO 卫星节点 $M_{i,j}$ 通过星际链路 $\mathrm{IOL}_{M_{i,j} \to G}$ 和高轨管理员 G_i 相连。另外，MEO 卫星节点 $M_{i,j}$ 管理其覆盖范围内的低轨道卫星组 $L_{i,j}$。$M_{i,j}$ 的时延报告 $\mathrm{DMR}(M_{i,j})$ 可表示为

$$
\mathrm{DMR}\left(M_{i,j}\right) = \left\{ A, D\left(\mathrm{UDL}_{M_{i,j \to A}}\right) \middle| A = T_{M_{i,j}}^{0}, \cdots, T_{M_{i,j}}^{N_T(M_{i,j})-1} \right\} \cup
$$
$$
\left\{ B, D\left(\mathrm{ISL}_{M_{i,j \to B}}\right) \middle| B = M_{i_s,j_s}, s = 0, \cdots, N(M_{i,j})-1 \right\} \cup
\tag{10-8}
$$
$$
\left\{ \left(L_{i,j}, D\left(\mathrm{SL}_{M_{i,j \to L_{i,j}}}^{\mathrm{in}}\right)\right) \right\} \cup \left\{ \left(L_{i,j}, D\left(\mathrm{IOL}_{M_{i,j \to G_i}}\right)\right) \right\}
$$

③ GEO 卫星节点 G_i 连接的陆基网关记为 $T_{G_i}^{t}$，$t = 0, \cdots, N_T(G_i)$，其中，$N_T(G_i)$ 是 GEO 卫星节点 G_i 覆盖的陆基网关数；通过星间链路 $\mathrm{ISL}_{G_i \to G_{i_0}}$ 和 $\mathrm{ISL}_{G_i \to G_{i_1}}$，节点 G_i 同时与其他两个 GEO 卫星 G_{i_0} 和 G_{i_1} 相连。通过星际链路 $\mathrm{IOL}_{G_i \to M_{ij}}$，节点 G_i 与 MEO 卫星 $M_{i,j}$ 相连，其中 $j = 0, \cdots, S(M_i)-1$，$S(M_i)$ 是中轨道卫星组 M_i 的成员数；G_i 覆盖的低轨道卫星组为 $L_{i,j}$，$j = 0, \cdots, S(M_i)-1$。G_i 的时延报告 $\mathrm{DMR}(G_i)$ 可表示为

$$\mathrm{DMR}\left(M_{i,j}\right)=\left\{A, D\left(\mathrm{UDL}_{M_{i,j}-A}\right)\middle|\ A=T_{M_{i,j}}^{0},\cdots,T_{M_{i,j}}^{N_T\left(M_{i,j}\right)-1}\right\}\cup$$

$$\left\{B, D\left(\mathrm{ISL}_{M_{i,j}-B}\right)\middle|\ B=M_{i_s,j_s}, s=0,\cdots,N\left(M_{i,j}\right)-1\right\}\cup \tag{10-9}$$

$$\left\{\left(L_{i,j}, D\left(\mathrm{SL}_{M_{i,j}-L_{G_i}}^{\mathrm{in}}\right)\right)\right\}\cup\left\{\left(L_{i,j}, D\left(\mathrm{IOL}_{M_{i,j}-G_i}\right)\right)\right\}$$

由中轨道卫星 $M_{i,j}$ 管理的低轨道卫星组 $L_{i,j}$ 的时延报告 $\mathrm{DMR}(L_{i,j})$ 表示为

$$\mathrm{DMR}\left(L_{i,j}\right)=\left\{A, D\left(\mathrm{SL}_{L_{i,j}-A}\right)\middle|\ A\ 是地面关\right\}\cup$$

$$\left\{\left(B, D\left(\mathrm{SL}_{L_{i,j}\to B}^{\mathrm{out}}\right)\right)\middle|\ B=L_{i_s,j_s}, s=0,\cdots,S\left(M_i\right)-1\right\}\cup\left\{M_{i,j}, D\left(\mathrm{SL}_{L_{i,j}-M_{i,j}}^{\mathrm{out}}\right)\right\} \tag{10-10}$$

（4）邻居 LEO 拓扑（NLT）。

中轨道卫星 $M_{i,j}$ 与其他 $N\left(M_{i,j}\right)$ 个中轨道卫星相连，记为 M_{i_s,j_s} ， $s=0,\cdots,N(M_{i,j})$ 。中轨道卫星 $M_{i,j}$ 的 $\mathrm{NLT}\left(M_{i,j}\right)$ 定义为由 MEO 卫星 $M_{i,j}$ 和其邻居 MEO 卫星节点 M_{i_s,j_s} ， $S=0,\cdots,$ $N\left(M_{i,j}\right)$ $\mathrm{ISL}_{\{G_{\_\{i\}}\to G_{\_\{i\,0\}}\}}$ 管理的 LEO 卫星收集到的时延报告

$$\mathrm{NLT}\left(M_{i,j}\right)=\left\{\mathrm{MMR}\left(L_{i,j,k}\right)\middle|\ k=0,\cdots,S\left(L_{i,j}\right)-1\right\}\cup$$

$$\left\{\mathrm{DMR}\left(L_{i_s,j_s,k_s}\right)\middle|\ k=0,\cdots,S\left(L_{i,j}\right)-1;\ s=0,\cdots,N\left(M_{i,j}\right)\right\} \tag{10-11}$$

$$\mathrm{PT}_i=\mathrm{DMR}\left(G_i\right)\cup\left\{\mathrm{DMR}\left(M_{i,j}\right)\middle|\ j=0,\ldots,S\left(M_i\right)-1\right\}$$

$$\cup\left\{\mathrm{DMR}\left(L_{i,j}\right)\middle|\ j=0,\cdots,S\left(M_i\right)-1\right\}$$

$S(L_{i,j})$ 是 LEO 卫星组 $L_{i,j}$ 的 LEO 卫星数， $S=0,\cdots,N(M_{i,j})$ 。

GEO 卫星从覆盖的底层卫星外收集拓扑和链路时延信息，由 GEO 卫星收集的时延报告集合称为局部拓扑（Partial Topology，PT），所有局部拓扑的集合称为全局拓扑（Total Topology，TT）。

（5）局部和全局拓扑（Partial and Total Topology）。

GEO 卫星 G_i 的时延报告为 $\mathrm{DMR}\left(G_i\right)$ ， $\mathrm{DMR}\left(M_{i,j}\right)$ 和 $\mathrm{DMR}\left(L_{i,j}\right)$ 。由 GEO 卫星 G_i 管理的空间光网络局部拓扑 PT_i 定义为

$$\mathrm{PT}_i=\mathrm{DMR}\left(G_i\right)\cup\left\{\mathrm{DMR}\left(M_{i,j}\right)\middle|\ j=0,\cdots,S\left(M_i\right)-1\right\}\cup$$

$$\left\{\mathrm{DMR}\left(L_{i,j}\right)\middle|\ j=0,\cdots,S\left(M_i\right)-1\right\} \tag{10-12}$$

全局拓扑是所有局部拓扑的全集

$$\mathrm{TT}=\left\{\mathrm{PT}_i\middle|\ i=0,\cdots,N_{G_i}-1\right\} \tag{10-13}$$

（6）路由表。

令 S 为 LEO 卫星组和其他所有卫星的集合， $X,Y\in S$ ， S^{+} 是 LEO 卫星组、陆基网关和其他所有卫星的集合，路由表 $\mathrm{RT}_Y^X:\{D\to N\}$ 是由 X 创建而为 Y 所有的函数， $D,N\subset S^{+}$ ， $\mathrm{RT}_Y^X(\mathrm{Dest})=\mathrm{Next}$ ，即返回通往目的地址 Dest 的下一跳链路，目的地址和下一跳链路保存在二维的数据表 $\{\mathrm{Dest},\mathrm{Nest}\}$ 中。

MLSR 具体步骤如图 10-5 所示。

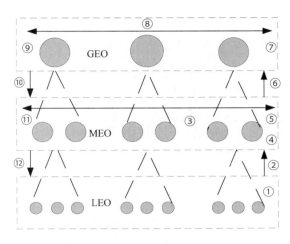

图 10-5　MLSR 具体步骤

① LEO 时延报告的创建。所有 LEO 卫星 $L_{i,j,k}$ 创建时延报告 $\mathrm{DMR}\left(L_{i,j,k}\right)$。

② 向 MEO 层发送时延报告。通过星际链路 $\mathrm{IOL}_{L_{i,j,k}\to M_{i,j}}$，每个 LEO 卫星 $L_{i,j,k}$ 都向相应的管理员 $M_{i,j}$ 发送时延报告。

③ MEO 层内部时延报告的交换。从 LEO 层发送来的时延报告在 MEO 层相邻节点间交换。

④ 为 LEO 卫星组创建时延报告。MEO 卫星创建其管理的 LEO 卫星组的总链路，管理 LEO 卫星组 $L_{i,j}$ 的所有 MEO 卫星创建的时延报告 $\mathrm{DMR}\left(L_{i,j}\right)$。

⑤ 为 MEO 卫星创建时延报告。MEO 卫星计算其输出链路（outgoing links）的时延，然后为对应的 LEO 卫星组创建总链路，所有 MEO 卫星创建自己的时延报告 $\mathrm{DMR}\left(L_{i,j}\right)$。

⑥ 向 GEO 层发送时延报告，所有 MEO 卫星 $M_{i,j}$ 向 GEO 卫星 G_i 发送时延报告 $\mathrm{DMR}\left(M_{i,j}\right)$ 和 $\mathrm{DMR}\left(L_{i,j}\right)$。

⑦ 为 GEO 层创建时延报告，所有 GEO 卫星 G_i 创建自己的时延报告 $\mathrm{DMR}\left(G_i\right)$。

⑧ GEO 层时延报告交换。GEO 卫星相互共享时延报告，在开始计算路由之前创建 PT。在此过程中，每个 GEO 卫星都将自己覆盖范围内的底层卫星的时延报告广播给其他 GEO 卫星。

⑨ 在 GEO 卫星中计算路由表，GEO 卫星 G_i 获知其覆盖范围内 MEO 卫星 $M_{i,j}$ 和 LEO 卫星组 $L_{i,j}$，利用 TT 和最短路径算法为每个卫星节点 A 计算路由表

$$A \in \left\{ G_i, M_{i,0}, \cdots, M_{i,S(M_i)-1}, L_{i,0}, \cdots, L_{i,S(M_i)-1} \right\} \tag{10-14}$$

⑩ 向 MEO 卫星发布路由表信息。在 GEO 层计算好的路由表首先发送到 MEO 层，每个 MEO 卫星接收自身及其管理的 LEO 卫星组的路由表信息。

⑪ 在 MEO 层路由表的计算。为了更新 MEO 卫星管理的 LEO 卫星组成员，MEO 卫星修正其接收到的路由表，同时为自己管理的 LEO 卫星组内的 LEO 卫星创建路由表。

⑫ 向 LEO 卫星发布路由表。MEO 卫星 $M_{i,j}$ 通过链路 $\mathrm{ISL}_{M_{i,j}\to L_{i,j,k}}$ 向与其相连的 LEO 卫

星 $L_{i,j,k}$，$k = 0, \cdots, S(L_{ij}) - 1$ 发布路由表。

3. LEO/MEO 两层空间光网络路由算法

类似单层空间光网络，LEO/MEO 两层空间光网络路由充分利用其网络拓扑结构的可预见性和周期性，将卫星运行周期 T 分成 N 个小的时间片，$[t_0, t_1]$，$[t_1, t_2]$，$[t_2, t_3]$，$\cdots$，$[t_{N-1}, t_N]$。在每个时间间隔内，拓扑结构可看作固定不变，并且星间链路的开销也可视为恒定。链路的建立和断开只在时间点 $t_0, t_1, \cdots, t_N$ 时刻发生，因此可用星间链路的 ON/OFF 来描述两层空间光网络拓扑结构的动态性。

根据这种拓扑结构，所有卫星对之间的最优路径及可选路径都可以使用著名的 Dijkstra 算法事先确定，甚至可以在地面实现计算最佳路径，然后在特定时刻上传给卫星。该拓扑结构与 Dijkstra 算法的综合运用，减少了 LEO/MEO 两层空间光网络的切换次数，降低了两层空间光网络动态路由难度；但是在极区和狭缝区域，星间链路不存在，链路开销趋于无穷，故此路由算法不适用。

无论是面向连接还是面向无连接空间光网络路由，都服务于不同的业务类型和不同的网络结构。鉴于目前空间光网络结构的多层化发展趋势（我国的北斗导航系统由静止轨道和低轨道卫星组成），在空间光网络的路由协议应当从多层结构出发，特别针对我国业务需求（业务类型和业务分布）来设计。与传统微波空间光网络不同，在空间光网络中，数据包的交换、处理和传输都以波长为粒度，因此路由协议包括路径选择和波长信道分配两部分。

10.2　空间光网络 RWA 算法原理

RWA 算法是指在空间光网络中给定节点之间的连接请求后，为其选择一条合适的路由，并分配合适的波长。使用优化的 RWA 算法进行路由选择，可以很好地提升网络的服务需求，降低网络时延，提高波长的利用率。

在 RWA 算法中，需要满足以下两个约束条件：一是冲突约束，即共享同一链路的两条光通道不能使用相同的波长。二是波长连续性约束。如果网络中的节点没有配置波长转换器，则光通道的路由沿线必须使用相同的波长传输数据。但是如果使用波长转换器，则没有波长连续性这一约束条件。因此，空间光网络中的 RWA 算法需要分为两种情况展开研究。

（1）基于波长变换的 RWA 算法，即使用全光波长变换模块实现 RWA，使用波长转换器的光交换结构如图 10-6 所示。此时在 RWA 算法研究中，可以先进行路径选择，再进行波长分配。但由于波长转换器的高功耗、不成熟的制造技术和性能的限制，波长转换器在空间光网络中应用较少。

（2）基于波长连续的 RWA 算法，即不使用全光波长变换模块实现 RWA，不使用波长转换器的光交换结构如图 10-7 所示。此时在 RWA 算法研究中，需要将路径选择和波长分配同时进行。

本章主要针对这两种情况，对空间光网络的 RWA 算法展开研究。

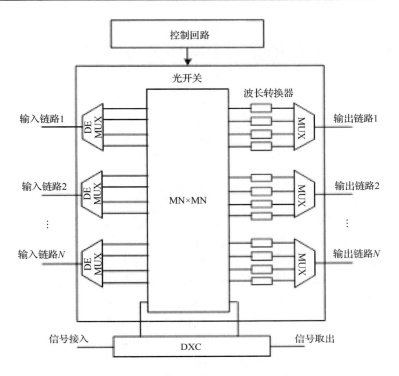

图 10-6　使用波长转换器的光交换结构

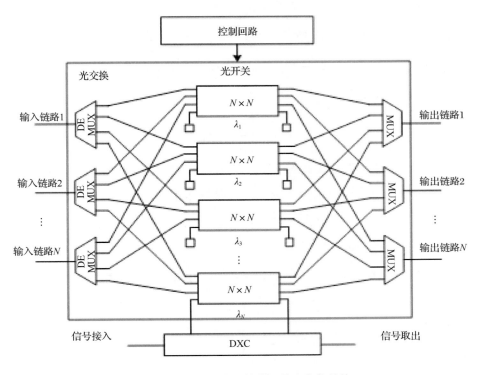

图 10-7　不使用波长转换器的光交换结构

10.3 波长变换的空间光网络多 QoS 波长路由算法

10.3.1 问题描述

波长变换的 RWA 算法可以分为路由选择和波长分配两部分。在路由选择方面，目前的路由算法主要可以分为两种：第一种为最短路径算法，该算法虽然简单，但是没有考虑网络的状态信息，相同的源-目的节点选择同一转发路径，容易造成部分链路拥塞。第二种是多 QoS 波长路由算法，即在选路时综合考虑用户的 QoS 需求。多 QoS 波长路由算法要解决的主要问题是多约束路径问题，解决这类问题的算法是众所周知的启发式算法。其中，蚁群算法具有正反馈机制，且收敛快、适应性强，可用于求解空间光网络中的多约束路径问题。

传统的波长分配策略如首次命中、随机分配等，均没有将业务进行区分对待，容易导致网络中高优先级业务和高 QoS 需求业务不能得到及时处理，从而降低网络性能。在进行路径选择和波长分配时，应充分考虑网络结构的动态变换特性、业务的差异化 QoS 需求，以及网络的波长使用和拥塞情况。因此，针对波长变换的空间光网络，提出了一种基于蚁群算法优化的多 QoS 波长路由算法（SARWA）。首先，对传统的蚁群算法进行了改进，将 4 种业务的 QoS 需求与蚁群算法相结合，作为选路的考虑因素，进而选出一条满足多种 QoS 需求的路径。其次，对业务进行分类，对不同优先级业务采取分组波长分配算法，为不同业务分配不同的波长集，从而达到降低高优先级业务拥塞率的目的。

10.3.2 多 QoS 蚁群优化路由算法

空间光网络多 QoS 波长路由算法通常需要考虑以下几个因素。

1. 波长空闲率

$$I_{ij}(t) = \frac{\left| N_{ij} \right| - n_{ij}(t)}{\left| N_{ij} \right|} \qquad （10\text{-}15）$$

式中，$I_{ij}(t)$ 表示 t 时刻链路 (i, j) 上空闲波长数占总波长数的概率；$| N_{ij} |$ 表示链路 (i, j) 上的总数波长；$n_{ij}(t)$ 表示 t 时刻链路 (i, j) 上被占用的波长数。

2. 时延

$$\text{delay}(\text{path}(i, j)) = \sum_{n \in \text{path}(i, j)} \text{delay}(n) + \sum_{e \in \text{path}(i, j)} \text{delay}(e) \qquad （10\text{-}16）$$

式中，$\text{path}(i, j)$ 表示节点 i 到节点 j 之间的路径；$\text{delay}(n)$ 表示节点上的排队时延；$\text{delay}(e)$ 表示链路上的传播时延。

3. 时延抖动

$$\text{jitter}(\text{path}(i, j)) = \sum_{e \in \text{path}(i, j)} \text{jitter}(p) + \sum_{n \in \text{path}(i, j)} \text{jitter}(q) \qquad （10\text{-}17）$$

时延抖动是时延的变化率。式中，$\displaystyle\sum_{e \in \text{path}(i, j)} \text{jitter}(p)$ 和 $\displaystyle\sum_{n \in \text{path}(i, j)} \text{jitter}(q)$ 分别表示路径中的传播时延抖动和排队时延抖动。

4. 丢包率

$$\text{loss}(\text{path}(i,j)) = 1 - \prod_{e \in \text{path}(i,j)} (1 - \text{loss}(e)) \tag{10-18}$$

式中，$\text{loss}(e)$ 表示单位时间内路径 $\text{path}(i,j)$ 中链路 e 的丢包率。

针对空间光网络的特性，适合空间光网络的多 QoS 波长路由算法应满足以下两个条件：①能够自适应地为业务选择一条满足多个 QoS 需求的最优路径。②优化网络资源使用，提高资源利用率，实现负载均衡。因此，本节将空间光网络中光链路的 4 个 QoS 属性作为路由的约束条件，为空间光网络找到一条能满足如下要求的路径

$$\begin{cases} \min\left(I_{ij}(t)\right) \geqslant I \\ \sum \text{delay}(i,j) \leqslant D \\ \sum \text{jitter}(i,j) \leqslant J \\ \prod \text{loss}(i,j) \leqslant L \end{cases} \tag{10-19}$$

式中，I、D、L、J 分别表示空间任务对波长空闲率、时延、时延抖动及丢包率的需求。

传统的蚁群算法仅考虑路径距离，没有考虑业务的多种 QoS 需求。因此需要对蚁群算法进行优化，将链路的 4 种 QoS 需求作为蚁群算法的启发函数，为不同业务选择满足各自需求的最优路径。优化的蚁群算法转移概率函数计算如下

$$P_{ij}^k(t) = \begin{cases} \dfrac{\left[\tau_{ij}(t)\right]^{\alpha} \times \left[I_{ij}(t)\right]^{\beta} \times \left[D_{ij}(t)\right]^{\gamma} \times \left[J_{ij}(t)\right]^{\delta} \times \left[L_{ij}(t)\right]^{\varepsilon}}{\sum\limits_{l \in A_k} \left[\tau_{il}(t)\right]^{\alpha} \times \left[I_{il}(t)\right]^{\beta} \times \left[D_{il}(t)\right]^{\gamma} \times \left[J_{il}(t)\right]^{\delta} \times \left[L_{il}(t)\right]^{\varepsilon}}, & j \in A_k \\ 0, & \text{其他} \end{cases} \tag{10-20}$$

式中，$P_{ij}^k(t)$ 表示蚂蚁 k 的转移概率；$\tau_{ij}(t)$ 表示 t 时刻路径上的信息量；α 为信息启发因子，表示信息素在转移概率中的相对重要性；β，γ，δ，ε 为启发函数重要因子，表示启发函数的相对重要性；$I_{ij}(t)$，$D_{ij}(t)$，$J_{ij}(t)$，$L_{ij}(t)$ 为启发函数，由式（10-7）～（10-10）求得

$$D_{ij} = \frac{1}{\text{delay}(\text{path}(i,j))} \tag{10-21}$$

$$L_{ij} = \frac{1}{\text{loss}(\text{path}(i,j))} \tag{10-22}$$

$$J_{ij} = \frac{1}{\text{jitter}(\text{path}(i,j))} \tag{10-23}$$

在通过各个邻居找到路径偏好概率之后，源节点和中间节点现在有多条到目的地址的路径，数据会选择路径优先概率较大的路径进行传输。为了让后面的蚂蚁能够根据信息素进行路径选择，信息素还需要进行更新。如果在 t 时刻路径 (i,j) 上的信息素为 $\tau_{ij}(t)$，则在 $t + \Delta t$ 时刻，路径上的信息素为

$$\tau_{ij}(t + \Delta t) = (1 - \rho)\tau_{ij}(t) + \Delta \tau_{ij}(t + \Delta t) \tag{10-24}$$

$$\Delta \tau_{ij}(t + \Delta t) = \sum_{k=1}^{m} \Delta \tau_{ij}^k(t) \tag{10-25}$$

$$\Delta \tau_{ij}^{k}(t)=\begin{cases} \dfrac{Q}{J_k}, & \text{如果蚂蚁经过链路} L_{ij} \\ 0, & \text{其他} \end{cases} \tag{10-26}$$

式中，$\rho \in [0,1]$ 表示挥发程度；$\Delta \tau_{ij}^{k}(t)$ 表示第 k 只蚂蚁在路径 (i,j) 上释放的信息素浓度；Q 表示上一只蚂蚁完成选路释放的信息素浓度之和；J_k 表示第 k 只蚂蚁经过的路径长度。

10.3.3　分组波长分配策略

在多业务的空间光网络环境下，不同优先级的业务如果采用完全共享同一分配方式占用网络资源，则会出现某一时刻网络资源被低优先级业务完全占据，而高优先级业务请求会因为无波长可以使用而拥塞的情况。因此需要对多业务进行区分服务，对不同优先级的业务采取分组波长分配策略，以达到降低高优先级业务阻塞率的目的。

针对空间光网络中的动态 RWA 问题，本节对不同优先级业务采取分组波长分配策略，以达到降低高优先级业务阻塞率的目的。其主要思想是为高优先级业务分配更多的波长，降低高优先级业务的阻塞率。

根据业务的重要性和性能指标，本节将空间业务分为 A，B，C 三类业务。A 类业务对时延有明确的要求，其业务优先级最高；B 类业务容许一定的延时，对波长的需求适当，优先级次之；C 类业务优先级最低，对时延和波长都没有特别的要求。接下来，可以根据业务的优先级对链路中的波长进行划分。

假设空间光网络中光链路数为 n，每条链路间的可用波长数为 10，将可用波长分别设为 $\lambda_1, \lambda_2, \cdots, \lambda_{10}$。根据业务对服务质量的需求将业务优先级划分为 A，B，C 三类业务，三个波长分组中可用波长数分别为 8，6，4。其中，A 类业务可用波长分别为波长集 $G_A(\lambda_1, \lambda_2, \cdots, \lambda_8)$，$B$ 类业务可用波长分别为波长集 $G_B(\lambda_5, \lambda_6, \cdots, \lambda_{10})$，$C$ 类业务可用波长分别为波长集 $G_C(\lambda_4, \lambda_8, \lambda_9, \lambda_{10})$。

综上所述，通过以下步骤对波长进行分配。

（1）为 A，B，C 三类业务划分波长集。

（2）为到达的业务划分类型。

（3）根据业务类型，在相应的波长集中寻找是否有可用波长，并采用首次命中或随机分配策略为其分配波长。

10.3.4　结果分析

为了对算法性能进行验证，首先对空间光网络进行模拟仿真，在此基础上对算法进行仿真验证。空间光网络的仿真模型分别由 LEO 空间光网络和 4 颗 GEO 卫星组成。GEO 卫星负责收集 LEO 卫星中的节点和链路信息，制定路由策略，LEO 卫星只需要根据 GEO 卫星下发的流表项进行路由转发。仿真选用 Iridium 系统作为 LEO 空间光网络的仿真场景，星间链路波长数为 10。

仿真过程中，在 LEO 光网络中随机选取 5 对源-目的节点进行随机类型的业务传输请求，并且随着时间的增加，业务强度即每个节点的业务请求次数不断增加，业务类型包括 A 类时延敏感型、B 类吞吐量敏感型及 C 类尽力而为型，优先级依次递减。LEO 空间光网络的业务传输具体过程如下，由 GEO 卫星收集 LEO 网络中的节点链路信息，并由具有全局视野的 GEO

卫星根据节点和链路的状态信息制定路由和波长分配策略，确定转发路径，并将指令下发给相关卫星节点。LEO 卫星节点接收指令后，负责转发相应的业务。

在空间光网络的仿真场景中，不同业务强度下的三种算法在网络平均时延上的比较如图 10-8 所示。由图 10-8 可知，当业务强度较低时，平均时延趋于相同，因为三种算法都基于最短路由算法，优先为业务分配最短路径。随着业务强度的不断增加，SARWA 算法的平均时延较低，比 Dijkstra 算法降低了 10%，比 CL-ACRWA 算法降低了 5 %。

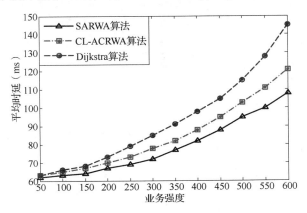

图 10-8　网络平均时延仿真对比

在空间光网络的仿真场景中如图 10-9 所示，不同业务强度下三种算法在网络平均时延抖动上的比较。由图 10-9 可知，SARWA 算法在抖动变化率上更为平滑。相比之下，平均时延抖动比 Dijkstra 算法低了 8 ms，比 CL-ACRWA 算法低了 3 ms。这是因为 SARWA 算法在为业务选路的过程中将时延抖动也作为了选择的依据，因此平均时延抖动相对来说更低。

在空间光网络的仿真场景中，不同业务强度下三种算法在网络平均丢包率上的比较如图 10-10 所示。由图 10-10 可知，SARWA 算法在总体上比 CL-ACRWA 算法降低了 4%，比 Dijkstra 算法降低了 7 %。

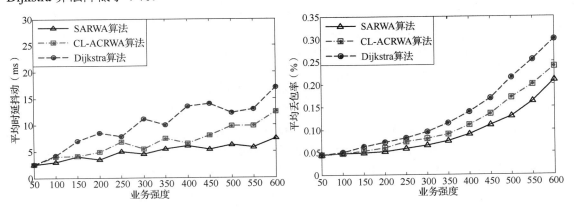

图 10-9　网络平均时延抖动仿真对比　　　　　图 10-10　网络平均丢包率仿真对比

在不同业务强度下，三种算法在网络波长利用率上的比较如图 10-11 所示。由于 SARWA 算法在选路时重点考虑了链路剩余波长数，因此 SARWA 算法在不同业务强度下的波长利用率均大于 CL-ACRWA 算法及 Dijkstra 算法。

此外，对分组波长分配策略进行了仿真验证，在不同业务强度下，不同拥塞率的比较如图 10-12 所示。由图 10-12 可知，高优先级业务的拥塞率一直低于中优先级业务，并且远远小于低优先级业务。而随着业务强度的不断增加，三种优先级的拥塞率都有所上升。总体而言，对业务进行区分服务可以有效降低高优先级业务的网络拥塞率。

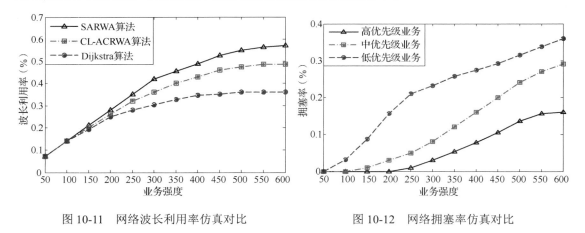

图 10-11　网络波长利用率仿真对比　　　　图 10-12　网络拥塞率仿真对比

10.4　波长连续的空间光网络多 QoS 波长路由算法

10.4.1　问题描述

在采用波长转换器的空间光网络 RWA 算法研究中，路径选择和波长分配是分开进行的，但是由于波长转换器的高功耗、不成熟的制造技术和性能的限制，波长转换器在目前的空间光网络中应用较少。因此大部分空间光网络仍然采用波长连续的 RWA 算法，即路径选择和波长分配同时进行，且需要满足波长一致性原则。

与地面光纤网络不同，空间光网络处在空间之中，受空间环境复杂性的影响，激光通信链路会受到一系列的干扰，导致信号的损伤。当信号沿激光链路传输时，损伤会不断累积加深，造成误码率增加，甚至导致激光链路阻塞。因此，对于空间光网络的 RWA 算法，需要综合考虑光网络的链路质量，针对光链路的动态损伤感知是需要解决的问题。

此外，现有的 RWA 算法基本都把空间光网络作为可靠的网络，但当网络中的某些链路发生故障或拥塞时，网络的性能指标会急剧恶化。因此，为了保证网络的生存性，需要考虑路由的重建时间，当部分网络链路存在故障时，能最大限度地保证网络的性能指标。

针对上述问题，本节提出了综合考虑链路质量和路由重建时间的空间光网络 RWA 算法（SN-RWA）。在空间光网络中，RWA 问题被转换为一个整数规划问题，并采用粒子群算法对模型进行求解。

10.4.2　多 QoS 约束模型

在空间光网络中，为了能为用户提供有效的数据传输服务，RWA 算法的策略制定需要综合考虑光网络中激光链路的传输质量及链路的调度效率，同时满足传输业务对传输时延及波长空闲率的需求。在光网络中，请求时间服从泊松分布。服务调度时间 T_i 为

$$T_i = \frac{\boldsymbol{h}_i^2}{2\boldsymbol{h}_i(1-\lambda_i\boldsymbol{h}_i)}\left[1+\frac{1-\lambda_i\boldsymbol{h}_i}{\lambda_i\boldsymbol{h}_i}\right]^{-1} \tag{10-27}$$

$$\boldsymbol{h}_i = \frac{\alpha}{\alpha-1}\frac{k^\alpha}{1-\left(\dfrac{k}{p}\right)^\alpha}\left(\frac{1}{k^{\alpha-1}}-\frac{1}{p^{\alpha-1}}\right) \tag{10-28}$$

$$\boldsymbol{h}_i^2 = \frac{\alpha}{\alpha-2}\frac{k^\alpha}{1-\left(\dfrac{k}{p}\right)^\alpha}\left(\frac{1}{k^{\alpha-2}}-\frac{1}{p^{\alpha-2}}\right) \tag{10-29}$$

式中，λ_i 表示请求到达率；$\boldsymbol{h}_i$ 和 $\boldsymbol{h}_i^2$ 分别表示一阶矩和二阶矩。调度时间遵循重尾分布，概率密度函数如下

$$f(x) = \frac{\alpha k^\alpha}{1-\left(\dfrac{k}{p}\right)^\alpha}x^{-\alpha-1},\ \ k\leqslant x\leqslant p \tag{10-30}$$

在卫星运行过程中，光链路在空间中会受到一系列影响，从而造成链路损伤。而 GEO 卫星通过实时获取 LEO 空间光网络的链路信息，具有全局视野，可对链路损伤进行评估，并根据评估结果为数据选择传输路径。评价模型采用 Q 因子，损伤指标可以综合考虑散粒噪声、暗电流噪声、热噪声和拍频噪声对链路质量进行综合评价。S_i 的链路质量计算如下

$$Q = 10\log_{10}\frac{P_s}{\sigma+\sigma_0} \approx 10\log_{10}\frac{P_s}{\sigma} \tag{10-31}$$

$$\sigma^2 = \left\langle I_{\text{shot}}^2\right\rangle + \left\langle I_D^2\right\rangle + \left\langle I_{\text{th}}^2\right\rangle + \sigma_{\text{beat}}^2 \tag{10-32}$$

式中，σ 为噪声功率；P_s 为峰值功率；σ_0 为信号强度为零时的噪声功率；$\left\langle I_{\text{shot}}^2\right\rangle$、$\left\langle I_D^2\right\rangle$、$\left\langle I_{\text{th}}^2\right\rangle$、$\sigma_{\text{beat}}^2$ 分别为空间中的散粒噪声、暗电流噪声、热噪声和拍频噪声。

考虑空间光网络对路由重建时间和链路质量的需求，在满足时延、波长利用率的基础上，将调度时间和链路损伤情况作为 RWA 算法的约束目标。基于上述分析和定义，可将多目标 RWA 问题转化为一个整数规划模型，根据约束条件可得到相应目标函数为

$$\min\sum_{k=1}^{m}\sum_{j=1}^{n_j}\sum_{i=1}^{\omega_i}\left(\omega_1 T_{kji}+\omega_2\frac{1}{Q_{kji}}\right)\times X_{kji} \tag{10-33}$$

① $Q_{kj}\geqslant Q_{\text{th}}$，$D\leqslant D_{\text{th}}$，$W\geqslant W_{\text{th}}$

② $X_{kpi}=X_{kqi}$，$p,q\in\{1,\cdots,n_j\}$

③ $X_{kji}\in\{0,1\}$，$i\in\{1,\cdots,\omega_i\}$，$j\in\{1,\cdots,n_j\}$，$k\in\{1,\cdots,m\}$

④ $\displaystyle\sum_{j=1}^{n_j}\sum_{i=1}^{\omega_i}X_{kji}=1$，$j\in\{1,\cdots,n_j\}$，$i\in\{1,\cdots,\omega_i\}$

⑤ $\omega_1+\omega_2=1,\ \omega_1>0,\ \omega_2>0$

约束条件含义如下：①中的 Q_{th} 表示 Q 因子需要满足的阈值；W_{th} 表示波长剩余量的阈值。②表示 RWA 算法中需要满足波长一致性原则。③中的 X_{kji} 取 1 或 0 表示是否进行了选择。④表示 RWA 算法中需要保证激光链路波长分配的唯一性。⑤中的 ω_1 和 ω_2 表示权值的分配。

10.4.3 粒子群算法求解

10.4.3.1 粒子群优化算法

粒子群优化算法作为一种近年来发展起来的仿生算法，具有搜索效率高、速度快的优点。针对 RWA 算法的多约束模型，可采用粒子群算法对路径规划问题进行求解。在粒子群算法中，$\left(\vec{X_i}, \vec{V_i}, \vec{P_b} \right)$ 分别表示粒子的位置、速度和最优位置。$\vec{P}_{lb}$ 表示相邻粒子找到的最优位置，$\vec{P}_{gb}$ 表示整个群体找到的最优位置。粒子通过 $\vec{P}_{lb}$ 计算速度

$$v_i^d(t+1) = \omega(t) \times v_i^d(t) + c_1(t) \times rand_1 \times (p_b^d(t) - x_i^d(t)) \tag{10-34}$$
$$+ c_2(t) \times rand_2 \times (p_{lb}^d(t) - x_i^d(t))$$

$$\omega(t) = \omega_{\max} - \frac{t \times (\omega_{\max} - \omega_{\min})}{T} \tag{10-35}$$

根据 $\vec{P}_{gb}$ 可以得到当前粒子的后续位置

$$x_i^d(t+1) = x_i^d(t) + v_i^d(t+1) + c_3(t) \times rand_3 \times (p_{gb}^d(t) - x_i^d(t)) \tag{10-36}$$

$$c_j(t) = c_{j\min} + \frac{(c_{j\max} - c_{j\min})}{T} t, \quad j = 1, 2, 3, \cdots, N \tag{10-37}$$

在考虑 $\vec{P_b}$、$\vec{P}_{lb}$ 和 $\vec{P}_{gb}$ 的情况下，得到这段时间内各粒子的最优解。在粒子群算法离散化过程中，可以通过式（10-34）计算粒子速度。在一般情况下，粒子速度与位置的变化率相关，1 和 0 分别表示粒子的当前位置是否需要改变。

$$S(a) = |\tanh(a)| \tag{10-38}$$

可将式（10-25）代入式（10-24），避免过度迭代

$$E = erf\left(\frac{NF}{T'} \right) = \frac{2}{\sqrt{\pi}} \int_0^{\frac{NF}{T'}} e^{-t^2} dt \tag{10-39}$$

粒子的后续位置如式（10-26）所示。

$$a_i^d(t+1) = v_i^d(t+1) + c_3(t) \times rand_3 \times (p_{gb}^d(t) - x_i^d(t)) \tag{10-40}$$

$$S\left(a_i^d(t+1) \right) = E + (1-E) \times |\tanh(|\left(a_i^d(t+1) \right)|)| \tag{10-41}$$

$$\text{if } rand_4 < S(a_i^d(t+1)) \quad \text{then} \tag{10-42}$$

$$x_i^d(t+1) = complement(x_i^d(t)) \tag{10-43}$$

$$\text{else } x_i^d(t+1) = x_i^d(t), \quad \text{for } i = 1, 2, \cdots, N \tag{10-44}$$

在求解 SN-RWA 算法时，每个粒子表示一个候选解，目标函数为适应度函数，计算步骤如下。

（1）对粒子 $\vec{X_i}$、速度 $\vec{V_i}$、位置 $\vec{P_b}$ 及迭代次数等进行初始化。

（2）获取 $\vec{P}_{lb}$ 并更新粒子速度。

（3）通过速度 $v_i^d(t+1)$ 和 $\vec{P}_{gb}$ 计算粒子的后续位置。

（4）满足条件后结束迭代，得到最优解，否则更新 $\vec{P}_{lb}$、$\vec{P}_{gb}$，转到步骤（5）。

（5）更新 ω。

（6）更新 c_1、c_2 和 c_3。

（7）若 $\vec{P}_b$ 持续无变化，则添加 E 跳出局部搜索，并转到步骤（2）。

10.4.3.2 算法参数优化

粒子群算法必须选择合适参数，以提升计算效率，参数优化分为以下四个方面。

（1）惯性权重。实验选择了三个惯性权重区间：[0.3, 0.6]，[0.7, 0.9]和[1.0, 1.2]。如图 10-13 所示，随着迭代次数的增加，不同区间的目标函数值变化不同。在区间[0.3, 0.6]内，运行效果最佳。

（2）加速因子。加速因子包括 c_1、c_2 和 c_3，分三种情况测试加速因子：在前两种情况下，所有参数同时被设为 1.5 和 2.5。在第三种情况下，令 c_1 和 c_2 相等，c_3 取值不同。如图 10-14 所示，当 c_3 的值不同时，运行效果最佳。

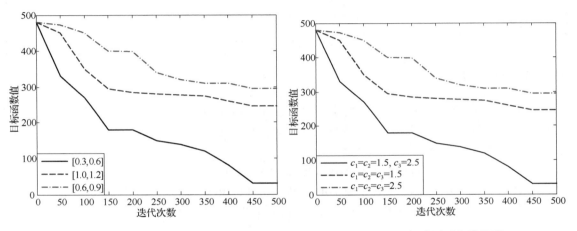

图 10-13 惯性权重参数设置   图 10-14 加速因子参数设置

（3）粒子数。实验测试了粒子数对目标函数值的影响，选取了 4 个值：30，50，70，100。如图 10-15 所示，粒子数越多，运行效果越好。当粒子数为 100 时，算法性能最佳。

（4）最大粒子更新速率。为了检验粒子的最大更新速率，分别取值 3、6 和 9。如图 10-16 所示，当最大粒子更新速率为 6 时，运行效果最佳，结果表明更新速率应该设置为中间值。

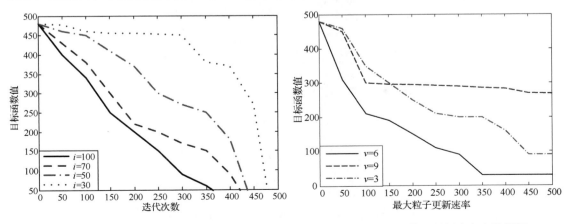

图 10-15 粒子数参数设置   图 10-16 最大粒子更新速率参数设置

根据上述分析，粒子群算法的相关参数设置如表 10-1 所示。

表 10-1　粒子群道法的相关参数设置

参　　数	数　　值
w_i	10～40
n_j	2～4
m	5～10
ω_1	0.6
ω_2	0.4
ω	0.3～0.6
c_1	1.5
c_2	1.5
c_3	2.5
迭代次数/次	500
初始粒子数/个	100

10.4.4　结果分析

为了验证 SN-RWA 算法的性能，对空间光网络的场景进行了模拟仿真。首先，建立了空间光网络的网络场景，网络场景由 4 颗 GEO 控制器和 LEO 空间光网络组成。然后，将 Iridium 系统作为 LEO 空间光网络的仿真场景，在上述仿真场景的基础上，对算法进行了仿真分析。基于损伤感知的 RWA（Impairment-Aware based RWA，IA-RWA）算法是常用的光网络 RWA 算法，因此本节将波长随机分配 RWA（IA-RWA by Random-Fit，RF-RWA）算法和波长首次适应 RWA（IA-RWA by First-Fit，FF-RWA）算法与 SN-RWA 算法进行比较。

1. 路由重建时间

路由重建时间表示从网络链路损伤异常到网络实现路由重建的时间，实验结果如图 10-17 所示。

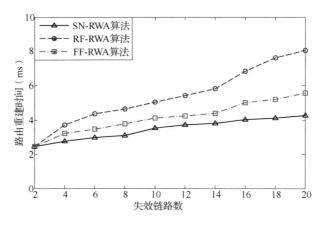

图 10-17　路由重建时间仿真对比

当失效链路数在[2,8]区间时，由于链路资源充足，RF-RWA 算法的路由重建时间略小于 FF-RWA 算法。与 RF-RWA 算法和 FF-RWA 算法相比，SN-RWA 算法的路由重建时间变化更慢，曲线更平缓。在失效链路数在[12,20]区间时，这三种算法表现出显著的差异。RF-RWA、FF-RWA、SN-RWA 算法的路由重建时间变化范围分别为 4.63～8.03ms、3.78～5.56ms、3.01～4.26ms，变化率分别为 73.4%、47.1%和 41.5%。

2．拥塞率

根据波长一致性原则，信号应选择同一波长信道进行传输，当某些链路无法分配波长时，链路就会拥塞。如图 10-18 所示，随着服务请求数的增加，三种算法的拥塞率都在增加。RF-RWA 算法在[40,200]区间内的拥塞率增长要比在相同区间内的 FF-RWA 算法更高，而 SN-RWA 算法的拥塞率变化较为平缓。在[40,180]区间内，SN-RWA、RF-RWA 和 FF-RWA 算法的拥塞率分别从 6.2%增加到 12.5%、9.4%增加到 30.1%、9.0%增加到 24.5%。此外，在 [180,200]区间内，随着服务请求数的增加，SN-RWA 算法的拥塞率没有出现显著的增加，而其他两种算法的拥塞率增加更为显著。在整个测试区域内，SN-RWA 算法的拥塞率要低于其他两种算法。

3．波长利用率

波长利用率可以看作评价激光链路中可用波长数的一个指标。图 10-19 显示了三种算法的波长利用率结果。在不同服务请求数下，RF-RWA 算法的波长利用率从 7.1%增加到 42.5%，FF-RWA 算法的波长利用率从 7.1%增加到 34.1%，SN-RWA 算法的波长利用率从 7.1%增加到 55.1%。此外，在相同服务请求数下，SN-RWA 算法的性能优于其他两种算法。

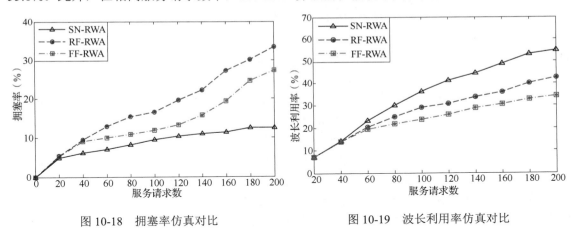

图 10-18　拥塞率仿真对比　　　　　　　　　图 10-19　波长利用率仿真对比

参考文献

[1] 李德仁，沈欣，龚健雅，等. 论我国空间信息网络的构建[J]. 武汉大学学报：信息科学版，2015（40）：715.

[2] 郭超. 空间信息网络拥塞控制与路由研究[D]. 北京科技大学，2015.

[3] 沈荣骏. 我国天地一体化航天互联网构想[J]. 中国工程科学，2006，（10）：23-34.

[4] 张明智，罗凯，吴曦. 空间信息网络关键节点分析方法研究[J]. 系统仿真学报，2015，（6）：81-85.

[5] JIA M, GU X, GUO Q, et al. Broadband Hybrid Satellite-Terrestrial Communication Systems

Based on Cognitive Radio toward 5G[J]. IEEE Wireless Communications, 2016, 23(6): 96-106.

[6]　KAUSHAL H, KADDOUM G. Optical Communication in Space: Challenges and Mitigation Techniques[J]. IEEE Communications Surveys and Tutorials, 2017, 19(1): 57-96.

[7]　KHALIGHI M, UYSAL M. Survey on Free Space Optical Communication: A Communication Theory Perspective[J]. IEEE Communications Surveys and Tutorials, 2014, 16(4): 2231-2258.

[8]　TOYOSHIMA M. Trends in satellite communications and the role of optical free-space communications [J]. Journal of Optical Networking, 2005, 4(6): 300-311.

[9]　SODNIK Z, FURCH B, LUTZ H, et al. Optical Intersatellite Communication[J]. IEEE Journal of Selected Topics in Quantum Electronics, 2010, 16(5): 1051-1057.

[10]　CHAN V W. Optical satellite networks[J]. Journal of Lightwave Technology, 2003, 21(11): 2811-2827.

[11]　KARAFOLAS N, BARONI S. Optical satellite networks[J]. Journal of Lightwave Technology, 2000, 18(12)：1792-1806.

[12]　董全睿，陈涛，高世杰，等. 星载激光通信技术研究进展[J]. 中国光学，2019，12（6）：1260-1270.

[13]　高铎瑞，李天伦，孙悦，等. 空间激光通信最新进展与发展趋势[J]. 中国光学，2018，11（6）：901-913.

[14]　李海涛. 中国深空测控网光通信技术途径分析与发展展望[J]. 红外与激光工程，2020，49（5）：48-60.

[15]　甄政，王英瑞，欧文，等. 一种新型红外多波段低背景探测技术[J]. 红外与激光工程，2020，49（5）：28-40.

[16]　FENG X, YANG M, GUO Q, et al. A novel distributed routing algorithm based on data-driven in GEO/LEO hybrid satellite network[C]//Proc. of the International conference on wireless communications and signal processing, 2015: 1-5.

[17]　MA Y, PENG W, YU W, et al. A Distributed Routing Algorithm for LEO Satellite Networks[C]//Proc. of the Trust, Security and Privacy in Computing and Communications, 2013 12th IEEE International Conference on. IEEE, 2013.

[18]　YU Q, MENG W, YANG M, et al. Virtual multi-beamforming for distributed satellite clusters in space information networks[J]. IEEE Wireless Communications, 2016, 23(1): 95-101.

[19]　LIU Q, ZHANG Z, LIU Z, et al. An anti-destroying routing method for distributed satellite networks based on standby nodes[C]//Proc. of the IEEE international conference on electronics information and emergency communication, 2017: 344-347.

[20]　GUO X B, ZHOU H B, LIU G. Service oriented cooperation architecture for distributed satellite networks[C]//Proc. of the IEEE 2015 International Conference on Wireless Communications & Signal Processing (WCSP). IEEE, 2015.

[21]　GIUSEPPE ARANITI, IGOR BISIO, MAURO DE SANCTIS. Interplanetary Networks: Architectural Analysis, Technical Challenges and Solutions Overview[C]//Proceedings of IEEE International Conference on Communications, ICC 2010, Cape Town, South Africa, 2010: 23-27.

[22] RONGJUN S. Some Thoughts of (Chinese) Integrated Space-Ground Network System[J]. Engineering Science, 2006.

[23] TOMOVIC S, RADUSINOVIC I, PRASAD N. Performance comparison of QoS routing algorithms applicable to large-scale SDN networks[J]. 2015: 1-6.

[24] FIROUZJA S A, YOUSEFNEZHAD M, OTHMAN M F, et al. A wised routing protocols for LEO satellite networks[J]. Asian control conference, 2015: 1-6.

[25] ZHANG T, LI H, ZHANG S, et al. A Storage-Time-Aggregated Graph-Based QoS Support Routing Strategy for Satellite Networks[C]//Proc of the global communications conference, 2017: 1-6.

[26] ZHANG H, JIANG C, KUANG L, et al. Cooperative QoS Beamforming for Multicast Transmission in Terrestrial-Satellite Networks[C]//Proc. of the global communications conference, 2017: 1-6.

[27] LIN S C, AKYILDIZ I F, WANG P, et al. QoS-Aware Adaptive Routing in Multi-layer Hierarchical Software Defined Networks: A Reinforcement Learning Approach[C]//IEEE International Conference on Services Computing. IEEE, 2016.

[28] CHENG X M, SHENG W, WANG X, et al. Link-disjoint QoS routing algorithm[C]//Proc. of the international conference on communications, circuits and systems, 2009: 382-386.

[29] 杨勇, 张晓萍. 基于改进 PCNN 算法的光网络 RWA 问题的研究[J]. 微计算机信息, 2010, 26 (3): 105-106.

[30] FEAMSTER N, REXFORD J, ZEGURA E W. The road to SDN: an intellectual history of programmable networks[J]. ACM SIGCOMM Computer Communication Review, 2014, 44(2): 87-98.

[31] GOPAL R, RAVISHANKAR C. Software Defined Satellite Networks[C]//Aiaa International Communications Satellite Systems Conference, 2013.

[32] TOMOVIC S, RADUSINOVIC I, PRASAD N. Performance comparison of QoS routing algorithms applicable to large-scale SDN networks[J]. 2015: 1-6.

[33] GELBERGER A, YEMINI N, GILADI R. Performance Analysis of Software-Defined Networking (SDN)[C]//Proceedings of the 2013 IEEE 21st International Symposium on Modelling, Analysis & Simulation of Computer and Telecommunication Systems. IEEE, 2013.

[34] BENZEKKI K, EL FERGOUGUI A, ELBELRHITI ELALAOUI A. Software-defined networking (SDN): a survey[J]. Security & Communication Networks, 2016, 9(18): 5803-5833.

[35] HAKIRI A, GOKHALE A, BERTHOU P, et al. Software-Defined Networking: Challenges and research opportunities for Future Internet[J]. Computer Networks, 2014, 75(dec.24pt.a): 453-471.

[36] BAO J, ZHAO B, YU W, et al. OpenSAN: a software-defined satellite network architecture[M]. Association for Computing Machinery, New York, 2014.

[37] BERTAUX L, MEDJIAH S, BERTHOU P, et al. Software defined networking and virtualization for broadband satellite networks[J]. IEEE Communications Magazine, 2015, 53(3): 54-60.

[38] DU P, NAZARI S, MENA J, et al. Multipath TCP in SDN-enabled LEO satellite networks[C]. Military Communications Conference, Milcom 2016, IEEE, 2016: 354-359.

[39] XIANGYUE HUANG, ZHIFENG ZHAO, XIANGJUN MENG, et al. Architecture and Application of SDN/NFV-enabled Space-Terrestrial Integrated Network[J]. Spring, Singapore, 2016.

[40] CHENG L W, WANG S Y. Application-Aware SDN Routing for Big Data Networking[C]. IEEE Global Communications Conference. IEEE, 2015: 1-6.

[41] 陈晨，谢珊珊，张潇潇，等. 聚合 SDN 控制的新一代空天地一体化网络架构[J]. 中国电子科学研究院学报，2015，10（5）：450-454.

[42] TANG Z, ZHAO B, YU W, et al. Software defined satellite networks: Benefits and challenges[C]. Computing, Communications and It Applications Conference. IEEE, 2015: 127-132.

[43] SATO G, UCHIDA N, HASHIMOTO K, et al. Performance Evaluation of Software Defined and Cognitive Wireless Network Based Disaster Resilient System[C]. Ninth International Conference on Broadband and Wireless Computing, Communication and Applications. IEEE Computer Society, 2014: 406-409.

[44] 赵杰. 基于 SDN 的 VDES 空间光网络路由关键技术研究[D]. 电子科技大学，2017.

[45] 杨清龙. 基于波长路由的全天基星座光网络特性研究[D]. 哈尔滨工业大学，2010.

[46] 刘阳. 卫星动态光网络的时延及路由特性研究[D]. 哈尔滨工业大学，2014

[47] 戴翠琴，尹小盼. 空间光网络中基于蚁群优化的概率路由算法[J]. 重庆邮电大学学报（自然科学版），2018，30（3）：62-69.

[48] 刘庆利，姚俊飞，刘治国. 基于多业务的空间光网络波长路由算法研究[J]. 系统仿真学报，2017，29（8）：1780-1787.